BÖNSCH · FORTSCHRITTLICHE MOTORRAD-TECHNIK

Eine Analyse der Motorrad-Entwicklung

Helmut Werner Bönsch

Fortschrittliche Motorrad-Technik

Motorbuch Verlag Stuttgart

Einband und Schutzumschlag: Siegfried Horn

Die Schnittzeichnung für den Schutzumschlag stammt von »technical art«

Bildnachweis:
Bönsch/Niedermeier/Storz 44; Honda 55, Yamaha 50; Archiv 42; BMW 43; Suzuki 35, Bosch 22; Moto-Guzzi 6; Zündapp 6; Sachs 9; Kawasaki 16; Rotax 6; Maico 4; DKW/Rauch 4; Target 4; KTM 7; Husqvarna 3; Hercules 3; Froede 2; Vespa 3; Krauser 2; Apfelbeck 2; Ducati 2; Cycle 2; Metzeler 2; Egli 2; Husak 1; Knittel 4; Girling 3; Puch 2.

ISBN 3-613-01054-2

2. Auflage 1989

Ein Unternehmen der Paul Pietsch-Verlage GmbH & Co.

Satz und Druck: Rung-Druck GmbH, 7320 Göppingen
Bindung: Großbuchbinderei E. Riethmüller, 7000 Stuttgart 1.
Printed in Germany.

Inhalt

Zweitaktmotoren 95

Deutschlands neue Klasse – das 80 cm^3-Leichtkraftrad 138

Technik im Detail 145

Vergaser und Einspritzung 145

Zündung 165

Schmierung 178

Vorwort

In meiner »Einführung in die Motorradtechnik«, die 1978 erschien und meine Vorlesungen an verschiedenen technischen Lehranstalten neben einigen Vorträgen zusammenfaßte, wurde der Versuch unternommen, die technischen und physikalischen Grundlagen der Motorradtechnik und den Stand der damaligen Entwicklung übersichtlich und allgemein verständlich darzustellen. Das erschien um so notwendiger, als gerade der Motorradbau durch die schier unerschöpfliche Kreativität seiner vitalen Konstrukteure, die sich immer wieder mit den oft extremen Anforderungen seiner meist jugendlichen Fahrer um immer höhere Leistungen und sichere Fahreigenschaften in immer höheren Geschwindigkeitsbereichen auseinandersetzen mußten, in immer kürzeren Zeitabständen einem hektischen Modellwechsel unterliegt.

Es kam mir darauf an, in dieses verwirrende Kaleidoskop blitzender Ideen eine systematische Ordnung zu bringen, die vielschichtigen konstruktiven und funktionellen Probleme durch eine sorgfältige Analyse klarer erkennbar zu machen und sie damit einer zielbewußten, methodischen Forschung zu erschließen. Das wäre eine klar umrissene Aufgabe, wenn das Motorrad in seiner Entwicklung den gleichen unbestechlichen technischen und physikalischen Gesetzen folgen würde, wie etwa eine Drehbank, deren Gebrauchswert ja durch maximalen Spanquerschnitt, stündliche Verspanungsmenge, Anpassung der Schnittgeschwindigkeit, Laufruhe, Abmessung, Zugänglichkeit und andere Wertmaßstäbe hinreichend genau umschrieben werden kann.

Vom Sportgerät zur Kultfigur

Das ist aber leider ganz und gar nicht der Fall: Das Motorrad ist längst dem neutralen Begriff »Maschine« entwachsen, ist auch längst nicht mehr das mechanisierte »Arbeitstier«, das nach nüchternen Gesichtspunkten allein nach dem Gebrauchswert beurteilt werden kann – es ist mit seiner Dynamik gleichsam in eine andere Dimension vorgedrungen, vor allem aber in den inneren Kreis des Fahrers, mit dem es im buchstäblichen Sinn eine Einheit formt: Aus dem Fahrer wird ein Bauteil dieser Einheit, aus dem Motorrad der Freund und Partner, der ihm eine neue Freiheit schenkte und für sie zum Symbol hochstilisiert wurde. Es kann kein Zweifel darüber bestehen, daß dieser Wandel vom Sportgerät zur Kultfigur des jugendlichen Freiheitsdranges ganz entscheidend zum weltweiten Durchbruch des Motorrades beigetragen hat. Aber es ist doch nicht zu übersehen, daß die Wege der Weiterentwicklung unübersichtlicher geworden sind.

Der Einfluß des Fahrers auf die formale und konstruktive Gestaltung ist größer geworden, sein Wunsch, aus den hergebrachten Formen freizukommen und ein ganz auf seine Vorstellungen zugeschnittenes Modell zu fahren, dringender. Die Motorradindustrie, insbesondere die japanische mit ihrer erstaunlichen Flexibilität und ihren großen wirtschaftlichen Möglichkeiten, hat diesen Trend zur Individualisierung mit einer wahren Flut von Modellen beantwortet.

Gefahren der Typenvielfalt

So begeisternd dieser neue Nachweis einer ungebrochenen konstruktiven Kreativität ist, so bedenklich muß diese hemmungslose Aufsplitterung des Modellprogramms auf den wirtschaftlich wertenden Betrachter wirken: Es handelt sich bei den in unglaublich kurzen Zeitabständen auf den Markt geworfenen neuen Typen ja durchaus nicht um modische Abwandlungen oder funktionelle Anpassungen eines bewährten Grundmodells an einen bestimmten Einsatzbereich, sondern oft um völlig neue Konzeptionen. Die Freude des Fahrers über die neue, seinen persönlichen Vorstellungen und Wünschen weitgehend entsprechende Maschine ist nur allzu oft von kurzer Dauer: Selbst der bestgeschulte Kundendienst und die bestorganisierte Ersatzteilversorgung können einem so hektischen Modellwechsel nicht oder nur mit ermüdender zeitlicher Verzögerung folgen.

Spezialisierung auf den Einsatz

Ein ähnliches Problem stellt sich mit der ständig fortschreitenden Spezialisierung der Modellgruppen und ihrer immer perfekteren Abstimmung auf ihr Einsatzgebiet: Neben die klassische Straßensportmaschine, die durch den Sport und durch die jahrelange Erfahrung in all ihren Funktionen auf schnelle und sichere Fahrt in einem weiten Geschwindigkeitsbereich optimiert worden ist, trat der Soft-**Chopper**, der mit hochgezogenem Lenker und tiefem, bequemem Sitz bei nach vorn verschobenen Fußrasten eine betont lässige Haltung erzwang und dem leistungsorientierten, sportlich »europäischen« Fahrstil das entspannte »amerikanische« Ideal des Wanderns mit dem Motorrad gegenüberstellte.
Dem als Rennmaschinen-Replica aufgezäumten Cafe-**Racer** und dem Ur-Chopper mit seiner extrem verlängerten Gabel, dem flachen Lenkwinkel und dem unruhigen Fahrverhalten im niedrigen Geschwindigkeitsbereich kommt heute nur noch eine exhibitionistische Außenseiterrolle zu. Wer abseits der großen Straße Erholung oder das fahrerische Abenteuer im leichten oder mittelschweren Gelände sucht, ohne auf die Eignung der Maschine für die Straße zu verzichten, findet die passende Antwort in der »**Enduro**«. Das »Ausdauer«-Modell wurde ursprünglich für die besonderen Verhältnisse des amerikanischen Marktes entwickelt, fand aber durch die Unempfindlichkeit und Anspruchslosigkeit seines bewußt nicht auf Hochleistung ausgelegten Motors weltweit überraschend viele Anhänger.
Die »Enduro« ist gleichsam die zivilere, aber auch universellere Schwester der Spezialmaschine für die Gelände-Zuverlässigkeitsfahrten, die zwar immer noch den Bestimmungen der Straßenverkehrs-Zulassungsordnung entsprechen muß, mit den grobstolligen Reifen, dem breiten Lenker, der großen Bodenfreiheit, dem hochgelegten Auspuff,

dem niedrigen Gewicht und dem bulligen Drehmomentenverlauf des ganz kurz übersetzten Motors aber unschwer das ureigene Einsatzgebiet erkennen läßt.

Noch sehr viel weiter spezialisiert ist das – für den Straßenbetrieb grundsätzlich nicht mehr zugelassene – **Motocross**-Modell für den Renneinsatz im schwierigsten Gelände: Eine sehr leichte Maschine mit Hochleistungsmotor zwischen 125 und 500 cm^3, sehr kurzem Radstand und extrem langen Federwegen, um mit den harten Stößen bei den unvermeidlichen, hohen Sprüngen schadlos fertig zu werden.

Auf den Geschicklichkeitssport in ausgesuchten Berg-Tal-Formationen, die selbst Raupenfahrzeuge vor schier unlösbare Probleme stellen würden, ist das **Trial**-Modell optimal abgestimmt: Eine ultraleichte, extrem handliche Spezialmaschine, die von Fahrasketen, in den Rasten stehend, mit zartem Schenkeldruck und artistischer Körperbeherrschung im Schrittempo über Felsbrokken und Baumwurzeln dirigiert wird. Sie braucht einen besonders disziplinierten Motor, der bis zu den niedrigsten Drehzahlen rund läuft und millimetergenau auf den Drehgriff reagiert – die Leistung spielt nahezu keine Rolle.

Die Aufgliederung der Modell-Palette nach dem Einsatzzweck ist hier nur als grobes Muster aufgezeichnet, das je nach der Bedeutung, die der einzelnen »Spezialtugend« beigemessen wird, durch zahllose Zwischentypen ausgefüllt wird. Natürlich ist es die legitime Aufgabe der Technik, die Maschine den jeweiligen Fahrbedingungen optimal anzupassen, aber es stellt sich eben für den auf lange Sicht planenden, verantwortungsbewußten Ingenieur die Frage, ob der Motorradbau sich auf die Dauer eine so hektische, in der Zielsetzung oft überzogene und auseinanderstrebende Entwicklung leisten kann, ohne in eine wohl vorhersehbare Krise zu geraten.

Kritische Fragen zur Entwicklung

Aus dem sehr vielseitigen Problemkreis können hier nur einige wenige herausragende Fragen angeschnitten werden:

1. Die Aufsplitterung der Modell-Palette in zahlreiche Typen ist auch für ein großes Werk nur zu verantworten, wenn dabei die Abwandlung von Grundmodellen nach dem Baukastenprinzip eingehalten werden kann. Das Nebeneinander artfremder Typen bedeutet neben den höheren Kosten für Entwicklung und Fertigungseinrichtungen immer eine empfindliche Einbuße an Kundendienst und Ersatzteilhaltung, eine Gefahr, die für den Ruf eines Werkes tödlich sein kann und den Fahrer zur Verzweiflung bringt.
2. Ein allzu schneller Modellwechsel, der irrtümlich als besondere Flexibilität und Fortschrittlichkeit des Werkes ausgelegt wird, bringt zwangsläufig für den Käufer Schwierigkeiten mit den Ersatzteilen und einen schnell sinkenden Wiederverkaufswert mit sich.
3. Je weiter die Spezialisierung vorangetrieben wird, um so stärker wird die universelle Eignung, aber auch die Verwendung von Baukastenteilen eingeschränkt. Ein typisches Beispiel ist die extreme Steigerung der Federwege bei Motocross-Maschinen auf 300 mm und darüber. Derartige Federwege sind nur in Verbindung mit stark progressiven Federkennungen zu verwirklichen. Die schräge Anstellung des Federbeines reicht auch bei progressiv gewickelten Federn oder Luftfederung nicht mehr

aus, so daß komplizierte, hochbelastete und wartungsempfindliche Hebelsysteme eingebaut werden müssen. Die von den Fahrern geforderte und von der Industrie schon verschiedentlich durchgeführte Übertragung dieser übersetzten Federsysteme auf die Straßenmaschine ist bei den hier für die problemlose Straßenlage begrenzten Federwegen eine meist wirkungslose und oft gefährliche Spielerei.

4. Die Pionierarbeit, die der Grand-Prix-Sport über viele Jahrzehnte verdienstvoll für die Sportmaschinen geleistet hat, mußte er längst an die Coup-d'endurance, an die Langstrecken-Rennen abtreten. Nur hier in den schweren Klassen laufen heute noch Rennmaschinen, die Vorbilder für die Serienmaschine sein und ihr Anregungen für die Weiterentwicklung geben können. Auch das ist nur mit Einschränkungen gültig, denn auch hier ist die Entwicklung längst in Geschwindigkeits- und Leistungsbereiche vorgestoßen, die die unmittelbare Übertragung von Erfahrungen sehr eingrenzen. Die Schwerpunkte der Entwicklungsarbeit verlagern sich auf Teilprobleme, die bei der Gebrauchsmaschine ohne Bedeutung sind oder andere Lösungen erfordern. Anders ausgedrückt: Das Leistungsplus bringt keine größeren Sicherheitsreserven mehr.

5. Unter diesem Gesichtspunkt ist auch die mit hohem technischen Aufwand und unbestreitbar großem konstruktiven Ideenreichtum gestartete Einführung des Turboladers mit einiger Skepsis zu betrachten. Die eigentliche Aufgabe des Turboladers ist doch darin zu sehen, aus einem gegebenen Hubvolumen und in einem gegebenen Bauraum ohne komplizierte Zusatzapparate und ohne merkliche Gewichtszunahme eine höhere Leistung herauszuholen. Theoretisch konnte sogar durch die Ausnützung der Abgase eine Senkung des spezifischen Verbrauchs erhofft werden.

Die Abstimmung erwies sich bisher als schwieriger, als zunächst angenommen wurde. Noch ist es nicht gelungen, den Turbolader-Motor leichter und kleiner zu bauen als einen größervolumigen Saugmotor gleicher Leistung, noch liegt der Verbrauch höher, noch läßt der Leistungsverlauf ebenso zu wünschen übrig wie der ruckfreie Leistungseinsatz – aber wir sind ja trotz reichlicher, wenn auch nicht unmittelbar zu übertragender Erfahrungen im Automobil-Motorenbau erst am Anfang der Entwicklung, und vielleicht bringt auch hier die Wunderwelt der Elektronik den Durchbruch. Es geht dem Turbolader ähnlich wie dem automatischen Getriebe: Auch hier ist der sanfte Leistungseinsatz das entscheidende Kriterium.

6. Es ist ein auf die Dauer unhaltbarer Zustand, daß die Entwicklung der Grand-Prix-Maschine ausschließlich der sportlichen Selbstbestätigung dient, zur l'art pour l'art entartet und dem notwendigen Trend im Bau von Serienmaschinen diametral zuwiderläuft. Hier sind die Internationalen Sportbehörden seit rund einem Jahrzehnt aufgerufen, die Leistung von Viertakt- und Zweitaktmotoren durch eine sinnvolle Verbrauchsbegrenzung einander anzugleichen und auf ein wirtschaftlich vertretbares Maß zu beschränken. Wenn heute eine schwere Maschine bei einem Autobahn-Durchschnitt von 120 km/h mehr verbraucht als ein mit vier Personen besetzter Wagen der kleinen Mittelklasse, dann zeigt das nur, daß unser Gefühl für Wirtschaftlichkeit stark verkümmert ist.

7. Auch im Geländesport führt die ständige Verschärfung der Geländeschwierigkeiten bis zur Unbefahrbarkeit oft zu einer ungerechten Verschiebung der echten Auslesekriterien, aber hier muß eben von Fall zu Fall durch eine vernünftige Anpassung der geforderten Geschwindigkeit an Wege- und Witterungsverhältnisse für eine gerechtere Wertung gesorgt werden.

8. Der Vorstoß in die höheren Geschwindigkeitsbereiche hat zwangsläufig zu einer zwar oft unvermeidlichen, aber doch sehr bedenklichen Steigerung der Maschinengewichte geführt. Vergessen scheint die Mahnung von Alois Wolfsmüller, der das erste Motorrad der Welt baute: »Das Gewicht des Motorrades soll im Verhältnis zum Gewicht des Fahrers in bescheidenen Grenzen bleiben.«

Ein hohes Maschinengewicht ist ja nicht nur beim Aufbocken oder Rangieren der Maschine ein Handicap und beeinträchtigt die Handlichkeit insbesondere bei niedrigen Geschwindigkeiten – es verändert auch entscheidend den Fahrstil: Aus dem mit leichtem Schenkeldruck durch die Kurve tanzenden Reiter wird der sorgsam zirkelnde Lenker.

Es sieht ganz so aus, als ob das »Wuchern mit den Pfunden« inzwischen weltweit erkannt worden ist, und es ist ein ermutigendes Zeichen, daß eine gelungene Gewichtseinsparung nun auch in der Werbung als Wertmaßstab Eingang gefunden hat.

9. Der Wunsch nach höchster Perfektion im Fahrverhalten konnte an einer unangenehmen Erscheinung nicht vorbeigehen, die durch die immer länger gewordenen Federwege und die immer weichere Federkennung zu einem Problem zu werden schien – dem Bremsnicken.

Die bisher vorwiegend verwendete Lösung ist ebenso primitiv wie in der Wirkung begrenzt: Durch den Bremsleitungsdruck wird ein Steuerkolben verschoben, der den Durchgang für das Dämpferöl beim Einfedern mehr oder weniger stark drosselt, so daß die volle Einfederung um etwa 0,5 – 1 sec verzögert wird. Die knallharte Dämpfung trägt natürlich nicht gerade zu einer guten Bodenhaftung des Vorderrades bei, und so verzichten die meisten Rennfahrer schon nach ganz kurzer Erprobung auf diese Gleichgewichtshilfe.

Sinnreicher, aber auch aufwendiger erscheint bei luftgefederten Tauchgabeln eine kräftige Erhöhung des Gabelinnendrucks während des Bremsvorganges. Grundsätzlich ist das Problem natürlich längst gelöst:Die Langarmschwinge oder die geometrisch entsprechend gestaltete Doppelschwinge richtet sich ja beim Bremsen auf und stellt sich bei richtiger Auslegung ohne übermäßige Verhärtung der Federung auf eine Gleichgewichtslage ein. Auf dem gleichen Prinzip beruhen Antidive-Einrichtungen, bei denen der Bremssattel schwimmend auf einer Schwinge angeordnet ist, und die sich über Schubstreben am unteren Lenkkopf abstützen. Ihr einziger Nachteil: Sie sehen nicht gerade schön aus.

Das gefährdete Image

Noch nie in rund hundert Jahren seiner wechselvollen Geschichte hat der Motorradbau eine solche Fülle zukunftsweisender und zukunftsträchtiger Ideen ersonnen und in die Tat umgesetzt. Noch nie hat er, weltweit gesehen, wirtschaftlich eine so bedeutende Rolle gespielt und eine so sichere Infrastruktur

aufgebaut. Unter den vielen Möglichkeiten der sportlichen Freizeitgestaltung hat sich das Motorrad wieder einen festen Platz unverwechselbarer Prägung gesichert. Diese beeindruckende Renaissance ein Vierteljahrhundert nach einer fast tödlichen Krise zeigt, welch eine überzeugende Kraft in der Idee »Motorrad« steckt.
Aber diese durchaus begründete Selbstüberzeugung darf nicht zur Selbstüberschätzung führen. Die künftige Geschichte des Motorrades wird nicht durch das technisch Machbare, sondern durch das technisch, wirtschaftlich und fahrerisch Sinnvolle bestimmt. Die Begeisterung, mit der der Verfasser die großartigen Zeugnisse fortschrittlicher Motorradtechnik in diesem Buch analysiert und beschrieben hat, konnte ihn nicht davon abhalten, ja verpflichtete ihn dazu, schon im Vorwort auf die Risiken einer oft hemmungslos ausufernden Entwicklung mit Nachdruck hinzuweisen.
Gefahr droht aber noch aus einer anderen Richtung: Mit dem sprunghaft gewachsenen Anteil des Motorrades am Straßenverkehr ist nicht zu übersehen, daß der trennende Graben zwischen Freunden und Gegnern des Motors auf zwei Rädern wieder breiter und tiefer geworden ist.
Seiner ganzen Natur nach ist der Motorradfahrer ein Einzelgänger, dem es offenbar wenig ausmacht, als Außenseiter der Gesellschaft zu gelten, ja, der diese Sonderstellung durch den furchterregenden Astronautenhelm, durch die abenteuerliche Lederkleidung, durch das immer aggressiver werdende Styling und die futuristische Bemalung seiner Maschine noch betont. Er hält schon den Versuch für sinnlos, dem braven Bürger die großen Erlebnisse seiner Traumwelt, den brausenden Gesang des Fahrtwindes, den spielerischen Tanz durch die Kurven oder den Orgelton des Motors bei dem befreienden Sturm auf die Paßhöhe nahezubringen – der sieht darin doch nur den Ausdruck von pubertärer Phantasie.
Nun, es hat diese Frontstellung schon immer gegeben, aber die Gegner sind durch Bürgerinitiativen und stärkeres Umweltbewußtsein aktiver geworden, und die Zukunft des Motorrades wird nicht zuletzt davon abhängen, in welchem Umfang wir die tiefverwurzelte Abneigung überwinden und zu einem friedlichen Nebeneinander kommen. So einfach es klingt: Der beste Motorradfahrer ist immer noch der, der allein durch die Eleganz seines Fahrstils auffällt.

Motoren

Ein- und Mehrzylinder-Motoren

Einzylinder

Der in seinem einfachen Aufbau, seiner hohen Zuverlässigkeit, der problemlosen Unterbringung von Ein- und Auslaßsystem und seinem geringen Baugewicht unerreichte Einzylindermotor muß mit einer ganzen Reihe von konstruktiven Schwierigkeiten fertig werden. Vor allem mit der nur unvollkommenen Auswuchtung der hin- und hergehenden Massen von Kolben und Pleuel, die zu unangenehmen Vibrationen führt und die Drehzahl begrenzt, mit dem bescheidenen Rundlauf, der eine große Schwungmasse erfordert, und mit dem ungünstigen Verhältnis von wärmeabgebender Oberfläche zum Hubvolumen. Faßt man alle Kriterien zusammen – Leistung, Verbrauch, Gewicht – so ergibt sich für den Einzylinder ein optimales Hubvolumen von etwa 250 cm^3.

Weitgehende Vibrationsfreiheit, besserer Rundlauf, bessere Wärmeabfuhr und vor allem die gefahrlose Verwirklichung höherer Drehzahlen und damit

Der schwere Einzylinder
Die hemmungslose PS-Züchtung der Superbikes mit ihren wilden Drehzahlen und ihrem für ein gutes Handling unzumutbaren Gewicht hat zu einer gesunden Reaktion geführt: Vom Enduro-Sport gefordert und wiederentdeckt, findet der robuste, wartungsarme und übersichtliche Einzylinder auch wieder Eingang in die sportliche Straßenmaschine Die HONDA XBR 500 S übernahm von dem Enduro-Modell XL 600 R den Kurbeltrieb und den interessanten Antrieb der radialen Ventile mit einer obenliegenden Nockenwelle, leistet ungedrosselt 32 kW (44 PS), hat elektrischen Anlasser und Scheibenbremse vorn und wiegt als Straßensport-Modell vollgetankt 180 kg.

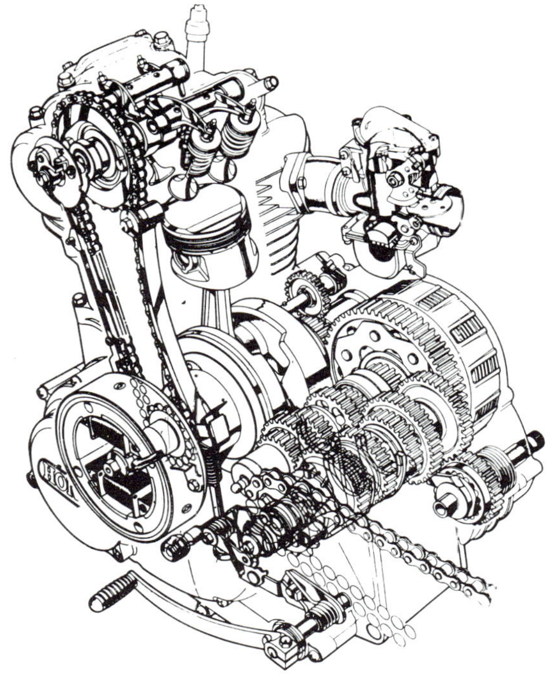

HONDA XL 250 S

Musterbeispiel eines modernen Einzylinder-Viertaktmotors: obenliegende, kettengetriebene Nockenwelle, vier Ventile über Kipphebel betätigt, Kurzhuber mit s : D = 0,78, Verdichtung 1 : 9,1, Höchstleistung (versicherungsbezogen) P_1 = 13 kW (17 PS) bei n_1 = 7 000 min^{-1}, M = 19,5 Nm bei n_2 = 5 500 min^{-1}, zwei kettengetriebene Ausgleichswellen, Mehrscheiben-Ölbadkupplung, Druckumlaufschmierung auch für das über Stirnräder angetriebene Sechsgang-Getriebe.

höherer Leistung sind die Gründe für den eindeutigen Trend zum Mehrzylinder-Motor.

Reihenmotoren

Der Reihenmotor mit zwei bis sechs Zylindern ist die einfachste und in der Herstellung preiswerteste Zylinderanordnung und daher in den letzten Jahren fast zur Standard- Bauweise geworden. Der Zweizylinder mit gleichlaufenden Kolben, der echte »Twin«, zeichnet sich durch eine gleichmäßige Zündfolge aus, hat aber die schlechte Auswuchtung des Einzylinders. Mit gegenläufigen Kolben, also mit um 180° versetzten Kurbelzapfen, werden die Massenkräfte 1. Ordnung voll ausgewuchtet, aber dieser Vorteil wird mit der ungleichmäßigen Zündfolge 180 – 540° erkauft. Durch den Abstand der Zylinderachsen entsteht darüber hinaus ein Kippmoment in der Kurbelwellen-Ebene. Um auch die Massenkräfte 2. Ordnung, die von der Winkelbewegung des Pleuels verursacht werden, auszugleichen, werden

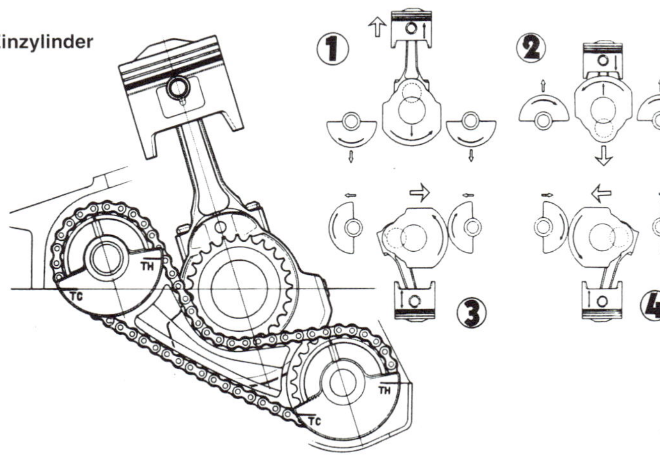

Ausgleichswellen beim Einzylinder

Der weitgehende Ausgleich der freien Massenkräfte eines Einzylinders wird durch zwei Ausgleichswellen angestrebt, die mit Kurbelwellen-Drehzahl, aber in entgegengesetztem Drehsinn laufen. Die Gegengewichte dieser Ausgleichswellen entsprechen 50% der Gegengewichte auf der Kurbelwelle. Die gleiche Anordnung der Ausgleichswellen gilt für den schwingungstechnisch ja gleichartigen Parallel-Zweizylinder mit gleichlaufenden Kolben (Twin).

Reihenmotoren bis zum Vierzylinder meist mit einer (oder zwei) mit doppelter Kurbelwellen-Drehzahl angetriebenen Ausgleichwelle ausgestattet. Vier- und Sechszylinder-Reihenmotoren vergrößern querliegend die Baubreite, längs eingebaut den Radstand und verlangen besondere Sorgfalt in der Kühlung der mittleren Zylinder und in der Gestaltung der Auspuffanlage. Bei Hochleistungsmotoren ist daher die Wasserkühlung im Vormarsch.

V-Motoren

Wegen der besseren Einbauverhältnisse gewinnen in den letzten Jahren V-Motoren als Zwei- und Vierzylinder wieder stark an Boden: Die geringe Baubreite, die recht gute Auswuchtung, die gute Führung von Einlaß- und Auslaßsystem, die meist recht gute Kühlung, der

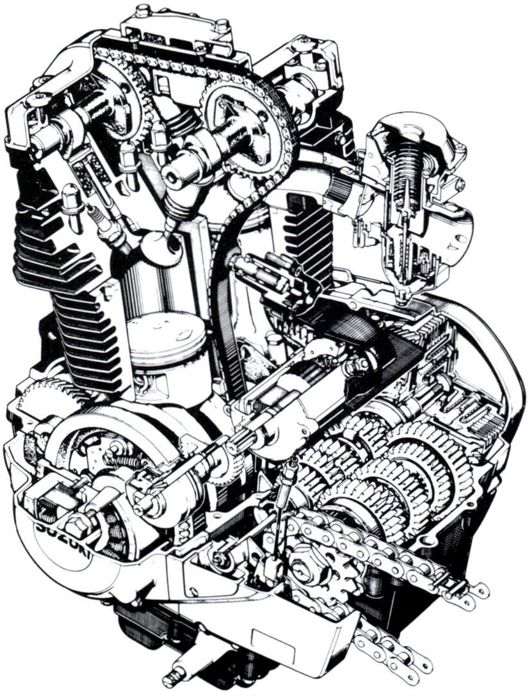

SUZUKI GR 650

Zweizylinder-Reihenmotor mit gegenläufigen Kolben

D = 77 mm ∅ P = 37 KW (50 PS)
s = 70 mm n_1 = 7200 min^{-1}
V_h = 651 cm^3 M = 51 N_m (5,2 mkg)
ε = 8,7 n_2 = 6000 min^{-1}

Zwei obenliegende Nockenwellen mit Tassenstößeln und zwei Ventilen.

Ventilzeiten:
Eö 36° v.oT Aö 53° v.uT
Es 52° n.uT As 35° n.oT

Der Schnitt durch den sehr kompakt gebauten Motorblock zeigt
- den Nockenwellenantrieb mit der automatisch vorgespannten Steuerkette
- die flachen Kolben
- die unterteilte Schwungmasse
- die vor dem Kurbelgehäuse liegende mit schräg verzahnten Stirnrädern 1:1 angetriebene Ausgleichswelle
- den organisch eingebauten Anlasser.

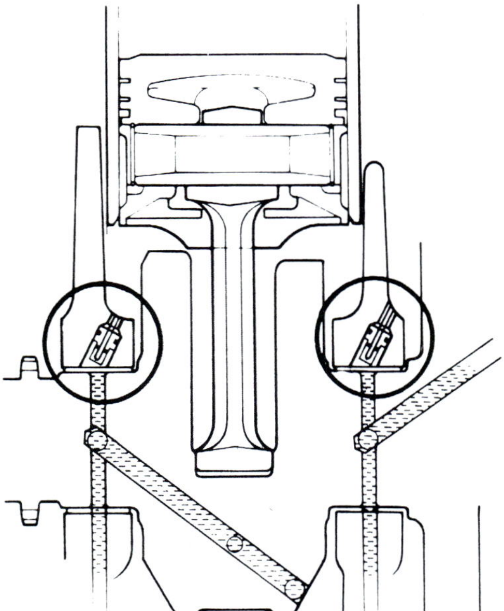

SUZUKI-Kolbenkühlung (Bild links)

Durch die schrägen Düsen über den Hauptlagern der Kurbelwelle wird das Öl zur Kühlung gegen die Zylinderwände und im UT gegen die Kolbenböden gespritzt.

Der schwere V 2-Zylinder

YAMAHA leitete 1980 mit der aus der XV 750 mit Kardanantrieb entwickelten 1000 cm^3 TR 1 die Renaissance des schweren V 2-Zylinders ein. Der kurzhubige 75°-V-Motor (s : D = 69,2 : 95 = 0,73) leistet P_1 = 51,5 kW (70 PS) bei n_1 = 6 500 min^{-1} und erreicht sein Höchstdrehmoment M_1 = 81 Nm (8,3 mkg) bei n_2 = 5 500 min^{-1}. Je eine, durch Zahnkette einmal rechts und einmal links angetriebene Nockenwelle betätigt die zwei Ventile. Der Monocoque-artige Stahlblech-Brückenrahmen hält den mittragenden Motor an den beiden Zylinderköpfen und dem Getriebegehäuse. Bemerkenswert die Cantileverschwinge mit zentralem de Carbon-Federbein und die in Gummihüllen laufende Kette.

leichte Kurbeltrieb und nicht zuletzt die gute Zugänglichkeit zu Kerzen und Vergasern sind handfeste Gründe für diese Entwicklungsrichtung, die ebenso wie die unverkennbare Rückkehr zum schweren Einzylinder in besonderen Kapiteln einzeln behandelt wird.

Boxermotoren

Die aufwendigste Bauart, der Boxermotor als Zwei- oder als Vierzylinder, bietet sich vor allem für den Quereinbau an und zeichnet sich durch niedrige Schwerpunktlage, vorzügliche Kühlung, vorbildliche Auswuchtung und beste Zugänglichkeit aus. Neben dem besseren Rundlauf, der größeren Unempfindlichkeit gegen hohe Drehzahlen und dem höheren Fahrkomfort bietet der Mehrzylinder auch Vorteile in der Geräuschdämpfung.

SUZUKI GSX 750 S

Reihen-Vierzylinder mit vier Ventilen je Zylinder, dohc, Ventilantrieb über Schlepphebel. Bemerkenswert das TSCC (Twin Swirl Combustion Chamber) System: Die angesaugte Luft wird durch Hilfskanäle zu einem Doppelwirbel gezwungen, der nach SUZUKI-Versuchen auch bei extrem armem Kraftstoff-Luftgemisch bis 1:19 noch eine einwandfreie Verbrennung zuläßt.

Zwei Riesen für den US-Markt

YAMAHA XVZ 12

Für den Kampf um den US-Markt der schweren Tourenmodelle trumpft die XVZ 12 mit zahlreichen Superlativen auf: Der wassergekühlte 70°-V-Vierzylinder (D = 76 mm ∅, s = 66 mm, V_h = 1198 cm^3) leistet mit einem Verdichtungsverhältnis ε = 10,5 P_1 = 71 kW (97 PS) bei n_1 = 7000 min^{-1} und erreicht das Drehmoment M_1 = 102 Nm (10,4 mkg) bei n_2 = 5000 min^{-1}. Vier Ventile, durch dohc über Tassenstößel betätigt, vier Fallstrom-Vergaser, zwei Ausgleichswellen, Fünfganggetriebe, luftunterstützte Tauchgabel mit antidive vorn, Monocross-Federbein hinten, zentral betätigte Scheibenbremsen, üppige Verkleidung mit viel Stauraum, aber auch ein Radstand r = 1617 und ein fahrfertiges Gewicht von 304 kg!
Mit dem Computer Levelling Air Suspension System (Class) kann die Federvorspannung der Tauchgabel und des Monocross-Federelementes vom Cockpit aus durch Luftdruck mit Knopfbedienung abgestimmt werden. Das Integral-Bremssystem arbeitet wie bei GUZZI.

SUZUKI LV 1200 Madura

SUZUKI ging die gleiche Aufgabe etwas sportlicher an: Der wassergekühlte Vierzylinder mit dem ungewöhnlichen 82°-V-Winkel (D = 78 mm ∅, s = 61 mm, V_h = 1165 cm^3) leistet beim gleichen Verdichtungsverhältnis P_1 = 86 kW (117 PS) bei n_1 = 9000 min^{-1} und erreicht M_1 = 109 Nm (11 mkg) bei n_2 = 6000 min^{-1}. Die dohc treiben je vier Ventile über Schlepphebel mit hydraulischem Spielausgleich an. Trotz der hohen Elastizität des Motors setzt SUZUKI sechs Gänge ein. Auffallend der flache Lenkkopfwinkel mit 60,5° und der große Nachlauf mit 116 mm. SUZUKI begnügt sich bei einem Radstand r = 1575 mm mit einem Trockengewicht von 245 kg, aber auch mit einem Minitank von 13 l.

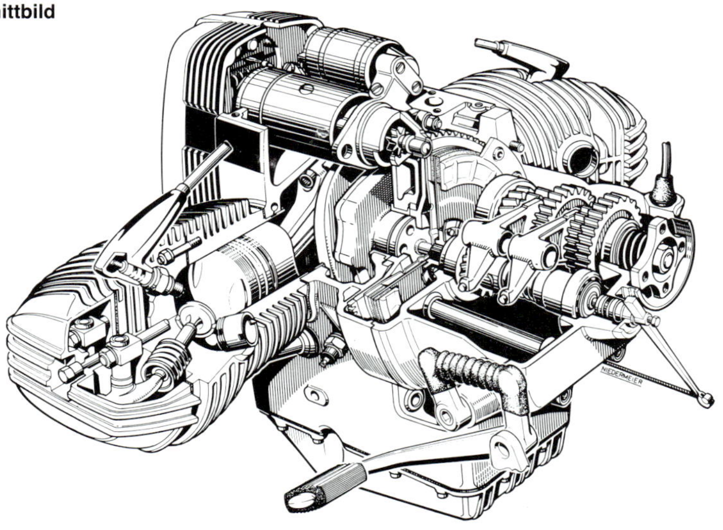

BMW R 80 Motor-Schnittbild

Zweizylinder-Boxermotor (D = 84,6 mm ∅, s = 70,6, V_h = 798 cm^3), gleitgelagerte Kurbelwelle, kettengetriebene Nockenwelle, Ventiltrieb über Stoßstangen und Kipphebel, Verdichtung 1:8,2, Höchstleistung P_1 = 37 kW (50 PS) bei n_1 = 6500 min^{-1}, Höchstdrehmoment M_1 = 57,Nm (5,9 mkg) bei n_2 = 4000 – 5000 min^{-1}.
Vorbildliche Kühlung, gute Auswuchtung, tiefer Schwerpunkt und beste Zugänglichkeit sind die Tugenden dieser Bauart.

QUERSCHNITT DURCH DIE MODELLREIHE

Die Modellreihe der Parallel-Zweizylinder reicht von der 125er HONDA CB 125 T bis zur XS 650 von YAMAHA, der GR 650 von SUZUKI und den ehrwürdigen 750ern von Triumph, die der Vierzylinder von der 231 cm^3 Benelli 254 bis zu den 1100ern von SUZUKI, HONDA und YAMAHA.
Der Reihen-Dreizylinder wird – endlich mit 120° Kurbelwelle – nur noch in der 981 cm^3 Laverda weitergebaut, der Reihen-Sechszylinder mit der 1047 cm^3 HONDA CBX, mit der wassergekühlten 1286 cm^3 KAWASAKI Z 1300 und mit der 906 cm^3 Benelli 900 SEI angeboten.

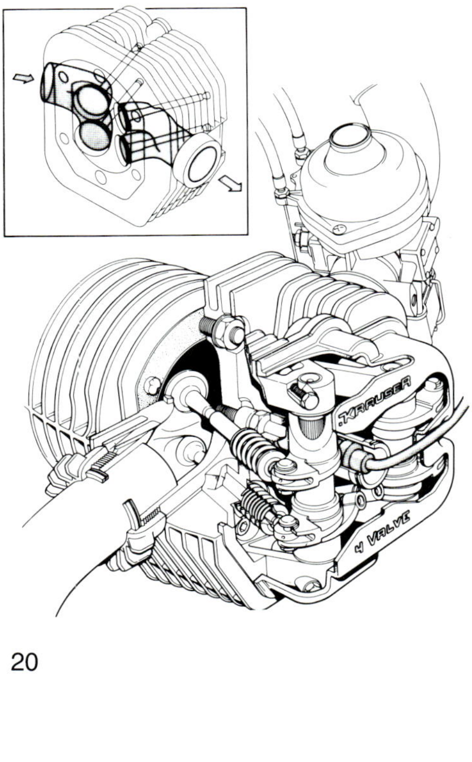

Krauser-Vierventil-Zylinderkopf

Mit dem Vierventilkopf für die BMW R 100 S erreichte Krauser ohne Gewichtserhöhung eine Verringerung der Baubreite um 35 mm. Durch den besseren Gasdurchgang der über nadelgelagerte Gabelkipphebel gesteuerten Ventile (Einlaß 37 mm ∅, Auslaß 31 mm ∅) und die Erhöhung der Verdichtung von 1:9,5 auf 1:10,2 stieg die Höchstleistung von P_1 = 51 kW (70 PS) bei n_1 = 7000 min^{-1} auf P_1 = 60 kW (82 PS) bei n_1 = 7300 min^{-1}, das Drehmoment von M_1 = 76 Nm (7,7 mkp) bei n_2 = 6000 min^{-1} auf 83 Nm (8,4 mkp) bei n_2 = 4000 – 6500 min^{-1}. Das Spiel der recht steil hängenden Ventile (Einlaßneigung 18°, Auslaßneigung 21°) wird über Excenterrollen eingestellt.

YAMAHA XJ 900 Motor

Der zweiventilige Vierzylinder-Reihenmotor mit dohc und Tassenstößeln arbeitet mit dem YICS (YAMAHA Induction Control System). Der Motorschnitt läßt unter dem Einlaßkanal einen Hilfskanal erkennen, der unmittelbar vor dem Ventilsitz mündet. Die einzelnen Hilfskanäle sind durch einen querliegenden Sammelkanal miteinander verbunden. Durch diesen engen Kanal wird von dem gerade öffnenden Einlaß Luft mit hoher Geschwindigkeit angesaugt, die die Drallwirkung im Zylinder unterstützt.

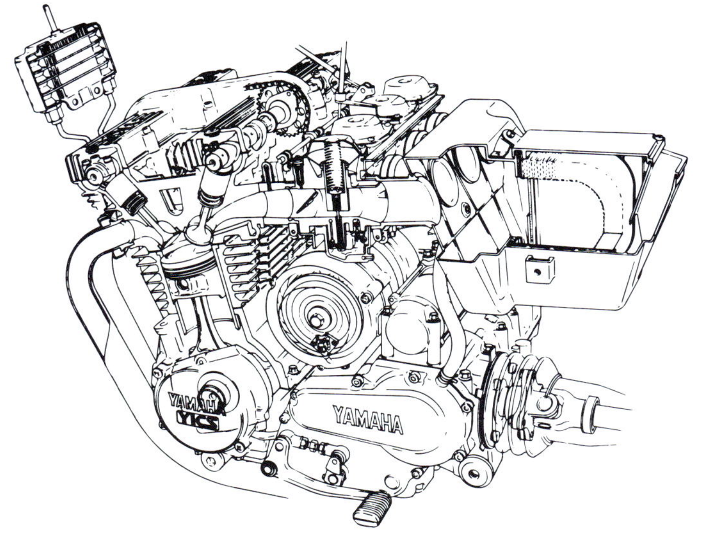

KAWASAKI Z 1300 Sechszylinder

Wasserkühlung und Langhub (D = 62 mm ∅, s = 71 mm, s : D = 1,12) sorgen dafür, daß sich die Baubreite des gewaltigen dohc-Reihensechszylinders in Grenzen hält. Die Leistung P_1 = 74 KW (100 PS) bei 7750 min^{-1} erreicht er gerade 1000 min^{-1} früher als der Einspritzmotor der Z 1100 GP, das beste Drehmoment M_1 = 106 Nm (10,8 mkg) schon bei n_2 = 6000 min^{-1} gegenüber M_1 = 86 Nm (8,7 mkg) bei n_2 = 7500 min^{-1} des Einspritzers.
Beide Motoren laufen mit Normalbenzin – der Einspritzer etwa 20% sparsamer.
Die massige, in der Linienführung aber sehr klare Maschine wiegt vollgetankt 322 kg!

HONDA-Sechszylinder-Motor

Der 1047-cm³-HONDA-Sechszylinder-Reihenmotor fällt durch seine gedrängte Bauart auf, die das Gewicht des Triebwerkblockes auf 108 kg begrenzt und trotz der mit D = 64,5 mm ∅ und s = 53,4 mm unterquadratischen Auslegung die Baubreite des Vierzylinders kaum überschreitet. Die 24 Ventile werden über Tassenstößel von zwei obenliegenden, in der Mitte geteilten und hohlgebohrten Nockenwellen betätigt. Die Auslaßwelle wird von der Kurbelwelle direkt über eine Zahnkette angetrieben, die Einlaßwelle über eine zweite kurze Zwischen-Zahnkette von der Auslaßwelle. Sechs Keihin-Gleichdruck-Vergaser mit 28 mm ∅ sorgen für freien Atem.

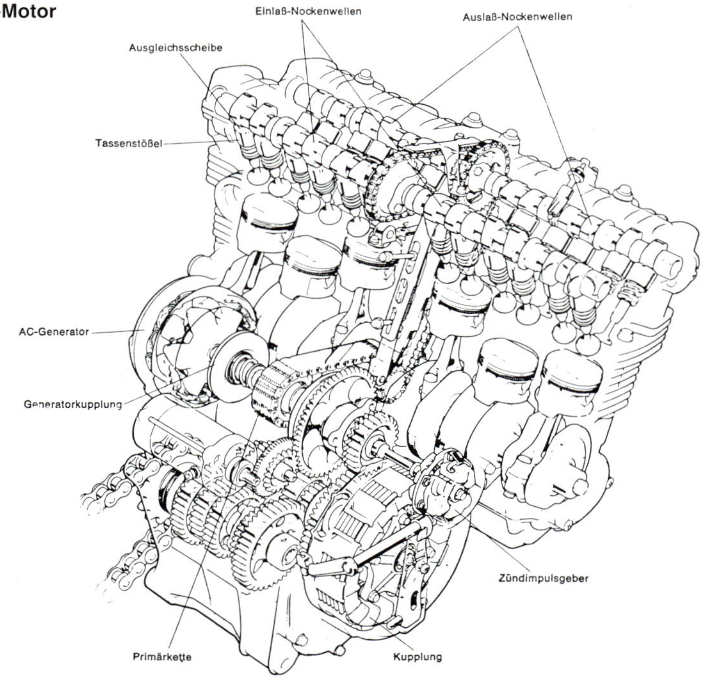

Bei einem Verdichtungsverhältnis von 1:9,3 wird eine Höchstleistung von 105 PS bei 9000 U/min^{-1} und ein Höchstdrehmoment von 8,6 mkp bei 8000 U/min^{-1} erreicht.
Von der in sieben Gleitlagern laufenden Kurbelwelle wird die Leistung über eine breite, geräuschlose Zahnkette zuerst auf eine Zwischenwelle, die die Lichtmaschine und den Zündunterbrecher trägt, und von ihr über Stirnräder auf die Hauptwelle des Fünfganggetriebes mit der im Ölbad laufenden Sieben-Platten-Kupplung übertragen.

Leistungsklassen

Aber die früher so übersichtliche, von der über Jahrzehnte geübten Klasseneinteilung im internationalen Sport abgeleitete Einordnung der Leistungsklassen nach dem Hubvolumen ist längst nicht mehr das wichtigste Kriterium. Durch die individuelle Anpassung der einzelnen Modelle an die Wünsche des Fahrers und an den bevorzugten Einsatzzweck sind die Grenzen der Leistungsklasse fließend geworden, und in Deutschland hat die Einteilung der Versicherungsklassen nach der effektiven Leistung – bis 7 kW (10 PS), bis 13 kW (17 PS), bis 20 kW (27 PS), bis 37 kW (50 PS) und über 37 kW (50 PS) – dazu geführt, daß sich in der beliebten Mittelklasse bis 20 kW Modelle von 250 cm³ bis über 500 cm³ tummeln, an ihrer Spitze die 400er Parallel-Zweizylinder der vier großen japanischen Werke.
Wer nun annimmt, daß der gleiche grundsätzliche Aufbau und die vorgeschriebene Nennleistung zu einer Uniformierung führen müßte, der unterschätzt den Ehrgeiz der japanischen Konstrukteure und ihren Drang zur individuellen Lösung.

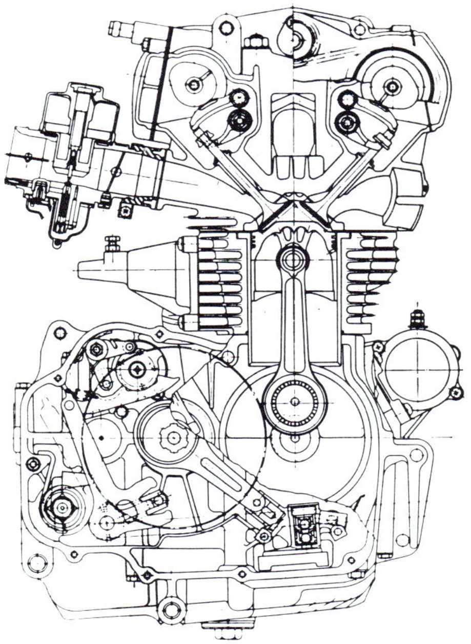

Ein verdienter Rückblick

Der berühmte Parallel-Zweizylinder der CB 450, mit der HONDA Jahre hindurch die Mittelklasse beherrschte. Die beiden obenliegenden Nockenwellen betätigen die im 90°-Winkel hängenden Ventile über Schlepphebel. Der auffallend niedrige Aufbau des Kopfes wurde durch Drehstab-Ventilfedern erreicht, die durch eine raffinierte Verbindung mit der Federhülse sehr kurz gehalten wurden, um in der Kapselung Platz zu finden. So kurze Ventile findet man sonst nur bei den früher klassischen Haarnadel-Ventilfedern oder bei desmodromischer Ventilsteuerung. Bemerkenswert auch die glatte Führung des Einlaßkanals und die Exzentergetriebene Kolbenölpumpe.

Auch die Hoffnung, die Drosselung von 30 – 35 kW (40 – 45 PS) auf 20 kW (27 PS) würde durch systematische Abstimmung von Ventilzeiten und Gasquerschnitten zu einer merklichen Senkung der Betriebsdrehzahl und damit des Geräuschpegels und zu einer kräftigen Erhöhung der Elastizität ausgewertet werden, wurde nur teilweise erfüllt. Noch immer liegen die Nenndrehzahlen der Höchstleistung bei n_1 = 7 000 bis 8 000 min^{-1}, noch immer wird das höchste Drehmoment der HONDA CB 400 N mit M_{max} = 27,5 Nm bei n_2 = 6 500 min^{-1} und das der SUZUKI GSX 400 E mit M_{max} = 28 Nm bei n_2 = 6 000 min^{-1} erreicht, aber die KAWASAKI Z 440 kommt auf stolze 32 Nm bei nur n_2 = 3 000 min^1 und die YAMAHA XS 400 bei der gleichen Drehzahl auf 31 Nm, sind also beide erfreulich elastisch.

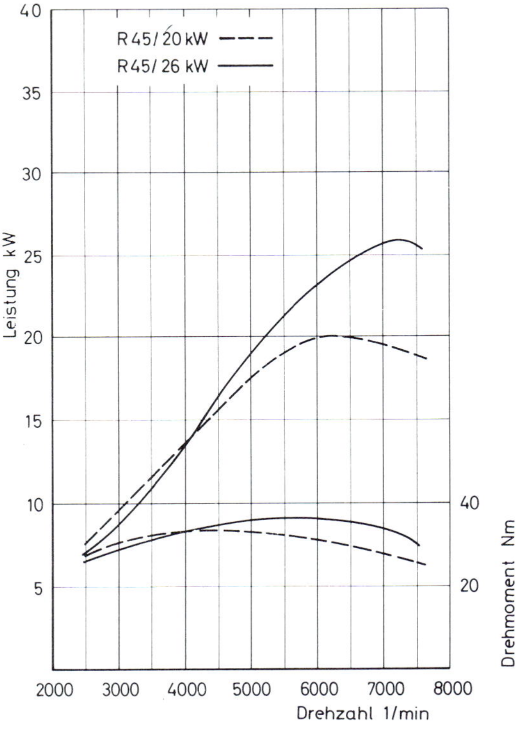

Drosselung und Leistungsverlauf

Der ungedrosselte 473-cm^3-Motor der R 45 erreicht seine Höchstleistung P_1 = 26 kW (35 PS) bei n_1 = 7 250 min^{-1} und ein Höchstdrehmoment M_1 = 37 Nm (3,8 mkg) bei n_2 = 5 500 min^{-1}.
Der gedrosselte Motor kommt auf P_1 = 20 kW (27 PS) bei n_1 = 6 500 min^{-1} und auf M_1 = 33 Nm (3,4 mkg) bei n_2 = 4 250 min^{-1} – ist also bei 23% geringerer Leistung deutlich elastischer. Nicht immer gelingt die Anpassung an die 20-kW-Grenze so problemlos.

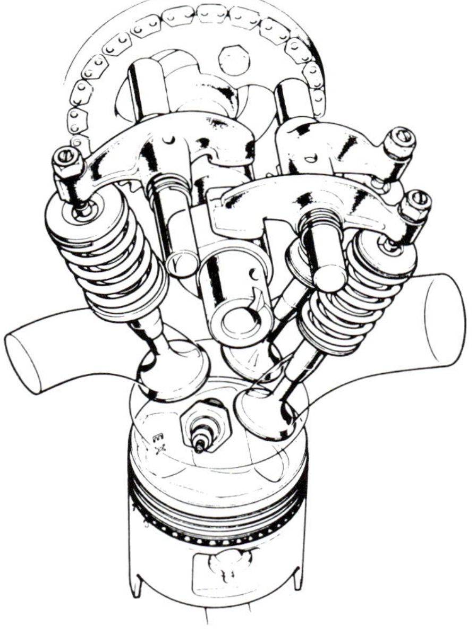

HONDA-Dreiventil-Motor

Nachdem es gelungen ist, mit den thermischen Problemen des hochbeanspruchten Auslaßventils fertig zu werden, kultiviert HONDA den Dreiventil-Motor. Der heiße Steg zwischen den beiden Auslaßventilen entfällt, die leichten Einlaßventile lassen sich für einen frühen Einlaßschluß nutzen und ergeben mit dem großen Einlaßquerschnitt einen guten Drehmomentverlauf, und schließlich ist mehr Platz für die Kerze – oder auch zwei Kerzen – da.

Kurbeltrieb und Ventiltrieb

Auch in der Gestaltung des Zylinderkopfes und des Kurbeltriebes gehen die vier Japaner eigene Wege:
Bei HONDA werden die zwei Einlaßventile und das eine Auslaßventil über eine Nockenwelle und Kipphebel betätigt und die Drosselung durch zahme Steuerzeiten erreicht. Die Kurbelwelle läuft auf Gleitlagern und zähmt die Vibrationen durch zwei kettengetriebene Ausgleichswellen.
Auch KAWASAKI arbeitet mit zwei Ausgleichswellen und mit einer Nockenwelle für die je zwei Ventile, aber die Kurbelwelle ist rollengelagert. Beide Motoren sind echte Twins – die Kolben laufen im Gleichtakt, der Zündabstand ist 360° kW.
Die Kurbelwellen der SUZUKI GSX 400 E und der YAMAHA XS 400 sind gleitgelagert, die Kolben gegenläufig, also ohne freie Massenkräfte 1. Ordnung, so daß sie sich mit einer stirnradgetriebenen Ausgleichswelle begnügen. Die je 4 Ventile der SUZUKI werden von den zwei obenliegenden Nockenwellen über gegabelte Schlepphebel betätigt, während die je zwei Ventile der YAMAHA mit Tassenstößeln arbeiten. Die Drosselung der Leistung wird durch veränderte Steuerzeiten, eine ärmere Vergaserbestückung und – vor allem bei YAMAHA – durch engere Einlaßkanäle erreicht.
YAMAHA sorgt durch das YICS-System – durch eine in den Einlaßkanal einmündende Nebenbohrung wird ein kräftiger Drall erzeugt – und SUZUKI durch das TSCC-System (Twin Swirl Combustion Chamber) – im Brennraum selbst wird durch schräges Anströmen der Einlaßventile ein kräftiger Doppelwirbel erzwungen – für eine gute Gemischaufbereitung und machen damit auch sehr arme Gemische zündfähig.

Leistungssteigerung und -grenzen

Haben die deutsche Versicherungsklasse bis 20 kW (27 PS) und die japanische Steuerklasse bis 400 cm^3 im Bereich der leichten Mittelklasse zu einer gewissen Straffung des Programms geführt, so sind die Grenzen bei den schweren Maschinen völlig ins Schwimmen geraten. Der gnadenlose Konkurrenzkampf zwischen den großen japanischen Wer-

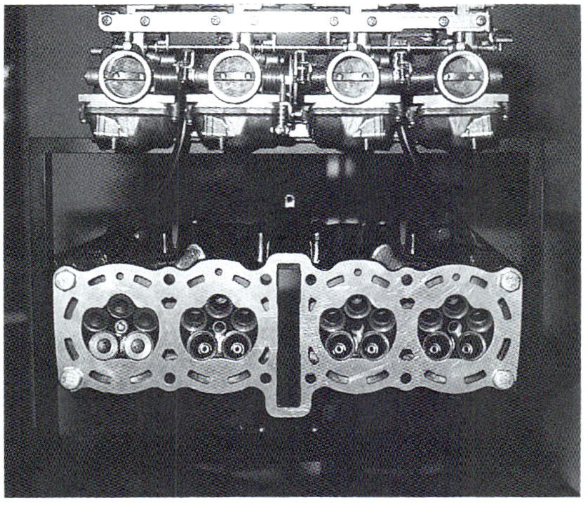

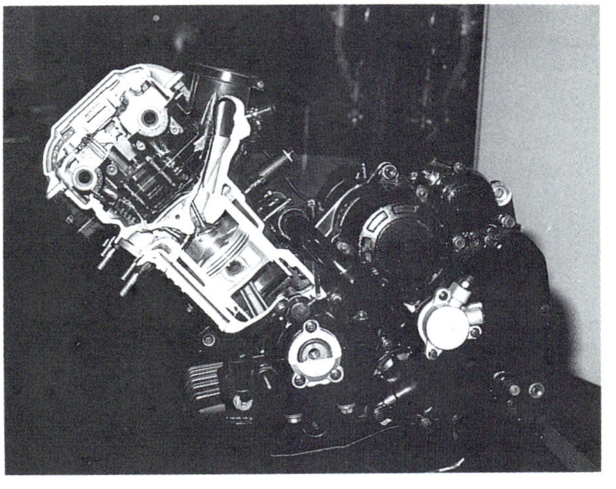

YAMAHA FZ 750 mit dem Fünfventilkopf

Mein genialer Freund, der schon legendäre Robert Eberan von Eberhorst, hat schon vor dem Krieg nachgewiesen, daß die beste Füllung bei einem kalottenförmigen Brennraum mit fünf Ventilen erreicht werden kann. YAMAHA hat diese Idee nach fast einem halben Jahrhundert nun zum ersten Mal im Vierzylinder-Reihenmotor der FZ 750 in die Serie übernommen.
Die konstruktive Meisterleistung ist darin zu sehen, daß die sehr steil hängenden Ventile direkt von zwei obenliegenden Nockenwellen betätigt werden. Der Schnitt durch den schräg eingebauten Motor läßt sehr gut die gerade Führung der Einlaßkanäle und die flache Kalotte des Brennraums erkennen.
Der Blick in den Brennraum zeigt die Anordnung der drei 21-mm-∅-Einlaßventile und der zwei 23-mm-∅-Auslaßventile. Darüber die vier 34-mm-∅-Fallstrom-Vergaser, denn die Einlaßkanäle verlaufen bei dem unter 45° geneigten Motor nahezu senkrecht.
Die schematische Zeichnung der Ventilanordnung läßt die unterschiedlichen Neigungswinkel der Ventile erkennen, mit denen die direkte Betätigung durch Tassenstößel erreicht wurde. Die beiden äußeren Einlaßventile sind um 17° 30′ geneigt, während die beiden Auslaßventile 13° 45′ angestellt sind. Sie stehen also wesentlich steiler als die üblichen Vierventiler mit etwa 20° und die Zweiventiler mit etwa 30° Neigung. Zusammen mit dem leicht konkaven Kolbenboden ergibt sich ein sehr kompakter Brennraum, der bei dem hohen Verdichtungsverhältnis $\varepsilon = 1:11{,}2$ und dem zentralen Kerzensitz mit einer ungewöhnlich geringen Vorzündung auskommt. Die 21-mm-∅-Einlaßventile sind leichter als die 23-mm-∅-Auslaßventile und haben einen etwas geringeren Hub. Sie kommen auf einen etwa 10% größeren Zeitquerschnitt, der sich auch in der hohen Nenndrehzahl $n_1 = 10\,500\ \text{min}^{-1}$ ausdrückt. Leistung und Drehmoment liegen mit etwa 10% deutlich über den Werten der vergleichbaren Vierventil-Motoren.

ken hat dazu geführt, daß jedes neue Modell einer Marke umgehend mit einem Parallelmodell der anderen beantwortet wird, und das muß natürlich das Original übertreffen:
Der einfachste Weg ist natürlich die Vergrößerung des Hubraumes, und so wachsen die ursprünglichen 500er in abenteuerlich kurzer Zeit auf 550 cm^3, bald darauf auf 600 cm^3. Aus der 750er wird schnell eine 850er oder 900er, aber die hier gewonnenen paar PS werden durch den Verrat an der Modellkonstanz vom Käufer teuer bezahlt – von der zweifelhaften Ausreifung bis zu den Schwierigkeiten im Kundendienst und in der Ersatzteil-Versorgung, mit denen auch die Händler überfordert werden.
Aber auch von der anderen Seite wird das Typen-Programm für den Fahrer immer unübersichtlicher:
Man hat nun auch in Japan, wo sinnigerweise nur Maschinen bis 750 cm^3 verkauft werden dürfen, mit Recht erkannt, daß die losgelassenen Superbikes mit ihrer Leistung und ihrem Gewicht längst die fahrerisch auswertbaren Grenzen überschritten haben, und es ist daher nur zu begrüßen, daß die Konstrukteure in letzter Zeit eine Senkung des Gewichts und eine Verringerung der Hubräume anstreben. Es ist aber wenig überzeugend, wenn sie nun aus den kleinen Hubräumen mit allen Mitteln – mit hohen Drehzahlen, vier Ventilen, Doppelnockenwellen, Hochverdichtung – unter Vernachlässigung von Elastizität, Lebensdauer und Gestehungspreis die gleiche Nennleistung herauszukitzeln versuchen. Aus gesamtwirtschaftlichen Vernunftsgründen ist nur zu hoffen, daß diese verwirrende Modell-Politik bald zur Ruhe kommt und zu klaren Schwerpunkten zurückgeführt wird.

Hier sind vereinheitlichende Absprachen über die Grenzen hinaus dringend erforderlich, zu denen nicht allein die Dachverbände der Industrie, sondern auch die Behörden, Versicherungen, Händlerorganisationen, Sportverbände und nicht zuletzt die internationale Fachpresse aufgerufen werden.
Es ist sinnlos, jedes neue Modell als Denkmal einer vorwärts stürmenden Kreativität zu bejubeln, um es dann nach einem Jahr bei Erscheinen des Nachfolgers auf den Schrottplatz der Entwicklung zu verbannen. Wie lange der Käufer dieses immer schneller drehende Modell-Karussell mitmacht, wann seine vorwiegend emotionelle Bewertung durch eine nüchterne Abwägung von fahrerischem Gewinn und Kosten abgelöst wird, ist schwer zu sagen und hängt sicher von der allgemeinen wirtschaftlichen Entwicklung ab. Je früher dieses Karussell abgebremst wird, um so besser. Es geht um nicht mehr und nicht weniger als um die wirtschaftliche Zukunft des Motorrades selbst.
Im Augenblick scheint sich die endlose Modellreihe der schweren Maschinen um die Hubraum-Größen 550 cm^3, 650 cm^3, 750 cm^3 und 1 000 bis 1 100 cm^3 zu kristallisieren, aber das kann sich im Laufe weniger Jahre wieder verschieben. Eine Darstellung der konstruktiven Eigenschaften einiger Reihenmotoren aus den einzelnen Gruppen kann also nur als Momentaufnahme des heutigen Standes bewertet werden.
Von den beiden noch in der 650er-Klasse verbliebenen Parallel-Zweizylindern vertritt die nun schon seit 1968 gebaute YAMAHA XS 650 –

mit D = 74 mm ∅ Bohrung und
s = 75 mm Hub fast quadratisch –

den echten Twin mit gleichlaufenden

SUZUKI: Luftansaug-System

Das SUZUKI-System leitet Luft aus dem Venturi-Rohr des Gleichdruckvergasers über eine kurze Rohrleitung in eine Düse, die unmittelbar vor dem Ventilsitz mündet. Der mit hoher Geschwindigkeit eintretende Luftstrahl soll den Gemischstrom zu einem schraubenförmigen Wirbel zwingen und die Verbrennung beschleunigen. Versuche haben gezeigt, daß der übliche Grenzwert 1:16 für das Kraftstoff-Luftgemisch bei einwandfreier Verbrennung auf 1:19 abgemagert werden konnte.

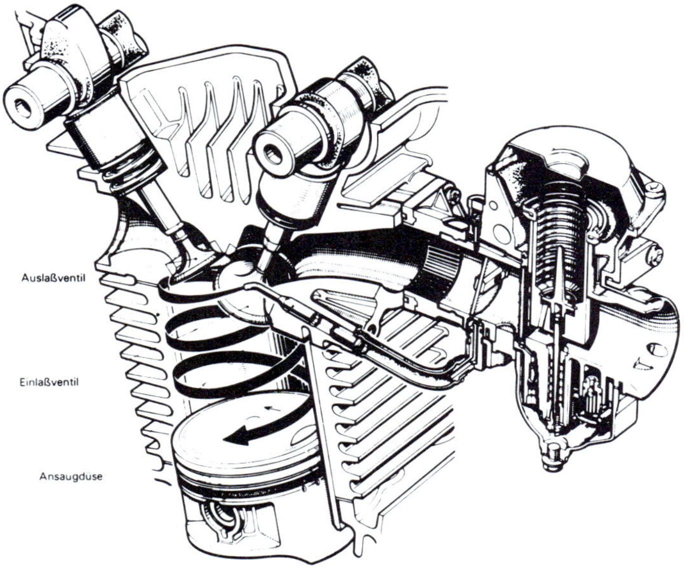

SUZUKI gibt in diesem Bereich eine Verbesserung der Kraftstoffausbeute um 20% an.

Kolben, während die modernere kurzhubigere SUZUKI GR 650 –

D = 77 mm ∅ Bohrung und

s = 70 mm Hub –

mit 180° Kurbelzapfenversatz und einer Ausgleichswelle arbeitet und die ungleichmäßige Zündfolge höflich als charakteristischen Zweizylinder-Sound umschreibt.

Wichtiger war für SUZUKI sicher die Gewichtsersparnis, denn der Gegenläufer erreicht bei völliger Auswuchtung der Kräfte 1. Ordnung mit nur einer Ausgleichswelle die gleiche Vibrationsarmut wie der Twin mit zwei Ausgleichswellen, baut also etwas leichter und kompakter.

Der Zylinderkopf des Doppel-Nockenwellen-Motors – die beiden Ventile werden durch Tassenstößel betätigt – zeichnet sich durch einen zusätzlichen engen Kanal unter dem strömungsgünstig geführten Einlaßkanal aus, der von einer Stelle im Mischrohr unmittelbar vor der Drosselklappe durch eine Luftdüse – zur weiteren Erhöhung der Strömungsgeschwindigkeit – Gemisch tangential an das Einlaßventil heranführt. SUZUKI gibt an, daß durch die damit erzeugte schraubenförmige Verwirbelung des Gemischs im Bereich kleiner Drosselöffnungen das Kraftstoff-Luft-Gemisch von dem üblichen Grenzwert 1:16 auf 1:19 abgemagert werden kann, und Leistung und Drehmoment auch im mittleren und oberen Drehzahlbereich merklich angehoben werden. Testberichte bestätigen den geringen Verbrauch, der natürlich auch auf das mit 178 kg günstige Gesamtgewicht der Maschine zurückzuführen ist.

Unterteilte Schwungmassen

Eine weitere bemerkenswerte Einzelheit des GR 650-Motors stellt die Unterteilung der Schwungmasse dar:

Unterteilte Schwungmassen der SUZUKI GR 650

SUZUKI verbessert den Rundlauf des Parallel-Zweizylinders mit 180° Kurbelversatz im niedrigen Drehzahlbereich durch eine zusätzliche Schwungmasse, die bei Drehzahlen unter n = 2500 min^{-1} über eine Fliehkraft-Kupplung kraftschlüssig mit der Kurbelwelle verbunden wird (oben).
Bei etwa n = 3000 min^{-1} klinkt sich die Zusatzmasse automatisch aus. Die kleinere Restschwungmasse verbessert die Beschleunigung und das Abbremsen des Motors beim Gaswegnehmen (unten).
Das kleine Bild links unten zeigt die Anordnung der Fliehgewichte.

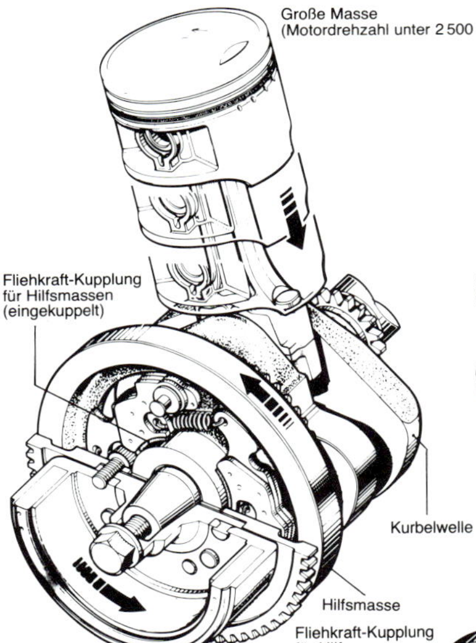

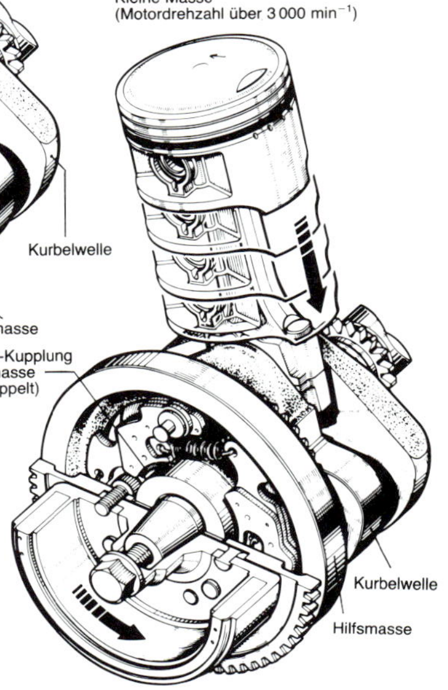

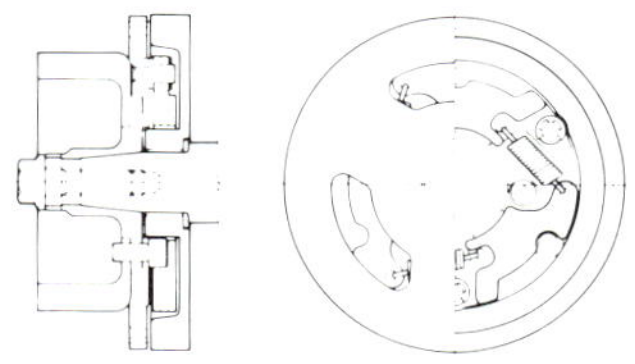

Auf der linken Kurbelwellenseite ist außer der schweren Masse des Generators eine zusätzliche Schwungmasse angeordnet, die über eine Fliehkraft-Kupplung bei Drehzahlen bis etwa n = 2500 min^{-1} kraftschlüssig mit der Kurbelwelle verbunden ist und so für einen ruhigen Rundlauf mit kleinen Drehzahlschwankungen sorgt. Bei höheren Drehzahlen klinkt die Zusatzmasse aus, und die kleinere Schwungmasse verbessert nicht nur die Beschleunigung, sondern unterstützt auch das Abbremsen des Motors, der besser am Gas hängt. SUZUKI verspricht sich auch hiervon eine Verminderung des Verbrauchs.

HONDA: Pionierarbeit am Reihen-Vierzylinder

HONDA, der Pionier des Reihen-Vierzylinders, beginnt seine Motoren-Palette 1983 bei 550 cm^3 mit einem nach den letzten Erkenntnissen konzipierten Hochleistungsmotor, um mit den 100 PS der Superbikes wenigstens auf kurvenreichen Strecken – durch das Mindergewicht um rd. 50 kg – einigermaßen Schritt halten zu können. Der kurzhubige CBX-Motor (D = 59,2 mm ∅ Bohrung, s = 52 mm, V_h = 574 cm^3) gibt seine Höchstleistung P_1 mit 44 kW (60 PS) bei n_1 = 10000 min^{-1} und sein höchstes Drehmoment M_{max} = 48 N_m

HONDA CB 1100 F

Mit der CB 1100 F zog HONDA einen – vorläufigen – Schlußstrich unter die erfolgreiche Entwicklung der vierventiligen dohc-Reihenmotoren. Der Motor leistet $P_1 = 74$ kW (100 PS) bei $n_1 = 8\,500$ min^{-1} und erreicht sein bestes Drehmoment $M_1 = 90$ Nm (9,2 mkg) bei $n_2 = 7\,000$ min^{-1}. Er liegt damit eindeutig besser als die VF-Motoren, die bei höherer Verdichtung für die gleiche Leistung und ein um 7 Nm niedrigeres Drehmoment 500 min^{-1} höher drehen müssen, allerdings etwas leichter sind.

bei $n_2 = 8\,000$ min^{-1} ab, ist also auch bei einer Literleistung $P_L = 105$ PS/L noch hinreichend elastisch. Die beiden obenliegenden Nockenwellen, nach HONDA-Art in der Blockmitte durch eine geräuscharme, mit einem aufwendigen Gestänge vorgespannte Zahnkette angetrieben, betätigen die vier Ventile je Zylinder über Schlepphebel, um die Einstellung des Ventilspiels durch Schrauben gegenüber Tassenstößeln zu erleichtern. Der mit 38° recht enge Spreizwinkel der Ventile führt zu einem kompakten Dachbrennraum und ermöglicht die Unterbringung großer Ventildurchmesser (Einlaß 23 mm ∅, Auslaß 20 mm ∅).

Besondere Maßnahmen für eine Verwirbelung im Ansaugtrakt sind nicht vorgesehen, aber HONDA verspricht sich von der hohen Verdichtung im Zusammenwirken mit den Quetschflächen und vor allem von den neuentwickelten Zündkerzen mit weit vorstehender Elektrode eine merkliche Beschleunigung des Verbrennungsablaufs. Die Gleitlagerung für Kurbelwelle und Pleuel, das kompakte Kurbelgehäuse, die Leichtmetall-Zylinder mit Buchsen und das leichte, mit einer federgespannten Zahnkette angetriebene Zweiwellen-Getriebe tragen zu dem mit 67 kg erfreulich niedrigen Gewicht des Motorgetriebe-Blockes bei.

Die 3 l Öl werden bei $n = 7\,000$ min^{-1} 9 x/min durch den Motor und durch das Getriebe gejagt. Die Förderung zum Ölkühler erfolgt durch einen eigenen Rotor in der Ölpumpe. Die Auspuffrohre der äußeren Zylinder führen zu einem gegabelten Hosenrohr auf der linken, die der inneren Zylinder auf der rechten Seite, um entsprechend der Zündfolge eine gleichmäßige Abgasführung sicherzustellen. Vor den Schalldämpfern werden die beiden Hosenrohre durch ein Querrohr verbunden.

Das Modell CBX 650 ist mit 60 mm Bohrung und 58 mm Hub, $V_h = 656\ cm^3$ fast quadratisch ausgelegt. Der Motor leistet $P_1 = 55$ kW (75 PS) bei $n_1 = 9500\ min^{-1}$ und gibt sein höchstes Drehmoment $M_{max} = 59\ N_m$ bei $n_2 = 8000\ min^{-1}$ ab.

SUZUKI: Leichtbau und Innenkühlung mit Öl

Einen sehr ähnlichen Aufbau zeigen die neuen, konstruktiv identischen SUZUKI-Modelle GSX 550 und GSX 750, aber sie sind mit D = 60 mm ∅ bei s = 50,6 mm Hub, $V_h = 572\ cm^3$ und D = 67 mm ∅ bei s = 53 mm, $V_h = 747\ cm^3$, noch kurzhubiger ausgelegt.

Die GSX 550 leistet mit einer Verdichtung von 10,0 $P_1 = 47,5$ kW (64 PS) bei $n_1 = 10\,000\ min^{-1}$ und erreicht ein Höchstdrehmoment $M_{max} = 48\ N_m$ bei $8\,000\ min^{-1}$, die GSX 750 ES mit $\varepsilon = 9,6$ eine Höchstleistung $P_1 = 63$ kW (86

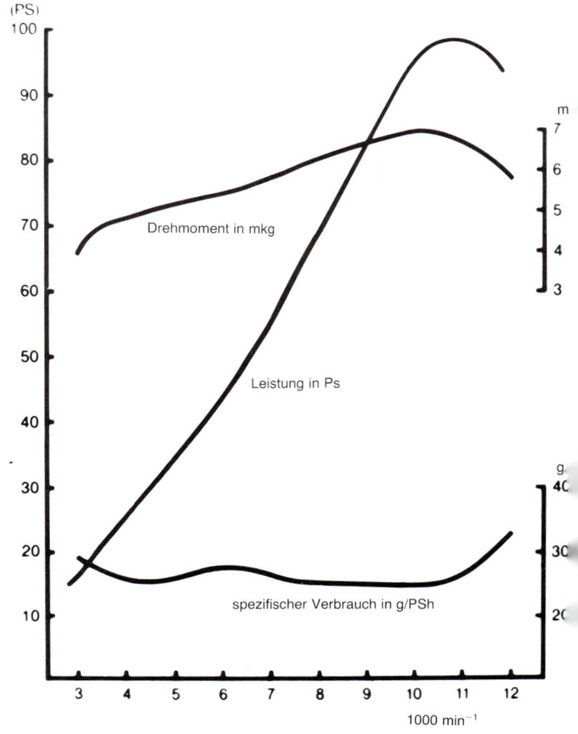

SUZUKI GSX R 750

Mit der SUZUKI GSX R 750 überschritt die erste 750er die 100-PS-Grenze, und der Tuning-Kit für 130 PS läßt ebenso wie das erstaunliche Trockengewicht von 176 kg und das optimal gestufte Sechsgang-Getriebe klar das Ziel erkennen: Die Langstrecken-Rennen mit der Hubraum-Grenze 750 cm^3.

Die kühne Klassifizierung »Hypersports« ist nicht übertrieben, denn der nur 75 kg leichte dohc-Reihen-Vierzylinder sprüht von neuen Ideen und setzt neue Maßstäbe. Die interessanteste Neuerung ist zweifellos die »innere« Ölkühlung, für die SUZUKI gegenüber dem nun schon klassischen wassergekühlten Motor eine Gewichtseinsparung von 3,5 kg angibt. Der Zylinder fällt schon durch die filigrane Verrippung auf. Der große Ölinhalt von 5,5 l wird mit 20 l/min von einer groß bemessenen Rotorpumpe in einem raffinierten Verteilersystem zu allen thermisch und mechanisch hoch beanspruchten Bauteilen, insbesondere zum Zylinderkopf, geführt. Bevor das zurückfließende Öl wieder in den Sumpf gelangt, wird es zu dem überdimensionierten Wabenkühler gedrückt, dessen Wirkung durch ein automatisch einschaltendes Kühlgebläse unterstützt wird. Die Schmierung des Sechsgang-Getriebes kommt dabei nicht zu kurz.

Der kurzhubige Motor (s : D = 48,7 mm : 70 mm ∅ = 0,7) erreicht in der Straßenversion eine Höchstleistung $P_1 = 73,5$ kW (100 PS) bei $n_1 = 11\,000\ min^{-1}$ und sein höchstes Drehmoment $M_1 = 66,5$ Nm (6,8 mkg) bei $n_1 = 10\,000\ min^{-1}$. Das eng gestufte Sechsgang-Getriebe wird verständlich. Wenn die vom Werk veröffentlichte Verbrauchskurve stimmt, liegt der spezifische Verbrauch zwischen 5 000 bis 11 000 min^{-1} bei 235 g/PSh (320 g/kWh). Ein Beweis, wie sparsam Hochleistungs-Viertakter arbeiten! SUZUKI weist vor allem auf die bessere Verteilung des Gemischnebels über den Querschnitt des Flachschieber-Vergasers hin.

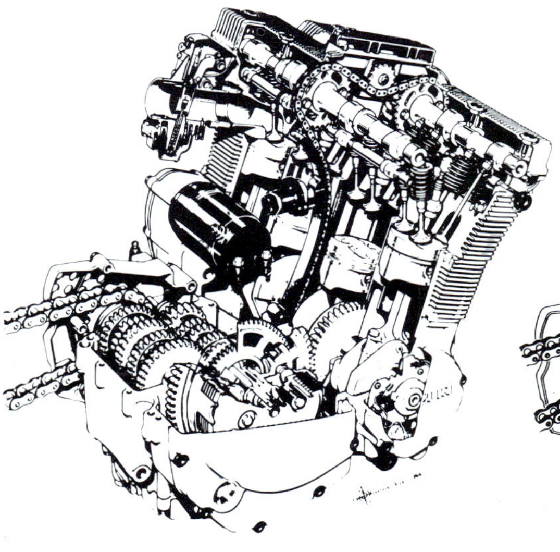

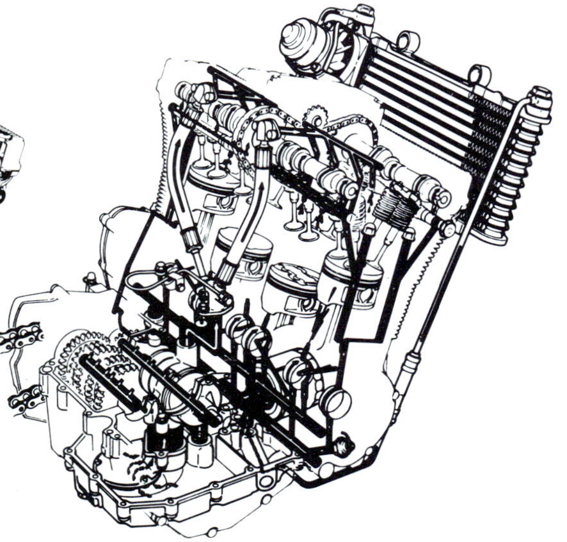

Die Filigranarbeit in der Weiterentwicklung zeigt sich auch im Nockenwellenantrieb: das hydraulisch stark vorgespannte Kettentrum wird beim Einlauf in das Kettenrad sorgfältig durch einen Kunststoffkeil geführt, und zwischen den beiden Kettenrädern sorgt nun ein Gegenrad für große Umschlingungswinkel. Auch der Rahmen läßt konsequenten Leichtbau erkennen: Das Widerstandsmoment des Leichtmetall-Vierkantrohres wurde durch Wülste an den Kanten erheblich erhöht, das Gewicht von den 17 kg des früheren Stahlrahmens auf 8,1 kg gedrückt. Durch die neue Hebelei der Full Floater-Hinterrad-Aufhängung wurde das kinematische Übersetzungsverhältnis in der Progression optimiert.

SUZUKI GSX 750 R – Einlaßtrakt

Die Flachschieber der Vergaser, von denen sich SUZUKI eine besonders gute Verteilung des Brennstoffs über den Querschnitt des Luftstromes verspricht, werden über eine gemeinsame Welle mit kurzen Hebeln betätigt. Die fast geraden Einlaßkanäle saugen aus einem Filterraum mit 8 l Inhalt, der zur Dämpfung der Pulsationen beiträgt.

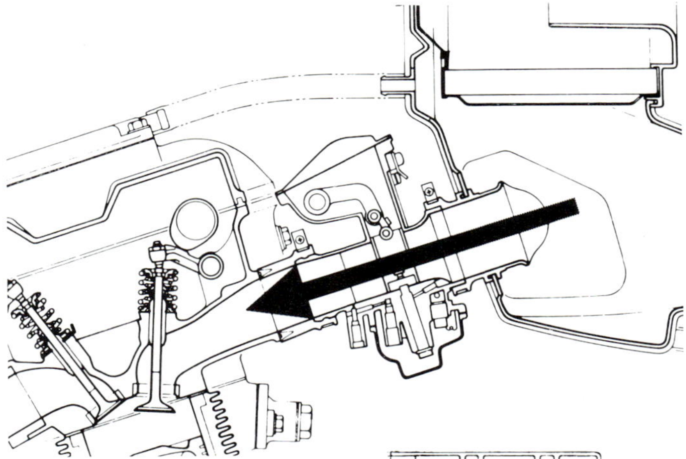

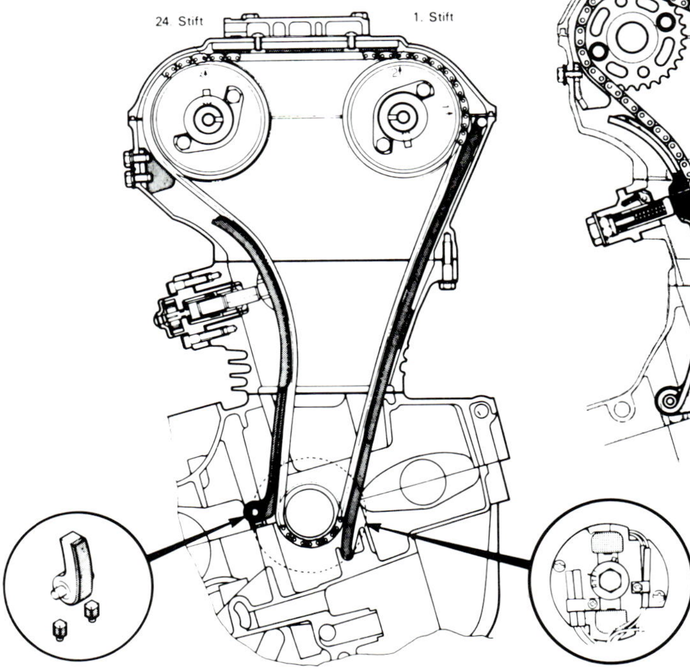

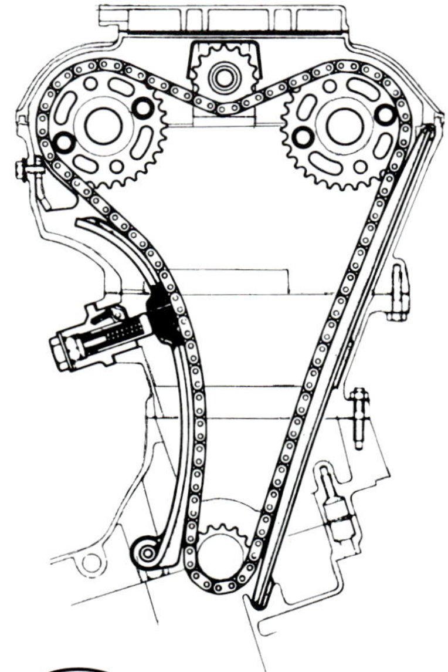

SUZUKI GSX 1100 – Steuerkette

Die Steuerkette der SUZUKI GSX 1100 wird sorgfältig geführt:
Ein hydraulischer Spanner mit automatischer Nachspannung drückt das linke Trum der Zahnkette über einen schwenkenden Bügel weit durch. Der Einlauf in das Kettenrad der Einlaß-Nockenwelle wird durch ein keilförmiges Kunststoff-Führungsstück gesichert, der saubere Lauf zwischen den Kettenrädern durch eine flache Schiene. Das rechte Trum wird durch eine nur schwach gekrümmte Kunststoff-Schiene am Peitschen gehindert.

SUZUKI GSX 750 R – Nockenwellenantrieb

Bei der SUZUKI GSX 750 R wurde die Führung der Nockenwellenkette weiter verbessert. Um größere Umschlingungswinkel zu erreichen, wird die Kette zwischen den oberen Kettenrädern über ein Gegenrad geführt.

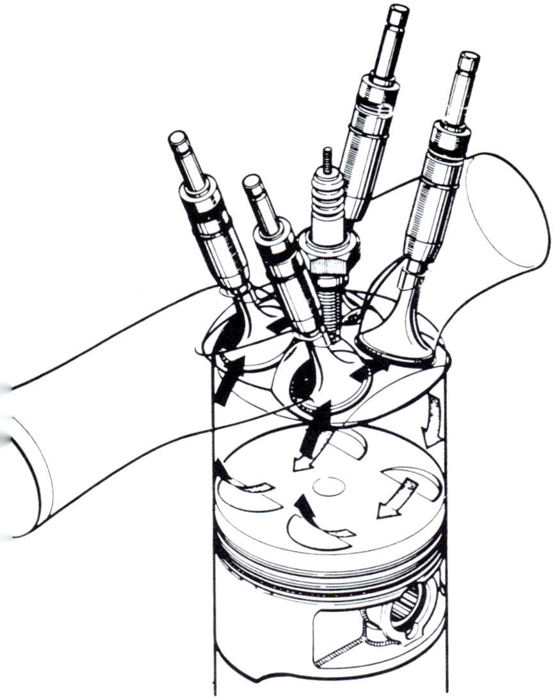

TSCC

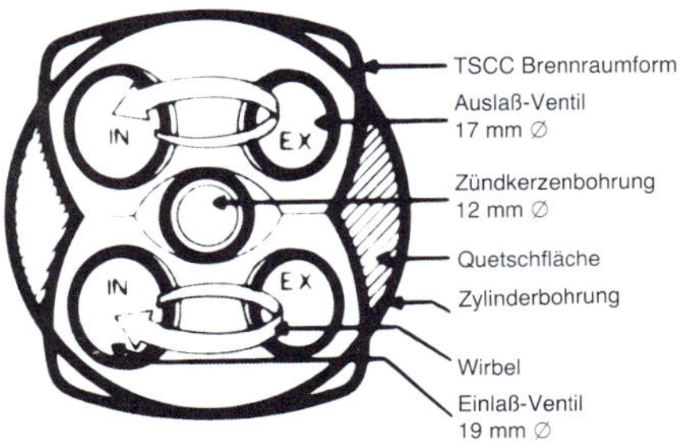

Neue TSCC Brennraumform

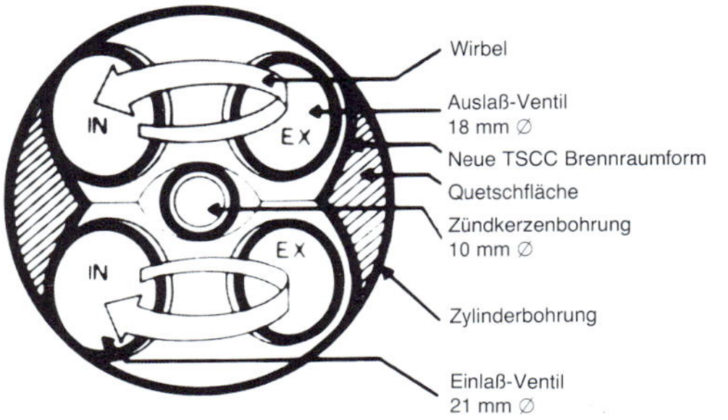

SUZUKI TSCC System weiterentwickelt

Der neue Zylinderkopf, mit dem der Hypersports-Motor der SUZUKI GSX R 750 auf 130 PS, also auf eine spezifische Leistung von 173 PS/l getrimmt werden kann, begrenzt die Totzone der Brennraumwand auf die Zylinderbohrung. Die Vergrößerung der Einlaßventile von 19 auf 21 mm ∅ und der Auslaßventile von 17 auf 18 mm ∅ ließ nur noch Raum für eine 10-mm-Kerze.
Der ähnlich gestaltete Kopf der neuen SUZUKI DR 600 S arbeitet mit zwei Kerzen.

PS) bei $n_1 = 9\,500\ \text{min}^{-1}$ und ein $M_{max} = 66$ Nm bei $8\,500\ \text{min}^{-1}$. Auch hier werden die beiden obenliegenden Nockenwellen durch eine federgespannte Zahnkette angetrieben, die vier steil hängenden Ventile über Schlepphebel betätigt. Das TSCC-System (twin swirl combustion chamber) erzeugt im Brennraum einen Doppelwirbel durch die kalottenförmige Aussparung der Zylinderkopf-

wand um die Einlaßventile und durch eine ausgeprägte Quetschzone auf der Auslaßseite. Das verspricht eine intensivere Verbrennung, durch die größeren Ventile eine bessere Füllung gegenüber dem Vorgängermodell.
Besonders stolz ist SUZUKI mit Recht darauf, daß beide Motoren in den Außenabmessungen erheblich kompakter und leichter geworden sind. An dem 750er Motor konnten im Gewich rd. 15 kg, am 550er Motor rd. 10 kg eingespart werden. Dabei entfielen 7,5 kg auf den Motor selbst – ein Beitrag waren die hohl gebohrten Nockenwellen – 1,5 kg auf das Auspuffsystem mit seinem verkürztem Schalldämpfer und rd. 1,4 kg auf den Übergang zu zwei Vergasern (!) mit ihrem leichten Luftfiltergehäuse.

KAWASAKI – seit jeher auf betont sportliche Auslegung eingeschworen – bleibt bei den Drillingen GPZ 550, GPZ 650 und GPZ 750, den von zwei obenliegenden Nockenwellen über Tassenstößel betätigten zwei Ventilen je Kopf treu, hält aber in Spitzenleistung und Drehmomentenverlauf spielend mit dem vier Ventilen Schritt. Ein Erfolg der vergrößerten Ventilquerschnitte und der sorgfältigen Abstimmung des Motors.

KAWASAKI GPZ 900 R

Mit der GPZ 900 R ist auch KAWASAKI auf die neue konstruktive Linie eingeschwenkt: Wasserkühlung mit nassen Buchsen im LM-Block, dohc mit Gabelschlepphebel für die je vier Ventile (Einlaß 28,5 mm ∅, Auslaß 24 mm ∅), Keihin-Gleichdruckvergaser 34 mm ∅, mit 16″-Vorderrad mit 120/80 V 16, 18″-Hinterrad mit 130/80 V 18, mit schlauchlosen Niederquerschnitt-Reifen.
Mit D = 72,5 mm ∅ und s = 55 mm erreicht der 901-cm^3-Motor bei einer Verdichtung 1:11 P = 74 kW (100 PS) bei $n_1 = 9\,500\ min^{-1}$ und $M_1 = 78{,}5$ Nm (8 mkg); bei $n_2 = 8\,500\ min^{-1}$.
Der Motor läuft mit einer Ausgleichswelle.
Die Verkleidung mit dem starken Anstellwinkel, der Lenkwinkel $\alpha = 61°$ und der Nachlauf n = 114 mm unterstreichen die sportlichen Ambitionen der Maschine, die durch eine ungewöhnliche Gewichtsverteilung auffällt: 123 kg der 249 kg Leergewicht, also 49 % liegen auf dem Vorderrad.

YAMAHA XJ 750

Die XJ 750 wurde aus der XJ 900 entwickelt und ist kennzeichnend für den Trend, im Hubvolumen und im Gewicht Maß zu halten.
Die Tauchgabel mit 150 mm Federweg verzichtet allerdings auf Anti Dive und Luftunterstützung. Die beiden hinteren Federbeine sind in Dämpfung und Federvorspannung abstimmbar. Der Kardanantrieb und die rahmenfeste Cockpit-Verkleidung entsprechen der XJ 900.
Der dohc-Vierzylinder erreicht $P_1 = 64$ kW (87 PS) bei $n_1 = 9000\ min^{-1}$ und $M_1 = 70$ Nm (7,1 mkg) bei $n_2 = 7000\ min^{-1}$, ist 1:9,8 verdichtet und kommt dennoch mit Normalbenzin aus.

YAMAHA FJ 1100

Der breit ausladende Vierkant-Stahlrohr-Rahmen läßt Arbeiten am Zylinderkopf des 1100 cm^3-Reihen-Vierzylinders ohne Ausbau des gummigelagerten Motors zu. Die kräftige Tauchgabel mit 41 mm Standrohr-Durchmesser und Leichtmetallbrücke zwischen den Gleitrohren und das in Federspannung und Dämpfung fünffach verstellbare, nach dem Monocross-System aufgehängte zentrale DeCarbon-Gasfederbein werden der Leistung des Superbikes ebenso gerecht wie die innen belüfteten Festsattel-Scheibenbremsen. Der breite 24-l-Tank baut durch den lateral-frame sehr flach und harmoniert mit der erfreulich niedrigen Sitzhöhe von 730 mm.

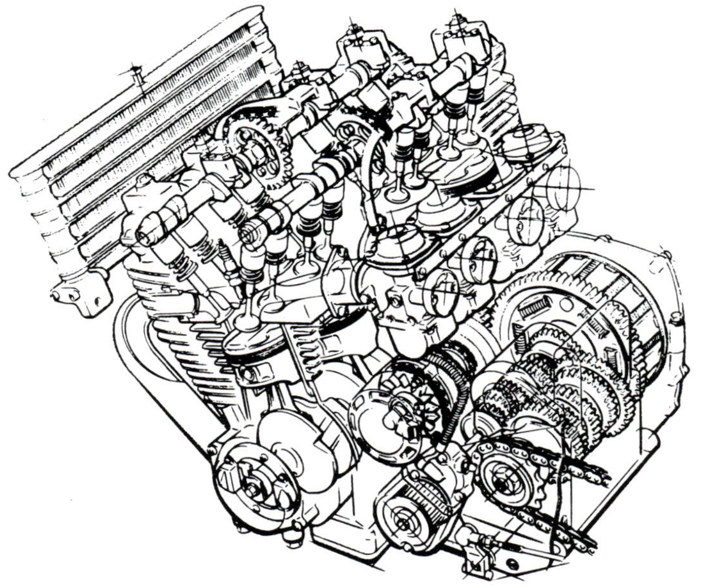

YAMAHA FJ 1100
Motor

Die beiden obenliegenden, mit einer automatisch gespannten Zahnkette angetriebenen, vierfach gelagerten Nockenwellen betätigen die 16 Ventile über Tassenstößel. Die Verlegung der zwangsgekühlten Lichtmaschine hinter den Zylinder hält den Reihen-Vierzylinder sehr schmal. Interessant ist das Schmiersystem, das bei nassem Sumpf mit zwei Ölpumpen arbeitet:
Pumpe 1 sorgt für den Kreislauf im Motor, Pumpe 2 fördert das Öl zu dem auffallend großen Ölkühler.
Die torsionsgedämpfte Mehrscheiben-Kupplung wird hydraulisch betätigt.

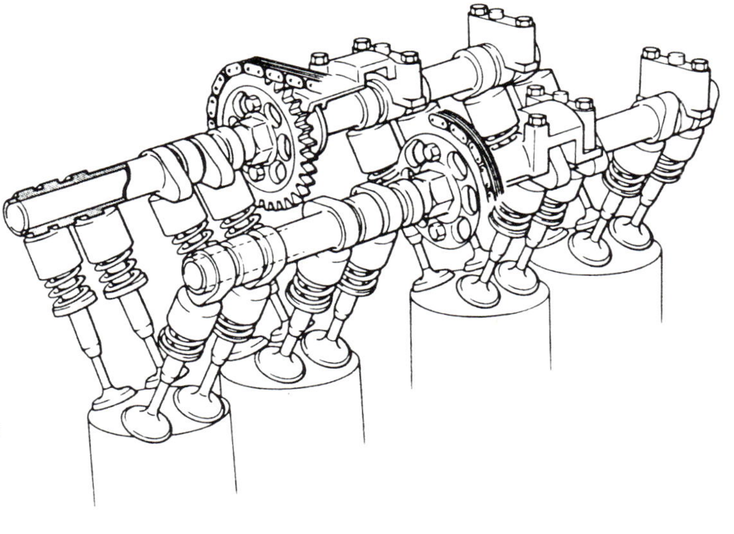

YAMAHA FJ 1100
Nockenwellen

Die 16 Ventile der YAMAHA FJ 1100 werden von den beiden obenliegenden Nockenwellen direkt über Tassenstößel betätigt.

Auch YAMAHA hält bei der XJ-Reihe – XJ 550, XJ 650 und XJ 750 – an zwei Ventilen je Kopf fest, betont aber trotz vergleichbarer Spitzenleistung durch ein breiteres Drehzahlenband mehr den Tourencharakter. Das dürfte nicht zuletzt auf das interessante YICS-Einlaßsystem (YAMAHA Induction Control System) zurückzuführen sein.
Neben dem Einlaßkanal liegen enge

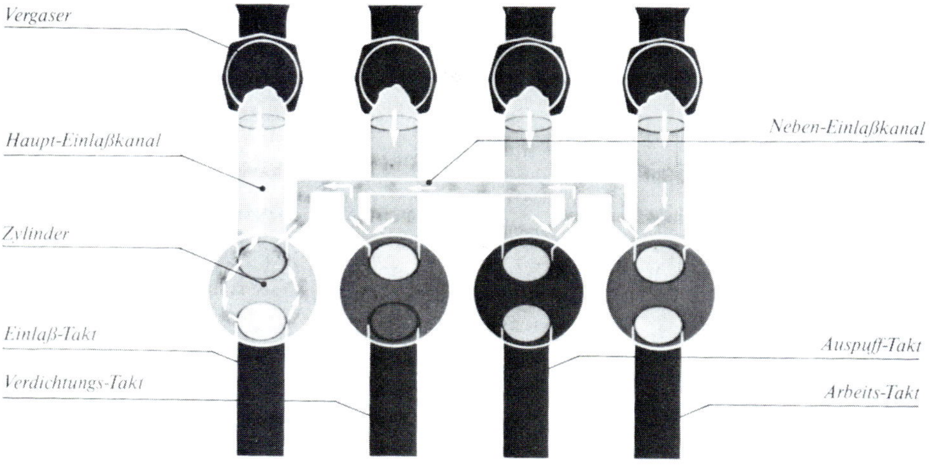

YAMAHA-Einlaßsystem YICS

Der YAMAHA-Inlet-Control-System (YICS) arbeitet mit einem zusätzlichen, sehr engen Einlaßkanal für jeden Zylinder, der unter der Ventilführung schräg in den Einlaßkanal mündet. Der schräg eintretende gebündelte Hilfsstrom zwingt den Hauptstrom zu einer spiralförmigen Bewegung und damit zu einer besseren Gemischverteilung im Brennraum. Die Hilfskanäle sind untereinander durch einen horizontalen Nebenkanal verbunden, aus dem der jeweils öffnende Zylinder zusätzlich stauendes Gas aus den Einlaßkanälen der anderen Zylinder ansaugt. YAMAHA gibt für diesen Doppeleffekt eine Kraftstoffersparnis bis zu 10% an.

Hilfskanäle, die durch ihre Winkelstellung die Hauptströmung nach oben gegen die Zylinderwände ablenken und zu einem Wirbel führen, der auch noch während der Verdichtung aufrechterhalten bleibt. Die einzelnen Hilfskanäle sind durch einen querliegenden Hauptkanal mit etwas größerem Querschnitt miteinander verbunden. Öffnet sich das Einlaßventil eines Zylinders – die Einlaßventile der drei anderen Zylinder sind in dieser Zeit ja geschlossen – so wird auch das Gemisch der anderen Zylinder durch das Hilfskanal-System angesaugt. Durch die engen Querschnitte soll das Gemisch auf höhere Geschwindigkeit als im Haupteinlaßkanal und damit auf höhere Strömungsenergie, also auch auf eine stabilere Drallwirkung kommen.

Freiwillige Leistungsbegrenzung

In einer gemeinsamen Absprache zwischen Behörden und Industrie wurde die Höchstleistung der Maschinen in der Bundesrepublik auf 100 PS begrenzt: Das reicht je nach Verkleidung und Haltung des Fahrers für eine Höchstgeschwindigkeit zwischen 215 und 230 km/h und je nach Gewicht und Drehmomentverlauf – und fahrerisches Können – für eine Beschleunigung unter 4 sec von 0 auf 100 km/h und zwischen 15 und 20 sec von 0 auf 200 km/h aus. Phantastische Werte, für die kritische Stimmen schon einen Waffenschein fordern, und es gibt in der Tat nur wenige Fahrer, die diese Leistungen auf unseren Straßen noch voll auswerten können.

Japan: Einheitlicher Grundaufbau

In der Konstruktion haben sich die vier führenden japanischen Hersteller auf eine recht einheitliche Formel festgelegt: Vierzylinder- Reihenmotor, luftgekühlt, zwei obenliegende Nockenwellen, Nenndrehzahlen um 8 500 min^{-1} und Verdichtungsverhältnisse zwischen 9 und 10. Nach Art des Hauses bleiben HONDA und SUZUKI bei vier Ventilen, KAWASAKI und YAMAHA zunächst bei zwei Ventilen je Zylinder, und auch in der Ventilbetätigung wird die Technik der kleineren Modelle übernommen. YAMAHA und SUZUKI setzen natürlich auch hier auf die Verbesserung der Verwirbelung im Brennraum durch die Hilfskanäle im Einlaß.

Trotz der großen Ähnlichkeit im Grundaufbau ist die Charakteristik der vier Superbike-Motoren recht unterschiedlich. HONDA und SUZUKI, die in ungedrosseltem Zustand rd. 120 PS entwickeln, zeigen unverkennbar die Abstammung von der erfolgreichen Langstrecken-Rennmaschine.

KAWASAKI, der Vorreiter der modernen 1-l-Vierzylinder, beweist mit besonders kultiviertem Laufverhalten den Nutzen einer jahrelangen Modellpflege. Eine entscheidende Rolle spielt hier natürlich die neue Digital-Fuel-Injection, mit der KAWASAKI das frühere System mit Luftmengenmessung durch Stauklappe abgelöst hat. Ein elektronisches Steuergerät errechnet die Einspritzmenge in Abhängigkeit von Last, Drehzahl und Lufttemperatur und schaltet die Kraftstoffzufuhr im Schubbetrieb ab.

Wie eine führende deutsche Fachzeitschrift diese zukunftsorientierte Entwicklungsarbeit als Modeerscheinung und Produkt der Benzinsparhysterie bezeichnen kann, bleibt schlicht unverständlich. Bei vergleichbarer Fahrleistung liegt der Durchschnittsverbrauch immerhin um 1 l / 100 km unter den Werten des Wettbewerbs.

Rd. 100 PS lassen sich, wie die HONDA CB 900 F und die YAMAHA YS 900 Strider beweisen, auch mit weniger als einem Liter Hubraum herausholen, wenn man sich nicht an einer Drehzahlerhöhung von 500 min^{-1} für Höchstleistung und höchstes Drehmoment stört und ein 10–15 Nm niedrigeres Drehmoment in Kauf nimmt.

KAWASAKI erkauft die 74 kW (100 PS) bei der Z 900 GP-R erstmalig mit vier Ventilen und einer gegenüber der Z 1 000 J von n_1 = 8 500 min^{-1} auf n_1 = 9 500 min^{-1} angehobenen Höchstleistungsdrehzahl. Das kleinere Hubvolumen ließ das Drehmoment von M_{max} = 86 Nm auf M_{max} = 78 Nm sinken, die Drehzahl von n_2 = 7 500 min^{-1} auf n_2 = 8 000 min^{-1} ansteigen.

BMW K 100: Der liegende Reihenmotor

BMW hatte gute Gründe, 60 Jahre am querlaufenden Zweizylinder-Boxermotor festzuhalten und damit im wahrsten Sinne des Wortes eine Klasse für sich zu bilden:

- die vollkommene Ausschaltung aller freien Massenkräfte 1. und 2. Ordnung
- die gleichmäßige Zündfolge
- die vorbildliche Kühlung
- die ausgezeichnete Zugänglichkeit
- die niedrige Schwerpunktlage
- der umlenkfreie Kraftfluß zum Wellenantrieb.

Es kann gar kein Zweifel darüber bestehen, daß diese Tugenden den Boxer-

BMW K 100

Mit der K 100 bereicherte BMW die Klasse der big bikes um eine richtungsweisende, neue Konstruktion – den liegenden Reihen-Vierzylinder mit elektronisch gesteuerter Kraftstoff-Einspritzung als mittragende Einheit mit dem Brückenrahmen. Pluspunkte: niedriger Schwerpunkt, kompakte Bauart, vorbildliche Zugänglichkeit und funktioneller Kräfteverlauf.

motor zur funktionell optimalen Zweizylinder-Bauart machen, und BMW hat dieses Prinzip in jahrzehntelanger, zäher Arbeit zu einer beeindruckenden Reife entwickelt. Gewiß, der Motor ist teuer, und der oft geforderte Übergang zur obenliegenden Nockenwelle warf Probleme in der Massenverteilung, bei der Kühlung und nicht zuletzt bei der Einhaltung der immer strenger werdenden Geräuschbestimmungen auf, aber es bestand und besteht nicht der geringste Anlaß, das bewährte Prinzip in der heutigen Leistungsklasse zwischen 30 und 70 PS aufzugeben.

Aber die Münchner hatten den Ehrgeiz, ein Flaggschiff in der Klasse der Superbikes mit 80 bis 100 PS zu bauen, und da war es nicht einfach, eine Bauart mit ähnlich überzeugenden Eigenschaften zu finden. Die nächstliegende Lösung, der Vierzylinder-Boxer, natürlich flüssigkeitsgekühlt, erwies sich bei den Prototypen als zu schwer und zu kostspielig. Der H-Motor mit zwei übereinanderliegenden Zylinderpaaren, wie er von

BMW K 100 Motor

Längs eingebauter, liegender Vierzylinder-Reihenmotor mit zwei obenliegenden, durch Ketten angetriebenen Nockenwellen. Ventilbetätigung durch Tassenstößel. Buchsenloser open-deck-Leichtmetall-Zylinderblock mit Scanimet-Beschichtung der Laufbahnen. Elektronisch gesteuerte Saugrohr-Einspritzung. Mikroprozessorgesteuerte Digital-Zündanlage.

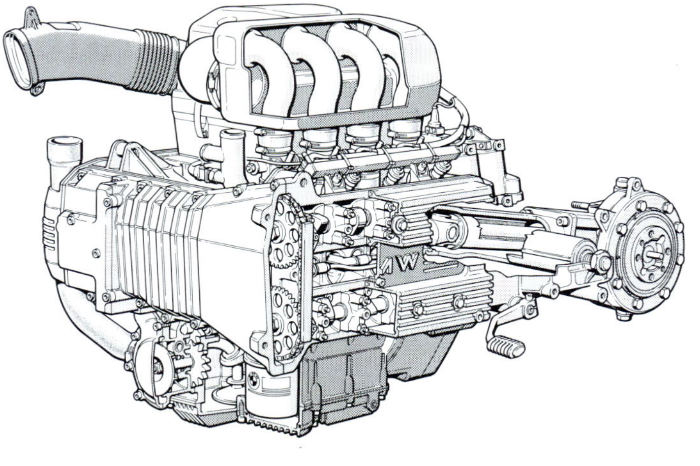

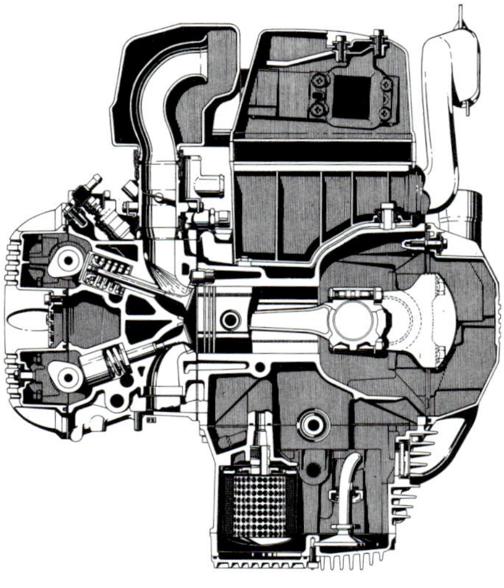

BMW K 100 Motorquerschnitt

Der Querschnitt zeigt die beiden obenliegenden Nockenwellen, die über Tassenstößel auf die steil hängenden Ventile (38°) wirken. Die elektronisch gesteuerte Einspritzdüse spritzt unter einem Winkel von 45° genau auf das Einlaßventil. Die flachen Kurzschaftkolben laufen in den mit Scanimet beschichteten Leichtmetall-Zylindern und tragen drei Ringe unterschiedlicher Form: Rechteckring als Kompressionsring, Schwachminutenring als Laufring und Dachfasen-Schlauchring als Ölabstreifring. Zylinderkopf und Zylinderblock (open deck) sind aus Leichtmetall-Kokillenguß, die restlichen Gehäuseteile aus wandstärkeoptimiertem Druckguß. Die im Gesenk geschmiedete und nitriergehärtete Kurbelwelle läuft hoch über dem Ölsumpf weitgehend abgedeckt in fünf Gleitlagern. Ölansaugglocke und Hauptstromölfilter liegen in der gut verrippten Ölwanne.

Brough schon einmal in wenigen Exemplaren gebaut worden war, bestach zwar durch die völlige Aufhebung des Motor-Rückdrehmoments, durch die Kompaktheit, die einfache Führung von Einlaß- und Auslaßkanälen, durch die Beibehaltung der Luftkühlung und die vollkommene Auswuchtung – aber der komplizierte Ventiltrieb, die beiden Kurbelwellen und ihre Kopplung durch Stirnräder waren sehr kostspielig. Besonderen Kummer versprach die Geräuscharmut der gekoppelten Stirnräder.

Das gleiche Problem tauchte beim flüssigkeitsgekühlten Quadratmotor auf, der durch seine Kompaktheit bestach, und hier wurde auch die strömungsgünstige Führung des Einlaß- und Auslaßsystems schwierig.

Der V-Motor führte – natürlich querlaufend – zu einer unzulässigen Baubreite im Kniebereich.

So blieb nur der Reihenmotor, aber der in dieser Klasse längst zum Standard gewordene Längsläufer erforderte eine Umlenkung des Kraftflusses zum Kardanantrieb – die Kette ist bei BMW natürlich tabu – und der stehende Motor störte durch den hohen Schwerpunkt. Gegen den schon atavistisch anmutenden längsliegenden Reihenmotor, wie ihn FN schon vor 80 Jahren baute und der in den USA noch in den 20er Jahren luftgekühlt in Mode war, sprachen die störenden seitlich weit herausragenden Bauteile von Einlaß und Auslaß.

So kam BMW fast zwangsläufig auf den längsliegend eingebauten flüssigkeitsgekühlten Reihenmotor und – durch geschickte Anordnung aller Nebenaggregate über und unter der Zylinderebene – zu einem überraschend kompakten Triebwerksblock. Der für eine Superbike mit r = 1511 mm recht kurze Radstand bestätigt die Berechtigung der Bezeichnung BMW compact-drive-System. Neben der gedrängten Bauart überzeugt vor allem die niedrige Schwerpunktlage und die einmalige Zugänglichkeit zu allen wichtigen Aggregaten.

Der leicht überquadratisch ausgelegte Vierzylinder (D = 67 mm ∅ Bohrung, s = 70 mm Hub, V_h 987 cm^3) ist 1:10,5 verdichtet und erreicht seine Nennleistung P_1 = 66 kW (90 PS) bei n_1 =

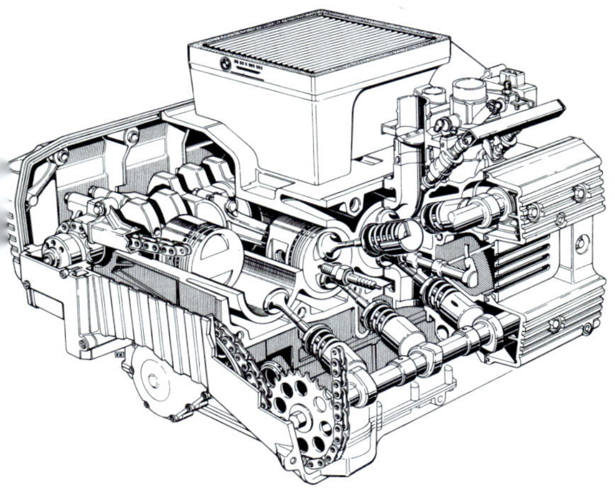

BMW K 100 Ventilsteuerung

Die beiden obenliegenden Nockenwellen aus nitriertem Schalenhartguß werden von der Kurbelwelle über eine vorgereckte, endlose Simplexkette angetrieben. Ein hartgummibeschichteter, hydraulisch betätigter Spanner hält die Kette, die durch eine doppelseitige Kunststoff-Führung im oberen Trum und eine kunststoffüberzogene Stahlschiene zwischen den Nockenwellen-Rädern vor Schwingungen bewahrt wird, stets auf Zug. Eine Quetschkante im Brennraum, die leicht gegeneinander verschobenen Ventilebenen und die dadurch erreichte mittennahe Lage der Zündkerze sorgen für eine gute Verbrennung. Gut zu erkennen sind die zusammengegossenen, von der Gehäusewand aber freistehenden, starkwandigen, buchsenlosen Zylinder und die flachen Kolbenböden.

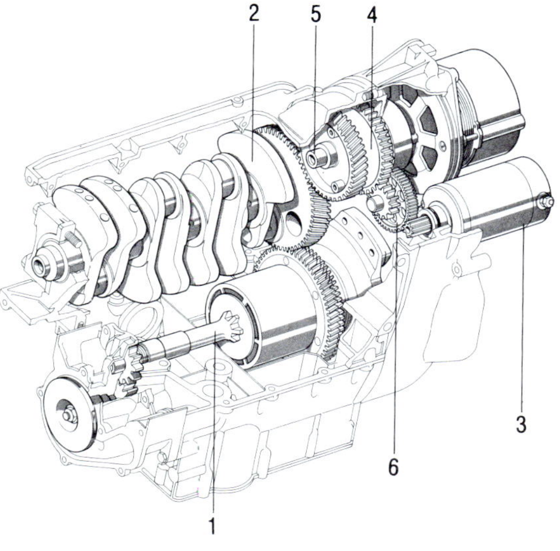

BMW K 100 Zusammenspiel der Wellen

Die wälzgelagerte Abtriebswelle (1) läuft über schräg verzahnte Räder mit gleicher Drehzahl in entgegengesetztem Drehsinn mit der Kurbelwelle (2) und hebt mit ihrer abgestimmten Masse das bei Drehzahlwechsel auftretende Rückdrehmoment des Motors weitgehend auf.
Der Anlasser (3) wird bei laufendem Motor durch einen Freilauf (4) auf der Nebenwelle (5) abgekoppelt. Das schrägverzahnte Rad auf dieser Welle übernimmt den Antrieb des Generators, während das durch den Freilauf abgekoppelte geradverzahnte Rad vom Anlasser beim Starten – mit einer Gesamtübersetzung 1:27 – über die Vorgelegewelle (6) angetrieben wird.

8000 min^{-1}, sein bestes Drehmoment $M_{max} = 86$ Nm bei $n_2 = 6000$ min^{-1} und damit eine sehr gute Drehzahlelastizität. Die in kräftigen Dreistoff-Gleitlagern laufende Kurbelwelle (Grundlager 45 mm ∅, Hubzapfen 38 mm ∅) treibt über ein Kettenrad auf dem vorderen Wellenzapfen über eine federgespannte Rollenkette die beiden obenliegenden Nokkenwellen an. Die unter einem Spreizwinkel von 38° hängenden Ventile (Einlaß 34 mm ∅, Auslaß 28 mm ∅) werden über Tassenstößel betätigt und sind nach den jahrelangen Erfahrungen in den Wagenmotoren seitlich gegeneinander versetzt. Das ergibt auch bei strömungsgünstigen, geraden Einlaßkanälen einen kräftigen, von ausgeprägten Quetschkanten wirksam unterstützten Drall der Strömung im Brennraum und eine günstige Anordnung der Kerze.

Ein schrägverzahntes Stirnrad auf dem hinteren Kurbelwellenzapfen treibt eine Nebenwelle an, die mit gleicher Drehzahl, aber im entgegengesetzten Drehsinn umläuft und vorn die Wasser- und Ölpumpe – hinten die Einscheibenkupplung trägt. Von dem zweiten Stirnrad wird eine zweite kurze Nebenwelle angetrieben, die die Kraftübertragung zum Generator und vom Anlasser übernimmt. Die entgegen dem Drehsinn der Kurbelwelle umlaufenden Massen der beiden Nebenwellen sind so bemessen, daß sie das Rückdrehmoment des Motors bei Drehzahlwechsel voll ausgleichen. Im Gegensatz zur 5fach in Dreistofflagern laufenden Kurbelwelle drehen Antriebswelle und Nebenwelle in Nadel- und Rillenlagern. Auch die hohlgebohrten Hartguß-Nockenwellen sind 5fach gleitgelagert.

Die Unterbringung der Verzahnung für den Primärantrieb auf der letzten Kurbelwange zeigt den konsequenten Kampf gegen jedes »arbeitslose« kg genauso wie die ganze Ausbildung des Leichtmetallblocks. Um Baulänge zu sparen, konnte BMW auf die langjährigen Erfahrungen mit den großen Sechszylinder-Wagenmotoren zurückgreifen und bei der guten Wärmeleitung des Leichtmetall-Kokillengusses die Zylinder ohne Wasserdurchgang zusammengießen – der Block ist nur 515 mm lang und 504 mm breit. Die Zylinder sind buchsenlos und mit SCANIMET, einer hoch abriebfesten Nickel-Siliziumkarbid-Schicht, bewehrt, die sich schon bei den Boxermotoren durch ihre geringen Reibungsverluste und durch den niedrigen Verschleiß bewährt hatte.

Der Motor arbeitet mit einer Naß-Sumpf-Schmierung: Die mit Motordrehzahl laufende Zahnradölpumpe – die untersetzt auch die im gemeinsamen Gehäuse laufende Wasserpumpe antreibt – drückt das Öl zum Hauptstrom-Ölfilter – der Bypass für zu hohen Öldruck ist mit einem eigenen Filter ausgestattet – und in den Hauptölkanal, der die Kurbelwellenhauptlager und – durch Bohrungen in der Kurbelwelle – die Pleuellager versorgt.

Ein zweiter Kreislauf führt vom Hauptölkanal zum hydraulischen Kettenspanner und über die vordere Nockenwellenlagerung durch die hohlen Nockenwellen zu den fünf Lagerstellen und zu den Fangschalen für die permanente Schmierung der Nockenbahnen. Über zwei groß bemessene Kanäle fließt das Öl drucklos in den Sumpf zurück. Das beweglich gelagerte Zahnrad der hohlen Arbeitswelle wird direkt von der Ölpumpe versorgt, die Wälzlager von Antriebs- und Nebenwellen erhalten Spritzöl. Die Motorentlüftung führt über ein Labyrinth in einen Ölabscheideraum und den Luftfilter.

Einen Schritt in die Zukunft bedeutet die LE-Jetronic, die elektronisch gesteuerte Einspritzung mit Schubabschaltung, auf dem Weg zu optimaler Leistung bei minimalem Verbrauch, gleichmäßigem Warmlauf und günstigen Abgaswerten. Die durch Feinstfilterung geschützte elektrische Rollenzellenpumpe fördert den Kraftstoff unter dem lastabhängig leicht differierenden Systemdruck von rund 2,5 bar über eine Ringleitung zu den Einspritzventilen. Die Einspritzmenge wird durch die Öffnungsdauer der Magneteinspritzventile durch ein elektronisches Steuergerät in Abhängigkeit von Ansaugvolumen, Motordrehzahl und Temperatur von Ansaugluft und Kühlmittel gesteuert. Die Einspritzung erfolgt bei jeder Kurbelwellenumdrehung gleichzeitig in alle vier Saugrohre und wird durch einen Zündimpuls ausgelöst.

Eine Sicherheitsschaltung stoppt das Einspritzsystem automatisch bei Motorstillstand, während die Schubabschaltung bis herab zu einer Drehzahl von 2000 min^{-1} wirksam bleibt.

Die 2,8 Liter Kühlflüssigkeit – 60 % Wasser plus 40 % Glykol, das nicht nur einen sicheren Gefrierschutz bietet, sondern vor allem den Siedepunkt heraufsetzt und so für einen besseren Kühlwirkungsgrad sorgt – werden von der im Ölpumpengehäuse untergebrachten Kühlmittelpumpe durch den Querstromaluminiumkühler gefördert, der an seinem Auslauf durch einen Thermostaten gesteuert wird, eine wirksame Anordnung, um Kaltwasserschäden beim schnellen Hochfahren des Motors zu vermeiden. Im kalten Zustand ist der Kühlmittelkreislauf durch Zylinderblock und Zylinderkopf kurzgeschlossen – der Kühler wird kontinuierlich über den mit der Mischtemperatur beaufschlagten Thermostaten hinzugeschaltet. Bei einer Flüssigkeitstemperatur von 95° C wird automatisch ein hinter dem Kühler angeordneter elektrischer Lüfter hinzugeschaltet. Bei 120° C gibt ein Überdruckventil den Weg zu dem mit einem Rücklaufventil ausgestatteten Ausgleichsbehälter frei. Ein transparentes Rohr am Ausgleichsbehälter dient zur Kontrolle des Kühlmittelstandes.

ENDURO – ODER ZURÜCK ZUR NATUR

Jahrzehntelang hat die Rennmaschine die Entwicklung des Motorrades vorgezeichnet. Die faszinierende Jagd nach PS und km/h wurde auf der meist glänzend vorbereiteten Rennstrecke vor einer jungen, begeisterten Zuschauermenge ausgetragen, zeigte hinreißende Kämpfe und klare Ergebnisse und war zweifellos der wirkungsvollste Werbeträger, der auch von außenstehenden, publicitybewußten Firmen hoch geschätzt und gefördert wurde. Gelände-Wettbewerbe, die die Entwicklung zur robusten, zuverlässigen Gebrauchsmaschine in sehr viel stärkerem Maße

KTM 495 MX

Motocross und Geländesport haben den Motorradbau in den letzten Jahren in stärkerem Maße beeinflußt als der reine Straßensport. So entstand ein ganz selbständiger Maschinentyp wie die KTM 495 MX: Den luftgekühlten, kurzhubigen Einzylinder-Zweitakter mit der imponierenden Bohrung von 92 mm ∅ (s : D = 0,8) und einer Leistung P_1 = 41,2 kW (56 PS) bei 6 400 min^{-1} sucht man in reinen Straßenmodellen vergeblich. Die luftunterstützte Marzocchi-Tauchgabel (0,8 bar) hat 300 mm Federweg, das White-Power-Zentralfederbein der nadelgelagerten Hinterradschwinge mit Pro-Lever-Aufhängung einen Radfederweg von 320 mm. Die Schwinge erreicht rd. 40 % des Radstandes. Das Federbein ist in der Federvorspannung und in der Druckstufendämpfung stufenlos, in der Zugstufe in 11 Stufen ohne Ausbau einzustellen. Der rotationsgeformte Kunststofftank faßt 14 l.

vorangetrieben haben, führten neben dieser glänzenden Schau ein Schattendasein.

Vergessen schien lange Zeit die Erkenntnis, daß der besondere Reiz des Motorradfahrens jenseits der großen Straßen, auf gewundenen Nebenstraßen, auf schmalen Feldwegen , auf kurvenreichen Berg- und Paßstraßen und im leichten Gelände lag, wo der Einspurer seine unerreichte Beweglichkeit ausspielen, seine Verbundenheit mit der Landschaft in sehr viel stärkerem Maße auskosten konnte als der Wagen. Gewiß, im übervölkerten Europa sind diesem Freiheitsdrang durch Fahrverbote, beengte Freiräume und – verständliche – Einwände der Umweltschutz-besorgten Bevölkerung enge Grenzen gezogen, und so ist es kein Wunder, daß der Ruf nach einer »off-road-Maschine« zuerst in den USA mit ihren großen Freiräumen laut wurde, ein begeistertes Echo fand und in kurzer Zeit zu einem ganz neuen Maschinentyp, zur ENDURO führte. Man hatte schnell erkannt, daß die von der Rennmaschine abgeleitete Sportmaschine mit ihrer überreizten Leistung, dem unelastischen, giftigen Motor und dem Zwang zum dauernden Gangwechsel, mit ihrem sturen Geradeauslauf und ihrer verkümmerten Handlichkeit und vor allem mit dem außer Rand und Band geratenen Gewicht wahrlich kein liebenswertes Gefährt für diese ursprüngliche Art des Fahrens war.

Leicht muß der Motor sein, mit bulligem Drehmoment, und handlich das Fahrwerk, vor allem robust – eben eine ENDURO.

Wiedergeburt der großen Einzylinder

Die große Zeit des großen Einzylinders, lange Zeit als »Dampfhammer« oder »Big Banger« verspottet und schon fast

MAICO GM 500

MAICO hat seit jeher Pionierarbeit im Motocross geleistet und mit der neuen Generation im Werk eine neue Generation von im Fahrwerk identischen Wettbewerbsmaschinen entwickelt. Die Luftkühlung wurde grundsätzlich von der Wasserkühlung, der Drehschieber durch einen Lamelleneinlaß und die Zeta-Link-Schwinge durch das weiterentwickelte Twin-Link-System abgelöst. Die im Bild gezeigte GM 500 (D = 86,5 mm ∅, s = 83 mm, V_h = 488 cm^3) leistet P_1 = 45 kW (61 PS) bei n_1 = 7 000 min^{-1}, die GM 250 (D = 67 mm ∅, s = 70 mm, V_h = 247 cm^3) kommt auf P_1 = 35 kW (47 PS) bei n_1 = 8 000 min^{-1}. Leichtbau hieß das vordringliche Ziel: Die 250er wiegt 98 kg, die 500er nur 102 kg. Der Hub der luftunterstützten Tauchgabel wuchs auf 305 mm, der der Hinterradschwinge mit in Zug- und Druckstufe getrennt einstellbarem Öhlins-»Piggy Pack«-Stoßdämpfer auf 350 mm!

YAMAHA XT 350

In der langen Reihe der Enduro-Modelle, die von der zweiventiligen XT 250 bis zur vierventiligen XT 600 reicht, ging die XT 350 erstmals auf den dohc-Antrieb für die Ventile und auf ein Sechsgang-Getriebe über. Der Motor leistet P_1 = 23 kW (31 PS) bei n_1 = 7 500 min^{-1} und erreicht sein Höchstdrehmoment M_1 = 29,4 Nm (3,0 mkg) bei n_2 = 7 000 min^{-1}. Das Doppelvergasersystem YDIS (Stufe I: Schiebervergaser 24 mm ∅, Stufe II: Gleichdruckvergaser 25 mm ∅) hat er mit den großen Schwestern gemein.

abgeschrieben, wurde Mitte der 70er Jahre von YAMAHA mit der XT 500 neu eingeleitet. Sie wurde zu einem beispiellosen Erfolg und lockte bald zahlreiche Nachfolger an. Der durch den unerwartet schnell wachsenden Markt einsetzende heftige Wettbewerb führte zu einer hektischen Weiterentwicklung, die noch lange nicht abgeschlossen ist.

Der Zug zum größeren Hubvolumen ist ebenso unverkennbar wie der Kampf um die optimale Zylinderfüllung, der in der ausschließlichen Verwendung von Vierventilköpfen mit ohc-Steuerung deutlich wird.

Auch der Vorreiter YAMAHA mußte diesem Trend nachgeben: Der erfolgreiche Zweiventiler der XT 500 wurde von 87 mm ∅ auf 92 mm∅ aufgebohrt und kam nun bei gleichbleibendem Hub s = 84 mm auf ein Hubvolumen V_h = 558 cm^3, und die XT 600 mit 95 mm ∅ stand bald auf der Abschußrampe.

Die vier Ventile werden von einer kettegetriebenen obenliegenden Nockenwelle über Kipphebel betätigt. Interessant ist das von YAMAHA neuentwickelte Doppel-Einlaß-System YDIS, das in der geschickten Kombination eines

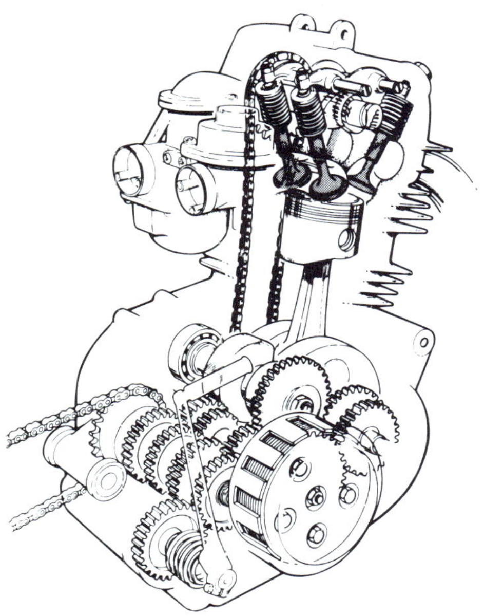

YAMAHA XT 600 Motor

Das Bild zeigt den Antrieb der 4 Ventile über eine obenliegende Nockenwelle und den Doppelvergaser.

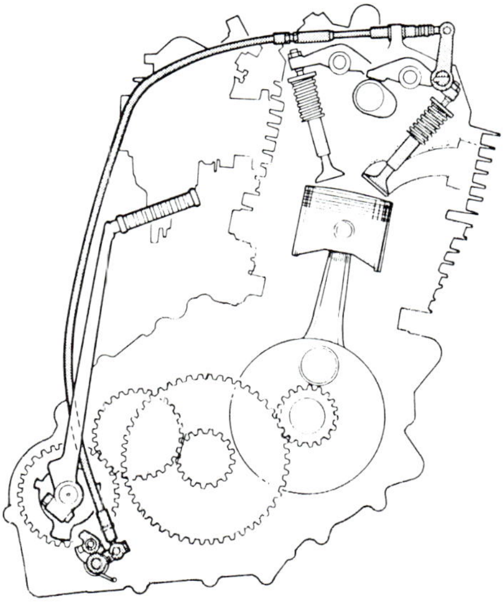

Automatischer Ventilheber

Um das Starten zu erleichtern, wird beim Durchtreten des Kickstarters an den YAMAHA-XT-Modellen ein Auslaßventil über einen auf 0,5 mm Spiel einstellbaren Bowdenzug und ein Hebelsystem leicht angehoben und die Verdichtung herabgesetzt. Damit wird in Verbindung mit der elektronischen Zündverstellung das unangenehme Zurückschlagen des schweren Einzylinders mit Sicherheit vermieden.

26 mm ∅ Kolbenschieber-Vergasers mit einem gleichgroßen Gleichdruck-Vergaser – mit gemeinsamem Schwimmergehäuse – besteht. Der Schieber-Vergaser beliefert vom Leerlauf bis etwa Halbgas nur das linke Einlaßventil, durch dessen außermittige Lage im Zylinder ein starker Drall entsteht. Beim weiteren Öffnen des Gasschiebers wird über ein zwischen den beiden Vergasern liegendes Gestänge die Drosselklappe des zweiten Vergasers mitgenommen, dessen von Unterdruck gesteuerter Schieber für einen lochfreien Übergang sorgt.

Der vorwärts geneigte Motor arbeitet mit einer Trockensumpfschmierung. Von dem unmittelbar hinter dem Lenkkopf angeordneten 2-l-Öltank fließt das Öl durch das vordere Rahmenrohr zu der Eaton-Pumpe, in der die 4 mm und 8 mm breiten Rotoren in einem gemeinsamen Gehäuse laufen. Die unvermeidlichen Vibrationen des großen Motors werden durch eine stirnradgetriebene Ausgleichswelle, zwischen Kurbelwelle und Getriebe angeordnet, abgebaut.

Die ENDURO-Fahrer müssen aus Gewichtsgründen auf die Annehmlichkeiten des Elektrostarters verzichten und sich erst wieder daran gewöhnen, einen großvolumigen Einzylinder mit dem Kickstarter zum Leben zu erwecken. Zur Erleichterung dieser fast ins Vergessen geratenen Morgengymnastik hebt der Kickstarter über einen kräftigen Bowdenzug eines der Auslaßventile leicht an und setzt so den Verdichtungsdruck herab.

Man hat auch daran gedacht, daß die Maschine im Gelände einmal umkippen könnte. Eine Kugel im Einfülldeckel des Kraftstofftanks rollt bei Überschreiten eines Neigungswinkel von 30° aus ihrer Nullage und schiebt den Sitz des Rückschlagventils nach oben. Bei flachliegender Maschine drückt der O-Ring des Ventils gegen den konischen Rand des Deckels, schließt die Belüftungsbohrung völlig und verhindert so das Ausfließen des Kraftstoffes.

Im Aufbau sehr ähnlich ist der Motor der XL 500 R von HONDA, auf den auch schon der stärkere XL 600 R wartete. Interessant ist, daß HONDA die Hubraumvergrößerung nicht durch einfaches Aufbohren von 89 auf 98 mm erzielte, sondern mit Rücksicht auf die hohe Nenndrehzahl den Hub auf 75 mm verkürzte und so auf satte 100 mm ∅ – die größte Bohrung im heutigen Motorradmotorenbau – kam. So blieb die

Kolbengeschwindigkeit mit $v_k = 15$ m/s bei $n_1 = 6000$ min^{-1} im zivilen Bereich und etwas sicherer gegen Überdrehen. Der HONDA-Motor, wie der XT-Motor um 15° nach vorn geneigt eingebaut, aber mit Naßsumpf-Druckumlauf für die kugelgelagerte Kurbelwelle und das nadelgelagerte Pleuel, arbeitet mit zwei kettengetriebenen Ausgleichswellen vor und hinter dem Zylinder. Der 32 mm ∅ Keihin-Schiebervergaser ist für den besseren Start mit einem Choke und für den Übergang mit einer Beschleunigerpumpe bestückt. Der Nocken auf der Kickstarterwelle hebt hier beim Antreten über Seilzug beide Auslaßventile kurzzeitig von ihrem Sitz. Beim Weiterdrehen der Kickstarterwelle läuft der Nokkenstößel wieder vom Anlassernocken ab und der Motor hat wieder volle Kompression.

SUZUKI stieg sehr früh mit der DR 370 in die Enduro-Klasse ein und zog nach einem kurzen Zwischenspiel mit der DR 400 schließlich auf ausgewachsene 499 cm^3 nach. Der Vierventil-Motor hat wie

SUZUKI DR 600 S mit Doppelzündung
Die steil hängenden Ventile zwingen die Gasströme in dem deutlich in zwei Schalen unterteilten Brennraum zu einem Doppelwirbel. Zwei 10 mm-Zündkerzen sorgen für kurze Flammenwege und kommen so mit geringer Frühzündung aus.

SUZUKI DR 600 S
SUZUKI schloß die Entwicklungsreihe der Enduro-Modelle mit einer in vielerlei Hinsicht bemerkenswerten Konstruktion ab: Der DR 600 S Vierventil-Motor mit dem TSCC-Brennraum beschleunigt das Durchbrennen des Gemisches durch zwei Zündkerzen. Der Vierkant-Flachschieber-Vergaser mit 38 mm ∅ spritzt beim plötzlichen Gasaufreißen mit dem in einem seitlichen Gehäuse laufenden Kolben Kraftstoff in den Ansaugkanal. Die beiden Ausgleichswellen werden durch Stirnräder angetrieben.

KAWASAKI KLR 600

Nach dreijähriger Entwicklungszeit stellte KAWASAKI 1983 mit der KLR 600 die erste wassergekühlte Enduro vor, eine Maschine mit vielen überraschenden Einzellösungen: Die vier im Winkel von 56° hängenden Ventile werden von zwei von Zahnketten getriebenen Nockenwellen direkt über Tassenstößel betätigt. Der Elektrostarter hat leichtes Spiel, denn das KACR-System (KAWASAKI-Automatic-Decompression-Reduction) öffnet unter $n = 900\ min^{-1}$ das rechte Auslaßventil mit einem Metallstift und setzt die Verdichtung auf 1:2 herab.
Zwei kettengetriebene Ausgleichswellen dämpfen die Vibration. Die 1,2 l Kühlflüssigkeit laufen durch zwei thermostatisch gesteuerte schmale Kühler.
Der auffallend glattflächige Motor ($D = 96$ mm ∅, $s = 78$ mm, $s:D = 0{,}82$ $V_h = 564\ cm^3$) erreicht $P_1 = 31$ kW (42 PS) bei $n_1 = 7\,000\ min^{-1}$ und $M_1 = 48$ Nm (4,9 mkg) bei $n_2 = 5\,500\ min^{-1}$.
Die Tauchgabel und das Unitrac-System haben je 250 mm Federweg. Festsattel-Scheibenbremse vorn, Trommelbremse hinten. Trockengewicht 130 kg, Tankinhalt 11,5 l.

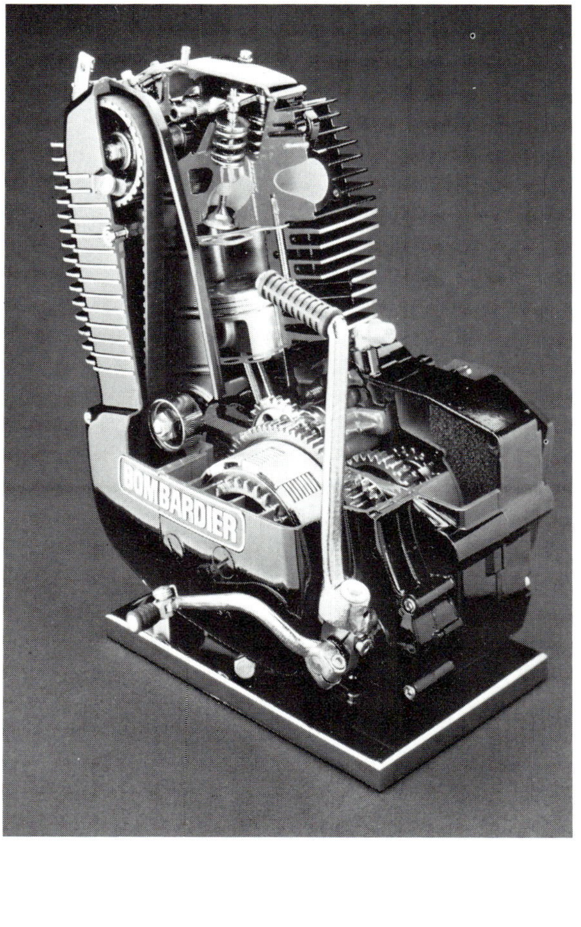

YAMAHA eine stirnradgetriebene Ausgleichswelle, aber wie HONDA Naßsumpf-Druckumlaufschmierung.
Der 34 mm Mikuni-Gleichdruckvergaser kann auf eine Beschleunigungspumpe verzichten, und SUZUKI traut dem sportlichen Enduro-Fahrer auch zu, mit einem von Hand betriebenen Dekompressor den Motor in Gang zu setzen.

ROTAX

Der glattflächige Einzylinder-ROTAX-Motor wird in den Größen 350, 500 und 560 cm^3 gebaut. Die obenliegende Nockenwelle wird durch einen rollengespannten Zahnriemen angetrieben, der in einem durch einen schmalen Kühlluftspalt vom Zylinder getrennten eigenen Gehäuse läuft.
Die 34-mm-∅-Einlaßventile sind um 23°, die 30-mm-∅-Auslaßventile um 27° geneigt, um größere Wandstärken um die Auslaßsitze zu erhalten.
Der robuste Kurbeltrieb mit 35 mm ∅ für Haupt- und Grundlagerzapfen läßt Drehzahlen bis $n_1 = 8\,000\ min^{-1}$ (Kolbengeschwindigkeit 21,2 m/s) zu, bei der der 560-cm^3-Motor auf eine Leistung $P = 32{,}5$ kW (44 PS) kommt. Das Drehmoment liegt mit $M_1 = 52$ Nm (5,3 mkg) bei $n_2 = 5\,500\ min^{-1}$.

KAWASAKI zögerte am längsten, ging dann aber mit der kurzhubigen KLR 600, mit echten 565 cm^3, von vornherein in die Vollen.

Eine interessante Alternative zur japanischen Phalanx bietet der in Gunskirchen entwickelte und nun schon in verschiedenen europäischen und amerikanischen Fahrwerken verwendete 500-cm^3-Einbaumotor von Rotax. Der um 10° nach vorn geneigte auffallend glattflächige Motor treibt die obenliegende Nockenwelle nicht mit der üblichen federgespannten Rollenkette, sondern durch einen sorgfältig mit Rollen gespannten Zahnriemen an. Er läuft leise und wartungsfrei in einem sorgsam vom Zylinder getrennten eigenen Gehäuse, das dem Fahrtwind einen schmalen Kühlluftspalt läßt und so den Zylinder nicht zum Verziehen anregt.

Der ist sowieso mit seiner Graugußbuchse in den Wandstärken sehr großzügig bemessen und läßt ein Aufbohren von 89 mm ∅ auf 94 mm ∅ und damit auch ein Hubvolumen von $V_h = 564$ cm^3 zu. Die 34-mm-Einlaßventile sind um 23°, die 30-mm-Auslaßventile um 27° geneigt – ein Beitrag zur thermischen Entlastung durch größere Wandstärken um die Auslaßventilsitze.

Der Motor ist von vornherein auf hohe Leistung ausgelegt – mit dem 36-mm-Bing- oder Mikuni-Vergaser soll er bei $n_1 = 7000$ min^{-1} 28 kW (38 PS), mit einem 38-mm-∅-Durchlaß und langen Ventilzeiten sogar 32,5 kW (44 PS) bei $n_1 = 8000$ min^{-1} erreichen, was einer Kolbengeschwindigkeit $V_k = 21{,}2$ m/s entspricht. So ist die Kurbelwelle mit 35 mm ∅ für Haupt- und Grundlagerzapfen denn auch sehr robust bemessen. Die Grundlager sind Rollenlager der schweren Baureihe, das Pleuel läuft auf 3,5-mm-∅-Nadeln. Auch die Kipphebel sind auf die hohen Drehzahlen vorbereitet – sie laufen auf dem Nocken nicht mit dem üblichen Gleitschuh, sondern mit nadelgelagerten Rollen, und auf der Ventilseite drücken die Einstellschrauben nicht direkt, sondern wie früher bei der ZÜNDAPP KS 601 über kugelförmig bewegliche Käppchen auf das Schaftende.

Die Trockensumpfschmierung mit der

HOREX hrd 500/600 TC

Der traditionsreiche Name HOREX, der in den 50er Jahren die deutsche Mittelklasse beherrschte, ist wiedererstanden. Nach den mit großem Engagement im Nachwuchssport eingesetzten 80-cm^3-Rebell-Modellen mit Sachs-Motoren folgt eine Baureihe handlicher Sportmaschinen mit dem robusten 500- oder 600-cm^3-Rotax-Motor. Das Bild zeigt das Enduro-Modell HOREX hrd 500 TC.

Doppel-Eaton-Pumpe beliefert nicht nur den Kurbeltrieb – einschließlich der stirnradgetriebenen und so dicht vor der Kurbelwelle gelagerten Ausgleichswelle, daß das Gegengewicht zwischen den Kurbelwangen eintaucht – sondern durch 4 Spritzdüsen auch die Getriebe-räder. Der Kickstarter überträgt seine Drehbewegung nicht über das Getriebe, sondern direkt auf die Kurbelwelle – der Motor kann also bei gezogener Kupplung und bei eingelegtem Gang gestartet werden.

Radial-Ventile mit ohc

Einen vorläufigen Schlußpunkt in der Entwicklung der schweren Einzylinder setzte HONDA mit der XL 600 R. Mit dem 500er Prototyp, der in der Ideenschmiede Mugen Co. Ltd. unter der Leitung von Hirotoshi Honda, einem Sohn des Firmengründers entwickelt wurde, gewann Al Baker 1982 überlegen die berüchtigte Baja 1000. Der bärenstarke XL 600 R-Motor leistet $P_1 = 32$ kW (44 PS) bei $n_1 = 6\,500$ min^{-1} und erreicht sein Höchstdrehmoment $M_1 = 51$ Nm bei $n_2 = 5\,000$ min^{-1}. Erinnerungen an die Rudge und an das »mechanical marvel« von Excelsior in den 30er Jahren werden wach: Die vier sehr steil stehenden Ventile sind radial angeordnet und werden – das ist das konstruktive Kunststück – von einer obenliegenden Nockenwelle betätigt!

Die Lösung: Die Kipphebel arbeiten nicht direkt auf die Ventilschäfte – das würde zu große Seitenkräfte und zu schnellen Verschleiß der Führungen bewirken – sondern über sehr leichte, im rechten Winkel zu den Kipphebeln gelagerte Schwinghebel. Eine übersichtliche, kompakte Anordnung, die sogar die Ventilspiel-Nachstellung durch einfache Einstellschrauben zuläßt. RFVC (radial four valve combustion chamber) nennt HONDA die bisher wohl überzeugendste Verbindung zwischen Radialventilen und ohc-Antrieb.

Radial angeordnete Ventile haben gegenüber den üblichen paarweise parallelhängenden Ventilen eine ganze Reihe bemerkenswerter Vorzüge: die größeren Ventile haben nicht nur größere Durchlaßquerschnitte, sondern durch den beim Ventilhub gleichmäßig wachsenden Abstand von der Brennraumwand die stabileren Strömungsverhältnisse. Die Form des Brennraums ist nicht dachförmig, sondern kann – bei flachem Kolbenboden, also geringer

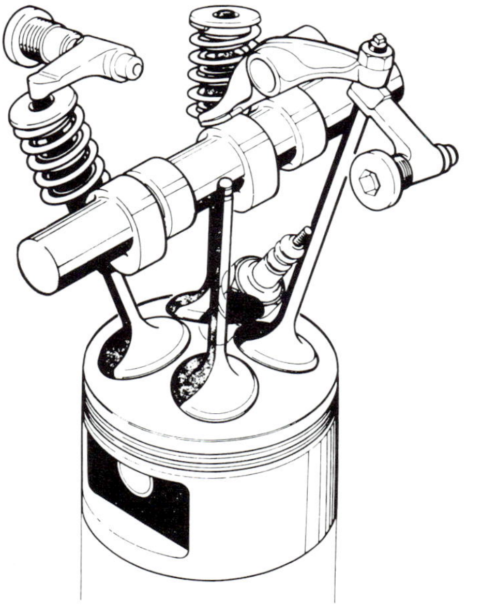

HONDA XL 600 R mit RFVC-Kopf

Der Honda ohc-Motor mit vier radialen Ventilen RFVC (Radial For Valve Combustion Chamber): Der Nocken betätigt über einen Kipphebel einen Schwinghebel, der um ein senkrecht zur Ventilachse liegendes Lager schwingt und damit die Seitenkräfte auf den Ventilschaft abbaut.

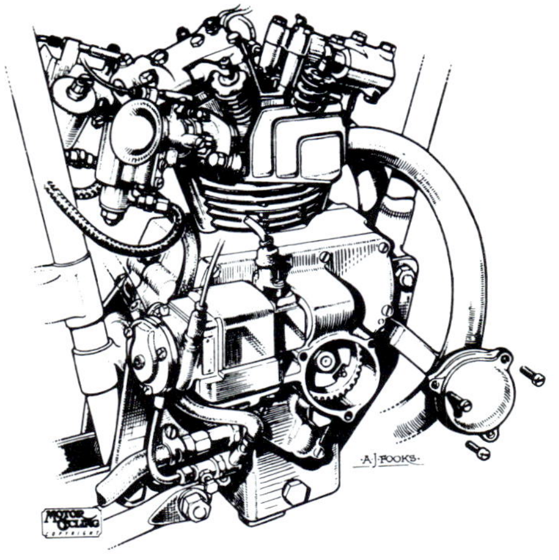

Mechanical Marvel

Ike Hatch, der großartige Konstrukteur der Blackburne-Motoren, entwickelte 1933 für die Excelsior das Mechanical Marvel, den ersten 250er Rennmotor mit vier Radialventilen und zwei Bowden-Drosselklappen-Vergasern, der 1933 überlegen die Light-Weight-TT gewann. Vor und hinter dem Zylinder arbeitete eine hoch im Kurbelgehäuse liegende Nockenwelle auf je eine kurze, stark geneigte Stoßstange, die ihre Bewegung über einen in einem gesonderten Gehäuse laufenden Stößel und die in der Ventilebene arbeitende rollengelagerten Kipphebel auf die Ventile übertrug.
Die aufwendige Konstruktion „tanzte nur einen Sommer" an der Spitze.

wärmeaufnehmender Oberfläche und leichtem Gewicht – weitgehend der verbrennungstechnisch günstigen Kugelkalotte angeglichen werden. Der besonders bei luftgekühlten Motoren thermisch hochbeanspruchte Steg zwischen den heißen Auslaßventilsitzen, der mit seiner Rißanfälligkeit bei manchen Vierventil-Motoren eine echte Achillesferse darstellt, wird bei Radialventilen breiter und damit gesunder.

Etwas überraschend ist die Wahl von 30-mm-∅-Keihin-Schiebervergasern für die beiden Einlaßkanäle, die durch eine kleine, einseitig membrangesteuerte Bohrung miteinander verbunden sind:

Bei niedrigen Drehzahlen beliefert nur der linke Vergaser beide Einlaßkanäle. Hat der Schieber etwa 10 mm angehoben, beginnt sich der rechte Vergaser zu öffnen. Die Membran schließt sich mit zunehmender Drehzahl und zunehmendem Druckausgleich, und die beiden Vergaser beatmen dann getrennt das zuständige Einlaßventil. Eine progressive Gelenkverbindung sorgt dafür, daß die beiden Vergaser zur gleichen Zeit voll geöffnet sind. Bei Versuchen, die der Verfasser 1934 an einer 350er Rudge ausführte, ergab allein die versetzte Koppelung der beiden Amal-Vergaser – die zusätzliche Membransteuerung ist uns damals noch nicht eingefallen – eine merkliche Verbesserung des Drehmomentenverlaufs.

Noch günstigere Voraussetzungen für Strömung und thermische Entlastung bot der von Ludwig Apfelbeck in den 50er Jahren entwickelte Vierventil-Radialkopf mit seinen kreuzweise gegenüberliegenden Einlaß- und Auslaßventi-

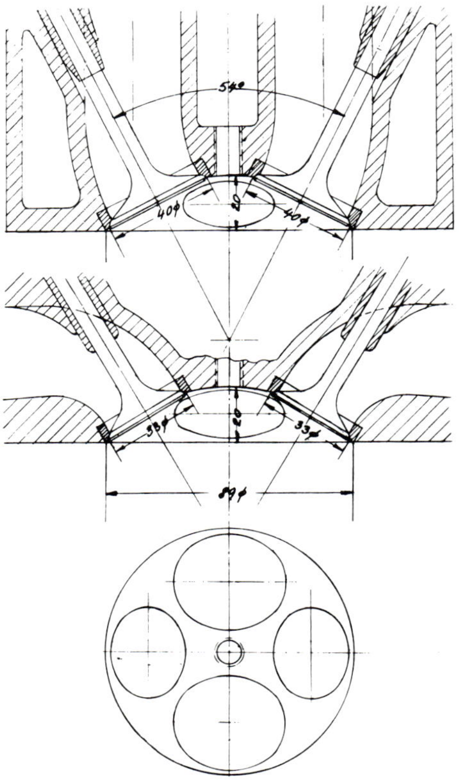

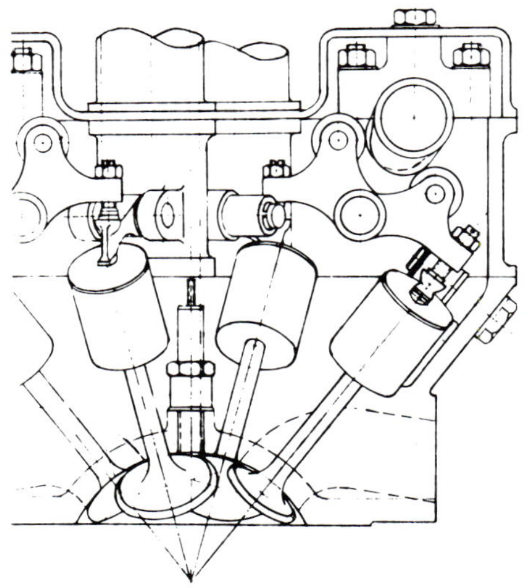

Zylinderkopf mit diametral angeordneten Ventilen

Der von Ludwig Apfelbeck entwickelte Radialventil-Brennraum – mit diametral gegenüberliegenden Einlaß- und Auslaßventilen – bringt im Halbkugelkopf nicht nur die größten Durchgangs-Querschnitte (rd. 20 % bei den Einlaßventilen und rd. 10 % größerer Querschnitt der Auslaßventile als beim Vierventiler mit Dachbrennraum) unter, sondern hat auch die günstigsten Strömungsverhältnisse und die beste Wärmeverteilung. Leider wird die Ventilsteuerung und bei Reihenmotoren auch die Kanalführung problematisch.
Bei dem im rechten Bild dargestellten Radialkopf des BMW-Formel-II-Motors mußten die Ventilebenen um 28° gegen die Längsachse des Blockes gedreht werden, um mit der Steuerung klar zu kommen.

len. Der Motor, der bei BMW in einem Formel-II-Rennmotor zum Einsatz kam, bestach durch hervorragende Füllungsgrade, erforderte aber einen sehr komplizierten Ventilantrieb und kam durch die elastische Verformung der recht schweren Schwinghebel nicht über Drehzahlen um 8 500 min^{-1} hinaus. Im Motorradbau störte vor allem die ungünstige Führung der Ein- und Auslaßleitungen.

Neben den ausgewachsenen Halbliter-Enduros bieten alle japanischen Hersteller zumindest ein 250er-Modell an, in Deutschland aus Versicherungsgründen meist auf 13 kW (17 PS) gedrosselt, aber 20 – 25 kg leichter als die größere Baureihe mit den »zahmen« 20 kW (27 PS), und das ist selbst im leichten Gelände schon eine große Annehmlichkeit. Kein Zweifel: Die Wiedergeburt der schweren Einzylinder hat eine neue Epoche im Motorradbau eingeläutet. Die Konstrukteure sind wieder »gewichtsbewußt« geworden, und die begeisterte Aufnahme der neuen Motorrad-Generation durch den Fahrer zeigt, daß er bereit ist, die höhere Leistung und den höheren motorischen Komfort des großen Mehrzylinders gegen die größere Handlichkeit und die einfachere, aber auch übersichtlichere Technik des Einzylinders einzutauschen. Zum ersten Mal gab nicht der Rennsport, sondern der Geländesport die entscheidenden Impulse für die Weiterentwicklung der universellen Gebrauchsmaschine, und so ist es kein Wunder, daß die Enduro-Modelle sehr schnell durch Versionen ergänzt wurden, die die Fahrt auf der Straße und die im Gelände wieder ins rechte Verhältnis rückten, den »off-road-Betrieb« auf ein – der Praxis entsprechend – nur gelegentlich ausgeübtes sportliches Vergnügen zurückstufte.

Enduro-Mehrzylinder

Von diesen Überlegungen ging BMW bei der Entwicklung der R 80 GS aus: Durch systematische Gewichtseinsparung am Fahrwerk – Leichtmetall-Einarmschwinge (Monolever), Drahtspeichenräder statt der schweren Leichtmetallgußräder, Eintopfauspuffanlage, kleineren Tank, Hinterradtrommelbremse – wurde das Trockengewicht auf 170 kg, das fahrfertige Gewicht auf unter 200 kg gedrückt und damit das Handling entscheidend veredelt. Auch der bullige 800 cm^3-Boxermotor mußte durch kleinere Schwungmassen einige Kilo einsparen, ohne an seiner Laufkultur, sei-

BMW R 80 GS

Die BMW R 80 GS brach bei ihrem Erscheinen mit vielen Tabus: Zum ersten Mal – seit Jahrzehnten, als man auch im Gelände nur auf die rohe Kraft schwor – wurde ein großvolumiger Mehrzylinder in eine geländegängige Maschine eingebaut. Natürlich keine wettbewerbsfähige Geländemaschine, sondern ein ganz eigener Maschinentyp, der mit mittleren Geländeschwierigkeiten problemlos fertig wurde, ohne an exzellenten Fahreigenschaften auf der Straße zu verlieren. Für das Werk ein großartiges Studienobjekt im Leichtbau, der dann auch mit einem Trokkengewicht von wenig über 170 kg unter Beibehaltung der Grundkonzeption überzeugend demonstriert wurde.
Kein Wunder, daß das Modell mit der revolutionären Einarmschwinge in der R 80 ST und der R 80 RT schnell Schwestertypen für die Straße fand.

Variationen der BMW R 80

Durch die richtungsweisende Leichtmetall-Einarmschwinge, Monolever, leichte Schwungmasse, Drahtspeichenräder, kleinen Tank, Eintopf-Auspuff, Trommelbremse für das Hinterrad und Kunststoff-Schutzbleche magerte BMW das Trockengewicht der 80 G/S auf 172 kg ab und schuf damit einen neuen Typ: Die großvolumige, elastische und doch handliche Mehrzweckmaschine für Straße und off-road-Einsatz. Sie wurde schnell durch ein Straßenmodell ergänzt, das mit 183 kg Trockengewicht immer noch erstaunlich leicht ausfiel. Die großartige Bewährung der Konzeption bei der mörderischen Rallye Paris – Dakar – mit einem über 75 PS starken 1 000-cm^3-Motor – gab die Anregung zu einem Sondermodell mit 32-l-Tank, Einzelsitz, Gepäckbrücke, Zylinder-Schutzbügeln und Spezialreifen.

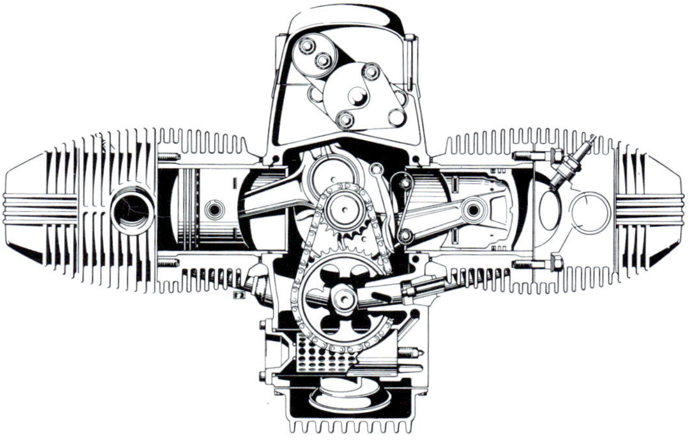

BMW 800 cm^3 – Boxermotor
Der in langer Tradition gereifte querlaufende Zweizylinder-Boxermotor der BMW-R-80-Reihe stellt für die Leistungsklasse 20–40 kW einen optimalen Kompromiß zwischen den unterschiedlichsten Forderungen dar: Vorbildliche Auswuchtung, ausgezeichnete Kühlung, beste Zugänglichkeit, einfache Wartung, niedriger Schwerpunkt – aber er ist nicht billig.
Das Schnittbild zeigt die gleitgelagerte Kurbelwelle, den Kettenantrieb der untenliegenden Nockenwelle, die Stößel für die langen Stoßstangen, die stark verrippten Leichtmetall-Zylinder – mit Büchse oder mit Nikasil-Beschichtung – die übersichtliche Unterbringung von Lichtmaschine und Anlasser, die große Einscheiben-Kupplung mit Tellerfeder und das kompakte, über eine Schaltwalze klauengeschaltete Fünfgang-Getriebe.
Der Motor (D = 84,8 mm ∅, s = 70,6 mm, V_h = 797 cm^3) leistet P_1 = 37 kW (50 PS) bei n_1 = 6 500 min^{-1}, hat ein bestes Drehmoment M_1 = 56,7 Nm (5,8 mkg) bei n_2 = 5 000 min^{-1}, in der RT-Version sogar 59 Nm (6 mkg) bei n_2 = 3 500 min^{-1}, und kommt bei einer Verdichtung 1:8 mit Normalbenzin aus.

ner Elastizität und seinen Langstrekkenqualitäten Zugeständnisse zu machen.

Dann folgte HONDA mit der XLV 750 R diesem Beispiel. Morini wandelte das 10 Jahre alte Modell 3 1/2 VT in die recht vielseitig einsetzbare Kanguro um, die sich in der zahmeren deutschen Version durch das breite Drehzahlband – die Höchstleistung P_1 = 20 kW (27 PS) wird bei n_1 = 7 900 min^{-1}, das höchste Drehmoment M_{max} mit guten 34 Nm bei n_2 = 4 000 min^{-1} erreicht – auszeichnet. Das mit 150 kg relativ hohe Gewicht wird durch die gute Gewichtsverteilung und die niedrige Schwerpunktlage des V-Motors mit der tiefliegenden Nockenwelle etwas aufgefangen. Die aus der 500 SEI-V abgeleitete Camel ist dagegen aus den Erfahrungen der Wüsten-Rallye Paris-Dakar als reinrassige Wettbewerbsmaschine einzuordnen.
Es ist nur zu hoffen, daß die positiven Impulse, die die Enduro-Idee der universal verwendbaren Gebrauchsmaschine gegeben hat, nicht wieder durch ein hemmungsloses Ausreizen von Leistung und Hubvolumen in Frage gestellt wird.

V-Motoren

Die Wiederentdeckung des V-Motors, mit dem die Geschichte des Mehrzylinders begann, ist eines der bemerkenswertesten Ereignisse im Motorradbau der letzten Jahre. Sie ist sicher nicht die nostalgische Erinnerung an die Pionierkonstruktionen von NSU und Wanderer in den ersten 20 Jahren dieses Jahrhunderts, an die großen JAP und MAG, an die einmalige Vincent-HRD oder die schnellen Renner von Husqvarna und Guzzi. Eher hat schon der moderne Rennmaschinenbau leichte Anregungen gegeben, und vielleicht hat auch der Wunsch, der scheinbar unsterblichen Harley auf dem wichtigen amerikanischen Markt einen Widersacher mit verwandter Charakteristik entgegenzustellen, eine gewisse Rolle gespielt. Wahrscheinlich ist sie aber das logische Ergebnis der nüchternen Überlegung, daß es für eine sportliche schnelle Maschine noch andere Lösungen gibt als die schweren, ausladenden Reihen-Vierzylinder.

Vorteile und Nachteile

Eine vergleichende Analyse zeigt:
1. Der V2-Zylinder ist die leichteste Mehrzylinder-Bauart. Bei vergleichbarer Leistung ergeben sich gegenüber einem Reihen-Vierzylinder in den schweren Klassen Gewichtseinsparungen zwischen 10 und 40 kg. Das gilt natürlich nicht für wassergekühlte V-Motoren vom Schlage der HONDA mit 4 ohc.
2. Der Motor fügt sich in den dreieckigen Freiraum zwischen den Rädern gut ein.
3. Der V2-Zylinder baut sehr schmal – der 1000-cm^3-Motor der YAMAHA TR 1 kommt mit 380 mm gegenüber rund 570 mm eines Reihen-Vierzylinders aus. Auch ein 750-cm^3-V-Vierzylinder begnügt sich mit rund 420 mm Breite.
4. Der klassische 90°-V-Motor hat keine freien Massenkräfte 1. Ordnung. Die Massenkräfte 2. Ordnung sind kleiner und wirken nur in der Horizontalebene, stören also den Fahrer nur wenig mit Vibrationen. Im Gegensatz dazu können die Massenkräfte 1. Ordnung bei Parallel-Zweizylindern mit gleichlaufenden Kolben (360° Kurbelversatz) nur durch gegenläufige Ausgleichswellen beherrscht werden.
5. Beim Parallel-Zweizylinder mit gegenläufigen Kolben, also 180° Kurbelversatz, werden die Massenkräfte 1. Ordnung zwar voll ausgeglichen, dafür tritt aber ein durch den Zylinderabstand bedingtes großes Massenmoment 1. Ordnung auf.
Das Massenmoment 1. Ordnung des V-Motors wirkt nur über den kleinen Hebelarm der auf einem gemeinsamen Zapfen nebeneinanderlaufenden Pleuel, also über etwa 20 mm gegenüber dem mindestens 100 mm Zylinder-Mittenabstand des Parallel-Zweizylinders.

Diesen unbestreitbaren Vorzügen stehen einige ebenso eindeutige Nachteile gegenüber:
1. Der V-Motor ist zwar der leichteste, aber durchaus nicht der kostengünstigste Mehrzylinder-Motor. Die getrennten Zylinder und Zylinderköpfe haben größere Bearbeitungsflächen, erfordern also in der Herstellung mehr Zerspanungsarbeit und auch mehr Zeit für die Montage.

2. Besonders bei obenliegenden Nokkenwellen ist der Ventilantrieb wesentlich aufwendiger als beim Reihenmotor.
3. Der V-Motor hat eine ungleichmäßige Zündfolge. Bei einem Zylinderwinkel von 90° wechselt der Abstand der Zündungen zwischen 270° kW und 450° kW, bei einem 60°-V-Motor zwischen 300° kW und 420° kW.
4. Der hintere Zylinder liegt schlecht gekühlt im Windschatten des vorderen Zylinders.
5. Eine saubere Führung der Einlaß- und Auslaßleitungen ist ebenso schwierig wie die Unterbringung von zwei Vergasern in dem engen V- Winkel.

V-Motor und Gabelmotor

Beim klassischen V-Motor ist die völlige Tilgung der freien Massenkräfte 1. Ordnung nur bei einem Zylinderwinkel von $\alpha = 90°$ möglich, und der baut recht sperrig und zwingt zu einem langen Radstand oder zum Kippen des Motors nach vorn wie bei der Ducati – die aber mit 1540 mm trotzdem nicht mit dem Radstand spart. Die stärkeren Vibrationen bei dem für besseren Einbau angestrebten kleinen Zylinderwinkel müssen daher durch Ausgleichswellen getilgt oder durch eine wirksame Gummiaufhängung isoliert werden.
Eine elegantere Lösung des Problems zeigt HONDA mit den Modellen VT 500 und VT 750. Aus dem klassischen V-Motor mit gemeinsamem Kurbelzapfen für die beiden Pleuel wurde ein Gabelmotor mit gegeneinander versetzten Kurbelzapfen: Zwischen den beiden äußeren Kurbelscheiben läuft wie bei den klassischen englischen Twins eine Mittelscheibe, die die Mittelachsen der Zy-

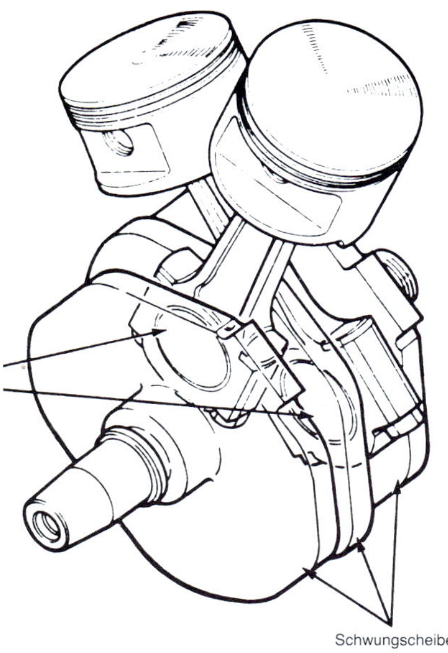

HONDA-Gabel-Motor
Um den Bauraum besser auszunützen, ging HONDA bei den Modellen VT 500 und VT 750 von dem klassischen 90°-Zylinderwinkel zum Gabel-Motor mit versetzten Kurbelzapfen über.
Bei dem Gabelwinkel der VT 500 von 52° errechnet sich für den optimalen Massenausgleich nach der Formel
Kurbelversatz $\beta = 180 - 2 \times$ Zylinderwinkel α
ein Versatz der Kurbelzapfen $\beta = 76°$;
für den Zylinderwinkel $\alpha = 45°$ der VT 750
wird der Versatz der Kurbelzapfen $\beta = 90°$.
Wie die alten englischen Twins hat der Gabelmotor eine mittlere Scheibe, die wie die Kurbelwangen durch ihre ungewöhnliche Form auffällt. Die Erklärung zeigt das untere Bild:
Die freien Massenkräfte 1. Ordnung X (in Richtung Kurbelzapfen I) und Y (in Richtung Kurbelzapfen II) erzeugen eine resultierende Kraft in Richtung der Winkelhalbierenden, die nun durch ein Gewicht in der Gegenrichtung ausgeglichen wird.

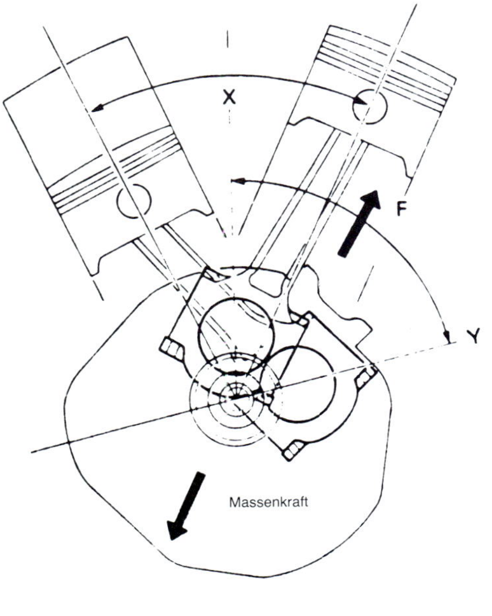

linder gegenüber einem echten V-Motor um weitere 20 mm auseinanderschiebt und damit die – an sich ja kleinen – freien Kippmomente etwa verdoppelt. Dieser größere Zylinderversatz hat aber auch einige Vorteile. Die beiden im V liegenden Vergaser stören sich weniger und der hintere Zylinder tritt etwas aus dem Windschatten heraus – eine Überlegung, die MORINI zur Anwendung unsymmetrischer Pleuel verführte.

Der Versatz der Kurbelzapfen um β = 76° kW bei einem Zylinderwinkel α = 52° bei der HONDA VT 500 und um β = 90° kW mit einem Zylinderwinkel α = 45° bei der VT 750 dient nicht etwa dazu, eine gleichmäßigere Zündfolge zu erreichen, sondern soll auch bei kleinerem Zylinderwinkel die optimale Auswuchtung des 90°-V-Motors retten.

Der richtige Versatzwinkel für die Kurbelzapfen errechnet sich aus der einfachen Formel

$$\beta = 180 - 2\alpha$$

Für die VT 750 mit dem Zylinderwinkel α = 45° wird also der Versatzwinkel

$$\beta = 180 - 2 \cdot 45 = 90°.$$

Leider bleibt auch die Zündfolge, die ja beim echten V-Motor mit gemeinsamem Kurbelzapfen mit abnehmendem Zylinderwinkel gleichmäßiger wird, durch den Kurbelversatz die des 90°-Motors, wechselt also zwischen 270° kW und 450° kW.

Die Tabelle zeigt die Abstände der Zündung und die für optimale Auswuchtung notwendigen Winkel β der Kurbelzapfen für die verschiedenen Zylinderwinkel α. Größere Zylinderwinkel als 90° müssen auf jeden Fall als Gabelmotoren geplant werden, da die Zündabstände zu stark auseinanderliegen. So hätte der legendäre Weitwinkel-Motor der Guzzi, der 1935 unter Stanley Woods die Senior-TT gewann, mit gemeinsamem Kurbelzapfen eine Zündfolge 240° kW bis 480° kW, würde also schon sehr unruhig laufen. Mit einem Kurbelzapfenversatz von β = 120° erreichte er gleichmäßige Zündfolge und die Auswuchtwerte eines 60° Motors.

Beim Vierzylinder-V-Motor mit 90°-V-Winkel sind die Kräfte 2. Ordnung nicht und die Momente 1. Ordnung nur teilweise ausgewuchtet.

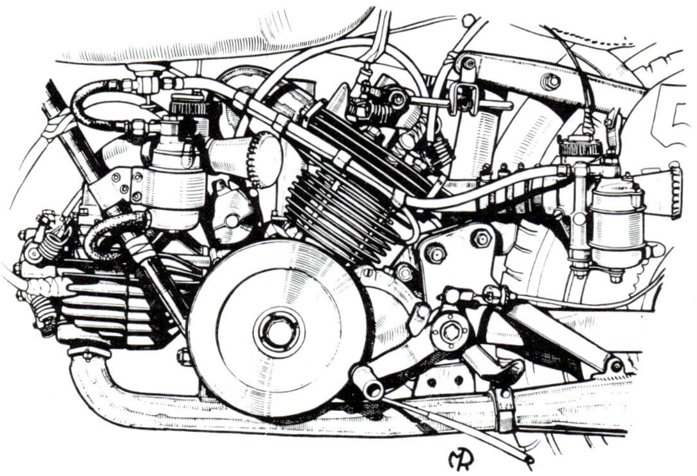

GUZZI 120°
V-Zweizylinder
Der legendäre Weitwinkel-Motor der GUZZI, mit der Stanley Woods 1935 die Senior-TT gewann, wurde von 1933 – 1951 gebaut. Mit einem Kurbelzapfen-Versatz von 120° erreichte GUZZI eine gleichbleibende Zündfolge und begnügte sich mit der Auswuchtung eines 60°-V-Motors.

Kurbelversatz und Zündfolge
Der V-Motor hat mit 90° Gabelwinkel die volle Auswuchtung der Massenkräfte I. Ordnung, erkauft sie aber mit der ungleichen Zündfolge 270 – 450° kW.
Die dick ausgezogene Linie zeigt die Werte für den bei den verschiedenen Gabelwinkeln notwendigen Versatz des Kurbelzapfens, um die gleiche Auswuchtung wie ein 90°-V-Motor zu erreichen, also für einen 45°-V-Motor β = 90° Kurbelversatz, für den 120°-V-Motor einen Versatz β = −60°.
Die durchgehende dünne Linie gibt die Zündfolge mit Kurbelversatz an, also für einen Gabelwinkel α = 60° für Zylinder 1 einen Zündabstand von 300°, für Zylinder 2 einen Zündabstand von 420°.
Die gestrichelte Linie zeigt die Zündfolge für einen Gabelmotor ohne Kurbelversatz, also für einen Gabelwinkel α = 60°, für Zylinder 1 einen Zündabstand von 240°, für Zylinder 2 einen Zündabstand von 480°.
Für die wichtigsten Motoren sind die Werte für Kurbelversatz und Zündfolge in der Tabelle zusammengestellt.

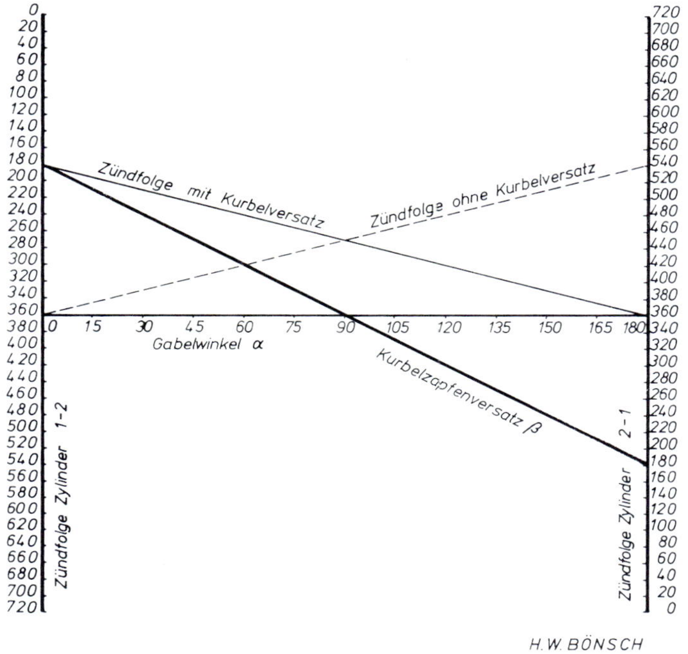

Kurbelversatz und Zündfolge

Gabelwinkel	Kurbelversatz	Zündfolge ohne Kurbelversatz	Zündfolge mit Kurbelversatz
0°	180°	360° – 360°	180° – 540°
30°	120°	330° – 390°	210° – 510°
45°	90°	315° – 405°	225° – 495°
60°	60°	300° – 420°	240° – 480°
75°	30°	285° – 435°	255° – 465°
90°	0°	270° – 450°	270° – 450°
120°	– 60°	240° – 480°	300° – 420°
150°	–120°	210° – 510°	330° – 390°
180°	–180°	180° – 540°	360° – 360°

AUS DER GESCHICHTE DER HEUTIGEN V-MOTOREN

In England spielten die V-Motoren von AJS, Matchless und BSA nur eine Außenseiterrolle, und auch die wunderschöne seitengesteuerte 850er Motosacoche von Herbert Le Vack kam nur selten über die Grenzen der Schweiz hinaus. Richard Küchen baute bei Ardie einen 600-ccm-Querläufer (60 Grad), der aber nie in die Serie kam, und nach rund 20 Jahren griff er das Prinzip noch ein-

Schwedens Stolz: Husqvarna

Eine der erfolgreichsten Rennmaschinen ihrer Zeit war die 1931 auf den Grand-Prix-Strecken erschienene Husqvarna mit dem 50°-V-Zweizylinder-Stoßstangenmotor. Der ungewöhnlich leichte Langhubmotor (D = 65 mm ∅, s = 75 mm, s : D = 1,15) holte die Leistung vor allem durch die kompromißlos geraden Einlaßkanäle und die sorgfältige Abstimmung des Auslaßsystems. Beachtlich das stark verrippte Kurbelgehäuse und die Bauhöhe sparenden Haarnadel-Ventilfedern.

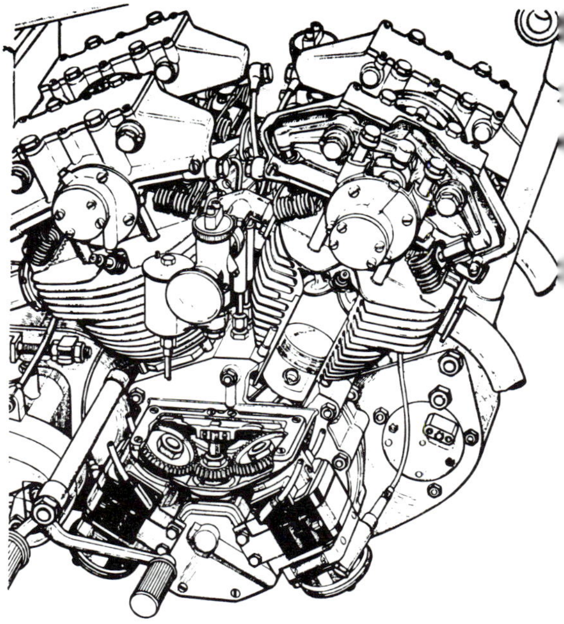

AJS V-Vier von 1935

Der langhubige 50°-V-Vierzylinder von AJS (D = 50 mm ∅, s = 63 mm, s : D = 1,26) ging nie in die Serie, sondern 1936 direkt von der Londoner Olympia-Show mit einem Zoller-Kompressor auf die TT – ohne Erfolg.
Mit Wasserkühlung wurden später respektable 80 PS erreicht, aber der Motor blieb empfindlich.
Interessante Einzelheiten am Original-Modell:
Die beiden Vergaser mit den kurzen T-Ansaugstutzen, die kegelradgetriebenen beiden Zündmagnete, je eine kettengetriebene Nockenwelle mit den langen Kipphebeln und die unvermeidlichen Haarnadel-Ventilfedern.

mal mit der Victoria KR 35 mit einem Gabelwinkel von 64 Grad auf.
In England entstand etwa zur gleichen Zeit die 1000 ccm Vincent HRD (50 Grad V), mit 55 PS bei 5700 min^{-1}, die Traummaschine jener Jahre. Ein gefährlicher Traum, der der schließlich auf rund 80 PS gesteigerten »BLACK SHADOW« nicht ganz zu unrecht den makabren Beinamen »Black widow« eintrug.
Dann entdeckten die Italiener die Qualitäten des V-Motors aufs neue und bauten, beginnend mit der GUZZI V 7 eine ganze Palette von querlaufenden V-90°-Motoren mit Wellenantrieb auf, die schließlich bei 350 ccm begann und bei 1000 ccm endete.
Den Glanzpunkt setzte DUCATI mit einer nur leicht gezähmten Rennmaschine, der 750 SS, deren längslaufender 90° V-Zweizylinder aus Kühlungs- und Gewichtsverteilungsgründen so weit nach vorn gedreht wurde, daß der vor-

DUCATI und CAGIVA

Fabio Taglioni, der großartige DUCATI-Konstrukteur, hat sich mit den eleganten 90°-V-Motoren mit Königswellenantrieb und desmodromischer Steuerung der Ventile längst ein Denkmal gesetzt. Die stolze Modellreihe begann mit der berühmten 750 SS und wuchs über die 900 SS Replika bis zur Mille S 2 (D = 88 mm ∅, s = 80 mm, V_h = 973 cm^3) mit P_1 = 61 kW (83 PS) bei n_1 = 7 500 min^{-1}. Die DUCATI 900 SS (D = 86 mm ∅, s = 74,4 mm, V_h = 864 cm^3) kommt auf P_1 = 48 kW (65 PS) bei n_1 = 7 000 min^{-1} und M_1 = 74 Nm (7,5 mkg) bei n_2 = 6 000 min^{-1}.

1979 startete dann die Pantah als neue Modell-Reihe, die von 350 – 650 cm^3 reichte und den Königswellen-Antrieb durch Zahnriemen ablöste.

Für die CAGIVA Alazzurra 650 liefert DUCATI den 650-cm^3-Pantah-Motor (D = 82 mm ∅, s = 61 mm, V_h = 649 cm^3) mit P_1 = 37 kW (50 PS) bei n_1 = 8 400 min^{-1} und M_1 = 41 Nm (5,2 mkg) bei n_2 = 6 000 min^{-1} – also recht elastisch.

Bei dem Wettbewerbs-Modell CAGIVA Elefant (rechts) fällt auf, daß der hintere Zylinderkopf um 180° gedreht wurde, um das nun nach hinten laufende Auspuffrohr direkt in den Sammler zu führen.

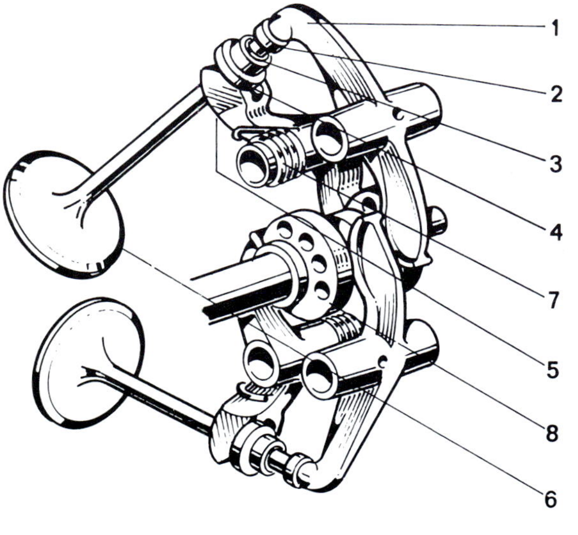

Desmodromischer Ventiltrieb der DUCATI

1. Außenkipphebel (Öffnen)
2. Ventileinstellung für Außenkipphebel (Öffnen)
3. Halbringe
4. Ventilspiel-Einstellung für Innenkipphebel (Schließen)
5. Innenkipphebel (Schließen)
6. Ventil
7. Rückzugfeder für Schließ-Kipphebel
8. Nocken für Schließ-Kipphebel

dere Zylinder fast waagrecht lag und mit desmodromischem Ventiltrieb rund 75 PS bei 9 500 min^{-1} erreichte.
Die beiden fortschrittlichen englischen V-Vierzylinder der 30er Jahre, die mit sehr engem V-Winkel ausgesprochen raumsparend gebaute MATCHLESS HAWK und die 45°-V-Maschinen von AJS hattten OHC-Motoren, wurden aber nur in sehr kleinen Stückzahlen gebaut.

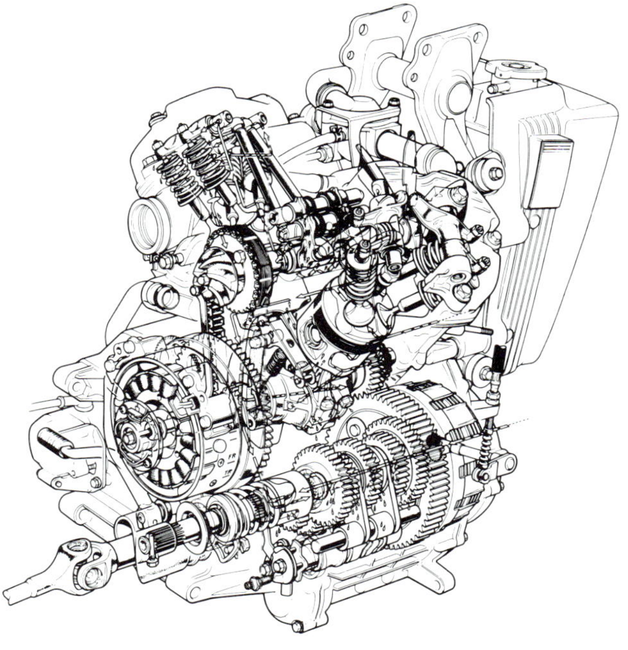

HONDA CX 500 V-Zweizylinder

Die zwischen den Zylindern liegende Nockenwelle wird mit einer Zahnkette angetrieben und betätigt die 2 × vier Ventile über kurze Stoßstangen und Gabelkipphebel. Die Zylindertöpfe sind um 22° gegen die Längsachse verdreht, um die im Knieraum störenden Vergaser nach innen zu legen und dennoch möglichst gerade Einlaßkanäle zu erreichen. Die Kupplung wird über ein Stirnradpaar angetrieben, läuft also im entgegengesetzten Drehsinn und vermindert mit ihrer Masse das Aufrichtmoment beim Lastwechsel. Das Getriebe liegt seitlich unter dem Motor in Flucht mit der Kardanwelle.

Der Siegeszug des Parallel-Zweizylinders und des Reihen-Drei- und Vierzylinders nach dem Krieg hatte den V-Motor also nicht ganz vom Markt verdrängen können, aber ihm haftete bei allen Tugenden etwas »Altfränkisches« an. Es mußte daher als echte Sensation gelten, als HONDA 1977 plötzlich den erfolgreichen Vormarsch des Reihen-Vierzylinders in die Mittelklasse abstoppte, und mit der eigenwilligen CX 500 im wahrsten Sinne des Wortes aus der Reihe tanzte. Der breite Einsatzbereich der Langstreckenmaschine und die systematische, umfassende Modellpflege, die HONDA über 8 Jahre gerade diesem alle Tradition sprengenden Typ angedeihen ließ, machte bald deutlich, daß Tokio in ihm von vornherein das Basismodell für eine langjährige Baureihe sah.
Der querlaufende 80°-V-Motor ist mit 78 mm Bohrung und 52 mm Hub (s:d=0,65) ein extremer Kurzhuber, dreht mit vier Ventilen und Stoßstangenantrieb mühelos 10 000 min^{-1} und hat eine ungewöhnlich kompakte Kurbelwelle, die auch für die spätere Belastung durch Turboaufladung nur unwesentlich verstärkt werden mußte. Die Zylinderköpfe sind gegen die Längsachse um 22° verdreht, um die im Knieraum störenden 35 mm ∅ Unterdruckvergaser nach innen zu legen und dennoch möglichst gerade Einlaßkanäle – und Auslaßkanäle – zu erreichen.
Die im Zylinder-V liegende Nockenwelle wird von der Kurbelwelle über eine Zahnkette angetrieben und betätigt die je vier Ventile über Schlepphebel und kurze Stoßstangen, die im Laufe der Entwicklung in ihrer Stellung zu den Kipphebeln optimiert wurden. Die sehr steil hängenden Ventile lassen zusammen mit dem dachförmigen Kolbenbo-

HONDA CX 500
Ventiltrieb

Die je vier Ventile werden von kurzen Stoßstangen betätigt, die von der Nockenwelle über kurze Schlepphebel angetrieben werden.

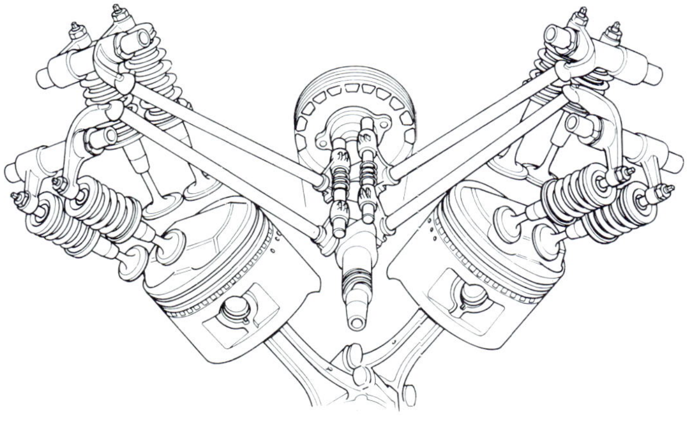

den das hohe Verdichtungsverhältnis 1:10 zu.

Obwohl der querlaufende V-Motor recht günstig im Fahrtwind liegt, zog HONDA – wohl mit Rücksicht auf niedriges Geräuschniveau, strengere Abgasbedingungen und hohe Lebensdauer – eine aufwendige Flüssigkeitskühlung vor. Die Wasserpumpe wird von der Nokkenwelle angetrieben und fördert das Kühlwasser über die Zylindermäntel zum Kopf. Der Thermostat liegt vor dem Zylinder-V und schließt den Kreislauf in der Warmlaufperiode kurz – das Wasser fließt zur Pumpe zurück. Ein Ausgleichsbehälter hinter dem Motorgehäuse sorgt dafür, daß bei Überdruck kein heißer Dampf nach außen abgeblasen wird. Der Kühler ist in Gummimuffen aufgehängt, um die Übertragung von Motorvibrationen abzubremsen.

Kupplung und Getriebehauptwelle laufen in entgegengesetztem Drehsinn wie die Kurbelwelle und bauen das unvermeidliche Rückdrehmoment bei schnellem Drehzahlwechsel wirksam ab. Der ständige Drang zu höchster Perfektion, die für Zukunftsaufgaben vorsorglich bemessene Dimensionierung des Kurbeltriebs und die Flüssigkeitskühlung haben eine Stärke des V-Motors etwas in den Hintergrund gedrängt: Die 500er ist mit rund 230 kg Leergewicht reichlich schwer geworden.

War die CX 500 eine extravagante Pionier-Konstruktion, die in fast allen Baugruppen durch unkonventionelle Lösungen überraschte, die schillernde Visitenkarte einer ideenreichen Denkfabrik, so vollzog sich der Übergang von YAMAHA zum V-Motor mit den Modellen XV 750, XV 1000 und TR 1 auf Grund nüchterner Marketing-Erkenntnisse in vergleichsweise klassischem Rahmen. Man traute dem großen Zweizylinder-V-Motor mit Recht eine bessere Auswuchtung zu als dem Twin, geringeres Gewicht, größere Handlichkeit, niedrigeren Gestehungspreis, niedrigeren Verbrauch und bessere Zugänglichkeit gegenüber dem Reihen-Vierzylinder.

Daß die Rechnung mit dem Gewicht nicht ganz aufging, liegt an dem konsequent durchgeführten Baukasten-System: Die drei Motoren haben die gleiche Kurbelwelle mit 69,2 mm Hub, wozu bei der 1000er 95 mm ∅ und bei der 750er 83 mm ∅ Bohrung gehören. Um die Leichtmetall-Zylinder mit Laufbuch-

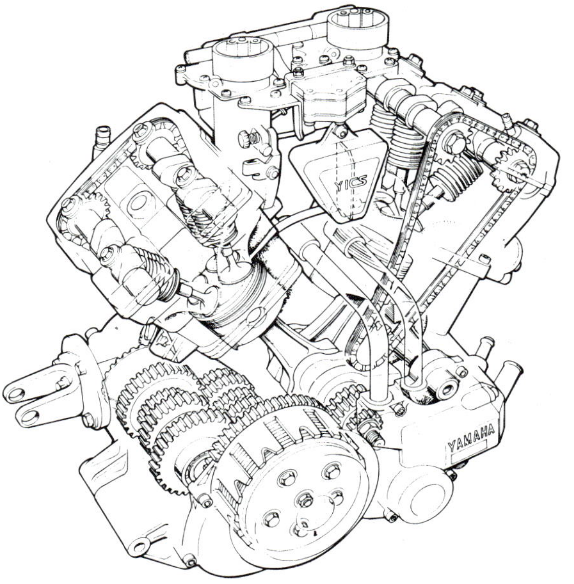

YAMAHA XV 750 SE

Der für den deutschen Markt auf 37 kW (50 PS) bei $n_1 = 6\,500$ min^{-1} gedrosselte 70°-V-Zweizylinder der YAMAHA XV 750 SE erreicht sein Höchstdrehmoment $M_1 = 58$ Nm (5,9 mkg) schon bei $n_2 = 3\,500$ min^{-1} und damit eine hervorragende Elastizität.

sen vollkommen gleich zu machen, nimmt man einen beidseitigen Antrieb der Nockenwellen über ein Zahnradvorgelege und Zahnketten in Kauf.
Für einen möglichst ruhigen Lauf des Nockenwellenantriebs sind die Zahnräder in zwei gegeneinander durch Torsionsfedern spielfrei verspannte Zwillingsräder unterteilt, und man tat ein weiteres, indem man die Zahnräder 35 : 56 Z und die Kettenräder 20 : 28 Z untersetzte und so die Resonanzen wirksam unterdrückte – eine Anordnung, die vor Jahren JAGUAR und die letzten Norton-Königswellenantriebe verwendeten. Das kostet natürlich alles Gewicht, und selbst der Motor der TR 1 ist mit 95 kg nur 11 kg leichter als der Sechszylinder-Reihenmotor der HONDA CBX, und das, obwohl die Konstrukteure des 75°-V-Motors im Hinblick auf die bescheidenen Nenn-Drehzahlen $n_1 = 6\,500$ min^{-1}, bei denen der 750er 37 kW (50 PS) und der 1000er 50 kW (68 PS) leisten und auf eine Ausgleichswelle verzichteten.
Es sind ausgesprochene Tourenmotoren, deren Stärke im bulligen Durchzug liegt: Der 750er erreicht sein bestes Drehmoment $M_{max} = 58$ Nm schon bei $n_2 = 3\,500$ min^{-1}, der 1000er ein $M_{max} = 81$ Nm bei $n_2 = 5\,000$ min^{-1}.
Trotz unterschiedlicher Bohrungen haben beide Motoren mit 47 mm ∅ für den Einlaß und 39 mm ∅ für den Auslaß die gleichen Ventile wie der Einzylinder XT 500, also auch hier konsequentes Baukasten-Prinzip, das der Lagerhaltung, dem Kundendienst und den Herstellkosten zugutekommt. Das Verdichtungsverhältnis ist mit 8,7 für die 750er und mit 8,3 für die 1000er genau so zivil wie die Ventilzeiten:

E. ö. 44° kW vor OT, E. s. 68° kW nach UT,
A. ö. 80° kW vor UT, A. s. 32° kW nach OT.

Die beiden HITACHI-Gleichstromvergaser mit 40 mm ∅ saugen die Luft über ein großbemessenes Faltpapierfilter aus dem Hohlraum des Preßstahl-Brükkenrahmens, der hier als Beruhigungskammer dient. Um dem thermisch höher belasteten hinteren Zylinder das Leben etws leichter zu machen, wird ihm durch eine Seitenverkleidung zusätzlich Fahrtwind zugeführt. Der ausgesprochene Tourencharakter, der besonders bei dem zuletzt herausgebrachten Soft-Chopper XV 1000 betont wird, konnte trotz beachtlicher Fahrleistungen nur einen Teil des Marktes, die

YAMAHA XZ 550 S

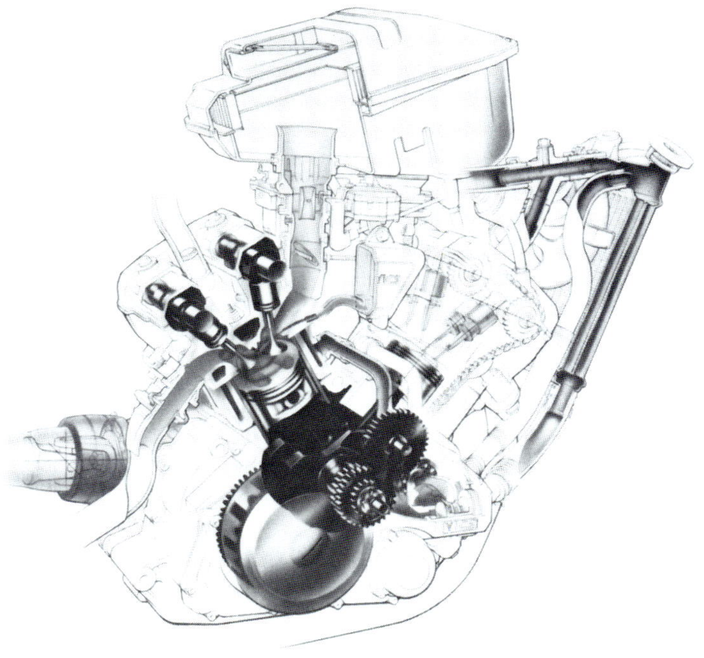

Der kurzhubige 70°-V-Zweizylinder (D = 80 mm ∅, s = 55 mm, s : D = 0,69) hat alle Kennzeichen des modernen Hochleistungsmotors: Wasserkühlung, dohc, vierventilige Zylinder, vorbildlich gerade Einlaßkanäle durch die engstehenden Ventile und die beiden hoch über dem V im „Fallstrom" angeordneten Mikuni-Drosselklappen-Vergaser. Die Daten der für Deutschland gedrosselten Version P_1 = 37 kW (50 PS) bei n_1 = 9 000 min^{-1} und M_1 = 44 Nm (4,5 mkg) bei n_2 = 7 000 min^{-1} lassen die Möglichkeiten des ungedrosselten Motors (47 kW = 64 PS) nur ahnen. Die Zugänglichkeit zu den hohen Vergasern, die mit dem Luftfilter auch die Tankkapazität auf 17 l beschränken, ist natürlich problematisch.

Freunde des geruhsamen Reisens auf großer Fahrt, voll begeistern.

Immer stärker wird der Wunsch vor allem jüngerer Fahrer, die gleiche Fahrleistung mit geringerem Gewicht, kleinerem Hubraum, noch besserer Handlichkeit – kurzum: sportlicher – zu erreichen, und die Konkurrenz von HONDA mit den neuen V 4-Modellen drängte zu einer schnellen Entscheidung. So entstand die YAMAHA XZ 550 als wassergekühlter V-Zweizylinder mit einer Leistung P_1 = 47 kW (64 PS) bei n_1 = 9500 min^{-1} und einem Höchstdrehmoment M_{max} = 50 Nm bei n_2 = 8500 min^{-1}.

Der ausgesprochene Kurzhuber mit 80 mm ∅ Bohrung und 55 mm Hub (s:d = 0,69) je vier Ventile und zwei obenliegende, kettengetriebene Nockenwellen, die zwei Mikuni-Vergaser mit 36 mm ∅ und nicht zuletzt die Wasserkühlung – mit sehr schmalem Kühler – die vor allem die thermisch ja immer besonders gefährdete Stelle zwischen den beiden Auslaßventilen entlastet, kennzeichnen den reinen Hochleistungsmotor. Wie alle neuen YAMAHA-Motoren arbeitet auch der XZ-Motor mit dem patentierten YICS-System, bei dem eine enge Zusatzbohrung unter dem Haupteinlaßkanal bis dicht an den Ventilsitz herangeführt wird und für eine zusätzliche Verwirbelung des Gemisches sorgt. Der engere Zylinderwinkel mit 70° V erforderte zur Dämpfung der Vibrationen eine Ausgleichwelle, spart aber erheblich an Einbaulänge, so daß der Radstand gegenüber der 750er um rund 80 mm verkürzt werden konnte.

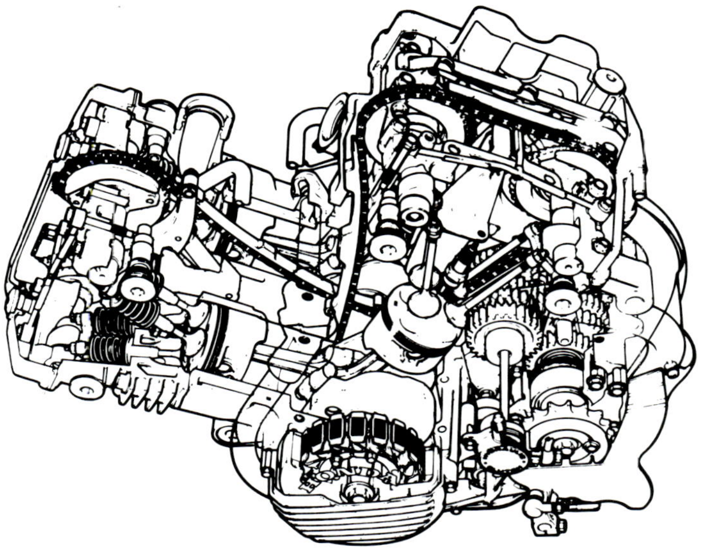

HONDA VF 750 F

Die HONDA 750 S, die 1982 in Deutschland mit großer Begeisterung zum Motorrad des Jahres gekürt wurde, leitete die Entwicklung einer langen Reihe sportlicher V 4-Motoren ein: Wasserkühlung, 90° Zylinderwinkel, je zwei obenliegende Nockenwellen, die die vier Ventile über Tassenstößel betätigen. Der Kraftprotz dieser ausgesprochenen Kurzhuber (D = 70 mm ∅, s = 48,6 mm, s : D = 0,7, V_h = 748 cm^3), der Typ VF 750 F, kommt mit einer Verdichtung ε = 10,5 auf eine Leistung P_1 = 66 kW (90 PS) bei n_1 = 10 000 min^{-1} und ein Drehmoment M_1 = 73 Nm (7,4 mkg) bei n_2 = 7 500 min^{-1}, ist also für einen Hochleistungsmotor erstaunlich elastisch. Interessant ist ein Vergleich mit dem Reihenmotor der CBX 750 F, der bei ε= 9,3 (!) für 67 kW (91 PS) nur n_1 = 9 500 min^{-1} dreht, das höchste Drehmoment M_1 = 70 Nm (7,1 mkg) aber erst bei n_2 = 8 500 min^{-1} erreicht, also ein wesentlich schmaleres nutzbares Drehzahlband hat.

HONDA setzte bei der Planung der neuen V-Motoren-Generation, die bei den Zweizylindern von der VT 250 N (VT = V-Twin) bis zur revolutionären VT 750 C und bei den Vierzylindern von der VF 400 F (VF = V-Four) bis zur mächtigen VF 1100 C mit 83 kW (113 PS) reicht, kompromißlos auf die sportliche Karte. Ein allzu ehrgeiziger Versuch sollte mit der NR 500, der 32-ventiligen Grand-Prix-Rennmaschine mit den O-förmigen Kolben, dem Zweitakter auf der Rennstrecke Paroli bieten.

Trotz bewundernswerter konstruktiver Einzelleistungen von der Presse zu Unrecht und mitleidlos verrissen, hat der Mißerfolg die Männer um Soichiri Irimajiri nicht entmutigt und nicht davon abgehalten, mit der VT 250 F auf der Straße der scheinbar unschlagbaren YAMAHA RD 250 den Kampf anzusagen.

Der wassergekühlte 90°-V-Motor – die schwarzen Wassermäntel sind durch drei niedrige, polierte Kühlrippen geschickt verziert – ist mit 60 mm ∅ - Bohrung und 40 mm Hub (s:d = 0,74) ein ausgesprochener Kurzhuber, dem die für 25,8 kW (35 PS) erforderlichen n_1 = 11 000 min^{-1} nicht weh tun, ja, der nach Werksangaben bis n = 13 000 min^{-1} entsprechend einer Kolbengeschwindigkeit V_k = 19 m/s gedreht werden kann. Für die ausreichende Atmung sorgen je 4 Ventile, die von je zwei obenliegenden, durch federgespannte Ketten angetriebenen Nockenwellen über gabelförmige Schlepphebel betätigt werden.

Auch das Verdichtungsverhältnis liegt mit 11 ungewöhnlich hoch. Die beiden MIKUNI-Gleichdruck-Vergaser mit 32 mm ∅ Durchlaß haben ein gemeinsames Schwimmergehäuse. Der kleine Wasserkühler, thermostatisch geregelt

HONDA VT 500 E

Der enge Gabelwinkel des HONDA VT 500-Motors mit 52° zeigt den raumsparenden Einbau. Der Dreiventil-ohc-Motor mit Doppelkerzen leistet P_1 = 37 kW (50 PS) bei n_1 = 9000 min^{-1} und hat ein max. Drehmoment M_1 = 45 Nm (4,6 mkg) bei n_2 = 7000 min^{-1}, ist also recht elastisch.
Die elegante Linienführung der mit 179 kg Leergewicht recht handlichen Kardan-Maschine wird durch die hellen Zierrippen auf den schwarzen Kühlmänteln, den schmalen Kühler und die formschönen Comstar-Räder mit den gekapselten Scheibenbremsen betont.

HONDA VT 500 Motor

Der wassergekühlte 52°-Gabelmotor der HONDA VT 500 baut sehr gedrungen und mit nur 360 mm Breite sehr schmal. Die Hubzapfen der mit einer kräftigen Mittelscheibe laufenden Kurbelwelle sind um 76° versetzt. Dadurch kommt der Motor ohne Ausgleichswellen aus. Der Dreiventilkopf mit Zahnkettentrieb für die sohc mit Kipphebelsteuerung hat zwei Zündkerzen, um das Durchbrennen des Gemisches zu beschleunigen.

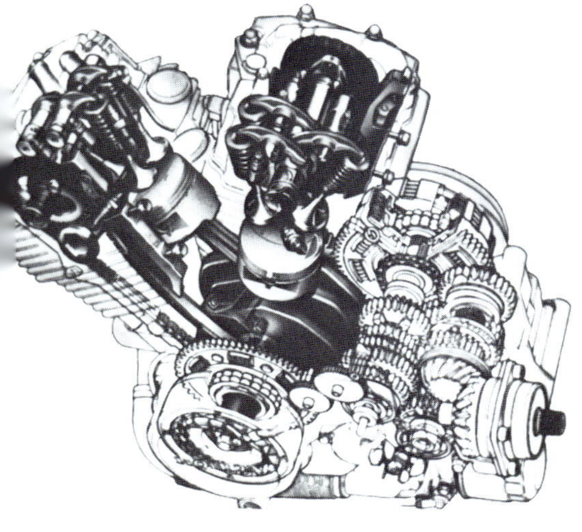

und von einem Ventilator unterstützt, liegt mit nur 1,6 l Kühlflüssigkeit gut geschützt hinter dem Lenkkopf und fällt durch seine seitlichen Austrittsöffnungen auf. Die ungewöhnlich aufwendige Konstruktion ist natürlich ein technischer Leckerbissen, aber auch ein Musterbeispiel für technischen Sophismus. Es wurde schon bei den grundsätzlichen Betrachtungen darauf hingewiesen, daß die beiden größeren Zweizylinder-Modelle VT 500 und VT 750 keine klassischen V-Motoren mit gemeinsamem Kurbelzapfen, sondern Gabelmotoren mit gegeneinander versetzten Kurbelzapfen sind, um trotz des engeren Zylinderwinkels den guten Massenausgleich eines 90°-V-Motors zu erreichen.

Hydraulischer Ventilspiel-Ausgleich

Der 45°-V-Motor der VT 750 mit dem 90°-Kurbelversatz brilliert mit einer solchen Fülle neuartiger Ideen, daß hier nur die wichtigsten Gedanken festgehalten werden können. Mit 75,5 mm Hub und 79,5 mm Bohrung ist er nur leicht unterquadratisch und damit in der Drehzahl auf $n_1 = 8\,000\ \text{min}^{-1}$ begrenzt, bei der er immerhin auf eine Kolbengeschwindigkeit $V_k = 20$ m/s und eine Leistung $N_1 = 48{,}5$ kW (66 PS) kommt. Um die Massenkräfte 2. Ordnung klein zu halten, sind die Pleuel mit $l = 153$ mm ungewöhnlich lang.

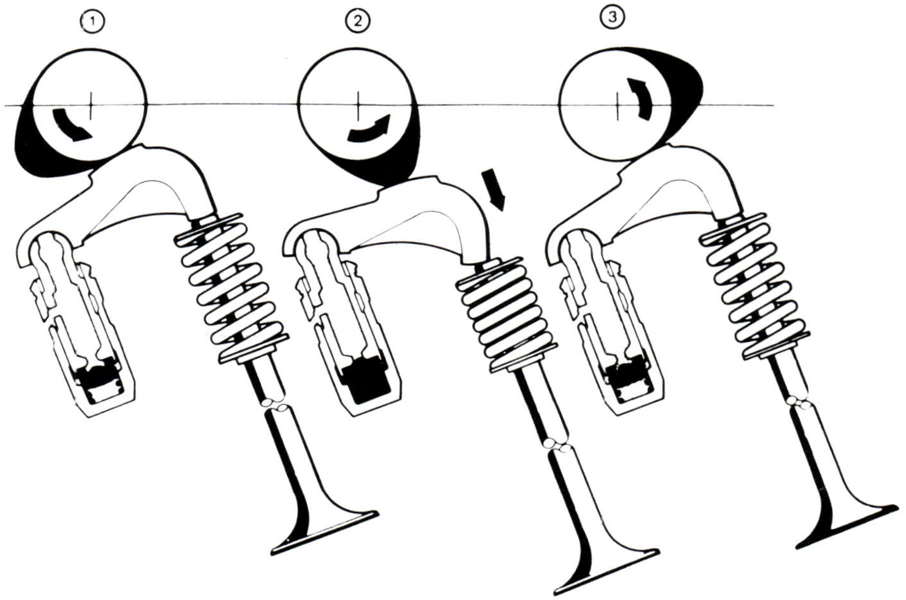

Hydraulischer Ventilspielausgleich

Die Hydraulikeinheit des HVA-Systems (Hydraulic Valve Adjustment) ist das feststehende Stützlager für den Schlepphebel.

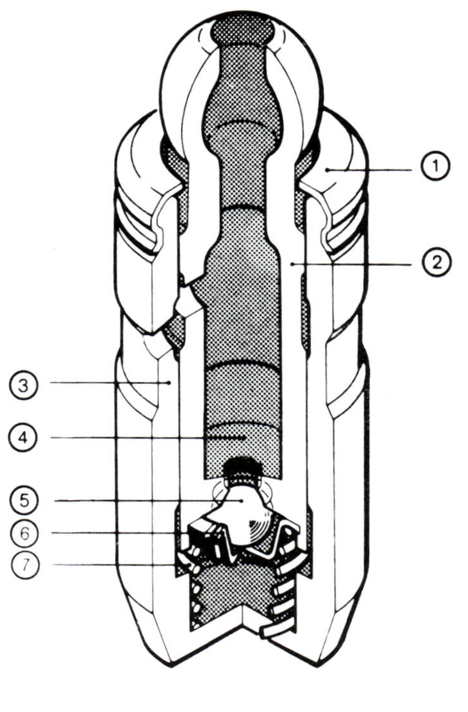

HVA-Element

Das HVA-Element des HONDA-Hydraulic-Valve-Adjustment zeigt den Außenzylinder (3) und den Innenzylinder (2), die durch die schwache Feder (7) auseinandergedrückt werden. Sie geben damit einen Hohlraum frei, der wie die beiden Zylinder mit Motorenöl gefüllt ist. Beim Öffnen des Ventils wird der Hohlraum (4) im Zylinder (2) belastet, nach unten aber durch das Kegelventil (5) verschlossen. Nach dem Schließen des Ventils wird der Hohlraum (4) wieder druckfrei, und die schwache Feder (7) drückt die Steuerteile bis zum nächsten Ventilhub wieder spielfrei zusammen.

HONDA VF 1000 R Motor

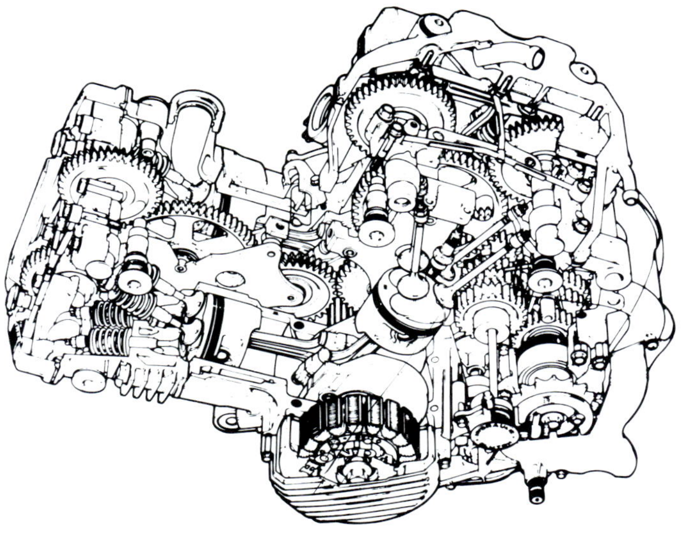

Die Kolben des flüssigkeitsgekühlten 90°-V-Vierzylinder-Motors laufen in nassen Zylinderbuchsen. Die vier obenliegenden Nokkenwellen werden durch geradverzahnte Stirnräder angetrieben und betätigen die unter einem Spreizwinkel von 38° sehr steil stehenden 16 Ventile über sehr kurze, gegabelte Schlepphebel. Mit D = 77 mm ∅ und s = 43,6 mm (s : D = 0,696) ist der Motor ein ausgeprägter Kurzhuber. Die schwingungsmäßige Abstimmung der 30-mm-∅-Keihin-Vergaser in dem engen V-Raum ist schwierig: Die Drehmoment-Kurve hat zwei ausgeprägte Spitzen mit 81 Nm bei n = 4500 min^{-1} und 83 Nm bei n = 7500 min^{-1}, fällt aber bei n = 5800 min^{-1} auf 75 Nm zurück.

Beide Einlaßventile mit d = 31 mm ∅ und das Auslaßventil mit d = 40 mm ∅ stehen in einem Winkel von nur 37° gespreizt und werden von einer Nockenwelle über Kipphebel gesteuert, die auf einer exzentrischen Achse laufen.
Diese exzentrische Lagerung löst ein uraltes Ingenieur-Problem – die automatische Null-Spieleinstellung. Der selbsteinstellende hydraulische Ventilstößel ist im Prinzip nicht neu. Er läuft seit Jahren in vielen Automobil-Motoren mit großem Erfolg, aber eben nicht mit den Irrsinns-Drehzahlen moderner Zweirad-Motoren. Die entscheidende Idee des HVA- Systems (Hydraulic-Valve-Adjustment) von HONDA besteht darin, daß die Hydraulikeinheit – wie bei vielen modernen Wagenmotoren – nicht mit den oszillierenden Massen der Ventilsteuerung hin- und herschwingt, sondern als feststehendes Stützlager für den Schlepphebel oder bei Kipphebeln für die exzentrisch gelagerte Kipphebelwelle dient. Das eigentliche HVA- Element besteht aus zwei ineinander gleitenden Zylindern, die durch eine schwache Feder auseinandergedrückt werden und damit einen Hohlraum freigeben, der wie die beiden Zylinder mit Motorenöl gefüllt ist.
Wird der innere Zylinder beim Öffnen des Ventils belastet, so verschließt ein winziges Kugelventil den Hohlraum und öffnet sich erst wieder beim Schließen des Ventils. Der Hohlraum wird druckfrei, und die schwache Feder drückt die Steuerteile bis zum nächsten Ventilhub wieder spielfrei zusammen – die Voraussetzung für geräuscharmen Lauf und geringen Verschleiß von Ventilsitz, Ventil und Kontaktflächen. Die minimalen Arbeitswege dürften die gefürchtete Blasenbildung und eine unzulässige Erwärmung in Betrieb auch bei hohen Drehzahlen ausschließen.

HONDA VF 1000 R Nockenwellenantrieb

Der Nockenwellenantrieb der je zwei obenliegenden Nockenwellen durch geradverzahnte Stirnräder zeigt die Abstammung vom Rennmotor. Er sichert exakte Ventilzeiten bei jeder Drehzahl, wirft aber Geräuschprobleme auf, die durch gegeneinander verspannte Doppelräder bekämpft werden.

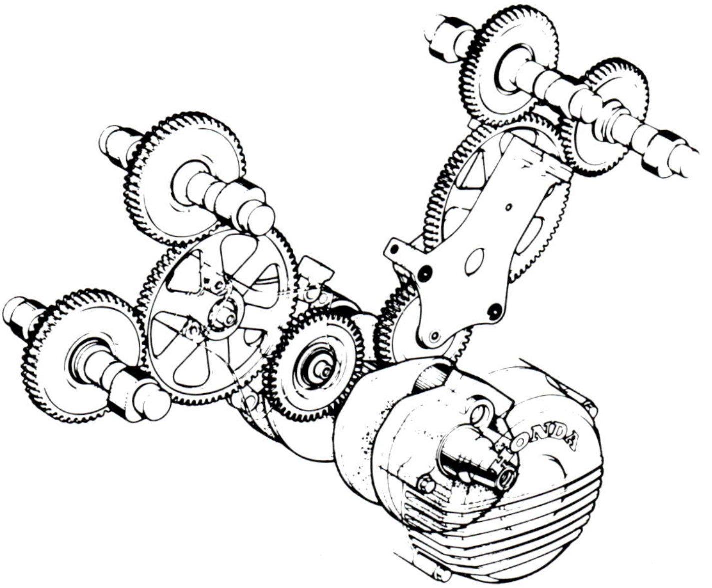

Die Spielfreiheit bringt auch für die Nokkenform entscheidende Vorteile:

- die Anlauframpe kann stark reduziert werden;
- die Ventile öffnen sehr viel schneller und halten die Öffnungszeit konstant;
- die Anlage arbeitet praktisch wartungsfrei.

Die Dreiventilanordnung führt zu einem herzförmigen Brennraum mit großer Quetschfläche und gestattet nicht nur das für Normalkraftstoff hohe Verdichtungsverhältnis 9,8:1, sondern auch die problemlose Unterbringung von zwei fast diagonal gegenüberliegenden Kerzen. Der Erfolgt zeigt sich in einer merklichen Verbrauchssenkung besonders im Bereich niedriger Belastungen und Drehzahlen und in einer mit maximal 26° kW sehr geringen Vorzündung.

Die Leichtmetall-Zylinder mit eingegossenen trockenen Buchsen sind – wohl auch aus optischen Gründen – mit niedrigen Rippen bestückt. Der lange, ungewöhnlich schmale Kühler liegt tief zwischen den vorderen Rahmenrohren und wird durch einen elektrischen Ventilator unterstützt.

DIE VIERZYLINDER-REIHE

Die Vierzylinder-Reihe VF von HONDA hat zur optimalen Auswuchtung durchgehend einen Gabelwinkel von 90° und eine ungekröpfte Kurbelwelle, so daß die Kolben paarweise auf- und ablaufen. Die Zündfolge ist also 90° kW und 270° kW, und das führt unweigerlich zu Schwingungen im Antrieb, die bei den hier vorliegenden Leistungen nicht auf die leichte Schulter genommen werden können. Um das zum Ausgleich der Wärmedehnung des Gehäuses unvermeidliche Zahnspiel in dem geradverzahnten Stirnradantrieb als Quelle von Klappergeräuschen auszuschalten, wurde das große Primärrad am Kupplungskorb durch zwei gegeneinander

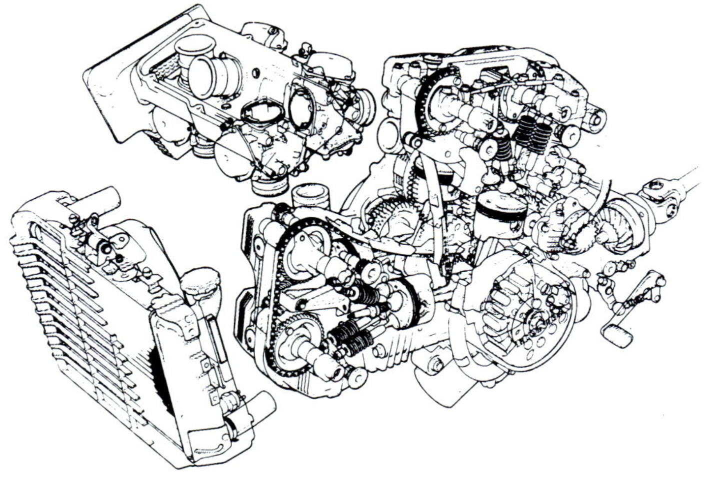

HONDA VF 1100 C Motor

Der wassergekühlte 1 100 cm³-V-Vierzylinder entspricht dem Aufbau der VF 750 C: 90° V
16 Ventile, von vier obenliegenden, mit Federn gespannten Zahnketten angetriebenen Nockenwellen über gegabelte Schlepphebel betätigt.
Die geschickt verschachtelte Anordnung der vier 33-mm-∅-Gleichdruck-Vergaser im Ansaug-Gehäuse macht das Raumproblem deutlich. Der Primärantrieb soll durch ein gegeneinander verspanntes Stirnradpaar die durch die ungleichmäßige Zündfolge verursachten Schwingungen der Kraftübertragung dämpfen.
Links der riesige Kühler, rechts der Kegelradantrieb.

leicht versetzte, durch kräftige Federn gespreizte Zahnräder abgelöst, die unter ständiger Spannung und damit spielfrei laufen (wie schon bei Sunbeam, YAMAHA u. a. m.).
Der mit 70 mm ∅ Bohrung und 48,6 mm Hub (s:d = 0,69) sehr kurzhubige Motor kommt durch die starke Überlappung der groß bemessenen Hub- und Grundlager-Zapfen ohne mittlere Hubscheibe aus. Pleuel und Kurbelwelle laufen in Gleitlagern. Je zwei obenliegende Nokkenwellen werden mit schweren, aber langlebigen Zahnketten mit automatischer Nachspannung angetrieben und betätigen über gabelförmige Schlepphebel für je zwei Ventile die acht Ventile jeder Zylinderreihe. Die Einlaßventile mit 26 mm ∅ und die Auslaßventile mit 23 mm ∅ stehen mit einem Spreizwinkel von nur 38° sehr viel steiler als bei den Reihen-Vierzylindern, die mit 60° Spreizwinkel eben an Bauhöhe sparen müssen.
Eine sehr gute Führung der Einlaßkanäle bemüht sich um eine gute Füllung, der kompakte Brennraum um kurze Brennwege, ein sehr enger Spalt mit weniger als 1 mm zwischen Quetschflächen und Kolben um eine kräftige Verwirbelung, und die hohe Verdichtung 10,5 schließlich um einen niedrigen Verbrauch. Der Kraftstoff wird aus dem Tank durch eine von einem Hubmagneten betätigte Membranpumpe zu der Vergaser-Batterie mit gemeinsamem Luftfilter gefördert, die aus zwei Querstrom- und zwei Fallstrom-Keihin-Vergasern mit 32 mm ∅ besteht. Das sichere Anspringen bei niedrigen Temperaturen wird nicht durch ein Choke, sondern durch eine in den Vergaser integrierte Kraftstoffanreicherung gewährleistet.
Mit besonderer Sorgfalt wurde die Schmierung ausgebildet: Die Eaton-Pumpe fördert das Öl aus dem 3 l fassenden Sumpf im Hauptkreislauf durch das Ölfilter zur Kurbelwelle, die aus Bohrungen in den Kurbelzapfen Spritzöl an Zylinderwand und Kolben liefert. Ein

HONDA VF 500 F

HONDAs VF 500 F nützt die Möglichkeiten der dohc mit je vier Ventilen voll aus: Der wassergekühlte Kurzhuber (D = 60 mm ∅, s = 44 mm, s : D = 0,73, Verdichtung 1:11) leistet 52 kW (70 PS) bei $n_1 = 11\,500\ \text{min}^{-1}$ und $M_1 = 43$ Nm (4,4 mkg) bei 10 500 min^{-1}. Das reicht auch unverkleidet für 200 km/h liegend.

Doppelschleifen-Rahmen aus Vierkant-Stahlrohr mit abnehmbarem Rahmenunterzug, Leichtmetall-Kastenschwinge mit zentralem Federbein und 115 mm Federweg, luftdruckunterstützte Tauchgabel mit Antidive und 140 mm Federweg, Radstand 1 420 mm.

Die hellen „Kühlrippen" auf den schwarzen Leichtmetall-Wassermänteln haben nur kosmetische Bedeutung. Das in den Zylinderwinkel führende glänzende Rohr fördert kühles Wasser von der tiefliegenden Wasserpumpe in den Kreislauf zurück. Gewicht mit vollem 16,5-l-Tank 201 kg.

Bereifung vorn 100/90-16, hinten 110/90-18 Niederquerschnitt.

zweiter Kreis führt zum Getriebe und zu den Nockenwellenlagern und den Nokkenlaufbahnen, um sie vor allem in der Warmlaufphase vor vorzeitigem Verschleiß zu schützen. Nach den vorliegenden Testberichten reagiert der Motor auf Ölmangel an diesen hochbeanspruchten Stellen allergisch. Die Auspuffrohre enden in einer gemeinsamen Vorkammer, die die Abgase in zwei Schalldämpfer leitet. Mit knapp 85 kg hält sich der starke Motor in angemessenen Gewichtsgrenzen.

Es ist immer wieder erstaunlich, wie kompromißlos HONDA bereit ist, jedes neue Modell ohne Rücksicht auf eine vorhandene Baureihe einer neuen Aufgabe optimal anzupassen. Die für den sportlichen Einsatz bestimmte neue VF 750 F hat nur noch äußerlich Ähnlichkeit mit dem Vorgänger: Gleichgeblieben sind der Zylinderwinkel von 90° und der Gleichlauf der Kolben, aber der ganze Block wurde zurückgedreht, steht jetzt fast symmetrisch zur Senkrechten, um an Bauhöhe für die hinteren Zylinder zu sparen, den Schwerpunkt weiter nach hinten zu verschieben und den langen Radstand der VF 750 S (1 562 mm) um 67 mm zu verringern. Die Ventile werden über Schlepphebel betätigt.

ITALIENISCHE V-MOTOREN

Moto Guzzi, die ebenso traditions- wie ideenreiche Motorrad-Marke, die in ihrer überaus erfolgreichen Renngeschichte auf gründliche Erfahrungen vom liegenden Einzylinder bis zum V-Achtzylinder zurückblicken kann, hat sich im Serienbau seit 1967 ganz auf den querlaufenden V-Zweizylinder konzentriert.

Die Reihe begann mit der 704 cm^3 V 7 mit braven 42 PS und wurde dann auf 850 cm^3 und schließlich auf 1 000 cm^3 aufgebohrt. Die beiden großen Motoren haben 83 mm ∅ und 88 mm ∅ Bohrung, aber mit 78 mm den gleichen Hub. Daneben entstand eine neue kleinere Reihe, die von den 350 cm^3 der V 35 über die 500 cm^3 der V 50 bis zur neuen V 65 reicht und durch ein erfreulich niedriges Gewicht auffällt, im Gegensatz zu der gutgenormten Groß-Reihe aber leider sowohl in der Bohrung mit 66 – 80 mm ∅ wie im Hub mit 50,6 – 64 mm ∅ variiert. Beide Baureihen haben einen klassischen 90° V-Winkel und fallen durch die ungewöhnlich stabile Kurbelwelle und die schweren Schwungmassen auf. Das sorgt trotz der ungleichen Zündfolge 270° – 450° kW für einen guten Rundlauf, verhindert aber das schnelle Abbremsen beim Gaswegnehmen und erschwert das schnelle Schalten.

Die mit einem Spreizwinkel von 70° im Zylinderkopf hängenden Ventile werden von der im Zylinderwinkel liegenden Nockenwelle über Tassenstößel, kurze

MOTO GUZZI 850 LeMans III

Das Paradepferd von GUZZI, die 850 LeMans III, wird in der Linienführung durch die gelungene Tank-Sitz-Kombination immer gestreckter. Im Gegensatz zu den leichten Modellen ist die Hinterradschwinge hier im Doppelrohrrahmen gelagert. Der 90°-V-Motor (D = 83 mm ∅, s = 78 mm ∅) leistet P_1 = 56 kW (76 PS) bei n_1 = 7 700 min^{-1} und hat ein max. Drehmoment M_1 = 74,5 Nm (7,6 mkg) bei n_2 = 6 200 min^{-1}.

MOTO GUZZI V 65

Die GUZZI V 65 wurde durch Vergrößerung von Hub (64 : 57 mm) und Bohrung (80 : 74 mm) aus der V 50 entwickelt, leistet P = 40 kW (50 PS) bei n_1 = 6900 min^{-1} und hat mit 180 kg ein erfreulich günstiges Trockengewicht. Dabei wurde die Tauchgabel mit 35 mm Standrohr-Durchmesser und Gleitrohrbügel erheblich versteift. Die Leichtmetall-Zylinder sind gut verrippt und Nigusil-beschichtet. Die zwei Ventile (Einlaß 34,5 mm ∅, Auslaß 30,5 mm ∅) wurden in der eleganten V 65 Lario durch vier Ventile abgelöst. Ein entscheidender Unterschied zu der großen Modellreihe liegt in der im Getriebegehäuse gelagerten Leichtmetall-Hinterradschwinge. Alle GUZZIS haben das Integral-Bremssystem.

Stößelstangen und Kipphebel betätigt. Die Nockenwelle wird von der Kurbelwelle je nach Baumuster entweder über schräg verzahnte Stirnräder oder über eine Kette mit Umkehr des Drehsinns angetrieben – der gleiche Antriebsstrang betätigt die normale Zahnradölpumpe. Bei einem Kontrollspiel von 0,6 mm sind die Ventilzeiten

E. ö. 40° kW vor o.T.,
E. s. 70° kW nach u.T.,
A. ö. 63° kW vor u.T.,
A. s. 29° kW nach u.T.

Auch das Ventilspiel war mit 0,22 mm bei kaltem Motor sehr groß, bis die Kipphebelbrücken auf Leichtmetall umgestellt wurden und die Wärmedehnung der Zylinder besser mitmachten.
Bei der sportlichen 850er Le Mans wurde mit den längeren Ventilzeiten die Verdichtung auf 10,2 angehoben und der Durchlaß der beiden Dellorto-Rundschieber-Vergaser von 30 mm ∅ auf 36 mm ∅ erhöht.
Die Nennleistung lag mit P = 56 kW (76 PS) bei n = 7700 min^{-1} und das beste Drehmoment mit M_{max} = 75 Nm bei n_2 = 6200 min^{-1} schon im Bereich wettbewerbsfähiger Langstrecken-Sportmaschinen, und die um gut 4 mm in der Wandstärke gewachsenen Nikasil-be-

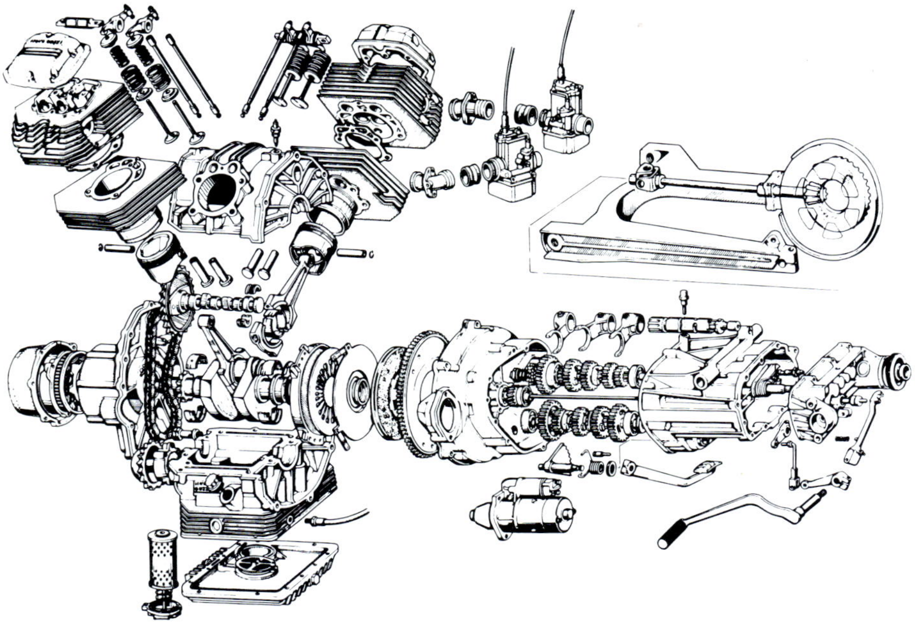

GUZZI V 65 – Motor und Antrieb

Die Explosions-Zeichnung läßt sehr deutlich den klaren Aufbau des 90°-V-Triebwerks erkennen:
Die kurze Kurbelwelle mit den großen Auswuchtmassen läuft auf Gleitlagern in dem horizontal geteilten, an den Stirnseiten durch sternförmige Rippen gut versteiften Gehäuse. Die von der Kurbelwelle über eine vorgespannte Rollenkette angetriebene, im Gabelwinkel liegende Nockenwelle betätigt die senkrecht hängenden Ventile über Pilzstößel, kurze Stoßstangen und Kipphebel. Der flache Brennraum erhält durch den hochgezogenen Rand der Kolbenmulde ausgeprägte Quetschkanten, die für eine kräftige Verwirbelung sorgen.
Über die Einscheiben-Kupplung mit Tellerfeder und das fluchtende Fünfgang-Getriebe führt der Kraftfluß geradlinig in die in der Leichtmetallschwinge laufende Kardanwelle. Auffallend ist die fast quadratische, tiefe Verrippung von Kopf und Zylinder und die flache, gut verrippte Ölwanne. Ölfüllmenge für den Motor 2,0 Liter, für das nicht an den Umlauf angeschlossene Getriebe 0,9 l und für das Kegelrad-Gehäuse 0,14 l.

schichteten Laufbuchsen in den nun rechteckig gerippten Zylindern luden geradezu dazu ein, von 83 mm ∅ auf 87 mm ∅ aufgebohrt zu werden und so bei gleichbleibendem Hub s = 78 mm auf ein Hubvolumen $V_h = 949\ cm^3$ zu kommen. Mit 40 mm ∅ Vergaserdurchlaß kommt die 1 000 Le Mans auf eine Leistung P = 64 kW (87 PS) bei $n_1 = 7\,600\ min^{-1}$, also mit immerhin einer Kolbengeschwindigkeit von V_k 19,8 m/s, und ein Drehmoment $M_{max} = 82$ Nm bei $n_2 = 6\,400\ min^{-1}$.

Im Gegensatz zu den recht gewichtigen Vertretern der großen Baureihe wurden die kleinen Modelle mit offenem Rahmen, mittragenden Motoren und Leichtmetallschwingen von vornherein auf Leichtbau mit Trockengewichten zwischen 150 – 180 kg ausgelegt, während sich die Motoren vor allem in der Ausbildung des Zylinderkopfes unterscheiden: Um bei Beibehaltung des querlaufenden 90°-V-Kurbeltriebes an Baubreite und auch ein wenig an Bauhöhe zu sparen, ging GUZZI vom Dach-

MOTO GUZZI V 65 Lario

Mit der V 65 Lario ging GUZZI nach langer Zeit wieder zu vier Ventilen über, die über Stoßstangen und Gabelkipphebel gesteuert werden. Der kurzhubige 643-cm^3-V-Motor (D = 80 mm ∅, s = 64 mm ∅) mit Leichtmetall-Zylindern leistet P_1 = 43 kW (58 PS) bei n_1 = 7 800 min^{-1} und erreicht sein bestes Drehmoment M_1 = 51,3 Nm (5,23 mkp) bei n_2 = 6 000 min^{-1}.
Weitere Daten: Radstand r = 1 455 mm, luftunterstützte Tauchgabel mit 140 mm Federweg vorn, Leichtmetallschwinge mit luftunterstütztem Federbein und 80 mm Federweg hinten, Integral-Bremssystem mit 270-mm-∅-Doppelscheibenbremse vorn, 235-mm-∅-Scheibe hinten, Bereifung 100/90 V 16 vorn, 120/90 V 16 hinten. Gewicht vollgetankt 199 kg.

kopf mit schräg hängenden Ventilen auf senkrecht parallel hängende Ventile und den Heron-Brennraum über, der als Mulde mit breiten Quetschflächen im Kolbenboden läuft und zusammen mit der völlig ebenen Fläche des Zylinderkopfes für eine kräftige Verwirbelung des Gemisches sorgt.
Bei leichter Begrenzung der Ventilgröße zeichnet sich der Heron-Brennraum neben der einfachen Bearbeitung durch eine höhere motorische Klopffestigkeit – das Verdichtungsverhältnis liegt zwischen 10,0 und 11,0 – und günstige spezifische Verbrauchswerte aus, die vor allem auf die kurzen Brennwege – durch den kompakten Brennraum mit nahezu zentral liegender Kerze – und die gute Verwirbelung zurückzuführen sind. So erreicht die neue V 65 SB mit P = 37 kW (50 PS) bei n_1 = 7 000 min^{-1} die Leistung der rund 15 Jahre älteren V 7 und hat mit M_{max} = 54 Nm bei n_2 = 6 000 min^{-1} auch einen recht guten Drehmomentenverlauf.
Die beiden Dellorto-Vergaser sind mit 30 mm ∅ trotz gleicher Höchstleistungsdrehzahl gegenüber der V 50 mit 24 mm ∅ erheblich gewachsen. Die neuen Zylinder sind buchsenlos und haben Nigusil-Beschichtung. Die Zahnradölpumpe der großen Reihe wurde durch eine Ea-

ton-Pumpe abgelöst. Auch GUZZI ist bei den Sportmodellen auf Vierventilköpfe übergegangen.

MORINI setzte bei seiner Baureihe von V 2-Motoren, die mit der 350er VT von 1976 eine schmerzlich empfundene Lücke in der Mittelklasse schloß und inzwischen durch die 250 V und die 500 V abgerundet wurde, auf den Heron-Brennraum.
Der Motor der 500 V kann mit einem Verdichtungsverhältnis 11,2 nicht nur als Bestätigung für die hohe motorische Klopffestigkeit dieses Systems dienen, sondern auch – bei allerdings bescheidenem Mitteldruck – für seine Eignung für hohe Elastizität: Die Nennleistung $P = 30$ kW (41 PS) gibt der Motor bei $n_1 = 7500\ min^{-1}$ ab, sein höchstes Drehmoment $M_{max} = 45$ Nm bei $n_2 = 5100\ min^{-1}$!
Der längslaufende 72°-V-Motor verzichtet auf eine besondere Ausgleichswelle und nimmt daher bei höheren Drehzahlen einige Vibrationen in Kauf, baut aber recht kompakt und kommt mit 1 440 mm Radstand aus. Die im Zylinderwinkel laufende Nockenwelle wird von einem sehr kurzen, vor Öl gut gekapselten Zahnriemen angetrieben, bei dem weniger die fehlende, bei dem kurzen Achsabstand aber wahrscheinlich auch entbehrliche Nachspannung, sondern die sehr kleine Zähnezahl (11 : 22) bedenklich stimmt und die Vorschrift zum Austausch des Riemens nach 20 000 km verständlich macht.
Eine andere Besonderheit des Motors ist die einseitige Ausbildung der Pleuel, um den hinteren Zylinder aus dem Windschatten des vorderen Zylinders herauszunehmen und die Unterbringung der beiden 26 mm ∅ Dellorto-Vergaser zu erleichtern.

War die VINCENT HRD die Traummaschine der 30er und 50er Jahre, mit der die Zeit der sportlichen V2-Zylinder auszulaufen schien, so wurde die neue Generation 1970 durch die DUCATI 750 SS eingeläutet. Das Meisterstück des genialen Fabio Taglioni war zweifellos eine echte SS, eine klassische, unmittelbar von der Rennmaschine abgeleitete Super-Sportmaschine, die ihre Wettbewerbsfähigkeit beim ersten Start in Imola durch einen Doppelsieg in der 750er Klasse überzeugend unter Beweis stellte. Und es ist fast symbolisch, daß der unvergessene Mike Hailwood – »Mike the bike« – wenige Jahre später nach 11jähriger Rennpause mit der aufgebohrten DUCATI 900 S auf der klassischen englischen TT überlegen das Rennen der neugeschaffenen TT-Formel I gewann.
Es war sicher nicht die Leistung allein, die zu diesem spektakulären Erfolg führte, aber Taglioni hatte die Tugenden des 90°-V-Motors, sein leichtes Gewicht, seine geringe Stirnfläche, sein bulliges Drehmoment und die gute Gewichtsverteilung durch leichtes Rückdrehen um etwa 15° optimal zu einer organischen Einheit mit dem steifen Brükkenrahmen- Fahrwerk und dem langen Radstand, mit der guten Federabstimmung und der vorbildlichen Lenkgeometrie vereint.
Der mit 86 mm ∅ Bohrung und 74,4 mm Hub ($s:d = 0{,}86$) mäßig kurzhubige 90° V-Motor mit $V_h = 864\ cm^3$ zeichnet sich durch zwei einmalige Konstruktionsmerkmale aus:
Die beiden Nockenwellen werden durch spiralverzahnte Kegelräder auf den beiden Königswellen angetrieben und betätigen die zwei Ventile je Zylinder über Kipphebel. Zwei zusätzliche Nockenbahnen auf jeder Welle arbeiten über

Winkelhebel und ziehen die Ventile formschlüssig auf ihren Sitz zurück. Eine leichte Haarnadelfeder überbrückt lediglich das unvermeidliche Wärmespiel. Dieser desmodromische Ventiltrieb ermöglicht die Beherrschung sehr hoher Ventilbeschleunigungen, also große Ventilhübe bei kurzen Ventilzeiten, und damit sehr gute Füllungsgrade und die sichere Beherrschung sehr hoher Drehzahlen.

Der Motor erreicht bei einer Verdichtung 9,3 eine Höchstleistung $P_1 = 48$ kW (65 PS) bei $n_1 = 7\,000$ min^{-1} und ein Drehmoment $M_{max} = 74$ Nm bei 6 000 min^{-1}. Die Leistungsdaten gelten für die 900 SD - Darmah mit 32 mm ∅ Dellorto-Vergaser, werden aber auch für die Supersport mit den 40 mm ∅ - Vergaser, also 60 % größeren Querschnitt, angegeben. Leichte Zweifel sind also – wie bei fast allen italienischen Werksangaben – angebracht. Die Höchstdrehzahl wird nicht durch den Ventiltrieb, sondern nur durch die Kolbengeschwindigkeit begrenzt, die bei $n = 8\,000$ min^{-1} knapp 20 m/s erreicht.

Im Gegensatz zu den meisten V-Motoren kommt DUCATI mit sehr kleinen Schwungmassen aus, was für eine sorgfältige Auswuchtung spricht, das Schalten erleichtert, das Abbremsen des Motors beim Gaswegnehmen verringert und das Hochdrehen verbessert. Manche Fahrer sind von dieser Charakteristik so begeistert, daß sie – ohne erkennbare Nachteile – sogar die außen liegende Schwungscheibe abmontieren.

Die kleinere PANTAH-Baureihe überdeckt den Bereich von 350 – 650 cm^3 und stellt eine merkliche Vereinfachung unter Beibehaltung des funktionellen Aufbaus dar:

Der klassische Königswellen-Antrieb der nach wie vor desmodromisch arbeitenden Nockenwelle wurde durch einen Zahnriementrieb abgelöst. Eine Zwischenwelle mit doppelter Riemenscheibe wird von der Kurbelwelle über geradverzahnte Stirnräder 1:2 angetrieben, um für den 1:1-Antrieb der Nockenwelle durch die beiden mit je zwei Spannrollen laufenden Zahnriemen mit kleinen Gehäusen auszukommen.

Der Ventilwinkel wurde von 80° auf 60° verringert, der Brennraum kompakter und der ausgeprägte, geschmiedete Domkolben etwas abgeflacht. Zwei große 36-mm-Dellorto-Vergaser, endlich von einem ausreichend groß bemessenen Trocken-Luftfilter geschützt, sorgen gemeinsam mit dem durch die Desmodromik ermöglichten großen Zeitquerschnitte der 38 mm ∅ großen Einlaßventile (Auslaß 34 mm ∅) für eine gute Atmung und haben die Nenndrehzahl für die 42 kW (57 PS) der 600 SL PANTAH auf $n_1 = 8\,500$ min^{-1} angehoben, das beste Drehmoment M_{max} mit 50 Nm auf $n_2 = 7\,500$ min^{-1}.

Der Motor kann gefahrlos bis auf $n = 10\,500$ min^{-1} ($V_k = 20$ m/s) gedreht werden. Der Abschied von der für DUCATI traditionellen Königswelle wurde weniger mit den hohen Herstellungskosten als mit der Sorge um die immer strenger werdenden Geräuschvorschriften begründet: Auch bei sorgfältigster Fertigung war der Königswellenantrieb einfach zu laut – sein Geräuschpegel überstieg bei hohen Drehzahlen das Auspuff-Geräusch. Ein besonders deutliches Beispiel für den Einfluß behördlicher Vorschriften auf die konstruktive Gestaltung.

Die wieder mit sehr leichten Schwungmassen ausgebildete Kurbelwelle ist nun nicht mehr geteilt, sondern aus einem Stück geschmiedet und erfordert daher für den Kurbelzapfen eine Gleitlagerung, während die Grundlagerzapfen wie bisher auf Schulterkugellagern laufen. Die Leichtmetallzylinder sind buchsenlos und mit Nikasil beschichtet.

Aufgeladene Motoren

Die Leistung eines Motors wird durch die Faktoren Hubvolumen, Drehzahl und mittleren Nutzdruck bestimmt. Das Hubvolumen ist von der Auslegung des Motors – auch unter dem Druck von Steuer- und Versicherungskosten – festgelegt. Der Drehzahl sind durch die mit dem Quadrat schnell steigenden Massenkräfte und Reibungsverluste und die thermisch und mechanisch wachsende Materialbeanspruchung Grenzen gesetzt. So bleibt für die Leistungssteigerung bei gegebenen Grundabmessungen nur die Anhebung des mittleren Arbeitsdruckes übrig, und wenn die üblichen Mittel – Erhöhung der Verdichtung, optimale Ventilzeiten und beste Abstimmung von Einlaß- und Auslaßsystem – ausgereizt sind, als letzter Weg nur die Verbesserung des Mitteldrucks durch eine erhöhte Belieferung des Motors mit arbeitendem Gemisch: die Aufladung.
Um von vornherein die Beurteilungskriterien festzuhalten: Neben der selbstverständlichen Forderung nach ebenbürtiger Betriebssicherheit und vertretbaren Herstellungskosten kann von einem echten technischen Fortschritt beim Ladermotor nur gesprochen werden, wenn Gewicht, Bauraum und spezifischer Verbrauch dem leistungsgleichen Saugmotor gleichwertig sind.

BAUARTEN

In der langen Geschichte der Verdichter, die schon kurz nach der Jahrhundertwende beginnt, entstanden unzählige Konstruktionen unterschiedlicher Bauart, die entweder vom Motor mechanisch angetrieben wurden oder die Energie der Abgase als Turbolader oder als Druckwellenlader nutzbar machen. Ein grober Überblick soll neben einer kurzen Funktionsbeschreibung die Vor- und Nachteile der einzelnen Bauarten deutlich machen.

Kolbenladepumpe

Die Wirkungsweise entspricht einer einfach oder mit Kolbenober- und -unterseite arbeitenden, durch Schlitze, Membranen, Ventile oder Drehschieber gesteuerten Luftpumpe, deren Fördervolumen dem 1,5 bis 2fachen Hubvolumen entspricht. Sie wurde fast ausschließlich für Zweitaktmotoren angewendet und führte DKW vor dem 2. Weltkrieg zu so überlegenen Leistungen, daß die italienische Föderation in vollkommener Verkennung der technischen Möglichkeiten in der FIM frustriert ein grundsätzliches Verbot für aufgeladene Motoren durch-

DKW 250-cm³-Rennmotor

Der 250-cm³-DKW-Rennmotor der 50er Jahre war wieder der klassische, schlitzgesteuerte Saugmotor mit Umkehrspülung und verließ sich auf seine Robustheit und sein niedriges Gewicht. Er bereitete zusammen mit MZ und ADLER den Siegeszug des Zweitakters im Rennsport vor.

DKW 125-cm³-Rennmotor mit Ladepumpe

Aus dem schon legendären RT 125 Flachkolben-Motor entstand kurz nach dem Krieg der Rennmotor mit einfacher Ladepumpe. Die Ladepumpe vergrößert zwar das Ansaugvolumen beträchtlich, setzt aber die Drehzahl der besten Füllung stark herab und begrenzt damit – neben den höheren Massenkräften – die Höchstdrehzahl.

Die Entwicklung der DKW-Rennmotoren

Vom einfachen schlitzgesteuerten Einzylinder-Flachkolben-Motor mit Kurbelkammerpumpe über den U-Zylinder mit Ladepumpe und Drehflügel-Kompressor bis zum Gegenkolbenmotor führt der Weg schließlich wieder zu dem in seiner robusten Einfachheit unübertroffenen Original.

a) der schlitzgesteuerte Dreikanal-Motor mit Flachkolben und Umkehrspülung löste 1932 den Nasenkolben-Zweitakter ab. Im Laufe von 5 Jahrzehnten wurde das Verfahren durch stützende Spülkanäle und sorgfältige Anpassung von Schlitzform, Schlitzgröße und Schlitzführung an Hub-Bohrungsverhältnis, Hubraumgröße und Drehzahlbereich des Motors, nicht zuletzt aber durch schwingungstechnische Abstimmung auf der Einlaß- und Auslaßseite, ständig weiterentwickelt, blieb aber als Arbeitsprinzip bis heute unerreicht.
b) Einzylinder-Flachkolben-Motor mit gegenläufiger, durch einen Excenter angetriebener Ladepumpe, durch die das Saugvolumen des Kurbelgehäuses vergrößert wird.
c) Einzylinder-Doppelkolben-U-Zweitakter mit horizontal vor dem Kurbelgehäuse liegender Kolbenpumpe und unsymmetrischem Steuerdiagramm. Der Ladepumpen-Kolben saugt das Gas über eine großflächige Membran an und drückt es unter Umgehung des Kurbelgehäuses in den Spülzylinder.
d) Einzylinder-Doppelkolben-U-Zweitakter mit Ladepumpe und Kolbeneinlaßsteuerung. Die Ladepumpe arbeitet mit der Kolbenunterseite und vergrößert das Saugvolumen des Kurbelgehäuses.
e) Zweizylinder-Doppelkolben-U-Zweitakter mit doppelt wirkender Ladepumpe und Kolbeneinlaßsteuerung.
f) Einzylinder-Doppelkolben-U-Zweitakter mit senkrecht vor dem Spülzylinder stehender Kolbenladepumpe, die ebenso wie der Walzendrehschieber durch Stirnräder angetrieben wird.
g) Zweizylinder-Doppelkolben-U-Zweitakter mit Kette-getriebenem Drehflügelgebläse.
h) Zweizylinder-Gegenkolben-Rennmotor mit Kette-getriebenem Drehflügelgebläse und großem Druckausgleichsraum. Die beiden Kurbelwellen sind durch einen Stirnradsatz gekoppelt.

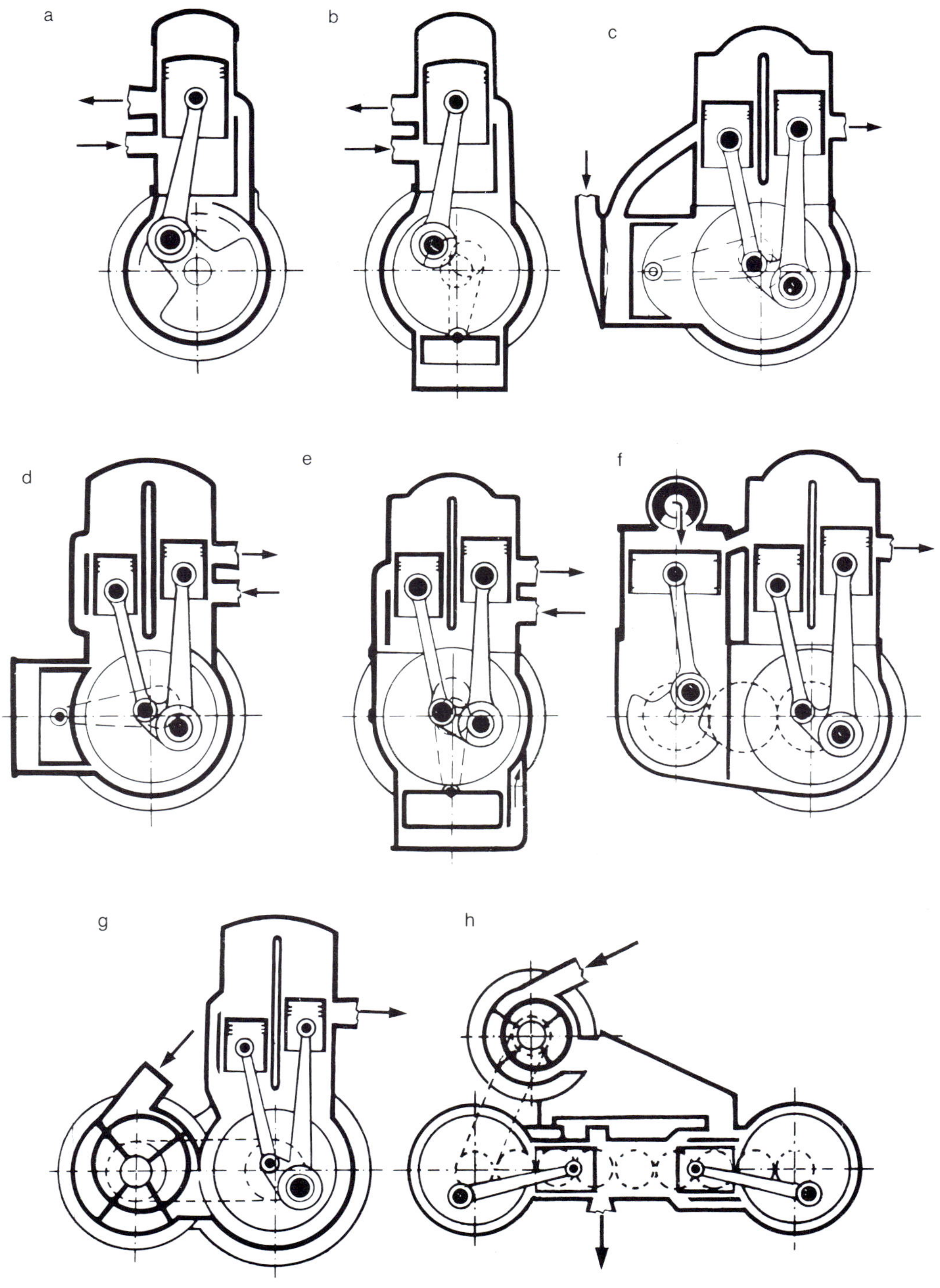
a
b
c
d
e
f
g
h

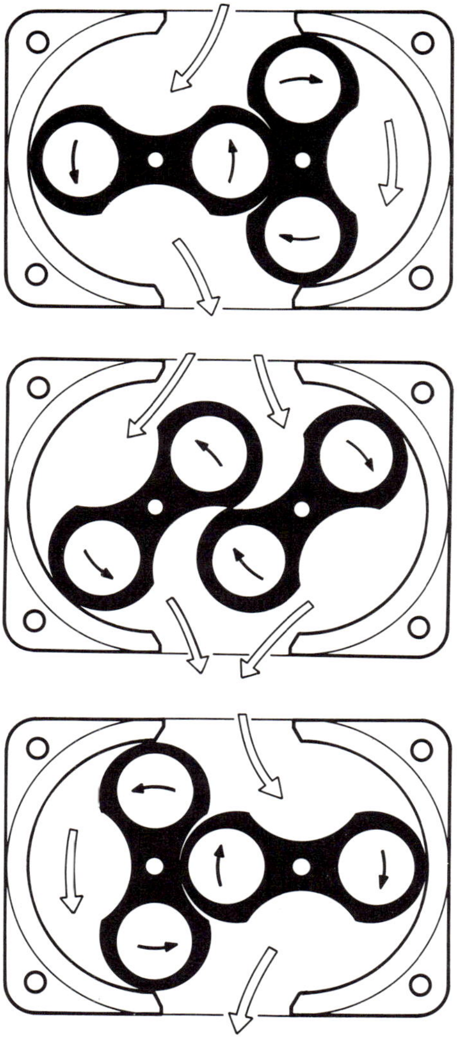

Wälzkolbenlader
Die beiden achtförmigen Drehflügel werden durch ein Zahnradpaar angetrieben, schaufeln die von oben nachströmende Ansaugluft in den Zwischenraum zur Gehäusewand und schieben sie mit nur geringem Druckanstieg durch die untere Öffnung zum Motor. Die Bauart war vor dem Krieg vor allem in Sportwagen unter dem Namen „Rootsgebläse" weit verbreitet.

setzte. Ein Irrtum, der die Konstrukteure des nichtaufgeladenen Zweitaktmotors in aller Welt dazu zwang, sich auf die wahren Tugenden dieser leichten, robusten und drehzahlfesten Bauart zu besinnen.

Die Vorteile der Kolbenladepumpe liegen in dem klaren, funktionellen Aufbau, der der Vorausberechnung keine Schwierigkeiten macht, und in dem hohen Ladegrad über den ganzen Drehzahlbereich. Aber die Nachteile überwiegen bei weitem: Sperriger Aufbau, hohes Gewicht, Begrenzung auf niedrige Drehzahlen durch große freie Massenkräfte und unvermeidbar zu niedrige Resonanzlage zur Füllungsverbesserung durch Ausnützung der Gasschwingungen und – last not least – die sehr hohen Gestehungskosten.

Wälzkolbenlader

In einem nullförmigen, sehr steifen Gehäuse, laufen zwei etwa achtförmige Drehkolben im entgegengesetzten Drehsinn, durch ein außen liegendes Zahnradpaar gekoppelt, aufeinander mit ebenso engem Spiel wie gegen die Gehäuseinnenwand ab. Die genaue Form der Drehkolben bildet eine Lemniskate.

Die Wirkungsweise entspricht etwa einer Zahnradölpumpe. Die vor allem als Roots-Gebläse bekannte Bauart, die schon in den 20er Jahren in Renn- und Sportmotoren des Automobilbaus erfolgreich verwendet wurde, diente vor allem zur Verbesserung der Füllung bei hohen Drehzahlen und wurde oft nur für kurzzeitige Spitzenleistungen eingesetzt. Drehkolben und Gehäuse erfordern für möglichst geringe Spaltverluste und zur Senkung des Geräuschpegels eine äußerst präzise Fertigung. Die entscheidenden Nachteile des Roots-Gebläses sind die im Prinzip liegende feh-

Sternkolbenlader (Schema)

Der hier als dreiflügeliger Stern ausgebildete Schieber läuft zentrisch im Gehäuse und wird von dem exzentrisch angeordneten Rotor angetrieben. Beim Überlaufen der Ansaugöffnung durch den ersten Schieberarm vergrößert sich der sichelförmige Raum zwischen Schieber und Gehäusewand. Die Luft wird von der Rückseite des ersten Schieberarms angesaugt und von dem folgenden Schieberarm verdichtet in die Druckleitung gefördert.

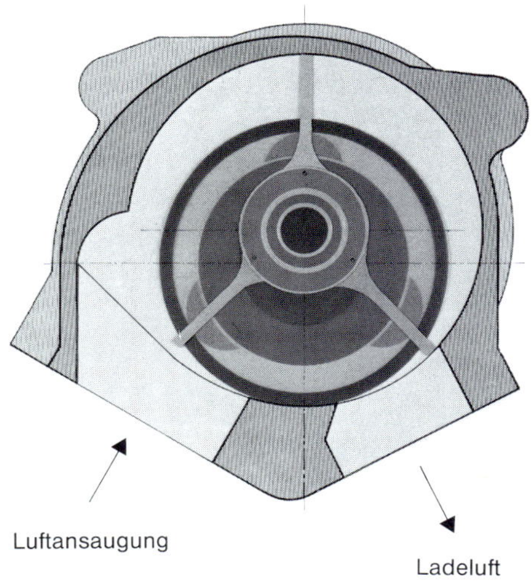

lende »innere« Verdichtung, die aber auch wegen der thermischen Beanspruchung nicht höher gehoben werden könnte, in den unvermeidlichen Spaltverlusten bei niedriger Drehzahl und in der stoßweisen Förderung, die zu Schwingungen in der Förderleitung führt und vor allem bei kleiner Zylinderzahl einen großen Druckausgleichsbehälter erforderlich macht. Genau genommen handelt es sich nicht um Verdichter, sondern um Verdränger.

Sternkolbenlader

Im Sternkolbenlader läuft ein Rotor, in dessen radial angeordneten Schlitzen plattenförmige Schieber laufen, in einem (fast) kreisrunden Gehäuse. Beim Antrieb des Rotors wird der sichelförmige Raum zwischen Rotor und Gehäuse nach dem Überlaufen der Ansaugöffnung durch den ersten Schieber vergrößert und das Gasgemisch von der Schieberrückseite angesaugt. Der fol-

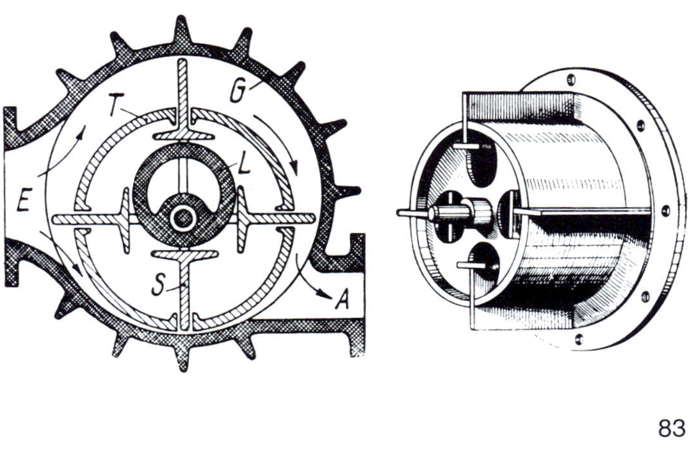

Kapselgebläse

Die Prinzip-Skizze zeigt ein Kapselgebläse mit vier Scheiben (S), die von der exzentrisch im Gehäuse (G) gelagerten Trommel (T) mitgenommen und von dem Läufer (L) koaxial geführt werden.

Rudolf Schleichers Stolz

Die 500-cm^3-Königswellen-Maschine mit dem vorbildlich organisch eingebauten Sternkolben-Kompressor, die nicht nur 1939 die Senior-TT gewann, sondern auch 1935 in der internationalen Sechstage-Fahrt siegte – eine triumphale Verbindung von Hochleistung und Zuverlässigkeit.
Der langhubige dohc-Motor (D=66 mm ∅, s=72 mm) wurde mit 1 bar aufgeladen und leistete P_1=58 PS (43 kW) bei n = 8000 min^{-1}. Das reichte bei der unverkleideten, nur 140 kg schweren Maschine für über 200 km/h.

Die geheime PS-Küche des Sepp Hopf

Mit diesen Bauteilen züchtete Rudolf Schleichers getreuer Mitarbeiter, der geniale Tüftler Josef Hopf, die PS: Links oben das verrippte Gehäuse mit dem großen Einlaßschacht und den beiden Ausgangsstutzen, darunter der Abschlußdeckel und das gewaltige Kugellager für den Läufer, oben rechts der Deckel für das Kurbelgehäuse mit dem exzentrischen Lager für den Läufer, und unten rechts das lange gehütete Geheimnis: Der Acht-Flügel-Läufer mit der sorgsamen Führung der Flachkolben.

Aus einem anderen Blickwinkel

Die Aufnahme gibt einen Blick in das Innere des Gehäuses frei – und einige Nüsse über die Bedeutung der Hohlkehlen zu knacken.

gende Schieber drückt es dann zusammen und fördert es verdichtet in die Druckleitung. Im Gegensatz zum Roots-Gebläse, das als Verdränger nur gegen einen bescheidenen Gegendruck arbeiten kann, findet im Sternkolben-Verdichter eine beträchtliche Verdichtung statt. Um die erheblichen Gas-Massen und Fliehkräfte, die auf die Schieber wirken (und damit die Reibungskräfte) abzubauen, werden sie meist paarweise angeordnet und zusätzlich in einem äußeren, zentrallaufenden »Käfig« geführt. Der Sternkolbenverdichter erfordert eine sorgfältige Schmierung und eine verhältnismäßig hohe Antriebsleistung, ist recht kostspielig, kommt aber, gemessen an der Förderleistung, mit bescheidenen Abmessungen aus.
Dem Sternkolbenverdichter in der Liefercharakteristik ähnlich, in der Kon-

struktion aber noch aufwendiger ist ein Verdichter nach dem Wankel-Prinzip, der seine Feuertaufe 1956 in der 50-ccm-Rekordmaschine von NSU auf den Salt Flats in Utah bestand.

Comprex-Aufladung

Beim Comprex- Verfahren wird die Strömungsenergie der Abgase unmittelbar zur Förderung und Vorverdichtung der Ladeluft herangezogen. Die pulsierenden Abgase strömen in ein walzenförmiges, in axiale Kammern fächerförmig aufgeteiltes Zellenrad b, das mit sehr geringem Leistungsbedarf über einen Keilriemen c angetrieben wird. Bei der Drehung gibt das Zellenrad b an den beiden Stirnseiten abwechselnd segmentförmige Öffnungen frei, die auf der einen Seite Ein- und Austritt der Frischluft f, auf der anderen Seite der verbrannten Gase d steuern. Die pulsierenden Abgase verdichten die Frischluft in den Zellen und drücken sie durch die Leitung e in den Zylinder, bis die Drehung des Zellenrades die Steueröffnung verschließt. Sie prallen auf die Stirnwand auf und fluten in die inzwischen freigegebene Auspuffleitung g als Druckwelle zurück, die an ihrer Rückseite eine Unterdruckwelle erzeugt und damit durch die inzwischen wieder freigegebene Einlaß-Steueröffnung die erneute Füllung der Zelle mit Frischgas einleitet.

Die Comprex-Anlage baut sperrig und schwer und erfordert eine sehr genaue schwingungstechnische Abstimmung der Steuerzeiten. Darüberhinaus wird die Frischluft stark aufgeheizt, eine Eigenschaft, die beim Dieselmotor toleriert werden kann, beim Otto-Motor aber zu einer intensiven Rückkühlung

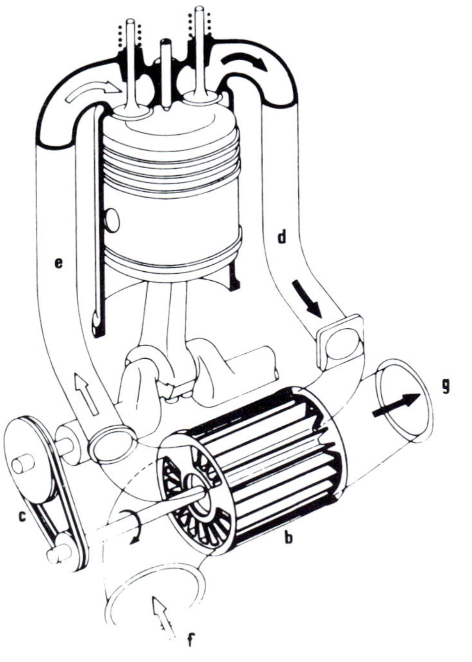

Comprex-Aufladung

b = Zellenrad
c = Keilriemen
d = Auslaß-Druckleitung (verbrannte Gase)
e = Einlaß-Druckleitung (Frischluft)
f = Frischluft-Eintritt
g = Auspuffleitung

zwingt. Der entscheidende Vorzug des Comprex-Verfahrens, das beim Motorrad wegen des großen Raumbedarfs nur geringe Aussichten hat, liegt in dem verzögerungsfreien Ansprechen auf Drehzahl und Laständerung und in der Tatsache, daß der Ladedruck bei niedrigen Drehzahlen stärker ansteigt als im hohen Drehzahlbereich.

Turbo-Aufladung

Schon kurz nach der Jahrhundertwende hatte der Schweizer Ingenieur Alfred Büchli die Idee, die hohe Energie der ungenutzt ins Freie strömenden Abgase (etwa 40 % der gesamten Verbrennungsenergie) zum Antrieb einer Turbine auszunützen und sie – später – zur Aufladung schwerer Schiffs-Dieselmotoren mit einem Schleudergebläse heranzuziehen.

Aufbau und Funktion eines Turboladers sind von bestechender Einfachheit: Die Auspuffgase strömen durch einen Diffusor, der ihre Strömungsgeschwindigkeit zur Verbesserung der Energieausnutzung erhöht, nach einem spiralförmigen Anlauf radial nach innen auf die Turbinenschaufel und verlassen das Turbinengehäuse axial in die Auspuffleitung. Bei einer Abgastemperatur von 900° C und mehr verlangen Schaufel und Gehäuse hochwarmfeste Werkstoffe.

Auf der gleichen Welle wie die Turbine läuft das Verdichterrad mit schwindelerregenden Drehzahlen, die in den kleinen Aggregaten des Motorradbaus bei Vollast 180 000 – 200 000 min^{-1} erreichen. Die Frischluft tritt axial in der Gehäusemitte ein und wird von den schnellaufenden radial oder bogenförmig ausgebildeten Schaufeln in dem mit einer Austrittsspirale ausgebildeten Verdichtergehäuse durch Fliehkraft in die Einlaßleitung gedrückt. Durch die kühlende Frischluft und eine sorgfältige Isolierung gegenüber dem thermisch hochbeanspruchten Turbinenteil können Verdichterrad und Verdichtergehäuse aus einer Aluminiumlegierung bestehen.

Die geförderte Luftmenge steigt etwa mit dem Quadrat der Drehzahl, und so baut sich auch ein ausreichender Ladedruck erst bei höheren Drehzahlen, dann aber sehr plötzlich auf. So bestechend einfach und problemlos die Turboaufladung bei stationärem oder in Belastung und Drehzahl nur wenig schwankendem Betrieb ist, so schwierig ist es, sie den vielseitigen Fahrbedingungen im Motorrad organisch anzupassen.

Nehmen wir als typisches Beispiel eine Kurve auf dem Nürburgring, die 100 km/h verträgt. Wir rauschen im V. Gang mit 150 km/h entsprechend n = 6 800 min^{-1} heran, bremsen mit Motor und Radbremsen und schalten auf den IV. Gang zurück, in dem 100 km/h etwa n = 5 600 min^{-1} zugeordnet sind – und dann warten wir beim Gasgeben im Scheitelpunkt vergeblich auf den Schub aus dem Lader. Der muß ja beim Gaswegnehmen auf den Druck der Abgase verzichten und nun selbst beim Gasgeben auf den neuen Schub warten, bis er bei etwa n = 7 000 min^{-1} mit Urgewalt einsetzt.

Es ist nicht die zeitliche Verzögerung allein, die das Fahren mit schnellem Gaswechsel so unangenehm und auch unsicher macht, sondern vor allem die Ungewißheit, wann und wie stark der Zusatzschub einsetzt: Der Motor hängt nicht so sicher am Gas wie ein gut eingestellter Saugmotor mit etwa gleichem stationären Leistungsverlauf. Wie die Konstrukteure versuchen, mit diesen und ähnlichen Problemen des Turboladers fertig zu werden, soll in der folgenden kurzen Übersicht über die bisher auf den Markt gekommenen Modelle im einzelnen gezeigt werden.

Eine der Hauptaufgaben war natürlich das schnelle Ansprechen des Motors durch eine drastische Verringerung der umlaufenden Masse des Laders. Mit 50 mm ∅ für das Turbinenrad und 48 mm ∅ für das Verdichterrad sind hier bei HONDA und SUZUKI schon Grenzwerte erreicht, die nur der von YAMAHA in Zusammenarbeit mit MITSUBISHI entwickelte Lader mit 38 mm ∅ unterbot.

Bei Höchstdrehzahlen von $n_L = 180\,000 - 200\,000\ min^{-1}$ kommen die Schaufeln auf eine Umfanggeschwindigkeit von rd. 500 m/s, die auch bei Berücksichtigung von Temperatur und Druck bei der Verdichtung im Bereich der Schallgeschwindigkeit liegt. Verdichterrad und Verdichtergehäuse, von der angesaugten Frischluft gekühlt, sind schon aus Gewichtsgründen aus einer hochfesten Aluminiumlegierung hergestellt, während das von den Auspuffgasen mit 900 – 1 000° C beaufschlagte Turbinenrad hochhitze-beständigen Stahl, das Turbinengehäuse Spezialgrauguß erfordert. Der Wärmeübergang von dem heißen Turbinengehäuse auf die hochbeanspruchten Lager wird durch ein Hitzeschild gebremst. Die von einem kräftigen Öldurchlauf außen und innen geschmierten und gekühlten Gleitlager sind in ihrem Sitz schwimmend gelagert, drehen sich also mit und setzen die Gleitgeschwindigkeit auf die Hälfte herab.

Wo liegen die Grenzen der Überladung?

Die mit zunehmender Drehzahl der Turbine stark progressive Steigerung von Fördermenge und Druck wird durch die thermische und mechanische Belastbarkeit des Motors und durch die erhöhte Klopfneigung begrenzt. Erreicht der Ladedruck diese Grenze, so gelangt ein Teil der Abgase über einen ventilgesteuerten Bypass unter Umgehung der Turbine direkt in den Auspuff. Zur Verminderung der Klopfneigung wird die Zündung zurückgenommen, und schließlich allgemein zur besseren Ausnützung der ja reichlich angelieferten Frischgasmenge das ursprüngliche Verdichtungsverhältnis mehr oder weniger stark herabgesetzt.
Die zur thermischen und mechanischen Entlastung des Motors getroffenen Maßnahmen sind bei den einzelnen Modellen gesondert beschrieben. Die folgende Tabelle zeigt das Verdichtungs-

Saugmotoren und Turbomotoren im Vergleich

Marke	Modell	Hubraum V_h	P kW/PS	n_1 min^{-1}	M Nm/mkg	n_2 min^{-1}	G kg	V_{max} km/h	ε
HONDA	CX 500	497	37/50	9000	43/4,4	7000	217	172	10
V 2	CX 500 T	497	60/82	8000	79/8,0	5000	263	190	7,2
YAMAHA	XJ 650	653	52/71	9000	55/5,6	7300	230	196	9,2
R 4	XJ 650 T	653	66/90	9000	81/83	7500	255	203	8,5
SUZUKI	GS 650	674	54/73	9500	57/5,8	8000	239	196	9,4
R 4	XN 85	674	63/86	8000	76/7,8	6500	272	205	7,4
KAWASAKI	Z 750 Sport	739	59/80	9500	63/6,4	7500	234	204	9,5
R 4	Z 750 Turbo	739	80/109	8500	82/8,3	7500	255	230	8,0
MORINI	500 T/S	479	31/42	7500	43/4,4	5100	183	160	11,2
V 2	500 Turbo	479	52/70	8300	63/6,5	5600	200	210	8,6

verhältnis ε für den Saugmotor, das Verdichtungsverhältnis für den Turbomotor, die Höchstleisung P_1 für Saugmotor und Turbomotor, die dazugehörigen Drehzahlen n_1, die höchsten Drehmomente M_1 mit den Drehzahlen n_2.
Alle Werte sind Angaben der Hersteller – leichte Zweifel daher angebracht. Das gilt auch für die Vergleichsgewichte.
Obwohl die Werksangaben ein deutliches Fragezeichen verdienen, besonders im Hinblick auf Höchstleistung und Höchstgeschwindigkeit, lassen sich aus der Tabelle zwei klare Tendenzen herauslesen. Die beiden Zweizylinder HONDA und MORINI setzen das Verdichtungsverhältnis stark herab und laden entsprechend stark auf – der zusätzliche Turboschub setzt daher entsprechend brutal ein. Der typische Vertreter der anderen Richtung ist YAMAHA, die die Verdichtung nur um 0,7 Punkte vermindert und daher im Leistungseinsatz dem starken Saugmotor am nächsten kommt. Fazit: Je niedriger die Aufladung, desto besser das Fahrverhalten.

AUFBAU UND KONSTRUKTIVE EINZELHEITEN

HONDA CX 500

HONDA hat sich die schwerste Aufgabe gestellt, ging vom kleinsten Hubvolumen aus, mußte mit dem stärker pulsierenden Luftdurchsatz des Zweizylinders fertig werden – und setzte voll auf die Elektronik.
Selbstverständlich muß das Triebwerk mit verstärktem Gehäuse, kräftigerer Kurbelwelle und geschmiedeten Kolben ebenso den höheren Beanspruchungen angepaßt werden, wie das neue Getriebe, und die Ventilzeiten wurden deutlich verkürzt, um Gasverluste kleinzuhalten. Der winzige Turbolader mit 48 mm ∅ und 10 Schaufeln für die Verdichterseite und mit 50 mm ∅ und 9 Schaufeln für die Turbinenseite sitzt vor dem Zylinder-V und erhält den energiespendenden Auslaß- Gasdruck gleichsam aus erster Hand mit höchstem Wirkungsgrad, aber eben auch mit Temperaturen von 900 – 1 000° C. Der Lader bläst über einen Ansaugdämpfer angelieferte Luft, in dem eine Membran besonders bei Gaswechsel für eine merkliche Geräuschdämpfung sorgt, in einen Ausgleichsraum, der zusammen mit einer besonderen Resonanzkammer die pulsierende Luftsäule beruhigt.
Bei niedriger Motortemperatur öffnet ein durch ein Bi-Metall-Element gesteuerter Zusatzluftschieber und führt die Luft unter Umgehung der Drosselklappen direkt in die Einlaßkammer, um den kalten Motor auf genügend hoher Drehzahl zu halten. Mit steigender Motortemperatur schließt der Bi-Metall-Streifen den Zusatzluftschieber und bringt den Motor auf die normale Leerlaufdrehzahl n_l = 1 100 min^{-1}. Sensoren überwachen laufend den Druckunterschied zwischen Atmosphärendruck und Ladedruck, die Ladelufttemperatur, die Drosselklappenöffnung und geben die Signale an die elektronische Steuereinheit zur optimalen Abstimmung von Einspritzzeitpunkt und Einspritzdauer. Sie sorgen dafür, daß der Zündzeitpunkt bei steigendem Ladedruck zum Abbau der Klopfneigung zurückgenommen wird.
Der Ladedruck erreicht bei n_M = 2 500 min^{-1} etwa 0,5 bar, steigt dann schnell

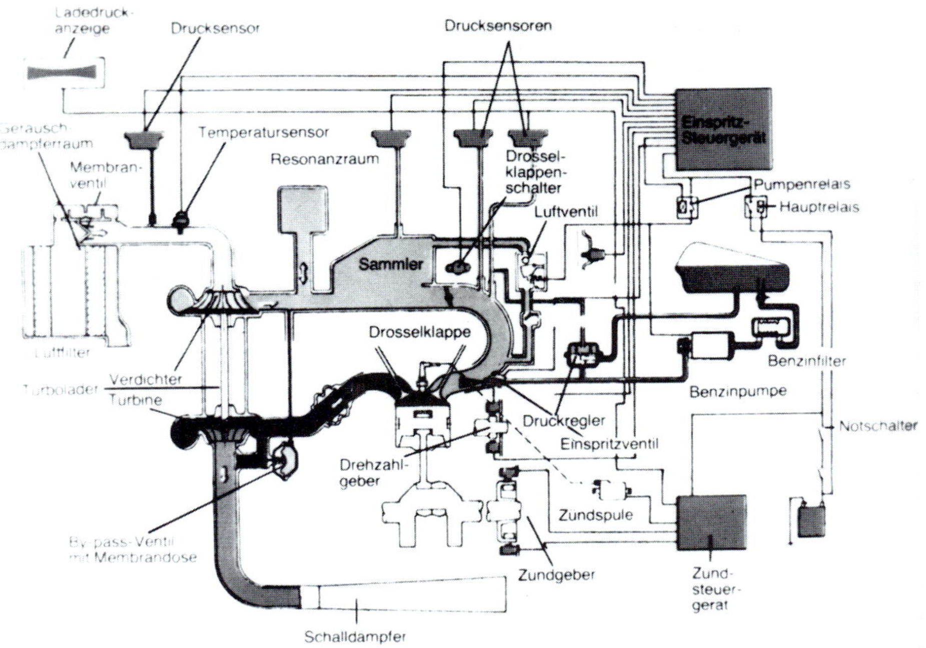

HONDA CX Turbo – Motor

Der Turbolader fördert die Luft aus dem durch ein Membranventil gegen Rückschläge geschützten, geräuschgedämpften Luftfilter-Gehäuse durch die Resonanzkammer in die schwingungsdämpfende Ausgleichskammer und von hier zu den Einlaßventilen.
Bei kaltem Motor öffnet der durch einen Bi-Metall-Streifen gesteuerte Zusatzluftschieber einen Umweg an den Drosselklappen vorbei. Der Kraftstoff wird von der Rollenzellenpumpe aus dem Tank über ein Filter zu den elektromagnetisch betätigten Einspritzdüsen gefördert. Der Ladedruck in der Einlaßleitung steuert über einen Membran-Regler den Kraftstoffdruck konstant auf 2,55 bar. Die Kraftstoffmenge wird durch die Öffnungsdauer der Einspritzventile bestimmt und vom CFI-Gerät (Computerized Fuel-Injection) nach Atmosphärendruck, Ladedruck, Drosselklappenstellung, Drehzahl, Kühlmittel- und Luft-Temperatur bemessen.

HONDA: Schmierung des Turboladers

Die extrem hohen Drehzahlen bis zu $n_L = 200\,000\ \text{min}^{-1}$, die beträchtlichen Axialdrücke und das starke Temperaturgefälle von der Turbinen- zur Verdichterseite erfordern ein sorgfältig durchdachtes Schmiersystem.
Das hochbeanspruchte Lager ist schwimmend ausgebildet, um die Relativ-Drehzahlen der Wälzlager abzubauen, und durch Druckhülsen mit Anlaufscheiben seitlich gut geführt.

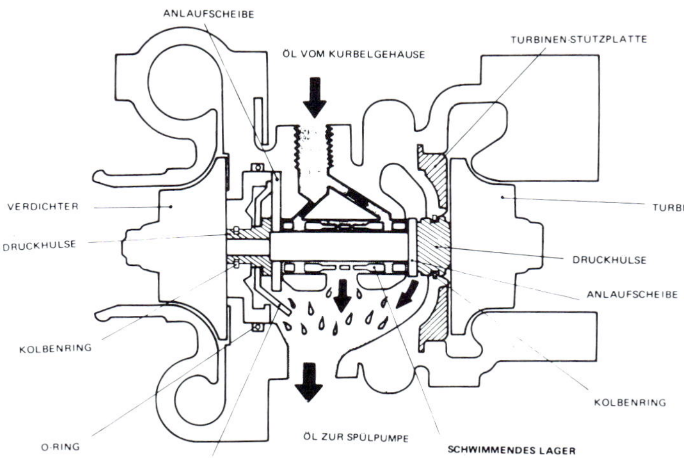

auf 1,0 bar bei $n_M = 4\,000\ min^{-1}$. Er wird dann durch den Ladedruckregler, der über ein membranbetätigtes Ventil die überschüssigen Abgase unter Umgehung der Turbine direkt in das Auspuffsystem ableitet, auf etwa 1,2 bar begrenzt.
Der Kraftstoff fließt vom Tank durch ein Filter, wird durch die als Einheit mit dem Elektromotor ausgebildete Rollenkolbenpumpe direkt zu den Einspritzdüsen gefördert und durch einen feder-membrangesteuerten Regler auf konstanten Druck von etwa 2,5 bar gehalten. Die Einspritzmenge wird durch die Öffnungsdauer der elektromagnetisch betätigten Einspritzventile gesteuert.

YAMAHA XJ 650 T

Einen ganz anderen Weg zum Turbomotor ging YAMAHA. Als Grundmodell bot die YAMAHA XJ 650 schon durch das größere Hubvolumen und den »runderen« Gasbedarf des Vierzylinders eine günstigere Basis, um schon mit behutsamer Aufladung dem Motor den gewünschten fülligen Drehmomentenverlauf zu geben, auf den es mehr ankam als auf eine drastische Erhöhung der an sich schon recht ansehnlichen Spitzenleistung.
Statt sich auf die elegante, zukunftweisende, den Werkstätten und Fahrern aber immer noch etwa unheimliche Elektronik zu verlassen, griffen die hochkarätigen Schwingungstechniker von YAMAHA lieber auf die einmaligen Erfahrungen mit Membranen und schwingenden Gassäulen zurück. Das Verdichtungsverhältnis wurde lediglich von 9,2 auf 8,5 herabgesetzt, und der mit 38 mm ∅ winzige Turbolader schon bei 0,52 bar durch Ableitung der überschüssigen Abgase in den rechten Schalldämpfer gezähmt. Die vier Auslaßrohre führen die Abgase über eine gemeinsame Auspuffkammer zu der tief hinter dem Motor liegenden Turbine. Das kostet zwar etwas Strömungsenergie, setzt die Temperatur der Abgase aber auf etwa 850° C herab. Die Höchstdrehzahl des Laders liegt bei 210 000 min^{-1}.
Da der Lader erst bei $n_M = 3\,000\ min^{-1}$ mit bescheidenen 0,13 bar einsetzt, dann schnell bei $n_M = 4\,000\ min^{-1}$ etwa 0,33 bar liefert, um dann bei $n_M = 5\,000\ min^{-1}$ seinen Nenndruck zu erreichen, kam YAMAHA auf die einleuchtende Idee, die Gaslieferung zweigleisig zu fahren: Solange der Ladedruck für eine ausreichende Füllung nicht genügt, saugt der Motor über ein Membranventil aus einer Vorkammer die Luft – unter Umgehung des bremsenden Verdichterrades – direkt an. Bei einsetzendem Verdichterdruck schließt das Membranventil. Bei zu hohem Druck in der Verdichterleitung öffnet ein Überdruckventil und läßt den überschüssigen Druck in die Vorkammer zurückblasen. Die eigentliche Druckabregelung erfolgt über ein vom Ladedruck membrangesteuertes Bypassventil, das die überschüssigen Abgase in den rechten Schalldämpfer entweichen läßt.
Die vier 30-mm-∅-Gleichdruck-Vergaser stehen natürlich auch in der Schwimmerkammer unter Druck. Ein elektronischer Klopfsensor nimmt den Zündzeitpunkt zurück, wenn sich der Verdichtungsdruck zu nahe an der Klopfgrenze bewegt. Von allen Testern wird dem YAMAHA-Motor ein lochfreier Übergang und ein weicher Einsatz des Turboschubes bestätigt.

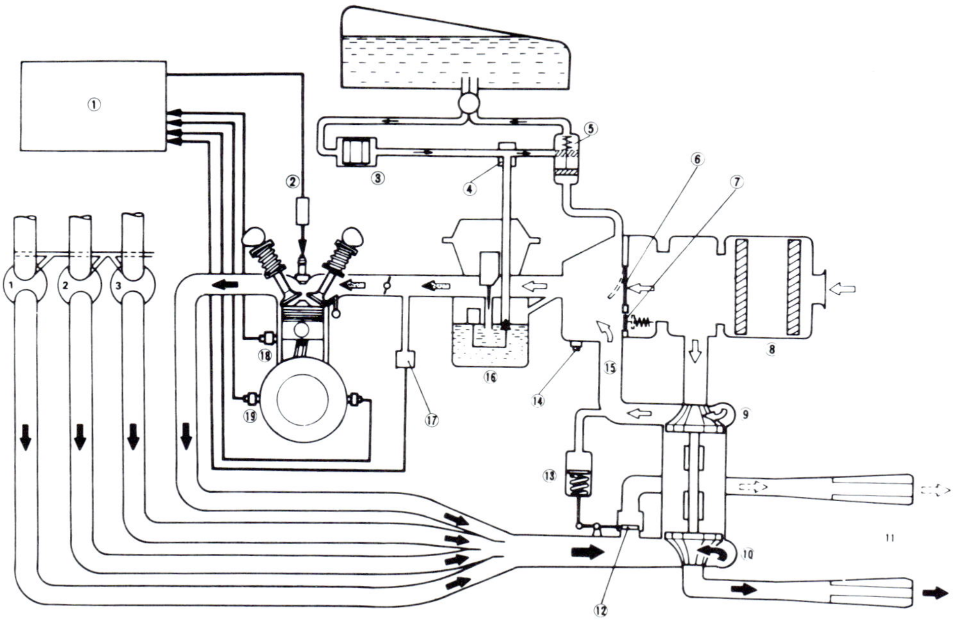

YAMAHA XJ 650 T

Bis der Turbolader bei etwa $n_M = 4\,000\ \text{min}^{-1}$ einen ausreichenden Ladedruck liefert, saugt der YAMAHA-Motor die Luft über ein Membranventil aus einer Vorkammer an. Mit steigendem Ladedruck schließt die Membran, und der Lader liefert über den mit einem Druckregler gesicherten Sammler. Bei zu hohem Druck strömt die Luft über ein Überdruckventil in die Vorkammer zurück. Eine Membrandose öffnet überdies bei zu hohem Ladedruck das Bypass-Ventil und läßt den Überdruck der Auspuffgase vor der Turbine in das rechte Auspuffrohr entweichen. Das Zündsteuergerät reagiert auf Drehzahl, Ladedruck und Klopfsensor. Das Zweiweg-System verbessert den lochfreien Übergang und macht den Einsatz des Turboladers weicher.

In der Schemazeichnung bedeuten:

1. Zündungssteuergerät	6. Membran	11. Schalldämpfer	16. Druckvergaser
2. Zündspule	7. Überdruckventil	12. Bypass-Ventil	17. Drucksensor für Ladeluft
3. Benzinpumpe	8. Luftfilter	13. Steuermembran	18. Klopfsensor
4. Dreiwegeleitung	9. Lader	14. Ablaßschraube	19. Drehzahlgeber
5. Brennstoffdruckregler	10. Turbine	15. Druckleitung für Sammler	

SUZUKI XN 85

Auch SUZUKI wählte für die XN 85 als Grundmodell den bewährten Vierzylinder der GS 650 G und paßte ihn sorgfältig den höheren mechanischen und thermischen Belastungen des Turbobetriebes an: Ein sorgfältig geformtes Führungsblech leitet den Fahrwind mit erhöhter Geschwindigkeit über das Nockenwellengehäuse in den Totraum an der Kerze. Die Kolbenböden erhalten Spritzöl aus Düsen in den Kurbelwangen, und aus dem Nockengehäuse wird Öl unter die Tassenstößel zur besseren Kühlung von Ventilschäften, Führungen und Federn geführt. Eine zusätzliche Ölbohrung unter dem Auslaßkanal dient zur Kühlung der Ventilsitze. Der Durchmesser der Kurbel- und Lagerzapfen

Das Hirn der Anlage ist die elektronische Kontrolleinheit (Electronic Control Unit), die über Sensoren laufend folgende Angaben erhält:

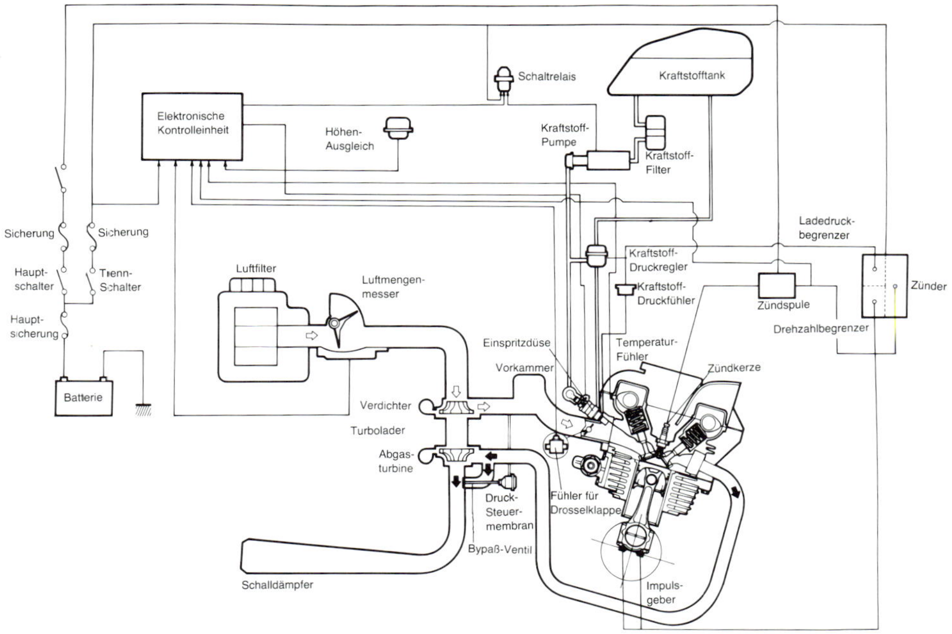

SUZUKI XN 85 – Schema von Aufladung und Einspritzung

wuchs von 34 mm ∅ auf 36 mm ∅, die Pleuel wurden in den Lagern und Rippen verbreitert.
Sehr eingehende Untersuchungen an über 50 Kombinationen von Lader- und Motorauslegung dienten vor allem der Optimierung des Lader-Wirkungsgrades, der ja für die Temperaturerhöhung

Interner Leistungsvergleich bei SUZUKI

Der 675-cm³-Turbomotor der XN 85 liegt in der Leistung über n = 4 000 min^{-1} deutlich über dem Saugmotor der GS 850 G und zwischen n = 4 000 min^{-1} bis n = 6 400 min^{-1} sogar über der GS 1 000 G.
Der Druckverlauf zeigt den steilen Anstieg über n = 3 500 min^{-1} und den mit rd. 550 mm Hg (0,75 bar) von n = 5 000 min^{-1} bis zur Höchstdrehzahl gleichbleibenden Druck.

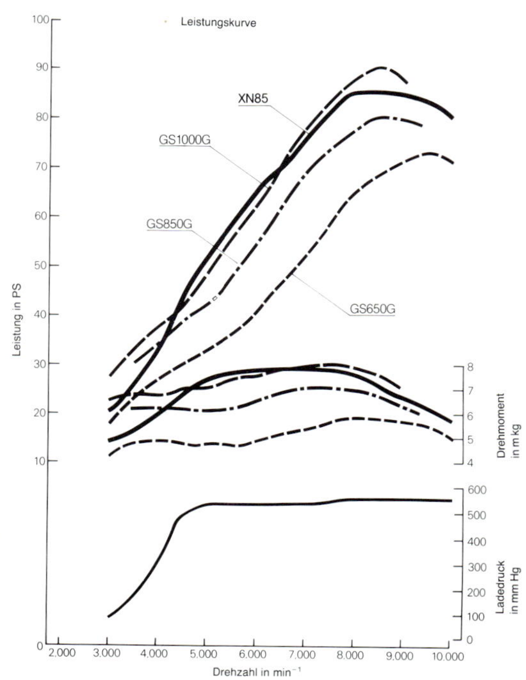

bei der Vorverdichtung und damit für das Gewicht entscheidend ist.
Eine Steigerung des Lader-Wirkungsgrades von 60 % auf 70 % bedeutet eine Temperatursenkung um etwa 12° C, und das trägt auch zur Verminderung der Klopfneigung bei. Der schließlich gewählte IHI-Lader mit 48 mm ∅ Turbinendurchmesser und 50,4 mm ∅ Verdichterdurchmesser erreicht in dem weiten Bereich zwischen n_M = 3 000 min^{-1} und 10 000 min^{-1} einen Wirkungsgrad von über 70 %. Mit bescheidenem Ladedruck von etwa 0,8 bar und ebenso bescheidener Ventilüberschneidung, die dem Verbrauch zugute kommt, gibt die XN 85 ihre Höchstleistung von 86 PS (63 kW) schon bei n_1 = 8 000 min^{-1} gegenüber den 73 PS (54 kW) der GS 650 G bei n_1 = 9 500 min^{-1} ab und auch das beste Drehmoment mit 76 Nm bei n_2 = 6 500 min^{-1} fällt 1 500 min^{-1} niedriger an als bei der Saugversion mit 57 Nm bei n_2 = 8 000 min^{-1}.
Der Motor dreht übrigens lustig über die n_1 = 8 000 min^{-1} hinaus und wird bei n_M = 10 500 min^{-1} durch Kurzschluß der Zündung vor Schaden bewahrt.
Die angesaugte Luftmenge wird unmittelbar hinter dem Luftfilter durch eine drehbare, L-förmige Stauklappe gemessen. Der im Saugstrom liegende Schenkel der Scheibe stellt sich nach der durchströmenden Luftmenge gegen den Druck einer Rückstellfeder auf einen bestimmten Winkel ein und gibt diese Stellung als elektrischen Impuls an das elektronische Steuergerät weiter. Der zweite Schenkel bewegt sich in einem segmentförmigen Gehäuse und dämpft die Schwingungen der Gassäule. Weitere Sensoren geben Signale über Drosselklappenstellung, Ladedruck und Motortemperatur in das Steuergerät zur optimalen Bemessung der

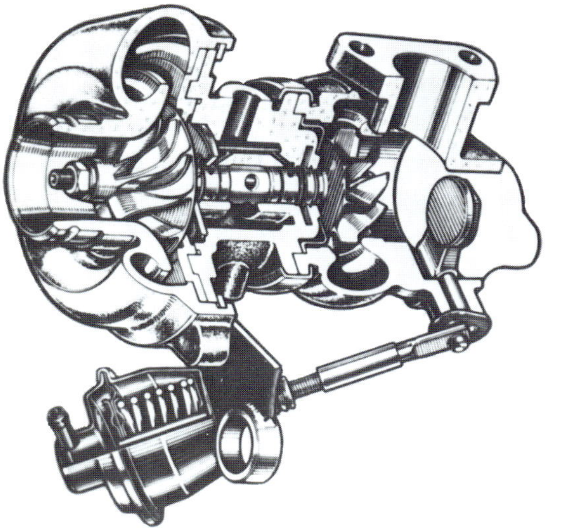

Auspuff-Bypass-Ventil (Wastegate Valve)
Übersteigt der Ladedruck die zulässige Grenze, so öffnet die durch Feder und Membran gesteuerte Druckmeßdose das plattenförmige Bypass-Ventil und leitet die Abgase direkt in das Auspuffrohr.

Einspritzmenge weiter. Selbst wenn das Bypass-Ventil im Abgastrakt einmal hängenbleiben sollte und damit der Ladedruck unzulässig ansteigen würde, schaltet bei 0,9 bar die Zündung automatisch ab. Der Zündzeitpunkt wird in Abhängigkeit von Drehzahl und Ladedruck auf ausreichenden Abstand von der Klopfgrenze gehalten. Der Einspritzdruck liegt bei 2,8 bar.

KAWASAKI Z 750 Turbo

Den stärksten Turbomotor, von der nur auf Bestellung gebauten 1 300er MÜNCH einmal abgesehen, entwickelte KAWASAKI aus der Z 750-Sport und steigerte die Leistung von 59 kW (80 PS) bei n_1 = 9 500 min^{-1} auf 80 kW (109 PS) bei n_1 = 8 500 min^{-1} und das Drehmoment von 63 Nm bei n_2 = 7 500 min^{-1} auf 98 Nm bei n_2 = 6 500 min^{-1}.

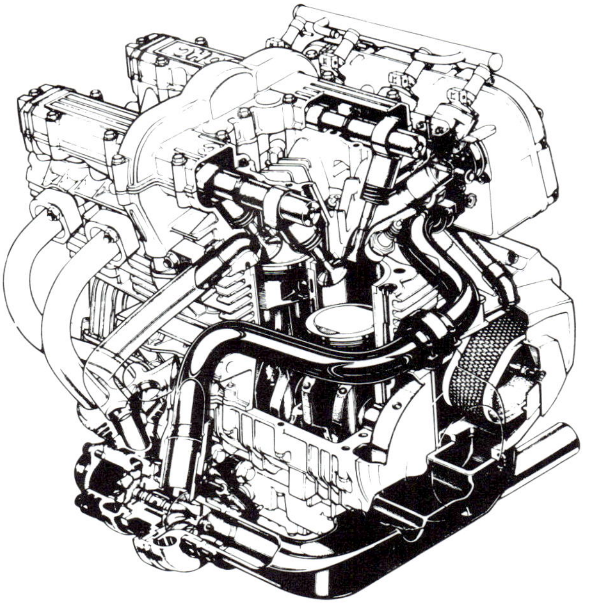

KAWASAKI Z 750 Turbo

KAWASAKI ordnet den Turbolader gut gekühlt vor dem Kurbelgehäuse an und nimmt die lange Druckleitung zum Sammler in Kauf. Die Leistung stieg von P_1 = 59 kW (80 PS) bei n_1 = 8 500 min^{-1} der Z 750 Sport auf 80 kW (109 PS) bei n_1 = 9 500 min^{-1}, das Drehmoment von 63 Nm (6,4 mkg) bei n_2 = 7 500 min^{-1} auf 82 Nm (8,3 mkg) bei der gleichen Drehzahl.

Die Turbo-KAWASAKI arbeitet mit einer Einspritzung, verwendet aber die gleiche membrangesteuerte Zweiweganlage wie YAMAHA, um die Füllung bei niedrigen Drehzahlen und den Übergang zum Turboeinsatz zu verbessern. An die Stelle der üblichen Luftmengenmessung durch Stauklappen, mit der die Z 1100 GP ausgerüstet war, tritt hier eine rein elektronisch gesteuerte Kraftstoffbemessung durch Abtasten von Drehzahl, Auslaßdruck, Einlaßdruck, Motor- und Lufttemperatur und Drosselklappenstellung. Der Turbolader sitzt zur besseren Kühlung vor dem Motor, der durch einen groß bemessenen Ölkühler thermisch entlastet wird.

MORINI 500 Turbo

MORINI ist der einzige Vertreter der Turbo- Generation, der den 38-mm-∅-Dellorto-Vergaser vor dem Turbolader des 478-cm^3-Zweizylinder-V-Motors anordnet. Der Lader liegt hinter dem zweiten Zylinder und drückt das Gemisch durch einen groß bemessenen Zwischenkühler zu den Einlaßventilen. Über eine elektronische Steuerung kann das Gemisch unmittelbar vor dem Verdichter angereichert werden. Obwohl die kleinen, senkrecht hängenden Ventile für eine Druckaufladung besonders dankbar sind, erscheint die angegebene Leistungssteigerung von 31 kW (42 PS) bei n_1 = 7 500 min^{-1} auf 52 kW (70 PS) bei n_1 = 7 000 min^{-1}, also um 67 %, und die Erhöhung des Drehmomentes von 43 Nm bei n_2 = 5 100 min^{-1} auf 63 Nm bei n_2 = 5 600 min^{-1} reichlich optimistisch.

Zusammengefaßt:
Die ausführliche Darstellung der neuen Turbomotoren entspricht sicher nicht ihrer derzeitigen Bedeutung. Der weltweite Erfolg des Turboladers im Dieselmotor, hat in weiten Kreisen dazu geführt, im Turbomotor *den* Motor der Zukunft schlechthin zu sehen. Die nüchterne Analyse der vielseitigen Einzelprobleme sollte diese Euphorie auf den Boden der technischen Möglichkeiten zurückführen. Noch stehen wir beim Motorrad am Anfang einer Entwicklung, von der wir noch nicht mit Sicherheit sagen können, ob sie erfolgreich abgeschlossen werden kann, oder ob wir eines Tages, um einige Erfahrungen reicher und um einige Entwicklungs-Millionen ärmer, mit leichtem Galgenhumor resigniert feststellen müssen: Die Zukunft ist auch nicht mehr das, was sie war.

Zweitaktmotoren

Als der Verfasser 1982 das Fachbuch »Der schnellaufende Zweitaktmotor« veröffentlichte, wurde er von befreundeten Fachleuten und Journalisten teilnehmend gefragt, ob er den Ehrgeiz habe, Tote wieder zum Leben zu erwekken. In der Tat: Wer die Modell-Entwicklung der letzten Jahre kritisch verfolgte, wer die von Behörden und Presse kräftig geschürte Abneigung gegen den Zweitakter erlebte und die immer schärfer werdenden Immissions-Gesetze, vor allem in den USA und in Schweden, registrierte, der konnte schon kleinmütig werden. Sollte die großartige Entwicklungsarbeit vieler Generationen hochbegabter und begeisterter Ingenieure, die den Zweitakter auf seinen heutigen Stand gebracht haben, an eine Chimäre verschwendet worden sein?

TUGENDEN UND LASTER

Ganz gewiß nicht! Der Zweitaktmotor ist eine ganz hochwertige Maschine und dem Viertakter beim heutigen Stand der Technik auf vielen Gebieten konkurrenzlos überlegen: Das niedrige Gewicht, der geringe Raumbedarf, die problemlose Vollgasfestigkeit, die mechanische Robustheit, die Narrensicherheit in Betrieb und Wartung machen ihn zu einem Bauprinzip, das im leichten Fahrzeugbau einfach nicht wegzudenken und auf lange Sicht auch durch keine heute bekannte Antriebsquelle zu ersetzen ist.

Es soll und darf nicht bestritten werden, daß diesen vielseitigen Tugenden auch eine Reihe gravierender Laster gegenübersteht: Der hohe Vollgasverbrauch, der pleppernde Leerlauf, die unangenehme Frequenzlage des – im Schalldruck nicht höheren – Geräuschspektrums und schließlich die hohen Schadstoff-Emissionen von Kohlenmonoxyd und unverbrannten Kohlenwasserstoffen – im Ausstoß von Stickoxyden liegt er durch die Mischung mit Altgasen unverhältnismäßig viel günstiger als der Viertaktmotor. Vielleicht hat man in der zurückliegenden Zweitakt-Entwicklung den Fehler gemacht, allzu einseitig nur auf extreme Literleistung geschielt und die anderen Probleme etwas vernachlässigt, und wahrscheinlich hat man davor zurückgeschreckt, die bestechende Einfachheit des Prinzips durch zusätzliche Bauteile zu gefährden. Hätte man rechtzeitig in den Zweitaktmotor auch nur einen Bruchteil der – durchaus berechtigten – Entwicklungskosten für den Wankelmotor gesteckt, und wäre man bereit, ihm den gleichen konstruktiven Aufwand zuzugestehen wie dem Viertaktmotor, würde eine vergleichende Analyse sicher anders ausfallen.

Eine Standortbestimmung tut not: Der geringe Bauraum und das geringe Baugewicht machen den Zweitaktmotor besonders attraktiv für die kleinen Motorrad-Klassen, und hier kommen ihm natürlich auch der niedrige Gestehungspreis, seine hohe spezifische Leistung und seine Vollgasfestigkeit zugute. Aber gerade hier muß er seinen Charakter verleugnen: Vergleicht man die Verbrauchskennfelder von Zweitakt- und Viertaktmotoren etwa gleicher Leistung, so zeigt sich deutlich, daß der Viertaktmotor seinen günstigsten spezifischen Verbrauch sehr nah an der Volleistungslinie erreicht, der Zweitakter aber im mittleren Lastbereich.

Es ist also eine Sünde wider den Geist des Zweitaktmotors, ihn zu zwingen, als Hubraumzwerg vorwiegend im Vollastbereich und damit im ungünstigsten Teil des Verbrauchsfeldes zu arbeiten. Allein vom verbrauchsorientierten Standpunkt betrachtet wäre es also – entgegen der allgemeinen Praxis – logisch, einen großvolumigen Zweitakt-Drosselmotor zu bauen und den Viertakter als kleinvolumigen Hochleistungsmotor auszubilden. Aber wer kann schon in einem Jahrzehnte währenden, längst ins Ideologische abgewanderten Meinungsstreit Logik erwarten?

Mit seiner doppelten Zündfolge, dem schnellen Freigeben großer Gasquerschnitte durch die Schlitz- oder Schiebersteuerung und durch die geringen Reibungsverluste durch Fortfall zusätzlicher Steuerteile einerseits, durch die schlechte Frischladung, also unvollkommene Füllung, höhere Füllungsverluste und höhere Betriebstemperatur andererseits liegt die spezifische Leistung des Zweitaktmotors im Durchschnitt 1,4mal so hoch (Wurzel aus Zwei) wie die Literleistung des Viertakters. Das wußten schon die alten preußischen Ingenieure, als sie schon kurz nach dem Ersten Weltkrieg die Bezugsgrößen für die Besteuerung der Verbrennungsmotoren festlegten und dem Viertakter für die gleichen »Steuer-PS« das 1,4fache Hubvolumen zugestanden.

Es lag sicher nicht in ihrer Absicht, den Zweitakter gerade in dieser für seine Entwicklung sehr wichtigen Zeit für immer in die Rolle des kleinen, in der Leistung imponierenden, im Betriebsverhalten aber etwas ungehobelten Kraftmeiers zu verdrängen. Die allgemeine Einführung der Umkehrspülung mit ihren Varianten in den 30er Jahren führte nicht nur zu einer drastischen Senkung des spezifischen Verbrauchs, sondern durch den leichten, symmetrischen Flachkolben vor allem zu einer erheblichen thermischen Entlastung und Erhöhung der Vollgasfestigkeit.

RENAISSANCE DES ZWEITAKTERS

Der zweite entscheidende Fortschritt wurde in den 50er Jahren durch die systematische Ausnützung der Gasschwingungen auf der Einlaß- und vor allem auf der Auslaßseite erreicht und leitete im Rennmotorenbau eine Leistungsexplosion ein, die den Viertaktmotor in eine hoffnungslose Außenseiterposition zwang.

Der historischen Gerechtigkeit halber sei hier festgehalten, daß die entscheidenden Vorarbeiten für die Ausnützung der die Spülung dominierenden Auslaßschwingungen von deutschen Werken, vor allem von Adler in Frankfurt, DKW in Ingolstadt und MZ in Zschopau geleistet und dann in den 60er Jahren von den Japanern übernommen und mit der ihnen eigenen Energie weiterentwickelt und zu triumphalen Erfolgen geführt

Das Wunder mit den 8 Ventilen

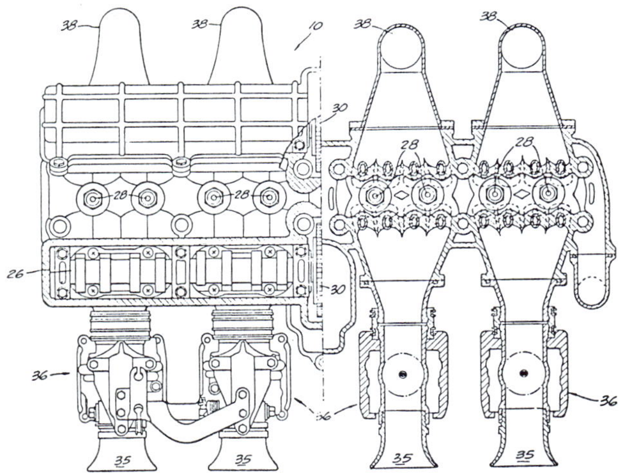

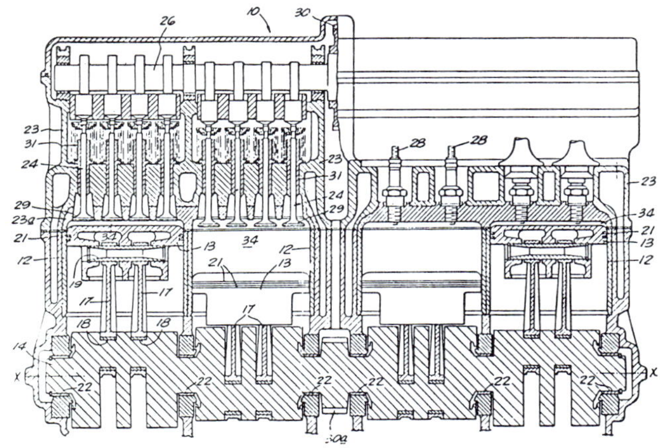

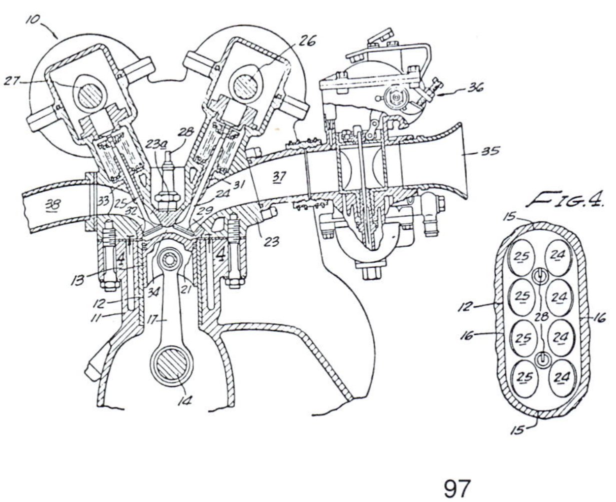

Trotz des bisher erwartungsgemäß ausgebliebenen sportlichen Erfolges stellt der achtventilige V-4-Motor der HONDA NR 500 einen hochkarätigen Versuchsträger dar, an dem ehrgeizig weitergeforscht wird. Die am 28. 3. 1978 unter P 34842-78 angemeldete und ein Jahr später in Deutschland offengelegte Patentschrift läßt einige bisher nicht bekannte Einzelheiten erkennen, die ein faszinierendes Puzzlespiel im Kampf um die optimale Füllung des Motors offenbaren. Der hier als Reihenmotor gezeigte Vierzylinder – der NR-Motor ist ja mit Rücksicht auf die Baubreite als 100°-V-Motor ausgelegt – arbeitet mit O-förmigen Kolben (17), um die acht Ventile (29 und 32) unterzubringen. Die folgenden Zahlenangaben sind rückgerechnet, können also nur als Annäherungswerte angesehen werden:
Bei einem Einzylindervolumen V_h = 125 cm^3 ergibt sich die Länge des Kolbens a = 94 mm bei einer Breite b = 42 mm, der Hub s = 36 mm. Die mit 80 mm erstaunlich langen Ventile – Ventilwinkel 48° – haben einen Tellerdurchmesser d_v = 18 mm ∅ bei einem Abstand l = 23 mm. Der Schaftdurchmesser dürfte bei 4 mm ∅ liegen. Die beiden obenliegenden Nockenwellen betätigen sie nicht über Tassenstößel sondern über 18 mm lange Kolbenstößel mit 14 mm ∅. Die Ventilsitze liegen nicht direkt im Zylinderkopf, sondern – offensichtlich im Hinblick auf die enorme thermische und mechanische Beanspruchung – in einer besonderen Kalotte aus hochhitzebeständigem Werkstoff. Der breite Freischaft-Kolben erfordert zwei sehr lange Pleuel (l : r etwa 4,2) mit einem Abstand l_p = 26 mm. Zwei 10-mm-Kerzen, mit einem Abstand von 45 mm, zwischen die Ventile gezaubert, überbrücken die langen Flammenwege.
In seiner letzten Version erreichte der Motor eine Leistung von etwa 95 kW (130 PS).
Bei allem berechtigten Zweifel über den wirtschaftlichen Sinn einer derartigen Entwicklung – der kühne Vorstoß in abenteuerlich unbekannte Dimensionen ist eine meisterliche Ingenieurleistung, vor der wir nur tief den Hut ziehen können. Sie hat sicher eine Fülle neuer Erkenntnisse gebracht.

wurde. Ende der 70er Jahre bäumte sich HONDA noch einmal nach einer mehr als zehnjährigen Rennpause mit der NR 500 gegen die totale Eroberung der Rennstrecken durch den Zweitakter auf. Mit einem unglaublichen Aufwand an Ideen, Personaleinsatz und Kosten entstand ein flüssigkeitsgekühlter 100° V-Vierzylinder mit O-förmigen Kolben, um die je 8 Ventile neben den Zündkerzen im Zylinder unterzubringen.
Der Motor mußte weit über 20 000 min^{-1} drehen, und dazu war nun einmal ein optimaler Gasdurchgang erforderlich. Aber auch die imponierende Kraftanstrengung des japanischen Giganten – von der internationalen Fachpresse zunächst mit begeisterten Vorschußlorbeeren überhäuft und nach dem voraussehbaren Mißerfolg als unverzeihlicher Flop geschmäht – konnte die thermodynamischen Gesetze nicht außer Kraft setzen. Es muß der Führung von HONDA hoch angerechnet werden, daß sie sich mit dem Paradoxon im Motorrad-Marketing – »Wir bauen und verkaufen Viertakter, aber wir treiben den für die Werbung erforderlichen Rennsport mit Zweitaktern« – nicht kampflos abgefunden hat und diese Konsequenz wurde auch eingehalten, als die Entwicklungs-Mannschaft um Hiroshi Kameyama 1981 die HONDA NS 500 auf die Rennstrecken schickte und ein Jahr später die Erfahrung mit dem Dreizylinder-V-Motor auf die MVX 250 übertrug.
Dieser Entschluß wirkte wie ein Signal! SUZUKI leitete aus der Halbliter-Weltmeistermaschine die RE 250 Gamma ab, die stolze 45 PS leisten soll und eigentlich nur durch eine Schwingkammer im Einlaßtrakt auffällt. YAMAHA greift bei der RD 250 LC-YPVS auf die bewährte Resonanzkammer auf der Einlaßseite zurück und hält das Power-Valve-System der Rennmotoren, bei denen der Auspuffquerschnitt und die Steuerzeit durch den elektronisch geschwenkten Steuerdrehschieber der Belastung und der Drehzahl angepaßt wird, für so ausgereift, daß es in den Alltagsbetrieb übernommen werden kann.
Kein Zweifel: Hier ist ein Sinneswandel eingetreten. Die Japaner haben eingesehen, daß es dem Viertakter gerade in den kleinen Klassen immer schwerer fällt, mit dem Zweitakter Schritt zu halten, daß der konstruktive Aufwand in keinem rechten Verhältnis mehr zu dem für den Wettbewerb notwendigen Leistungsgewinn steht. Es ist durchaus möglich, daß der Zweitakter mit dieser neuen Einstellung in Japan, wo sich der härteste Wettbewerb in der Mittelklasse abspielt, vor einer Renaissance steht.
Auf dem Weltmarkt, vor allem in den USA, gelten andere Kriterien als eine gewiß imponierende Leistung. Wenn es überhaupt gelingen soll, die tiefverwurzelte Abneigung gegen den Zweitakter zu überwinden – und das gilt auch in etwas gemilderter Form für Europa – dann müssen vor allem Verbrauch und Schadstoff-Emissionen drastisch gesenkt werden.
Eine schwere, aber nicht unlösbare Aufgabe, wenn wir in längeren Zeiträumen denken und der optimalen Ausnützung der Kraftstoff-Energie, also dem Fahrverbrauch, in der Zukunft den gleichen Stellenwert zuerkennen wie der Leistung. Je höher wir im Drehzahl-Niveau steigen, um so schwerer tut sich der Viertakter, mit den steigenden Reibungsverlusten fertig zu werden.
Der Rennmotorenbau liefert hier einen interessanten Vergleich: Ein 125-cm^3-Zweizylinder-Viertakter hat bei einer Kolbengeschwindigkeit $v_k = 19{,}3$ m/s

einen Reibleistungsverlust von P_r = 30 %, ein gleichgroßer Zweizylinder-Zweitakter bei v_k = 20,5 m/s aber nur P_r = 17,2 % – auch ein Hinweis auf die überlegene spezifische Leistung des Rennzweitakters. Auch HONDA mußte bei dem mit beispiellosen konstruktiven Aufwand durchgeführten Versuch, in der Literleistung um etwa 240 PS/l mit den Zweitaktern gleichzuziehen, erkennen, daß der effektive Verbrauch den Zweitaktwerten sehr nahe kam.
Im zivilen Drehzahlbereich sind die Möglichkeiten, den Zweitakter im Verbrauch auf das Viertaktniveau herunterzudrücken, natürlich begrenzter. Nach 30 Jahren intensiver Feilarbeit an der Umkehrspülung sind bei der Verbesserung des Spülwirkungsgrades nur noch kleine Fortschritte zu erwarten. Die Abstimmung der Gasschwingungen auf der Einlaß- und auf der Auslaßseite auf den Hauptdrehzahlbereich wird langsam der rechnerischen Erfassung durch den Computer zugänglich und läßt noch einiges erhoffen. Der kühne Schritt von YAMAHA, die Auslaßsteuerzeit durch einen Steuerschieber der Last und der Drehzahl anzupassen, ist nur noch ein thermisch-mechanisches Problem und kann sicher noch weiterentwickelt werden.
Die auch schon 20 Jahre alte Ausgleichkammer im Ansaugtrakt von YAMAHA – sie wurde in Sachsen entwickelt – verhindert, daß Gasschwingungen besonders im niederen Drehzahlbereich mehrfach die Mischkammer durchlaufen und für unerwünschten Kraftstoffaustritt aus der Zerstäuberdüse sorgen.
Der entscheidende Durchbruch ist aber von einer anderen Seite zu erwarten: Von der jahrzehntelang sträflich vernachlässigten Einspritzung. Besonders NSU hatte in den 50er Jahren eine großartige Vorarbeit geleistet und nachgewiesen, daß die Streckenverbräuche des Viertaktmotors zumindest erreicht, wenn nicht beträchtlich unterboten werden konnten. Es liegt eine gewisse Tragik darin, daß der hochbegabte Dr. Walter Froede, der schon im Zweiten Weltkrieg intensiv und erfolgreich an der Einspritzung bei kleinen Zylindereinheiten gearbeitet hatte, von dieser zukunftweisenden Arbeit abgezogen und mit der sicher verlockenden, aber eben noch problematischeren Wankel-Entwicklung beauftragt wurde.

GRUNDLAGEN DER ZWEITAKTTECHNIK

Nach den vergleichenden Betrachtungen über die Aussichten des Zweitakt-Motors im Wettbewerb mit dem Viertakt-Motor sollen noch einmal die in meinem Buch »Der schnellaufende Zweitaktmotor« eingehend behandelten Grundlagen der Zweitakttechnik in einer kurzen Übersicht ins Gedächtnis zurückgerufen werden.

Spülverfahren

Das für Leistung und Wirtschaftlichkeit entscheidende Problem des Zweitakt-Motors besteht darin, den Frischgasstrom so zu führen, daß es sich beim Eintritt in den Zylinder so wenig wie möglich mit den Abgasen mischt und doch den Zylinder so vollständig wie möglich füllt. Aus unzähligen Kanalanordnungen hat sich die schon 1908 durch das Grundsatzpatent DRP Nr. 207 107 von Paul Kind beschriebene Umkehrspülung als das eindeutig überlegene Verfahren auf der ganzen Linie durchgesetzt.

Die Spülströme treten unter einem flachen Winkel gegen die Horizontale in den Zylinder ein, richten sich gegenseitig und vor allem an der dem Auslaß gegenüberliegenden Zylinderwand auf, steigen gegen den Zylinderkopf hoch, behalten hier ihre gleichsinnge Kurvenform bei und strömen zum Auslaßschlitz ab. Die Überlegenheit der Umkehrspülung gegenüber allen anderen Spülverfahren liegt in der Stabilität der gleichsinnigen Gasführung, in der behutsamen Abdrängung der Altgase, in dem langen Weg der Strömung und in dem Widerstand gegen Kurzschlußverluste.

Die systematische Weiterentwicklung in den letzten drei Jahrzehnten lag in der sorgfältigen Abstimmung der Steuerzeiten und Zeitquerschnitte, in der Optimierung der Spülkanäle in Form und Richtung und vor allem in der Anordnung zusätzlicher Hilfsspülkanäle, die die Hauptströmung abstützen und ihre »Ausfaserung« verhindern.

Die in der Gasführung noch überlegene Gleichstromspülung erfordert entweder eine Doppelkolben-Bauart, in U-Zylinderanordnung oder mit Gegenkolben, oder aber eine Ventil- oder Schiebersteuerung im Zylinderkopf. Sie scheiterte beim schnellaufenden Hochleistungsmotor am baulichen Aufwand oder an thermischen Problemen – beim U-Zylinder vor allem an der hochbeanspruchten Zwischenwand und an der ungünstigen Brennraumform. Das Auslaßventil im Zylinderkopf öffnete zu langsam, um bei höheren Drehzahlen rechtzeitig genügend große Zeitquerschnitte freizugeben, und der Drehschieber machte bei den hohen Auslaßtemperaturen nicht mit. Reizvoll ist natürlich die Möglichkeit eines unsymmetrischen Steuerdiagramms mit voreilenden Auslaßsteuerzeiten, und so ist es durchaus möglich, daß die Gleichstromspülung mit Auslaßschlitzen und einem Spüldrehschieber im Kopf bei aufgeladenen Motoren in der Zukunft noch einmal wiederentdeckt wird.

Steuerzeiten und Einlaßssteuerung

Im Vergleich zum Viertaktmotor sind die Steuerzeiten des Zweitaktmotors sehr kurz, aber eben doppelt so häufig. Hohe Leistungen lassen sich nur mit hohen Drehzahlen, hohe Drehzahlen aber nur mit langen Steuerzeiten erreichen. Hohe Schlitze bedeuten aber immer einen Verlust an wirksamem Hub, kosten also beim Einlaß Ansaugvolumen und setzen im Zylinder das effektive Verdichtungsverhältnis herab. Die spezifische Schlitzfläche, also die auf das Hubvolumen bezogene Schlitzfläche, nimmt mit steigendem Hubvolumen ab. Bei gleichem s:D, gleicher Steuerzeit und gleicher spezifischer Schlitzbreite vergrößert sich die spezifische Schlitzfläche um 26 %, wenn das Hubvolumen auf die Hälfte verringert wird. Ein 250-cm^3-Zweizylinder hat also bei gleichen Steuerzeiten eine um 26 % größere Schlitzfläche als ein 250-cm^3-Einzylinder – der Trend zum Mehrzylinder ist also nicht nur durch den besseren Rundlauf und die größere Kühlfläche begründet.

Noch ein Beispiel:

Unter gleichen geometrischen Verhältnissen hat ein 50-cm^3-Motor mit 144° kW Ansaugzeit die gleiche spezifische Schlitzfläche wie ein 125-cm^3-Motor mit 177° kW Ansaugzeit.

Den Einfluß des Hub-Bohrungs-Verhältnisses zeigt der folgende Vergleich:

Ein 50-cm^3-Motor braucht für eine spe-

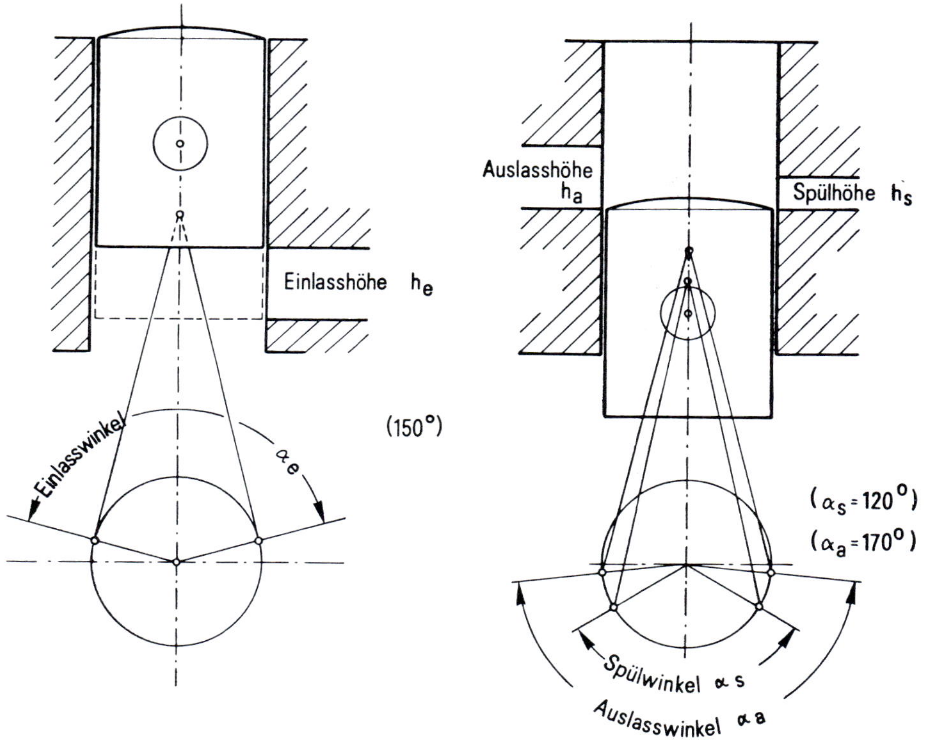

Das Steuerdiagramm

Die optimalen Steuerzeiten hängen von Drehzahl, spezifischer Leistung und Hubvolumen ab. Die im Diagramm dargestellten Steuerzeiten mit $\alpha_e = 150°$ kW für den Einlaß, $\alpha_s = 120°$ kW für die Spülschlitze und $\alpha_a = 170°$ kW für den Auslaß können als Richtwerte für einen 50-cm^3-Hochleistungsmotor mit einer Leistung von 4 – 5 kW (6 – 7 PS) bei n = 8000 – 9000 min^{-1} gelten. Der Vorauslaßwinkel ergibt sich zu $\alpha_v = 25°$ kW. Die Charakteristik des Motors kann bei gleichbleibendem Steuerdiagramm durch die Auslegung des Ein- und Auslaßsystems in erheblichen Grenzen verändert werden.

zifische Schlitzfläche von 4 cm^2/100 cm^3 eine Steuerzeit
von 144° kW bei s:d = 40:40 = 1
136° kW bei s:d = 49:36 = 1,36
156° kW bei s:d = 32:44 = 0,73

Der Vorteil des kleinen Kurbelgehäuses beim Kurzhuber würde durch den Verlust an Nutzhub ebenso ausgeglichen wie der der niedrigeren Kolbengeschwindigkeit durch das niedrigere Ausdehnungsverhältnis im Zylinder. Ausgesprochene Kurzhub-Motoren sind im Zweitaktbau also selten zu finden. Rechnerisch liegt das optimale Hub-Bohrungs-Verhältnis bei s:d = 1,0 bis 1,1. Der Maßstab für die durch einen Schlitz strömende Gasmenge ist der Zeitquerschnitt F_z, das Produkt aus dem jeweilig von der Kolbensteuerkante freigegebenen Schlitzquerschnitt F, multipliziert mit der Öffnungszeit t. Er wird in $cm^2 \cdot s$ gemessen und ist natürlich abhängig von der Drehzahl n.

Die Berechnung ist ziemlich umständlich. Sehr viel einfacher als der Zeitquerschnitt ist der von der Drehzahl unabhängige Winkelquerschnitt F_w zeichnerisch zu ermitteln:

Der Winkelquerschnitt ist das Produkt aus dem jeweiligen Schlitzquerschnitt F, multipliziert mit dem zugehörigen Kurbelwinkel und wird in $°cm^2$ gemessen. Trägt man den Kurbelwinkel auf der Horizontalen und den zugehörigen Kolbenhub auf der Senkrechten auf, so ergibt die eingeschlossene Fläche,

Zeichnerische Ermittlung des Winkelquerschnitts F_w für den Einlaß

Trägt man den Kolbenhub über dem Kurbelwinkel auf, so stellt die von der Kurve umschlossene Fläche den Winkelquerschnitt dar. In dem Schaubild ist der relative Kolbenweg auf den Hub s = 1 bezogen. Zur Ermittlung des tatsächlichen Winkelquerschnitts F_w muß die Fläche mit dem Kolbenhub s und der Schlitzbreite b multipliziert werden. Das gilt nur für rechteckige Schlitze. Bei ungleichmäßiger Schlitzform muß die für die jeweilige Kolbenstellung gehörige Schlitzbreite berücksichtigt werden.

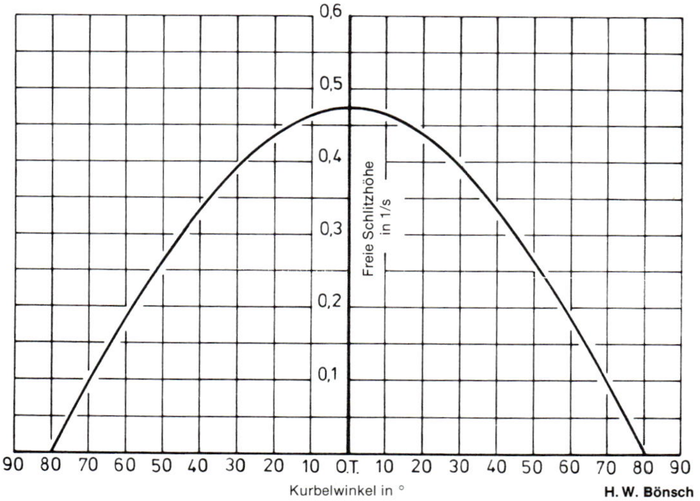

multipliziert mit der Schlitzbreite b, den Winkelquerschnitt F_w. Aus dem Winkelquerschnitt F_w errechnet sich dann der Zeitquerschnitt F_z nach der einfachen Formel:

$$F_z = \frac{F_w}{6\,n}$$

Die in der Zeichnung dargestellten Werte müssen mit der Schlitzbreite b multipliziert werden und gelten nur für rechteckige Schlitze. Bei ungleichmäßiger Schlitzform muß die zu der jeweiligen Kolbenstellung gehörige Schlitzbreite eingesetzt werden. Läßt man den Kolben zur besseren Bündelung der Strömung über die Schlitzoberkante, wie es vor allem beim Einlaß üblich ist, um 10 bis 15 % des Hubes überlaufen, so muß die Fläche zwischen Schlitzoberkante und Kolbenhemd im o. T. (bei den Spül- und Auslaßschlitzen natürlich zwischen Schlitzunterkante und Kolbenoberkante) abgezogen werden. Selbst bei einem Überlauf von 0,15 s beträgt der Verlust an Winkelquerschnitt nur etwa 3 %.

Der zum Kurbelwinkel gehörige Kolbenhub ist für s = 1 und für das Verhältnis der Pleuellänge l zum Kurbelradius r von $\lambda = l : r = 3{,}5$, 4,0 und 4,5 im Bild rechte Seite oben dargestellt, muß also für die Rechnung mit dem Kolbenhub s multipliziert werden, um zu den realen Werten zu kommen. Die für heutige Hochleistungsmotoren üblichen Bereiche der Winkel- und Zeitquerschnitte sind für Einlaß, Spülung und Auslaß – bezogen auf ein Hubvolumen V_h = 1 000 cm^3 – im Bild rechte Seite unten über der Drehzahl aufgetragen. Grundsätzlich gilt die Forderung, mit der Schlitzhöhe, also der Steuerzeit, zur Vermeidung hoher Verluste an Nutzhub sparsam umzugehen und den notwendigen Zeitquerschnitt möglichst durch breite Schlitze zu erreichen. Für gut verrundete Schlitze liegt die Grenze, um das Einfedern der Kolbenringe zu vermeiden, bei etwa 60 % der Bohrung.

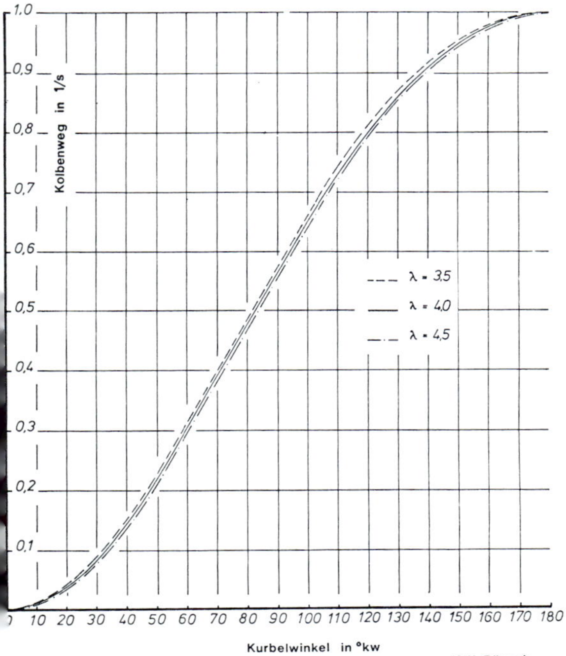

Kurbelwinkel und Kolbenweg

Der zum Kurbelwinkel gehörige Kolbenweg ist in dem Schaubild für das Pleuelstangen-Verhältnis λ = 3,5, λ = 4,0 und λ = 4,5 auf den Kolbenweg 1 bezogen.
Um den realen Kolbenweg zu ermitteln, muß der Wert im Schaubild mit dem Hub multipliziert werden.

Breitere Schlitze müssen durch Stege unterteilt werden, und die sind beim Auslaß thermisch immer heikel und stören beim Einlaß die Strömung.
Wie stark sich das Verhältnis Schlitzhöhe h_e zur Schlitzbreite b_e auf die Füllung des Kurbelgehäuses auswirkt, zeigen Versuche an einem 125 cm^3-Tourenmotor, der mit den klassischen Daten D = 52 mm ∅ und s = 58 mm eine Leistung P = 10 PS bei n = 6700 min^{-1} abgab. Die Einlaßschlitzhöhe wurde bei gleichbleibenden Steuerzeiten mit α_s = 120° kW für die Spülung und α_a = 160° kW für den Auslaß zwischen h_e = 20,5 mm oder 0,35 s und einen Einlaßsteuerwinkel α_e = 135° kW und h_e = 11,4 mm oder 0,197 s und einem Einlaßsteuerwinkel α_e = 95° kW verändert. Zur Einhaltung des gleichen Winkelquerschnitts schwankte die Schlitzbreite zwischen b_e = 21,5 mm oder 0,225 D

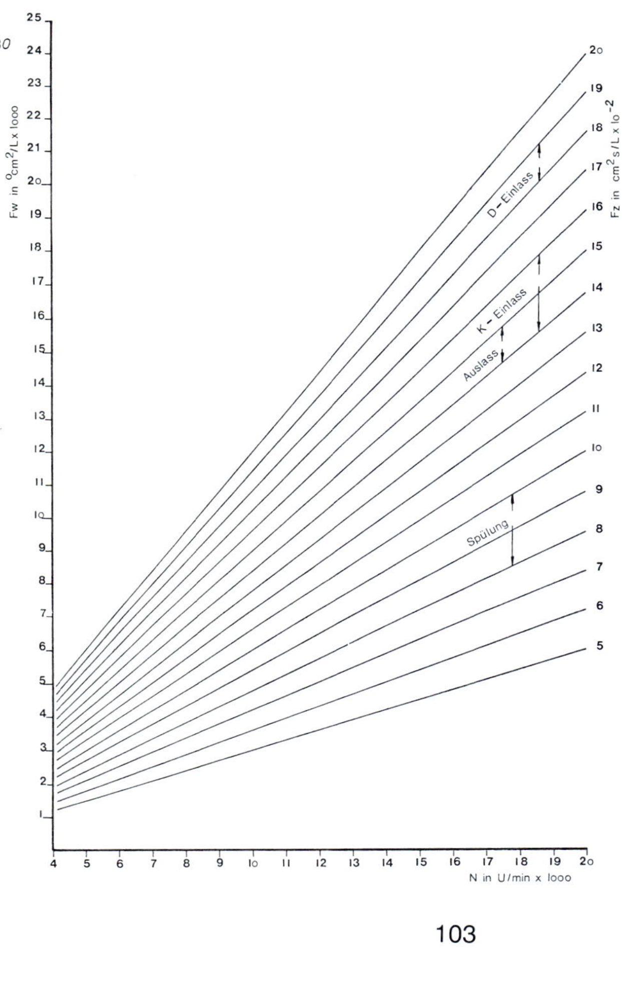

Winkelquerschnitt und Zeitquerschnitt

Der Winkelquerschnitt F_w und der Zeitquerschnitt F_z ist in dem Schaubild auf ein Hubvolumen von 1000 cm^3 bezogen.
Der Zeitquerschnitt F_z ist abhängig von der Drehzahl. Die für heutige Hochleistungsmotoren erforderlichen spezifischen Zeitquerschnitte können direkt aus dem Schaubild entnommen werden. Die echten Zeitquerschnitte ergeben sich durch Multiplikation der Werte mit dem Hubvolumen in l.
Besonders bemerkenswert ist der Unterschied zwischen Drehschieber- und Kolbensteuerung für den Einlaß.

Seitenverhältnis und Füllungsgrad

Der Füllungsgrad des Kurbelgehäuses erreicht über dem ganzen Drehzahlbereich die höchsten Werte mit Einlaßschlitz E mit der kleinsten Schlitzhöhe h_e durch den kleinsten Hubverlust. Verblüffend ist die Tatsache, daß die Drehzahl der besten Füllung bei allen Schlitzabmessungen übereinstimmend bei 6000 U/min liegt.

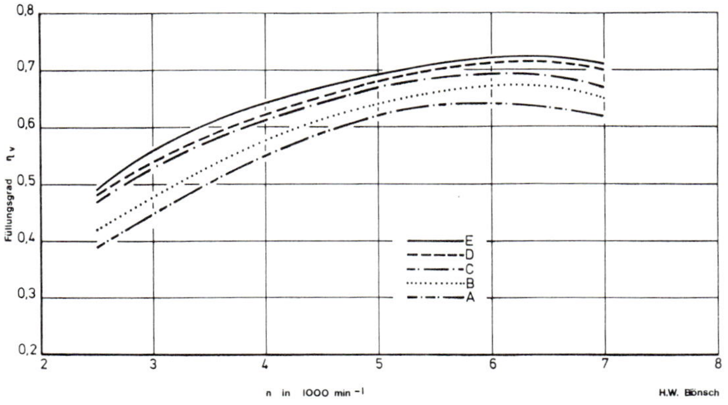

Schlitzform	Schlitzbreite b_e in % der Bohrung	Schlitzbreite b_e in mm	Schlitzhöhe h_e in % des Hubes	Schlitzhöhe in mm	Einlaßsteuerwinkel
A	22,8	21,5	35,0	20,5	135°
B	29,4	27,2	30,0	17,4	120°
C	39,8	35,8	24,7	14,3	108°
D	48,5	41,0	21,4	12,4	100°
E	56,3	45,5	19,7	11,4	95°

und 45,5 mm oder 0,565 D. Der beste Füllungsgrad des Kurbelgehäuses lag bei den hohen Einlaßschlitzen bei $\eta_L = 0{,}64$, bei den flachen Schlitzen aber bei $\eta_L = 0{,}72$, also immerhin 11 % höher.

DER ZAUBER MIT DER GASDYNAMIK

Die Betrachtung der Gaswechselvorgänge im Zeitlupentempo vermittelt zwar ein recht anschauliches Bild über den zeitlichen Ablauf, aber dieses Bild trifft leider für die heute üblichen hohen Betriebsdrehzahlen nicht zu. Hier spielen gasdynamische Schwingungserscheinungen die entscheidende Rolle. Ihre Erforschung und die geschickte Anwendung hat den Zweitaktmotor auf den heutigen Stand gebracht.

Ansaugvorgang

Wenn der vom u. T. zum o. T. laufende Kolben den Ansaugschlitz öffnet, wird die im Ansaugrohr wartende Luftsäule um so schneller in das Kurbelgehäuse strömen, je kleiner das Kurbelgehäusevolumen V_k ist. Aber sie muß natürlich erst beschleunigt werden und erreicht daher ihre höchste Geschwindigkeit erst etwa im o. T. Jetzt ist zwar der Unterdruck etwa ausgeglichen, aber die Gassäule strömt so lange weiter ins Kurbelgehäuse und füllt es wieder auf, bis ihre kinetische (Strömungs-) Energie erschöpft ist. Der aus dem o. T. zurückkehrende Kolben und der im Kurbelgehäuse angestaute Überdruck beginnen, das Gasgemisch wieder in das Ansaugrohr zurückzuschieben – jetzt muß der abwärts eilende Kolben den Ansaugschlitz schließen und das angesaugte Luftvolumen über den schon gewonnenen leichten Überdruck hinaus hoch vorverdichten, bis sich die Spülschlitze öffnen und die Ladung in den Zylinder geschoben werden kann.

Das geometrische Verdichtungsverhältnis ist

$$\varepsilon_k = \frac{V_k}{V_k + V_h}$$

aber es kann ja nur »formschlüssig« verdichtet werden, wenn der Ansaug- und Spülschlitz geschlossen sind. Es kommt darauf an, den Druck im Kurbelgehäuse beim Schließen der Spülschlitze so niedrig wie möglich zu halten, um den Druck beim Öffnen des Einlaßschlitzes abzubauen. Der Druckverlauf im Zylinder hat also einen erheblichen Einfluß auf die Füllung des Kurbelgehäuses: Ein größerer Vorauslaß sorgt für ein schnelleres Abströmen der Altgase und kann bei richtiger Abstimmung über einen großen Drehzahlbereich den erwünschten Unterdruck im Zylinder beim Schließen der Spülschlitze und damit auch im Kurbelgehäuse aufbauen.

Das Gesetz, nach dem die Gassäule das Kurbelgehäuse optimal aufgefüllt, wurde von dem großen deutschen Physiker Hermann von Helmholtz schon gefunden, bevor Heinrich Söhnlein den ersten brauchbaren Zweitaktmotor mit Kurbelgehäuse-Vorverdichtung baute: Das Kurbelgehäuse bildet zusammen mit der Ansaugleitung einen akustischen Schwingkreis – den Helmholtz'schen Resonator – dessen Eigenschwingungszahl um so höher liegt,

- je kleiner das Volumen des Kurbelgehäuses (V_k)
- je kürzer die Länge der Ansaugleitung (l)
- je größer der mittlere Querschnitt der Ansaugleitung (F_m)
- je größer die Fläche des Einlaßschlitzes (F_e) ist.

Für die Drehzahl der besten Füllung muß der Einlaßsteuerwinkel α_e so bemessen werden, daß die angesaugte Gassäule mit einer halben Schwingung gerade in das Kurbelgehäuse geschwappt ist, wenn die Kolbenunterkante den Schlitz wieder schließt. Für eine überschlägige Berechnung der Eigenschwingungszahl f genügt die einfache Formel

$$f = \frac{c}{2\pi} \sqrt{\frac{F_m}{V_k \cdot l}}$$

c ist die Schallgeschwindigkeit der einströmenden Luft, die bei den im Einlaß herrschenden Temperaturen bei c = 330 m/s liegt. Der optimale Einlaßsteuerwinkel α_e für die Drehzahl n_0 der besten Füllung wird dann

$$\alpha_e = \frac{3\, n_0}{f}$$

Mit diesem Einlaßwinkel schließt die Kolbenunterkante bei der Resonanzdrehzahl den Ansaugschlitz, wenn die angesaugte Gassäule im Kurbelgehäuse den höchsten Druck erreicht hat. Bei höherer Drehzahl schließt der Kolben schon, bevor der höchste Druck erreicht ist – die Füllung sinkt ab. Bei niedriger Drehzahl setzt die Rückströmung schon ein, bevor der Kolben den Einlaßschlitz geschlossen hat – der Druck im Kurbelgehäuse fällt ab.

Die Füllung im Kurbelgehäuse schwankt also mit wechselnder Drehzahl zwischen einem Höchstwert bei der Resonanzdrehzahl n_0, einem Tiefstwert bei $1/2\, n_0$, einem neuen Höchstwert bei $1/3\, n_0$, einem Tiefstwert bei $1/4\, n_0$ usw. Höchst- und Tiefstwerte wechseln mit fallender Drehzahl immer schneller einander ab – dies ist eine Erklärung für den unruhigen Lauf des Zweitaktmotors im niedrigen Drehzahlbereich.

Bei der Berechnung der Resonanzdrehzahl n_0 muß beachtet werden, daß die Gassäule im Ansaugrohr mit einer Verzögerung von 20 – 30° einschwingt, den gesamten Öffnungswinkel also nicht ausnützt. Für die Berechnung ist also der reduzierte Wert für den Öffnungswinkel einzusetzen.

Der erreichte Vorverdichtungsdruck entspricht theoretisch dem Unterdruck beim Öffnen des Einlaßschlitzes, aber dieser optimale Wert wird durch Strömungsverluste und Wirbelbildung an der Mündung des Ansaugrohres, an der Kolbenunterkante und zwischen den Kurbelwangen abgebaut, so daß der »Schwingungswirkungsgrad« zwischen 50 und 75 % anzusetzen ist. Lange Ansaugsteuerzeiten vermindern den Nutzhub und damit den Unterdruck. Eine Verlängerung der Steuerzeit von 140° kW auf 150° kW bedeutet einen Füllungsverlust von 10 %. Er kann dadurch ausgeglichen werden, daß der Unterdruck bei Spülschluß durch eine Veränderung der Ansauglänge vergrößert wird.

Theoretisch kann bei einem Unterdruck von 0,3 bar der in Schaubild dargestellte Füllungsverlauf in der Form einer gedämpften Schwingung erreicht werden. Der Druck im Kurbelgehäuse würde also in dem weiten Bereich von 67 – 200 % der Drehzahl der besten Füllung über dem Atmosphärendruck liegen!

Auch die Auspuffanlage wirkt sich stark auf den Druckverlauf im Kurbelgehäuse aus, wie Schaubild für einen 150 cm^3-Motor mit einer stark gedämpften Anlage A bei n = 7 000 min^{-1} und C bei n = 3 000 min^{-1} und für ein glattes Rohr B bei n = 7 000 min^{-1} und D bei n = 3 000 min^{-} zeigt. Bei n = 7 000 min^{-1} erreichen beide Anlagen etwa 25° kW nach

Druckverlauf im Kurbelgehäuse und Drehzahl

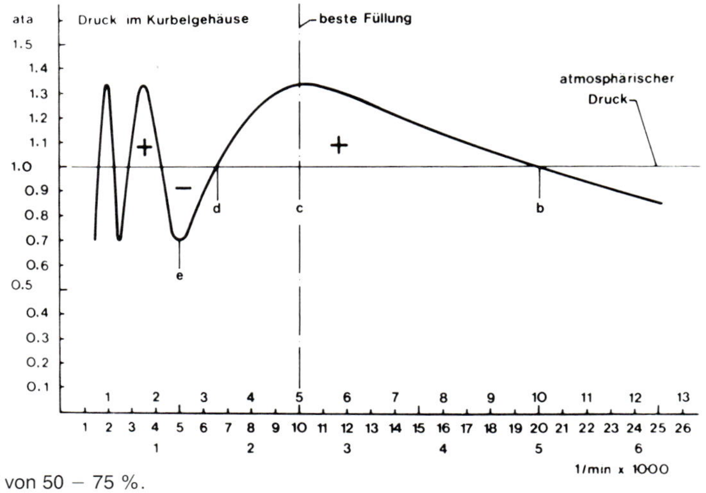

Bei der Resonanzdrehzahl c wird der höchste Druck und damit die beste Füllung im Kurbelgehäuse erreicht. Der Kurbelgehäusedruck liegt in dem weiten Bereich zwischen d und b, also zwischen 67 % und 200 % der Drehzahl der besten Füllung über dem Atmosphärendruck und würde bei einem Unterdruck von 0,3 bar bei verlustfreier Schwingung einen absoluten Druck von 1,3 bar erreichen. In der Praxis arbeitet die Schwingung aber nur mit einem Wirkungsgrad von 50 – 75 %.
Der niedrigste Füllungsgrad liegt bei e, also bei der halben Resonanzdrehzahl.
Auf der Drehzahlskala können die Werte für eine Resonanzdrehzahl von 2 500, 5 000 und 10 000 min^{-1} abgelesen werden.

Auspuff und Druckverlauf im Kurbelgehäuse

Das Diagramm zeigt deutlich den Einfluß der Auspuffanlage auf den Druckverlauf im Kurbelgehäuse. Während das glatte Rohr B und D schon vor Schluß der Spülkanäle S. s. den Überdruck abgebaut hat, wird das Abströmen durch den zu stark gedämpften Diffusor A und C so stark abgebremst, daß der Unterdruck bei Öffnung des Einlaßschlitzes E. ö. wesentlich geringer ausfällt als mit dem glatten Rohr. Genaue Analyse im Text.

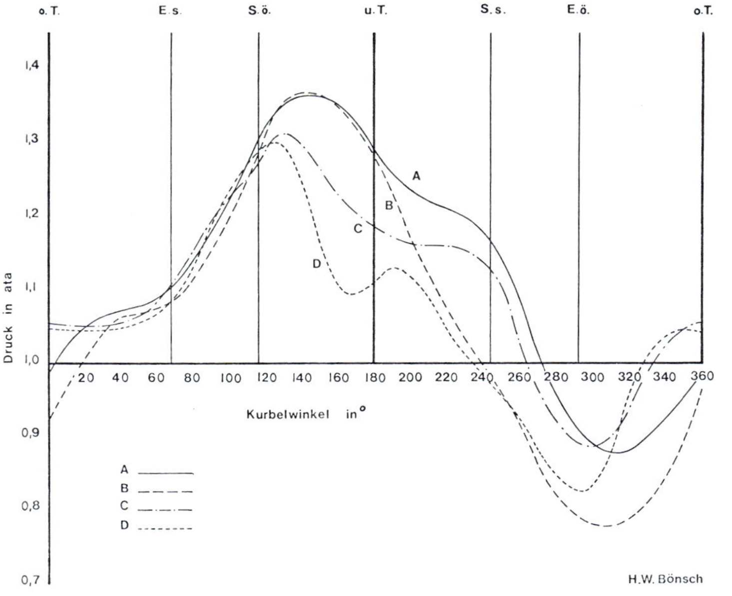

Spülbeginn (S. ö.) mit 1,37 ata (0,37 bar) etwa den gleichen Höchstdruck, aber nach u. T. entspannt sich das glatte Rohr (B) sehr schnell, unterschreitet schon vor dem Schluß der Spülung (S. s.) die Atmosphärenlinie und erreicht bei Einlaßöffnung (E. ö.) einen Unterdruck von −0,21 bar, der die Ansaugströmung natürlich kräftig anreißt. Der Druck überschreitet die Null-Linie erst wieder 20° kW nach u. T., erreicht aber beim Einlaßschluß (E. s.) 0,08 bar. Bei der stark gedämpften Anlage A verlangsamt sich der Druckabfall nach o. T. so stark, daß beim Schließen der Spülschlitze (S. s.) im Kurbelgehäuse noch ein Druck von 0,17 bar herrscht. Der Unterdruck bei Einlaßöffnung (E. ö.) von 0,095 bar kann die Gassäule im Ansaugkanal natürlich nur wesentlich weniger beschleunigen als das widerstandsarme Rohr. Sehr ähnlich, wenn auch mit stärkeren Schwankungen, ist der Druckverlauf der beiden Anlagen C und D bei n = 3000 min^{-1}, wo der Höchstdruck mit etwa 0,25 atü (1,25 bar) schon etwa bei 10 bis 15° kW nach Öffnung der Spülschlitze erreicht wird. Einen großen Einfluß auf den Ladegrad hat die Temperatur des Kurbelgehäuses und damit der frischen Ladung. Wenn es gelingt, die Kurbelgehäuse-Temperatur – durch starke Verrippung oder im Extremfall durch Wasserkühlung – von 120° c auf 80° C, also von 393 K auf 353 K, zu senken, so steigt das Gewicht der Ladung um rd. 10 %.

Einlaß-Membran

Die Öffnungszeit des kolbengesteuerten Einlaßschlitzes stimmt nur bei einer Drehzahl optimal mit dem Schwingungsverlauf in der Saugleitung überein. Durch das symmetrische Steuer-

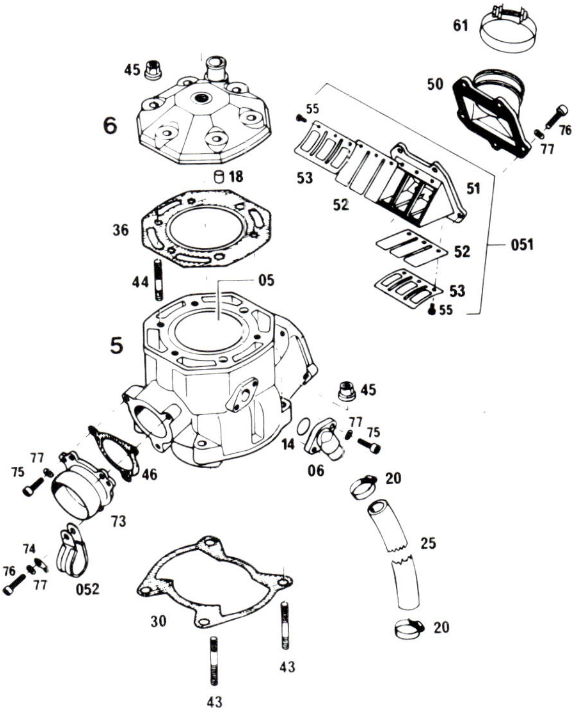

Zylinder und Membraneinlaß der KTM MX 250

Die Explosionszeichnung zeigt den wassergekühlten Zylinder der erfolgreichen KTM 250 MX mit der Membransteuerung. Das Anschlagblech (53) begrenzt den Hub der Membranzungen (52) auf 13 – 14 mm.

diagramm – der Einlaßschlitz schließt um den gleichen Kurbelwinkel nach dem o. T., um den er vor dem o. T. geöffnet wird – kann der Saughub im Kurbelgehäuse nur ungenügend ausgenutzt werden. Eine bessere Füllung besonders im unteren und mittleren Drehzahlbereich bringt die Membran – oder besser Lamellen-Steuerung.

In der heute allgemein üblichen, erstmalig im Argus-Schubrohr der V 1 angewendeten Anordnung sind die zungenförmigen Lamellen auf einem keilförmigen Körper mit großen Durchlaßöffnungen untergebracht. Sie heben bei einsetzendem Unterdruck ab und geben den Durchgang frei, um ihn bei Druckumkehr wieder zu verschließen. Dabei wird der Einlaßschlitz zunächst noch vom Kolbenhemd verschlossen und erst freigegeben, wenn der Unterdruck groß genug ist, um die Zungen ruckartig auf großen Querschnitt aufzureißen. Die Lamellen-Steuerung richtet sich also nach den Druckverhältnissen und arbeitet über einen großen Drehzahlbereich mit guter Füllung – der Motor läuft bei niedriger Drehzahl runder und wird elastischer.

Beim Torque-Induction System von YAMAHA gibt der Kolben, nachdem er beim Abwärtsgang den Einlaßschlitz überfahren hat, ein Fenster im Kolbenhemd frei und drückt einen Teil der Ladung bei schon geschlossenen Lamellen als »Nachschlag« in einen sehr steilen Stützkanal gegenüber dem Auslaßschlitz.

Bei der von Aspes entwickelten Steuerung gabelt sich der Einlaßkanal: Der obere Kanal wird durch die Kolbenunterkante gesteuert, der untere führt direkt ins Kurbelgehäuse und wirkt gleichsam im Nebenschluß. Die vorwiegend in Geländemotoren verwendete Anordnung verschiebt das höchste Drehmoment in den mittleren Drehzahlbereich. Wie das Diagramm des 125 cm^3-Aspes-Motors zeigt, liegt das Drehmoment bei reiner Kolbensteuerung zwischen n = 7100 min^{-1} und n = 10400 min^{-1} über 10 Nm mit einem Maximalwert von 15 Nm bei n = 9300 min^{-1}, mit kombinierter Membransteuerung aber zwischen 5700 min^{-1} und 9800 min^{-1} über 10 Nm. Das nutzbare Drehzahlband verbreiterte sich also um rd. 800 min^{-1}, während das maximale Drehmoment sich auf 16 Nm bei 7800 min^{-1} erhöhte.

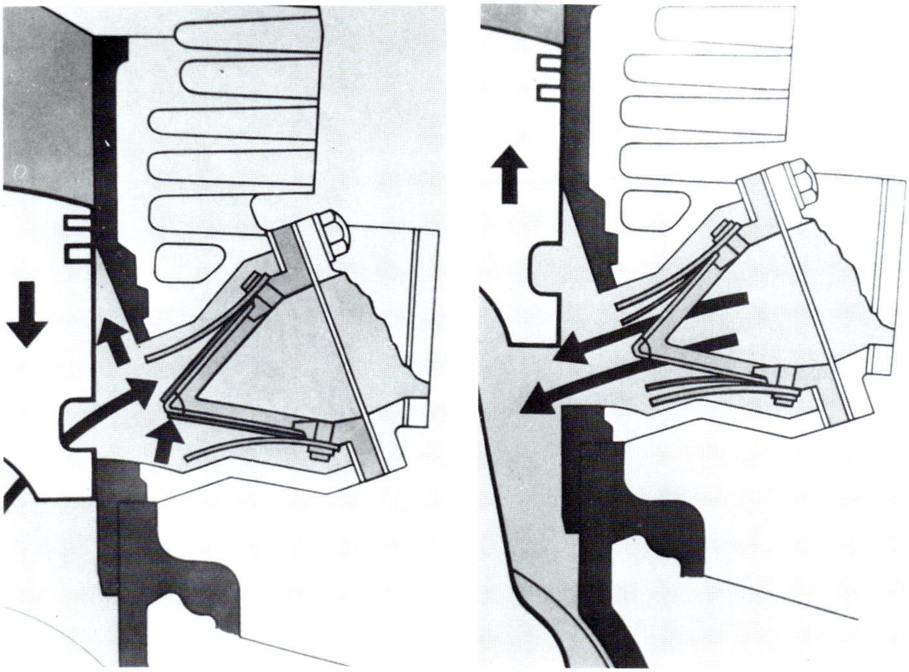

YAMAHA torque induction system

Beim YAMAHA torque induction system wird die Lamellensteuerung mit der Kolbensteuerung kombiniert. Der Einlaßschlitz wird vom Kolbenhemd so lange verschlossen, bis im Kurbelgehäuse ein ausreichender Unterdruck aufgebaut ist, um die Lamellen ruckartig auf einen großen Querschnitt aufzureißen. Hat der Kolben beim Abwärtsgang den Einlaßschlitz überfahren, strömt Frischgas durch ein Fenster im Kolben zu einem sehr steilen Stützkanal und sorgt für eine Art „Nachladung".

Die Entwicklung der Lamellensteuerung ist sicher noch nicht abgeschlossen. Neuere exakte Versuche über die Öffnungscharakteristik sind selten. Eine eingehende Untersuchung wurde 1969 an der University of Visconsin an einem sehr kurzhubigen 370 cm^3-Einzylinder-Bootsmotor mit folgenden Daten durchgeführt:

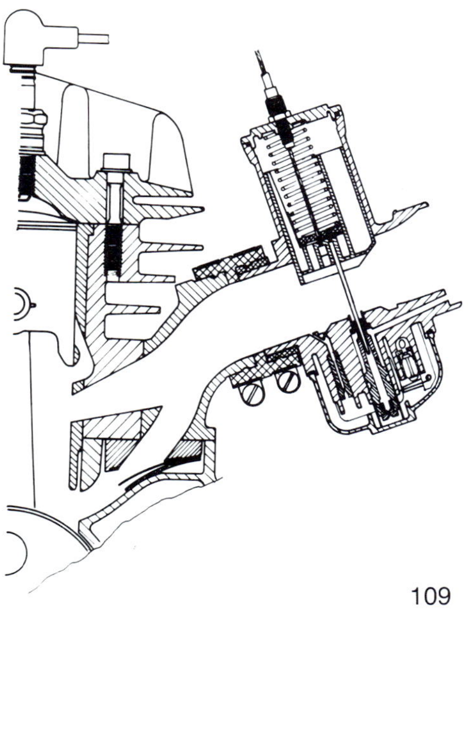

Nebenschluß-Lamellensteuerung

Bei der von Aspes entwickelten Einlaßsteuerung mit Nebenschluß-Lamellen wird der Haupteinlaßkanal von der Kolbenunterkante gesteuert, während ein zweiter Kanal vom Kolben unbeeinflußt ganz unten am Zylinder mündet und ausschließlich von den Lamellen gesteuert wird.

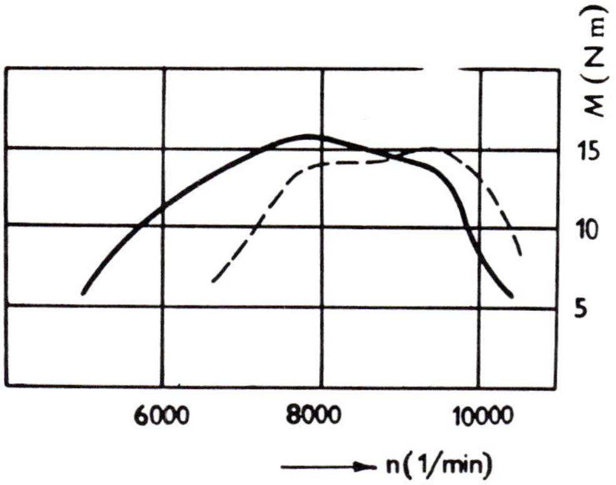

Nebenschluß-Lamellensteuerung und Drehmoment

Das Diagramm zeigt den Drehmomentenverlauf des 125-ccm-Aspes-Motors mit unterschiedlichem Ansaugsystem. Während der Motor mit reiner Kolbensteuerung (gestrichelte Linie) sein höchstes Drehmoment M_{max} = 15 Nm bei n = 9300 min^{-1} erreicht, verlagert sich das höchste Drehmoment mit der Nebenschluß-Lamellensteuerung (ausgezogene Linie) auf n = 7800 min^{-1}. Bei wesentlich breiterem nutzbaren Drehzahlband erhöht sich das beste Drehmoment auf M_{max} = 16 Nm.

Bohrung D = 85,7 mm ∅,
Hub s = 63,5 mm
Hubvolumen V_h = 365 cm^3
Verdichtung ε = 7,1
Spülwinkel α_s = 122° kW
Auslaßwinkel α_a = 149° kW
Vorauslaß α_v = 13,5 kW
Leistung P = 16 PS (12 kW)
bei n = 4800 min^{-1}.

Der Einlaß führte direkt ins Kurbelgehäuse und wurde von einer 2 × vierzüngigen Membran gesteuert, deren Hub auf 4 mm begrenzt war. Die Versuche zeigten einen bemerkenswerten Unterschied in der Öffnungscharakteristik zwischen hohen und niedrigen Drehzahlen.

Im Bereich zwischen n = 4000 bis 5000 min^{-1} öffneten die Lamellen schon bei 120 – 130° kW vor o. T. und schlossen 30 – 70° kW nach o. T., hatten also bei frühem Einlaßschluß den bemerkenswert großen Einlaßwinkel α_e = 160 – 190 °kW. Dieses postive Bild wird durch den Öffnungsverlauf allerdings etwas getrübt: Die Zungen öffneten sehr schnell und erreichten schon nach 50° kW den vollen Hub von 4 mm, schwangen dann aber 30 – 40° kW vor o. T. wieder auf einen Hub von 1,0 – 1,2 mm zurück, um etwa im o. T. wieder den vollen Hub zu erreichen.

Im mittleren Drehzahlbereich zwischen 2500 und 3500 min^{-1} reichte offenbar die kinetische Energie der einströmenden Gase nicht aus, um die Lamellen bis zum Anschlag zu öffnen. Sie kamen im ersten Anlauf bei 90° kW vor o. T. nur auf 2,5 mm Hub, pendelten dann auf 1 bis 1,5 mm zurück, um im zweiten Anlauf kurz vor o. T. etwa 3,5 mm aufzumachen. Bei n = 3000 min^{-1} schien eine Resonanzschwingung aufzutreten, denn hier kommt der Hub über 2,5 mm nicht hinaus. Die Öffnung begann schon bei 140 – 160 ° kW vor o. T. sehr viel gemächlicher als im oberen Drehzahlbereich. Es ist anzunehmen, daß der höhere Unterdruck des »Torque induction system« auch bei niedrigen Drehzahlen ein schnelleres und kräftigeres Öffnen bewirkt – aber die Pendelschwingungen dürften auch hier auftreten. Die Durchgangsquerschnitte müssen also von vornherein reichlich bemessen werden.

Es muß dabei berücksichtigt werden, daß zwar die von der Lamelle freigegebene Querschnittsfläche etwa linear mit dem Hub der Lamelle wächst, der Durchflußkoeffizient aber mit zunehmender Öffnung von etwa 0,9 bei 0,5 mm Hub auf etwa 0,7 bei 2 mm Hub und auf 0,65 bei 4 mm Hub abnimmt – eine Erscheinung, die ja auch bei Ventilen und bei Schlitzsteuerung beobachtet wird.

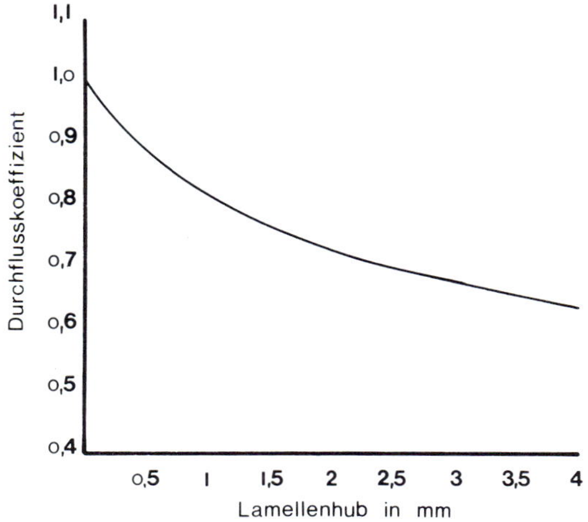

Lamellenhub und Durchflußkoeffizient

Ähnlich wie bei Ventil- und Schlitzsteuerung nimmt auch bei Lamellensteuerung der Durchflußkoeffizient, entgegen der verbreiteten Ansicht, mit wachsendem Lamellenhub ab. Hatte er bei einem Hub von 0,5 mm den ausgezeichneten Wert 0,9, so sank er bei voller Öffnung mit 4 mm Hub auf 0,65 ab.

Trotz aller Eigenschwingungen bleibt der Verlauf der Füllung des lamellengesteuerten Motors über der Drehzahl wesentlich flacher als bei der Schlitzsteuerung: Der Ladegrad des Kurbelgehäuses sank von 0,73 bei $n = 2\,500 \text{ min}^{-1}$ auf 0,55 bei $n = 5\,000 \text{ min}^{-1}$. Das Drehmoment hielt sich zwischen $n = 2\,500$ bis $3\,500 \text{ min}^{-1}$ nahezu konstant bei $M = 28{,}5$ Nm und fiel bei $n = 5000 \text{ min}^{-1}$ nur auf $M = 23{,}5$ Nm ab.

Sehr unterschiedlich ist die Öffnungszeit in Abhängigkeit von der Drehzahl auch bei Nebenschlußmembranen: Bei dem mit $D = 49$ mm ∅ Bohrung und $s = 42$ mm Hub recht kurzhubigen 80 cm^3-Motor der SUZUKI X 2 öffnet das »Power-Reed« bei niedrigen Drehzahlen um den u. T. und schließt 10° kW vor o. T. Bei höheren Drehzahlen öffnet das Lamellenventil 105° kW vor o. T. und

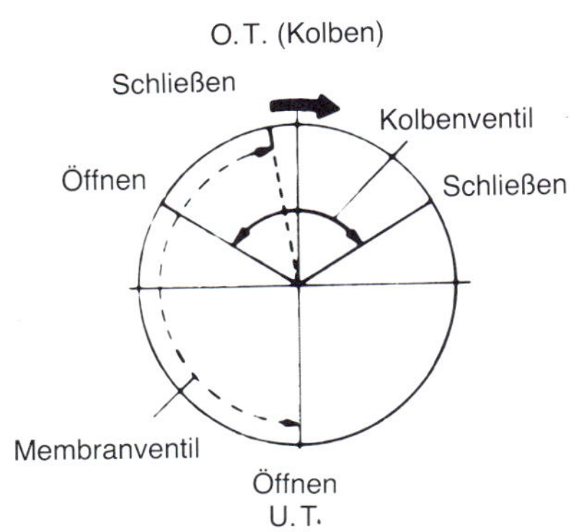

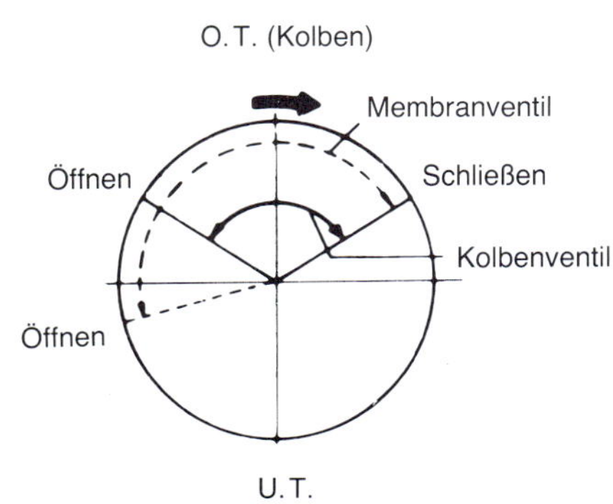

SUZUKI Power-Reed-System

Das Power-Reed-System von SUZUKI ist eine Verbindung einer Kolbenschlitzsteuerung mit einer Nebenschlußmembran, deren Öffnungszeiten stark drehzahlabhängig sind:

Bei niedriger Drehzahl öffnen die Membranzungen im u. T. und schließen etwa 10° kW vor o. T. während sie sich bei höherer Drehzahl einen merklichen Verzug leisten, bei 105° kW vor o. T. öffnen und erst 60° kW nach o. T. schließen. Der kolbengesteuerte Einlaßschlitz hat einen Öffnungswinkel $\alpha_e = 120°$ kW.

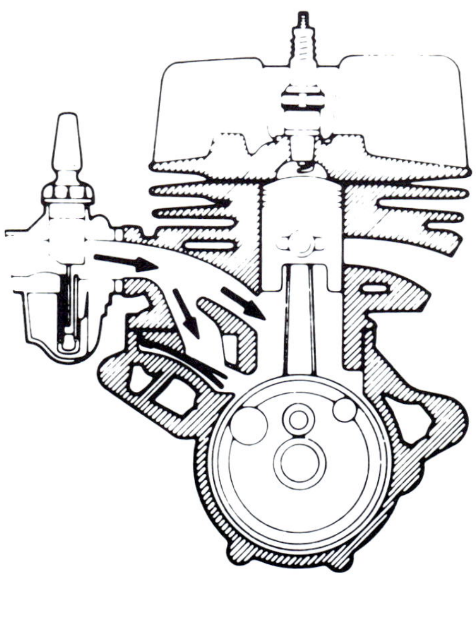

schließt 60° kW nach o. T. Der kolbengesteuerte Schlitzöffnungwinkel ist α_e = 120° kW.

Saugleitung mit Schwingkammer

Durch den Einfluß der Gasschwingungen auf den Einlaßvorgang ändert sich mit der Drehzahl nicht nur die Füllung des Kurbelgehäuses, sondern auch die Gemischzusammensetzung. Fällt die Drehzahl bei geöffnetem Vergaserquerschnitt unter die Drehzahl der besten Füllung, so fließt das Gemisch aus dem Kurbelgehäuse in die Saugleitung zurück und reichert sich erneut mit Kraftstoff an – es wird fetter.

Im Institut für Verbrennungsmotoren und Kraftfahrwesen der Technischen Hochschule Dresden wurde 1960 in umfangreichen Versuchen an dem 500-ccm-Zweizylinder-Motor Trabant P 50 mit Flachsdrehschieber und an dem 900-ccm-Dreizylinder-Motor des Wartburg AWE 311 mit kolbengesteuertem Einlaß festgestellt, daß das Mischungsverhältnis zwischen λ = 0,7 bei n = 1 000 U/min und λ = 1,0 bei n = 4 000 U/min schwankte. Im gleichen Drehzahlbereich lag das Mischungsverhältnis bei einer Drosselklappenöffnung von 30° zwischen λ = 0,8 und λ = 0 9. Um zu verhindern, daß das Gemisch bei sinkender Drehzahl bis zum Düsenbereich zurückströmt, wurde ein einfacher Schwingraum durch ein Rohr mit der Saugleitung zwischen Vergaser und

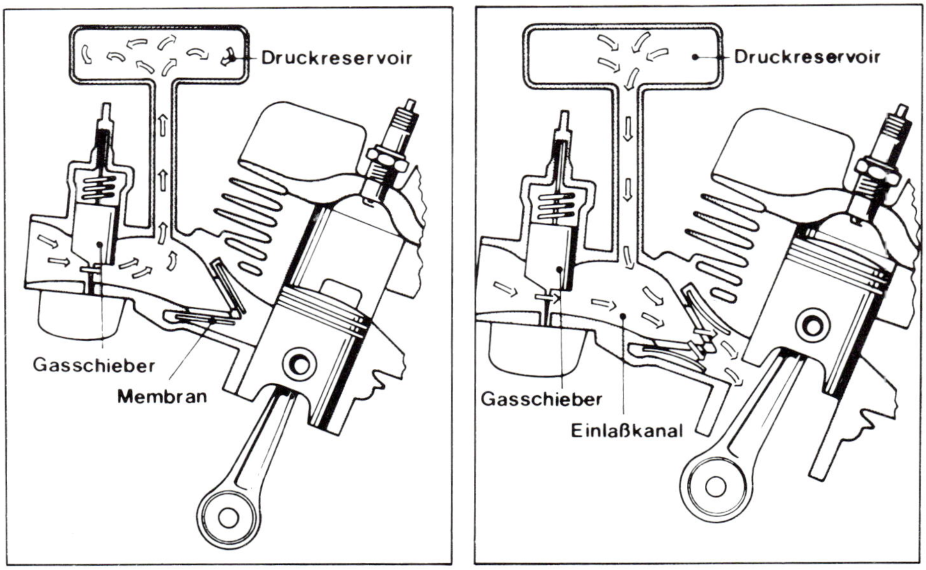

Saugleitung mit Schwingkammer

Wenn der Kolben den Einlaßschlitz schließt oder die Membranzungen langsam schließen und den Gasstrom immer stärker abbremsen, fließt ein Teil der zurückbrandenden Welle in die Schwingkammer, baut Strömungsenergie ab und verhindert oder vermindert die Gefahr, daß der Gasstrom beim Überschreiten des Düsenstockes noch einmal mit Kraftstoff angereichert wird.

Schwingkammer und Mischungsverhältnis

Die Schwingkammer baut den Einfluß der Gasschwingungen auf das Mischungsverhältnis ab. Während beim üblichen Ansaugrohr das Gemisch durch das mehrfache Überstreichen des Düsenstockes durch den Gasstrom im unteren Drehzahlbereich immer fetter wird, bleibt das Luft/Kraftstoff-Verhältnis λ bei Vollgas und bei einer Drosselklappenstellung von 43° zwischen n = 1 500 min^{-1} und n = 4 200 min^{-1} praktisch konstant und sinkt erst bei n = 1 000 min^{-1} unter λ = 0,9 ab. Die grundlegenden Dresdener Versuche wurden an einem Trabant-Motor mit Drosselklappenvergaser durchgeführt.

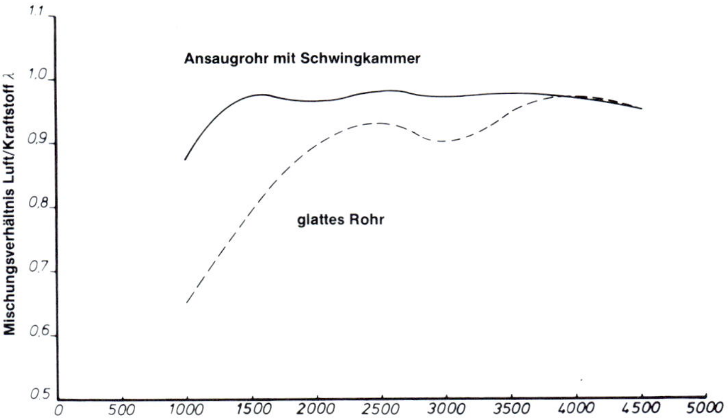

Motor verbunden. Wenn der Kolben beim Niedergang den Einlaßschlitz immer weiter schließt oder die Membranzungen durch den sinkenden Druckunterschied den Gasstrom immer stärker abbremsen, hat die zurückbrandende Welle die Möglichkeit, in das Verbindungsrohr zu fließen und die Strömungsenergie abzubauen. Der Einfluß auf den Vergaser nimmt ab.

Der Versuch bestätigte die Theorie: Das Mischungsverhältnis blieb bei Vollgas und bei einer Drosselklappenöffnung von 43° zwischen n = 1 500 U/min bis n = 4 200 U/min mit λ = 0,97 bis λ = 0,99 praktisch konstant und sank erst bei n = 1 000 U/min unter λ = 0,9 ab. Der Wirkungsbereich kann durch Durchmesser und Länge des Verbindungsrohres oder durch das Volumen des Schwingbehälters abgestimmt werden. Die Schwingkammer ermöglicht eine ärmere Gemischeinstellung und führte zu einer meßbaren Senkung des Verbrauchs im mittleren und unteren Drehzahlbereich.

Drehschiebereinlaß

Der schon kurz nach der Jahrhundertwende entwickelte Rohrdrehschieber, im stark bemessenen Kurbelzapfen untergebracht und auch heute noch an einigen Roller- und Modellmotoren mit einseitig gelagerter Stirnkurbelwelle zu finden, arbeitet ohne jedes zusätzliche Bauteil und ermöglicht mit einem unsymmetrischen Steuerdiagramm eine bessere Füllung des Kurbelgehäuses, ist aber im Öffnungsquerschnitt begrenzt und hat durch die starke Richtungsänderung des Frischgasstroms recht hohe Strömungsverluste.

Ein Rohrdrehschieber mit einem Steuerschlitz von 60° kW braucht zum Schließen und Öffnen je 60° kW. Bei einer Gesamtöffnungszeit von 200° ist der Gasdurchgang also nur über 80° kW voll geöffnet.

Der entscheidende Durchbruch kam mit dem zuerst im Bootsmotorenbau verwendeten Scheibendrehschieber, als

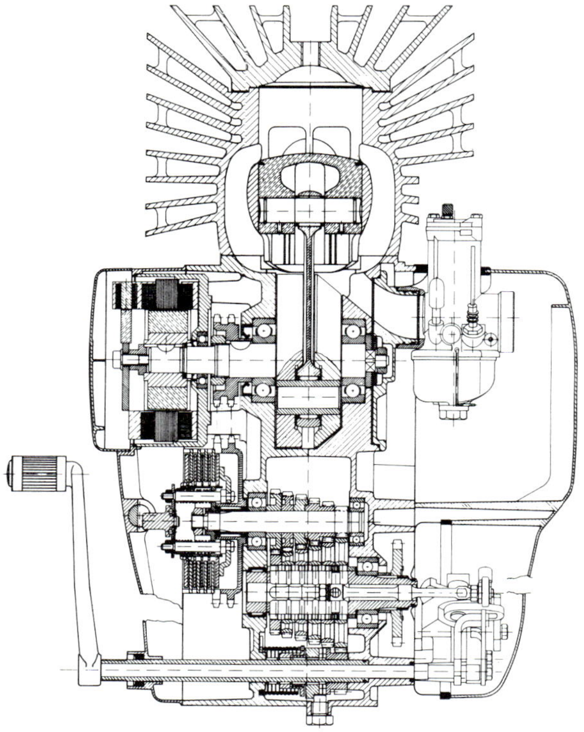

Drehschiebereinlaß der Maico MD 250

Der Längsschnitt durch den Motor läßt sehr klar die Anordnung des dünnen, freilaufenden Flachdrehschiebers und die strömungsgünstige Führung der Frischgase in den freien Raum unter dem Kolben erkennen. Die rechte Kurbelwange ist für freien Durchgang angeschrägt, das sehr kleine Kurbelgehäuse von den Schwungmassen vorbildlich ausgefüllt.

MZ die Konstruktion des Luckenwalder Ingenieurs Daniel Zimmermann übernahm. Hier war der Drehschieber von der Kurbelwange getrennt und lief als dünne Blechscheibe seitlich verschiebbar auf dem Wellenzapfen. Er konnte sich nach den Wänden der Kammer einstellen und lief gleichsam mit Luftlagerung und minimaler Reibung.

Die Überlegenheit dieser Bauart ist durch folgende Eigenschaften gekennzeichnet:

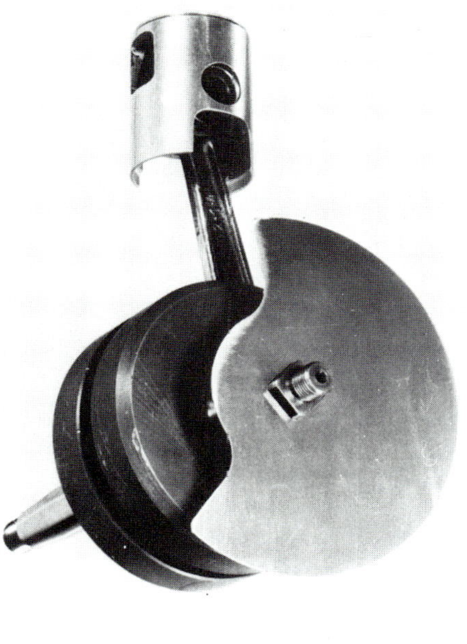

Bauteile der Drehschiebersteuerung

Der Flachdrehschieber besteht aus einer nur 0,4 – 3 mm starken Blechscheibe, die auf dem Wellenzapfen verschiebbar gelagert ist und sich selbst auf geringste Reibung einstellt. Er ermöglicht ein unsymmetrisches Steuerdiagramm und sehr gute Strömungsverhältnisse.

Einlaßsteuerzeiten für Schlitz- und Drehschieber

Ein Vergleich der Steuerzeiten für Tourenmotor und Rennmotor läßt die Überlegenheit der Drehschiebersteuerung klar erkennen. Bei gleicher Öffnungszeit hat der Drehschiebermotor durch das unsymmetrische Steuerdiagramm den früheren Einlaßschluß und damit den geringeren Hubverlust. Es kommt hinzu, daß der Drehschieber sehr viel schneller den gesamten Querschnitt freigibt und auch schneller schließt. Er erreicht dadurch einen wesentlich größeren Winkelquerschnitt. Die Einlaßsteuerzeiten sind

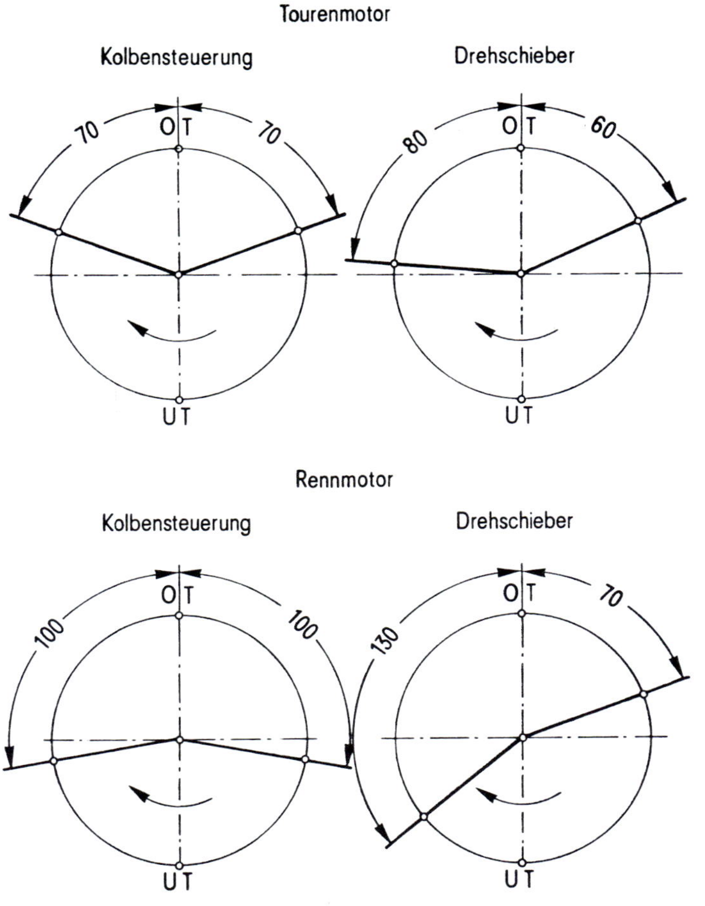

	Tourenmotor Schlitz	Drehschieber	Rennmotor Schlitz	Drehschieber
Einlaß öffnet	70° v. o. T.	80° v. o. T.	100° v. o. T.	130° v. o. T.
Einlaß schließt	70° n. o. T.	60° n. o. T.	100° n. o. T.	70° n. o. T.

- große Steuerquerschnitte
- schnelle Freigabe des gesamten Steuerquerschnitts und schnelleres Schließen als bei Kolbensteuerung
- beliebiges Steuerdiagramm ohne Rücksicht auf Festigkeit
- optimale Gasführung ohne scharfe Umlenkung in den freien Raum unter dem Kolben
- keine Begrenzung für die Ausbildung und Führung der Spül- und Auslaßkanäle, dadurch bessere Ausnützung des Zylinderumfangs
- durch unsymmetrisches Steuerdiagramm mit frühem Einlaßschluß bei großem Zeitquerschnitt hoher Füllungsgrad und hoher Spüldruck.

Als Vergleich:
Das Öffnen eines Ansaugschlitzes mit einer Gesamtsteuerzeit von 160° kW dauert 48° kW, dann ist er 64° kW voll offen, wenn man den Kolben um 5 mm (25 % der Schlitzhöhe) überlaufen läßt, und 48° kW braucht er zum Schließen. Bei gleichem Ansaugquerschnitt öffnet

und schließt ein Scheibendrehschieber in 23° kW so schnell, daß man bei gleicher Gesamtöffnungszeit den Ansaugschluß schon auf 60 – 65° kW nach OT legen und damit den an sich besseren Füllungsgrad weiter erhöhen kann. Für reine Rennmotoren liegen die Ansaugöffnungszeiten zwischen 200 und 210° kW, wobei als Ansaugschluß 80° kW nach OT nicht überschritten werden, um eben den Füllungsgrad über einen größeren Drehzahlbereich zu erhalten.

Erreichte ein schlitzgesteuerter 125-cm³-Motor mit sehr niedrigen, aber breiten Schlitzen ohne besondere Abstimmung der Ansaugschwingung einen höchsten Liefergrad von 0,75 bei 5000 min^{-1} und lag er zwischen 3000 und 7000 min^{-1} über 0,7, so kam ein Drehschiebermotor – ebenfalls ohne Schwingungsabstimmung – auf einen Bestwert von 0,98 bei 4000 min^{-1} und lag zwischen 2500 und 7000 min^{-1} über 0,8!

Die folgenden Darstellungen stützen sich auf einen umfassenden Versuchsbericht, den Kazunari Komotori und Eiichi Watanabe an der Keio University durchführten und in dem SAE-Bericht 690136 veröffentlichten. Der für die Untersuchungen verwendete YAMAHA-Motor YG 1 hatte folgende Daten:

Bohrung: 47 mm ∅
Hub: 42 mm
Hubvolumen: 73 cm^3
Verdichtungsverhältnis: 6,8
Vorverdichtung: 1,39
Leistung: 6,5 PS bei 7000 min^{-1}
Spülwinkel: 110° kW
Winkelquerschnitt: 295°cm^2
Auslaßwinkel: 148° kW
Winkelquerschnitt: 332°cm^2.

Der Schieber hatte eine Scheibendicke von 3 mm und war auf der Innenseite

Liefergrad und Steuerzeit

Der Liefergrad steigt mit zunehmendem Öffnungswinkel, also wachsendem Winkelquerschnitt an. Die Drehzahl des besten Liefergrades ist abhängig von der Stellung des Schiebers: Sie liegt um so tiefer, je früher der Schieber öffnet und schließt. Das Schaubild zeigt den Verlauf des Liefergrades für die Schieberausschnitte α_d = 50° kW, α_d = 100° kW und α_d = 150° kW.

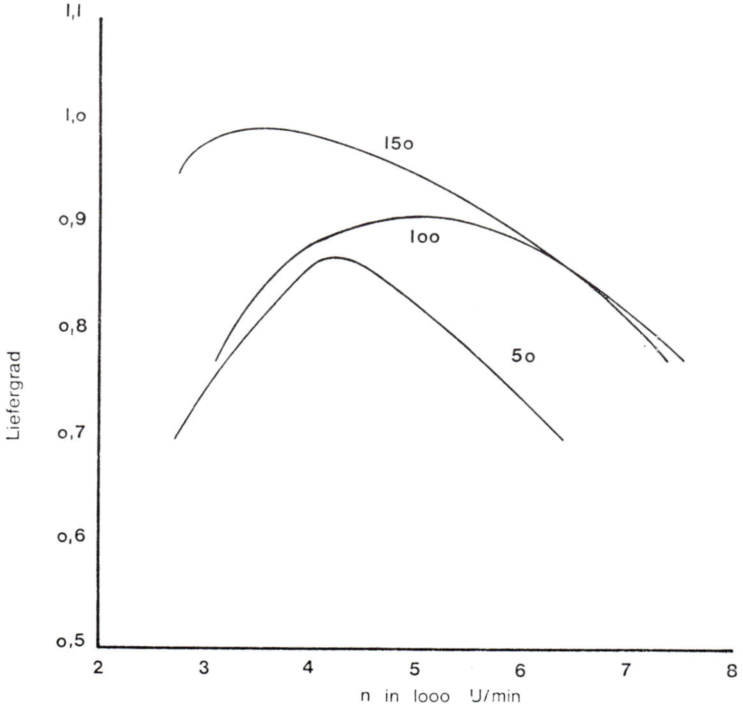

unter 45° abgeschrägt. Er lief mit 0,5 mm Seitenspiel. Die äußere Scheibenabdeckwand war 4 mm stark und in der Einströmbohrung gut verrundet. Die Steuerbohrung lag auf einem Radius r = 42,5 mm von der Kurbelachse und hatte einen Durchmesser d = 16 mm ∅, der Schließwinkel ist 22,5° kW.
Die für die Versuche verwendeten Steuerscheiben hatten Ausschnitte, die von 50° kW bis 180° kW reichten, und konnten darüberhinaus auf dem Wellenzapfen in 4 Stellungen mit einem Sprung von je 22,5° kW justiert werden. Erwartungsgemäß zeigte sich, daß der beste Liefergrad erreicht wurde, wenn der Einlaßschluß zwischen 10° kW und 40° kW nach OT lag. Die Drehzahl des höchsten Liefergrades lag um so tiefer, je früher der Schieber öffnete und schloß. Der Liefergrad stieg mit zunehmendem Öffnungswinkel, also mit zunehmendem Winkelquerschnitt an. Der Bestwert mit 0,98 wurde bei 4 000 min^{-1} mit einem Schieberausschnitt von 165° kW – Einlaß öffnet 173° 50 kW vor OT, Einlaß schließt 22° 30 kW nach OT – erreicht. Das entspricht einem Winkelquerschnitt von 454°cm^2 oder 3700° cm^2/l. Der Liefergrad liegt zwischen n = 2 500 min^{-1} und n = 7 000 min^{-1} über 0,8, zwischen n = 3 000 min^{-1} und n = 5 800 min^{-1} über 0,9, und das ohne jede Schwingungsabstimmung.
Eine Vergrößerung des Steuerwinkels auf 180° kW brachte keine Verbesserung mehr, sondern einen leichten Abfall des Liefergrades, weil hier bei früherem Einlaßbeginn die Überschneidung mit dem Überströmen, bei späterem Einlaßschluß der Hubverlust zu groß wurde. Der optimale Einlaßwinkel muß also auf den Überströmschluß abgestimmt werden.

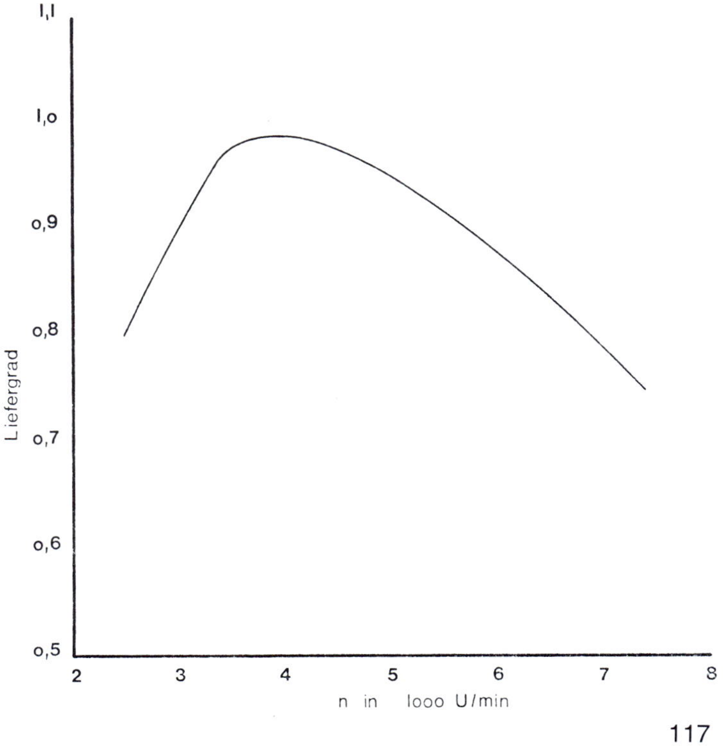

Liefergrad und Drehzahl
Bei dem günstigsten Steuerwinkel α_d = 165° kW mit E. ö. 173° v. o. T. und E. s. 22° n. o. T. wird ein Liefergrad η_v = 0,98 bei n = 4 000 min^{-1} erreicht. Der Liefergrad liegt in dem weiten Drehzahlbereich zwischen n = 2 500 min^{-1} und n = 7 000 min^{-1} über η_v = 0,8!

Öffnungsdiagramm eines Einlaßdrehschiebers

Der Einlaßdrehschieber gibt dem gesamten Steuerquerschnitt schon nach 23–25° kW frei und schließt ihn genauso schnell. Der Zeitquerschnitt wird gegenüber einer Schlitzsteuerung wesentlich vergrößert und der Frischgasstrom besser zusammengehalten.

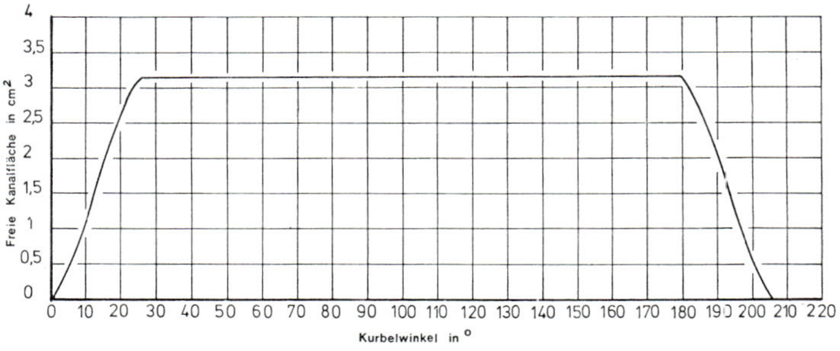

Das Bild oben zeigt das Öffnungsdiagramm. Die Gesamtöffnungszeit ist mit 196° kW etwa 30° kW länger als die Steuerzeit. Der Verlauf des Liefergrades wird sehr viel deutlicher, wenn man den Druckverlauf im Kurbelgehäuse bei den verschiedenen Drehzahlen betrachtet (Bild unten).

Bei n = 2 380 min^{-1} reicht der noch offene Zeitquerschnitt von Auslaß und Spülung aus, um den Druck im Kurbelgehäuse schon im UT auf Atmosphärendruck fallen zu lassen und ihn bei Einlaßöffnung deutlich zu unterschreiten. Da der sichelförmige Einlaßquerschnitt noch sehr klein ist, kann dieser Unterdruck für ein schnelles Nachströmen aus dem Einlaß nicht ausgenutzt werden. Der Druck bei Einlaßschluß liegt daher nur wenig über dem Atmosphärendruck – der Liefergrad bei 0,77!

Bei n = 3 060 min^{-1} unterschreitet der Druck im Kurbelgehäuse die Atmosphärenlinie kurz nach Einlaßbeginn. Der

Druckverlauf im Kurbelgehäuse

Das Diagramm zeigt den Druckverlauf im Kurbelgehäuse für das optimale Steuerdiagramm mit einem Schieberausschnitt von 165° kW und einem Einlaßschluß E. s. 22,5° kW n. o. T. bei verschiedenen Drehzahlen. Die Tabelle bringt den bei den verschiedenen Drehzahlen erreichten Füllungsgrad.

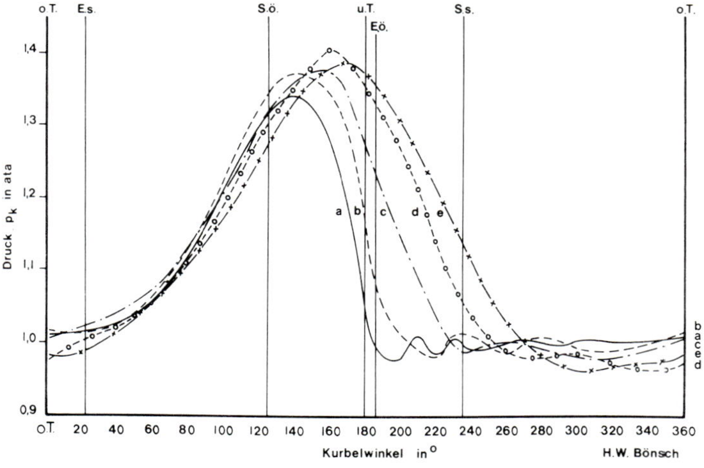

Zeichen	Drehzahl n in min^{-1}	Füllungsgrad η_V in %
a	2380	0,77
b	3060	0,89
c	4080	0,98
d	5100	0,94
e	6120	0,87

Auswertung im Text.

Einlaß war bei größerem Unterdruck schon weiter geöffnet und konnte ihn besser für die Ausfüllung ausnützen, so daß der Rückfluß durch die Spülkanäle geringer wurde. Der Liefergrad stieg auf 0,89.

Bei n = 4 080 min^{-1} herrscht bei Einlaßöffnung noch ein beträchtlicher Druck von etwa 1,2 bar im Kurbelgehäuse, der erst kurz vor Spülschluß unter Atmosphärendruck sinkt. Das Rückströmen aus dem Spülkanal ist daher sehr gering und etwa genau so hoch wie das Rückströmen aus dem Einlaßkanal, durch den nun mit einsetzendem Unterdruck bei großer Öffnung das Einströmen voll einsetzt und den Druck stetig über 1,0 ata im OT auf 1,03 ata bei Einlaßschluß ansteigen läßt. Der Liefergrad erreicht sein Maximum mit 0,98.

Bei n = 5 100 min^{-1} herscht im Kurbelgehäuse bei Einlaßbeginn noch ein Druck von 1,34 ata, der zu einem heftigen Rückströmen durch den Einlaßkanal führt und erst bei Einlaßschluß wieder den Atmosphärendruck erreicht. Der Liefergrad beträgt 0,94 ata.

Bei n = 6 100 min^{-1} ist der Kurbelgehäusedruck bei Einlaßbeginn 1,37 ata, unterschreitet die Atmosphärenlinie erst lange nach Spülschluß und erreicht sie erst wieder bei Einlaßschluß. Der Liefergrad sinkt auf 0,87 ab. Der Verlauf des Liefergrades über der Drehzahl wird im Schaubild S. 117 gezeigt. Er liegt bei dem Öffnungswinkel α_d = 165° kW in dem großen Drehzahlbereich zwischen n = 3 000 min^{-1} und n = 6 000 min^{-1} über η_v = 0,85. Mit kleiner werdendem Öffnungswinkel sinkt nicht nur der

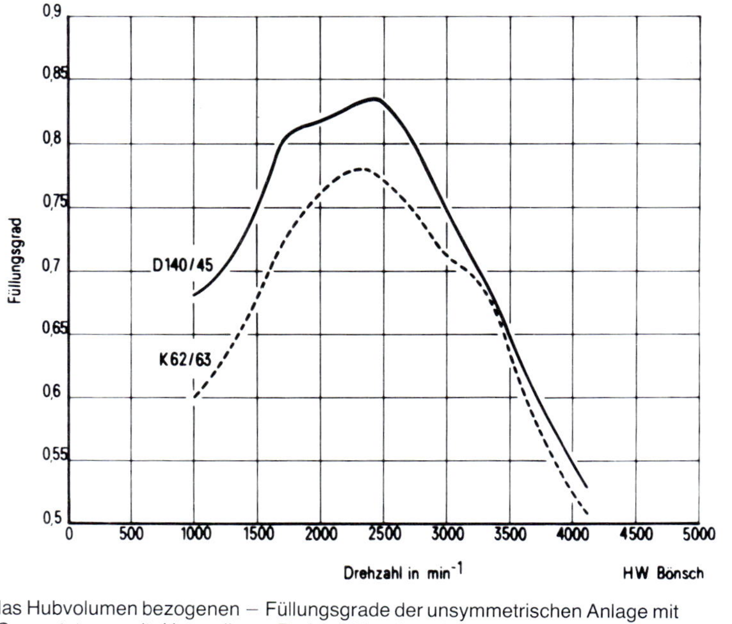

Unsymmetrisches Steuerdiagramm und Füllungsgrad

Das Schaubild zeigt den Verlauf des Füllungsgrades an einem langsam laufenden 500-cm^3-Zweizylinder-Trabant-Motor mit Einlaßdrehschieber: Das symmetrische Steuerdiagramm hat einen Öffnungswinkel α_d = 125° kW, während das unsymmetrische Steuerdiagramm mit einem Öffnungswinkel α_d = 185° kW bei 140° v. o. T. öffnet und schon 45° n. o. T. schließt. Im oberen Drehzahlbereich über n = 3 000 min^{-1} erreicht das symmetrische Steuerdiagramm nahezu die – immer auf das Hubvolumen bezogenen – Füllungsgrade der unsymmetrischen Anlage mit der wesentlich längeren Gesamtsteuerzeit. Unter dieser Drehzahl ist sie auf Grund des späten Einlaßschlußes klar unterlegen. Es ist allerdings bei diesen Versuchen kaum anzunehmen, daß Spül- und Auslaßzeiten optimal abgestimmt waren, sonst müßte auch bei höheren Drehzahlen der Unterschied zwischen den beiden Anlagen deutlich größer sein.

wert des Liefergrades, sondern auch das Drehzahlband verengt sich merklich, wie das Schaubild für die Öffnungswinkel $\alpha_d = 50°$ kW, $\alpha_d = 100°$ kW und $\alpha_d = 150°$ kW (S. 116) zeigt. Interessant ist, daß die Öffnungswinkel $\alpha_d = 180°$ im Liefergrad über den ganzen Drehzahlbereich rd. 0,3 Einheiten unter den Werten von $\alpha_d = 165°$ liegen.

Es ist dabei zu berücksichtigen, daß α_d für den Schieberausschnitt gilt und die Gesamtöffnungszeit 25 – 30° kW länger ist, und daß alle Versuche mit unveränderter Ansaugrohrlänge gefahren wurden. Ein auf jeden Schieberöffnungswinkel abgestimmtes Ansaugrohr hätte vermutlich eine Verschiebung der Ergebnisse zugunsten der großen Öffnungswinkel gebracht.

Die japanischen Versuche decken sich weitgehend mit dem Ergebnis einer Versuchsreihe, die vor vielen Jahren an dem 500-cm^3-Zweizylinder des Trabant an der TH Dresden durchgeführt wurde. Der biedere Tourenmotor, der auf der Auslaßseite keineswegs optimal abgestimmt wurde, zeigte deutlich die klare Überlegenheit der unsymmetrischen gegenüber der symmetrischen Steuerzeit. Die beste symmetrische Steuerzeit mit einem Gesamtöffnungswinkel von 125° war zwar im Drehzahlbereich ab $n = 3\,300\ min^{-1}$ der besten unsymmetrischen Steuerzeit – Einlaß öffnet 140° kW vor OT, Einlaß schließt 45° nach OT – fast ebenbürtig, unter dieser Drehzahl aber klar unterlegen. Der beste Liefergrad mit symmetrischer Steuerzeit lag mit 0,78 bei 2 300 min^{-1} und überschritt den Wert 0,7 zwischen 1 600 und 3 200 min^{-1}, während mit unsymmetrischer Steuerzeit der beste Liefergrad bei 0,83 lag und der Wert 0,7 zwischen $n = 1\,200\ min^{-1}$ und $n = 3\,300\ min^{-1}$ überschritten wurde. Bei diesem Vergleich ist zu beachten, daß auch das symmetrische Steuerdiagramm mit dem Drehschieber gefahren wurde, also gegenüber dem schlitzgesteuerten Motor schon der Vorteil des freien Einströmens in den Raum unter dem Kolben hatte (Bild S. 119).

Der direkt auf der Kurbelwelle laufende Scheibendrehschieber zeichnet sich zwar durch den problemlosen Antrieb aus, nimmt aber dafür durch den herausragenden Vergaser eine große Baubreite und vor allem eine Beschränkung in der Zylinder-Anordnung in Kauf. Wird die Schieberachse senkrecht zur Kurbelwellenachse angeordnet, kann der Schieber den Einlaß für mehrere Zylinder steuern. Ein weiterer Vorteil ist der freiere Gaseintritt, der hier ja nicht durch die Kurbelwangen behindert wird.

Neben dem erfolgreichen Boxer-Motor von König, bei dem der einzige Drehschieber über dem Kurbelgehäuse läuft und über zwei Umlenkrollen durch einen Zahnriemen angetrieben wird, sind vor allem die für Motorschlitten bestimmten Reihenmotoren von Bombardier-Rotax bekannt. In einem umfassenden Versuchs-Programm, über das der Entwicklungsleiter von Rotax, Dr. Heinz Lippitsch, 1977 in einem ausführlichen Vortrag berichtete, erreichte ein 125-cm^3-Versuchsmotor einen höchsten Luftaufwand $\psi = 1{,}25$ bei $n = 7\,500\ min^{-1}$ und ein zweites Maximum $\psi = 1{,}15$ bei $n = 10\,000\ min^{-1}$. Bei dieser Drehzahl lag auch der höchste Mitteldruck $p_{me} = 9{,}5$ bar und der höchste Liefergrad $\eta_L = 0{,}8$, der einem Spülwirkungsgrad $\eta_s = 0{,}7$ entspricht. Obwohl der wirksame Hubraum als Folge der sehr langen Steuerzeit des Motors nur 0,6 V_h betrug – ein Zeichen, daß das Auslaßsystem optimal abgestimmt war und für eine wirkungsvolle »Aufladung« sorgte.

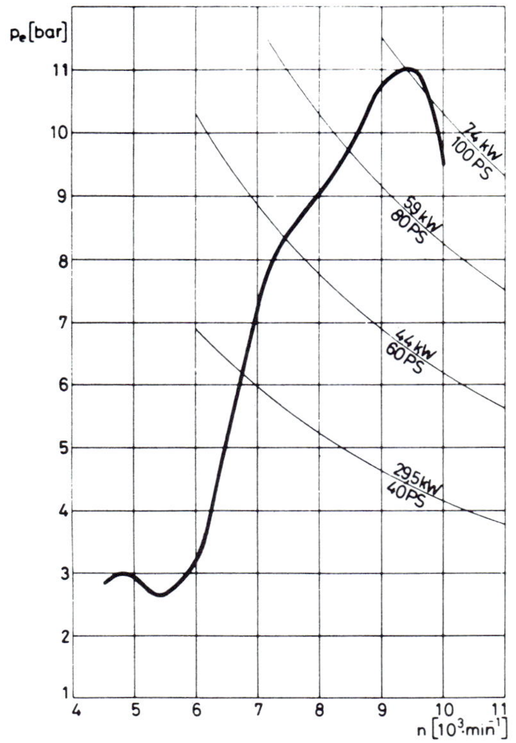

Rotax 454 R Druckverlauf

Der für einen Zweitakter auffallend kurzhubige 437-cm^3-Zweizylinder-Rennmotor (s = 61 mm, D = 67,5 mm ∅, s : D = 0,9) mit dem quer zur Kurbelwelle laufenden Drehschieber leistet P_1 = 74 kW (100 PS) bei n_1 = 9 500 min^{-1}.
Die Darstellung des effektiven Mitteldrucks p_{me} dem ausgezeichneten Maximum von 11 bar läßt den Verlauf der Füllung erkennen.

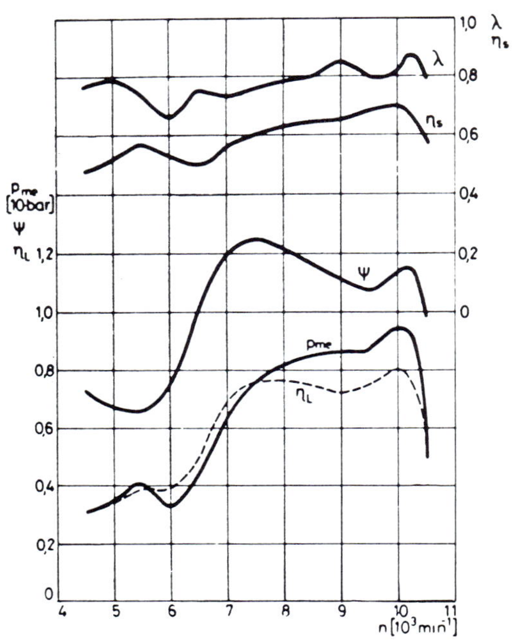

Der größte Motor der Zweizylinder-Baureihe, der als Baukasten-Modell mit D = 67,5 mm ∅ und s = 61 mm sehr kurzhubige Rotax 454, erreicht mit V_h = 437 cm^3 bei n = 9500 min^{-1} eine Leistung P = 74 kW (100 PS).
Der Einlaßdrehschieber wird mit einem Schraubenradgetriebe von der Kurbelwellenmitte angetrieben. Der riesige Auslaßquerschnitt läßt vom geometrischen Verdichtungsverhältnis ε = 13,5 nur ein volumetrisches ε_e = 6,8 übrig, und auch die beiden Schiebervergaser können sich mit d_v = 46 mm ∅ sehen lassen. Für guten volumetrischen Wirkungsgrad η_v und die günstige Brennraumform mit breiten Quetschflächen spricht die mit 16° kW sehr geringe optimale Vorzündung.
Nach den im Ingenieurbüro des Verfassers gemeinsam mit Ernst Ansorg durchgeführten Versuchen scheint bei der Füllung des Kurbelgehäuses ein grundsätzlicher Unterschied zwischen

125-cm^3-Rotax-Einzylinder-Versuchsmotor

Kenndaten:
B = 52,5 mm ∅; s = 57,5 mm; V_h = 124 cm^3
Der Luftaufaufwand ψ hat ein ausgeprägtes Maximum mit 1,25 bei n = 7 500 min^{-1} und ein zweites mit 1,15 bei n = 10 000 min^{-1}, wo auch der höchste Liefergrad η_L = 0,8 mit einem Spülwirkungsgrad μ_L = 0,7 und der höchste Mitteldruck p_{me} = 9,5 bar erreicht werden. Die Luftzahl bleibt mit etwa λ = 0,8 über den weiten Drehzahlbereich zwischen n = 5 000 min^{-1} und n = 10 000 min^{-1} für einen Rennmotor bemerkenswert konstant.

Flachschieber mit Schubstangenantrieb

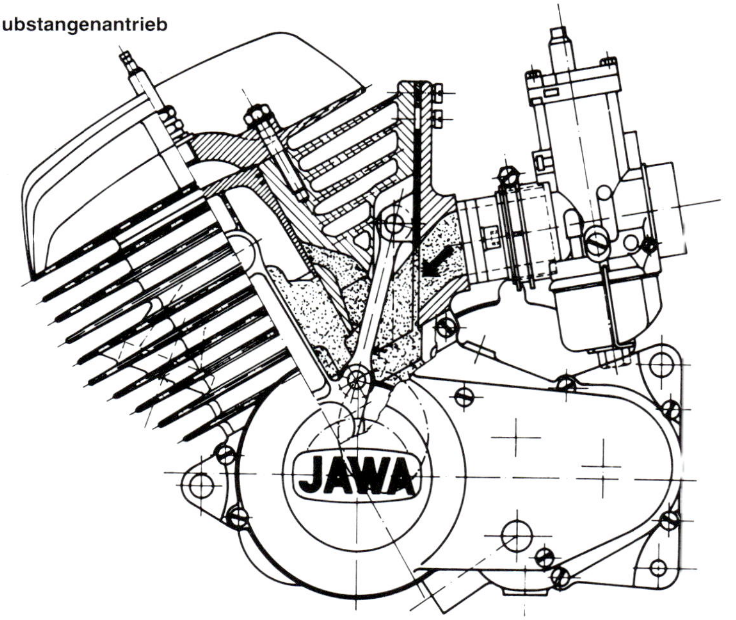

JAWA entwickelte eine interessante Abwandlung der Schiebersteuerung für den Einlaß: Der Flachschieber wird ähnlich wie der Auslaßkolben eines U-Zylinder-Motors von einem Anlenkpleuel betätigt. Der Vorteil gegenüber dem Scheibendrehschieber liegt in einer etwas größeren Freizügigkeit beim Öffnungs-Diagramm und in dem freien Gaseintritt zwischen den Schwungmassen, vielleicht auch in der von JAWA vorgesehenen Möglichkeit, mit dem Schieber auch die Spülkanäle zu steuern. Der Nachteil ist in dem höheren baulichen Aufwand, in den sicherlich größeren Reibungsverlusten und in der Drehzahlbegrenzung durch die hin- und hergehenden Masse zu sehen.

Kolbenschlitzsteuerung und Drehschiebersteuerung zu bestehen: Beim symmetrischen Ansaugen mit Schlitzsteuerung wird der Ansaugvorgang im Bereich normaler Ansaugsteuerzeiten fast unabhängig von der Kolbenbewegung überwiegend durch die Ansaugschwingung bestimmt. Bei der Resonanzdrehzahl erreicht die Füllung des Gehäuses ein Maximum. Bei der halben Resonanzdrehzahl ist die Druckwelle im Saugrohr weit zurückgewandert – die Füllung erreicht ihr Minimum.
Beim unsymmetrischen Steuerdiagramm des Drehschiebers liegt der Einlaßbeginn sehr viel früher als bei der Schlitzsteuerung: Der Unterdruck ist noch sehr gering, so daß die Luftsäule bei niedrigen und mittleren Drehzahlen mühelos der Kolbenbewegung folgt, ohne daß eine stärkere Gasschwingung angeregt wird und damit auch kaum ein Rückschwingen der Gassäule erfolgen kann. Der Kolben schiebt das Gas zurück, aber der Schieber schließt ja den Einlaß merklich früher ab als der Kolben den Schlitz. Erst bei hohen Drehzahlen entsteht durch die Trägheit der Luftsäule ein merklicher Unterdruck, so daß eine Ansaugschwingung entstehen und die Luftsäule den langsamer werdenden Kolben überholen kann.

DIE SPÜLUNG

Die Arbeitsgänge Ausschieben der Abgase und Laden mit Frischgasen drängen sich am Ende des Kolbenhubes zusammen. Eine reinliche Trennung ist nicht möglich, und so kommt der Steuerung und der Führung der Frischgase im

Zylinder eine entscheidende Bedeutung für die Leistung und Wirtschaftlichkeit des Zweitaktmotors zu. Die Aufgabenstellung ist klar:

Das Frischgas soll den Zylinder möglichst vollständig freispülen, darf sich mit dem Altgas nicht mischen und muß den Auslaßkanal erreichen, wenn der gerade schließt, um die direkten Frischgasverluste klein zu halten. Um diesen Forderungen nahezukommen, sind einige grundsätzliche Voraussetzungen zu erfüllen:

1. Der Auslaß muß einen ausreichenden Vorauslaßquerschnitt freigeben, um den Zylinderinhalt schnell zu entspannen und die Spülströmung anzufachen, denn beim Öffnen der Spülschlitze ist der Druck im Zylinder immer noch erheblich höher als der Druck im Kurbelgehäuse. Ein großer Vorauslaß soll also dafür sorgen, daß die Ladung des Kurbelgehäuses nicht zu lange warten muß, um in den Zylinder zu strömen. Ein zu kleiner Vorauslaß würde dazu führen, daß beim Öffnen der Spülschlitze Restgase aus dem Zylinder in das Kurbelgehäuse gedrückt werden, das Kurbelgehäuse aufheizen und den Spülvorgang verzögern.

2. Das Frischgas muß mit großem Querschnitt und mit geringer Differenzgeschwindigkeit in den Zylinder eintreten, damit es sich nicht mit dem Restgas vermischt. Es darf weder in das Restgas hineingeschossen werden noch mit hoher Geschwindigkeit auf die Zylinderwand prallen, weil sich dabei der Gasstrahl auflöst und jede Führung verliert. Mit anderen Worten: Das Frischgas muß im Zylinder auf einem möglichst langen Weg in einem möglichst geschlossenen Strahl so geführt werden, daß das Altgas vor ihm her geschoben wird.

3. Die Führung in einem kompakten Strahl muß schon in den Spülkanälen beginnen, um eine ausreichende Strömungsenergie aufrechtzuerhalten, die das frühzeitige Auflösen des Strahls und eine Kurzschlußströmung zum Auslaßschlitz verhindert.

4. Der Strahl muß an alle Stützflächen – also Zylinderwand oder Brennraumfläche – in möglichst flachem Winkel herangeführt werden, um ein Zerstäuben oder eine Reflexion zu vermeiden.

Bei der heute weltweit verwendeten, 1933 von Adolf Schnürle bei DKW in den Fahrzeugmotorenbau eingeführten Umkehrspülung nach den Schutzanmeldungen DRP 511102 und DRP 520 389 liegen die Spülschlitze zu beiden Seiten der Auslaßschlitze und leiten das Frischgas unter einem flachen Winkel an die dem Auslaßschlitz gegenüberliegende Zylinderwand. Die optimale Lage der Spülkanäle und die optimale Richtung der Spülströme ist von Drehzahl und Hubraumleistung abhängig und kann endgültig nur durch den Versuch festgelegt werden.

Als guter Mittelwert kann gelten, daß die beiden Spülströme unter einem Winkel von 55 – 60° kW zur Symmetrieebene einmünden, also einen Gesamtwinkel von 110 – 120 ° kW einschließen, und etwa 15° kW nach oben gerichtet sind. Je höher die Drehzahl ansteigt und je höher die Hubraumleistung ist, um so mehr wächst der optimale Winkel in beiden Ebenen: Die Strömungsenergie der Gassäule wächst mit steigender Drehzahl, so daß die Umkehrung erleichtert werden muß.

Die Weiterentwicklung der klassischen Schnürle-Umkehrspülung arbeitet neben den Hauptspülkanälen mit zusätzlichen Stützkanälen, die die Hauptspülströme anheben, sie weicher an die

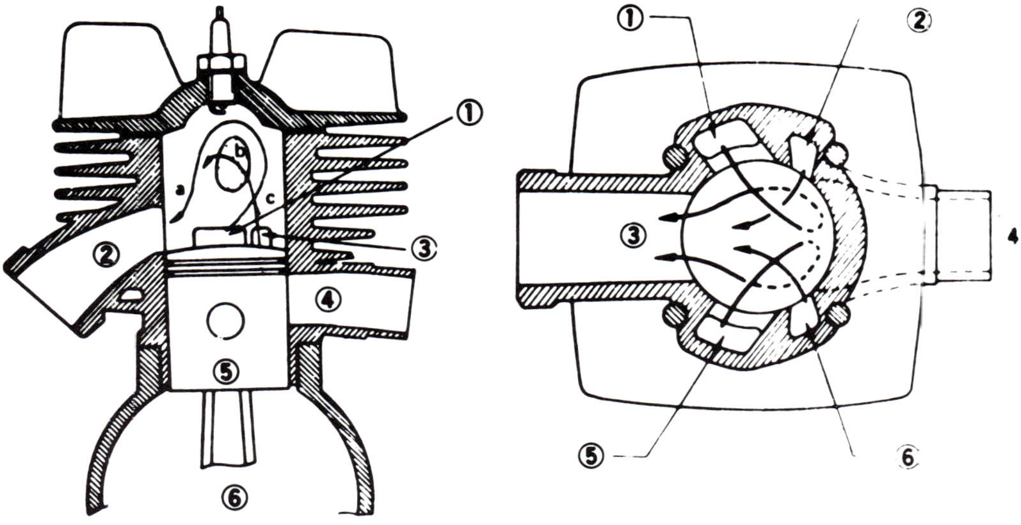

Umkehrspülung mit Stützkanälen

Fast alle modernen Zweitakter arbeiten mit einer Mehrstromspülung, bei der die Hauptspülströme (1 und 5) durch die Stützströme (2 und 6) vor dem Auftreffen auf die Wandung aufgerichtet werden. Die breiten Hauptspülkanäle münden in der Draufsicht in einem Gesamtwinkel von 110 bis 120°, während die wesentlich steiler eintretenden Stützkanäle fast tangential an die Zylinderwand herangeführt werden (rechtes Bild).
Im linken Bild wird schematisch dargestellt, daß die Stützströme auch dazu herangezogen werden, die Bildung eines heißen Kernwirbels, der zur Selbstzündung („Dieseln") führen könnte, zu stören. Hier bedeuten:
1) Hauptspülkanal, 2) Auslaßkanal, 3) Stützkanal, 4) Einlaßkanal, 5) Kolben, 6) Kurbelgehäuse

stützende Zylinderwand heranführen und so die Verwirbelung und Auflösung vermeiden. Diese Stützkanäle werden fast tangential an die dem Auslaß gegenüberliegende Zylinderwand herangeführt und münden fast horizontal, während die Hauptspülkanäle um 15° kW geneigt sind. Der Querschnitt der Stützkanäle liegt bei etwa 40 % der Hauptkanäle. Das gilt für Motoren mit Schlitzsteuerung für den Einlaß, die ja den Spülkanälen im Wege steht. Bei Drehschiebereinlaß hat der Konstrukteur eine größere Freiheit und kann die Stützkanäle um den halben Zylinderumfang und genau gegenüber dem Auslaß anordnen.

Die Steigung der Stützkanäle nimmt mit zunehmender Entfernung vom Auslaßschlitz zu und kann 45 – 50° betragen. Diese steilen Stützkanäle sind meist sehr kurz und werden durch Fenster im Kolbenhemd beliefert. Die Aufteilung auf mehrere Spülkanäle bedeutet ein »weicheres« Aufrichten der Hauptspülströme, so daß auch bei höheren Spüldrücken eine Zerfaserung an der Zylinderwand und die Bildung eines ungespülten Abgaskerns in der Zylindermitte vermieden wird.
Dieser ungespülte Kern bereitete den Versuchsingenieuren bei der Einführung der Umkehrspülung erhebliches Kopfzerbrechen: An seiner Oberfläche

entzündeten sich die Frischgase und führten zum »Dieseln« – der Motor lief auch nach dem Abschalten der Zündung im Leerlauf weiter und ging oft durch, weil der glühende Gaskern mit zunehmender Drehzahl immer stabiler wurde. Durch die Unterteilung der Spülkanäle mit ihrer größeren Gesamtbreite verringert sich die für die gleiche Querschnittsfläche erforderliche Schlitzhöhe. Das ergibt entweder einen größeren Vorauslaß oder bei gleichem Vorauslaß eine geringere Auslaßhöhe und damit eine Verbesserung des Nutzhubes sowohl für den Arbeitszylinder wie für das Kurbelgehäuse. Rechnerisch läßt sich der Verlauf der Spülung mit ausreichender Genauigkeit nicht vorausbestimmen. Hier hilft nur der Versuch.

Bei langsam laufenden Großmotoren bringt der Modellversuch am gläsernen Zylinder erste Aufschlüsse über den Weg des Spülstroms, die dann am laufenden Versuchsmotor mit Stroboskop-Aufnahmen, oft unter Beimischung radioaktiver Substanzen, überprüft werden. Beim schnellaufenden Fahrzeugmotor wird auch diese Kontrolle problematisch, dürfte aber mit fortschreitender Entwicklung der Strahlenmeßtechnik schon bald an Bedeutung gewinnen.

Die sorgfältige Beobachtung der Verbrennungsrückstände an der Brennraumwand führte den Verfasser schon vor dem Krieg zu der Erkenntnis, daß der zentrale halbkugelförmige Brennraum für die Spülung nicht das Optimum darstellen konnte. Er führt die Spülungsumkehr bei gut an der Wand anliegender Strömung so reibungslos, daß immer die Gefahr besteht, daß die Spülströme den Zylinderkern ungeschoren lassen und damit der gefürchteten Gaskernzündung, dem »Dieseln« Vorschub leisten.

Eingehende Versuche im eigenen Ingenieurbüro zeigten, daß bei leichtem Leistungsgewinn ein merklich günstigerer Verbrauch erzielt wurde, wenn der Haupt-Brennraum als Halbkugel oder als nierenförmige Mulde auf der Auslaßseite lag. Die nach oben drängenden Frischgase trafen dabei auf eine flache Führungsfläche und wurden in der Mulde so abgelenkt, daß ein vorzeitiges Abströmen zum Auslaßschlitz verringert wurde.

Es liegt nahe, auch die Spülkanäle wie die Ansaugleitung schwingungsmäßig abzustimmen. Die umfangreiche Berechnung führte aber zu der Erkenntnis, daß die für eine optimale Abstimmung erforderlichen Kanallängen für normale Betriebsdrehzahlen am Motor einfach nicht unterzubringen sind. Für die heutigen Drehzahlen von Rennmotoren erscheint eine erneute Berechnung im Computer-Zeitalter aber nicht aussichtslos.

Den größten Einfluß auf die Spülung hat der Vorauslaß. Ein ausreichender Vorauslaß ist die Voraussetzung für die Unterstützung der Spülung durch die Auspuffschwingung, führt aber bei hohen Drehzahlen zu hohen spezifischen Verbräuchen. Ein kleiner Vorauslaß hält den spezifischen Verbrauch in Grenzen, bremst aber auch die Leistung im oberen Drehzahlbereich.

DER AUSPUFFVORGANG

Der entscheidende Fortschritt im Zweitaktmotorenbau der letzten Jahrzehnte wurde durch die systematische Erfassung der Schwingungs- und Strömungsvorgänge im Auspuffsystem er-

Diffusor und Gegenkonus – Hauptabmessungen

Die schematische Darstellung der Auspuffanlage mit Diffusor und Gegenkonus zeigt die für Füllung und Leistungsverlauf entscheidenden Abmessungen.

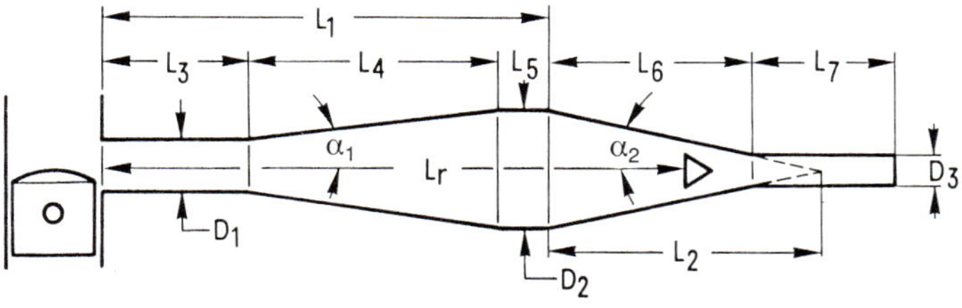

D_1 = Innendurchmesser des zylindrischen Eingangsrohres
D_2 = Innerer Enddurchmesser des Diffusors
D_3 = Innendurchmesser des Endrohres
l_1 Länge von Auspuffschlitz bis Beginn des Gegenkonus
l_2 = Länge des Gegenkonus (gesamt)
l_3 = Länge des zylindrischen Eingangsrohres
l_4 = Länge des Diffusors
l_5 = Länge des zylindrischen Zwischenstückes
l_6 = Länge des Gegenkonus (real)
l_7 = Länge des Endrohres
l_r =Resonanzlänge
α_1 = halber Kegelwinkel des Diffusors
α_2 = halber Kegelwinkel des Gegenkonus

reicht. Sie führte zur Entwicklung der Auspuffbirne, zur Kombination von Diffusor – der kegelförmigen Erweiterung des Auspuffrohres – mit dem Gegenkonus. Wenn der Kolben den Auslaßschlitz öffnet, entweichen die Abgase unter hohem Druck zunächst in das kurze zylindrische Rohr und erreichen nach kurzer Zeit den Anfang der konischen Erweiterung, die wie ein offenes Rohrende wirkt. Ein Teil der positiven Druckwelle wird hier reflektiert, wechselt sein Vorzeichen und läuft als Unterdruckwelle in Richtung Auspuffschlitz zurück. Es ist eine besondere Eigenheit der konischen Erweiterung, daß dieser Umkehreffekt mit recht hohem Wirkungsgrad arbeitet – der Unterdruck kann fast 0,5 bar erreichen und unterstützt beim Erreichen des Auslaßschlitzes nachdrücklich die Entleerung des Zylinders und damit das Nachströmen von Frischgas durch die Spülkanäle, wirkt sich also durch die Drucksenkung im Kurbelgehäuse auch auf den Einlaßvorgang aus!

Das ist natürlich erfreulich, aber diese Saughilfe darf nicht so lange dauern, daß ein Teil des Frischgases in den Auspuff entfleucht und damit verloren geht. Wir müssen die Wirkung rechtzeitig stoppen, und hier tritt nun der Gegenkonus in Aktion. Während die Unterdruckwelle zurücklief, wanderte ein Teil der Druckwelle weiter, erreichte den Gegenkonus, und wurde von ihm als – jedenfalls zum großen Teil – geschlossene Wand als positive Druckwelle reflektiert. Sie wandert nun als Druckwelle zurück zum Auspuffschlitz und muß ihn bei richtiger Abstimmung der Rohrlängen auf Drehzahl und Schallgeschwindigkeit gerade so rechtzeitig erreichen, daß sie das Ausströmen von Frischgas in das Auspuffrohr stoppt, die schon in das Rohr entwichenen Gase in den Zylinder zurückdrückt und damit die Ladung des Zylinders verbessert.

Der optimale Einfluß der Auspuffschwingung wird erreicht, wenn der ausgeprägte Unterdruck zwischen 30° kW vor u. T. und etwa 60° kW nach u. T. herrscht und der Druckanstieg so schnell erfolgt, daß er seinen Höchstwert etwa bei S. s. erreicht, so daß noch genügend Zeit für die »Aufladung«

bleibt. Die Grenzwerte hängen natürlich von den Steuerzeiten ab. Der Druck muß dann aber schnell wieder absinken, um die Spülströmung nicht abzubremsen und damit die Ausbildung einer kräftigen Ansaugschwingung zu verhindern. Voraussetzung für dieses Schwingungsbild wäre ein kurzes Eingangsrohr, ein langer, schlanker Diffusor und ein steiler Gegenkonus, der allerdings das nutzbare Drehzahlband begrenzt.

Überschlägige Berechnung der Reflexionslänge:

Aus dem idealisierten Druckverlauf im Schaubild unten geht hervor, daß eine Aufladung nur erfolgen kann, wenn der Auslaßschlitz noch offen ist, und daß vom Kurbelgehäuse keine Ladung mehr einströmen kann, wenn die Spülschlitze schließen. Die zurückwandernde Druckwelle muß also am Auslaßschlitz spätestens eintreffen, wenn die Spülschlitze schließen. Daher gilt als Bezugssteuerzeit der Winkel α_m vom Öffnen des Auslaßschlitzes bis zum Schließen der Spülschlitze. Für diesen Winkel von A. ö. bis S. s. gilt die Zeit:

$$t_1 = \frac{\alpha_m}{6 \cdot n} \text{ in s}$$

Diese Zeit muß mit der Zeit übereinstimmen, in der die Welle vom Auspuffschlitz bis an das »geschlossene« Ende des Auspuffsystems und wieder zurückläuft. Es ist

$$t_2 = \frac{2 \cdot l}{c_s}$$

Es ist also

$$\frac{2 \cdot l}{c_s} = \frac{m}{6 \cdot n}$$

und daraus die »Reflexionslänge« in m

$$l_r = \frac{c_s \cdot m}{12\, n}$$

Idealer Druckverlauf am Auspuffschlitz

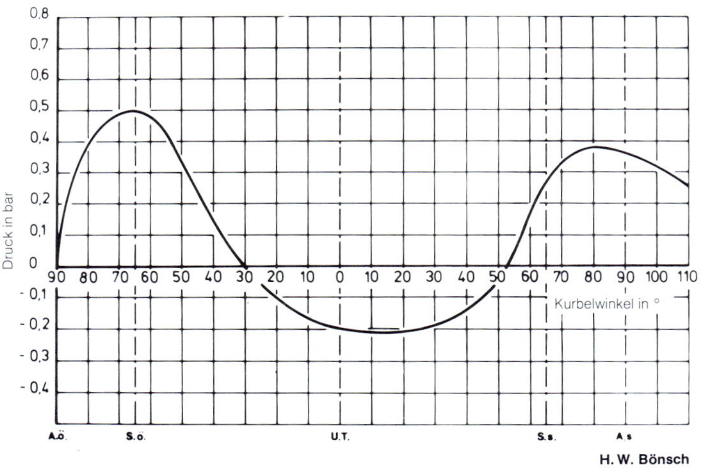

H. W. Bönsch

Der optimale Einfluß der Auspuffschwingung wird erreicht, wenn der ausgeprägte Unterdruck zwischen 30° kW vor u. T. und etwa 60° kW nach u. T. herrscht und der Druckanstieg so schnell erfolgt, daß er seinen Höchstwert etwa bei S. S. erreicht, so daß noch genügend Zeit für die „Aufladung" bleibt. Die Grenzwerte hängen natürlich von den Steuerzeiten ab. Der Druck muß dann aber schnell wieder absinken, um die Spülströmung nicht abzubremsen und damit die Ausbildung einer kräftigen Ansaugschwingung zu verhindern. Voraussetzung für dieses Schwingungsbild wäre ein kurzes Eingangsrohr, ein langer, schlanker Diffusor und ein steiler Gegenkonus, der allerdings das nutzbare Drehzahlband begrenzt.

Es ist dabei zu beachten, daß die Reflexionslänge vom Auspuffschlitz bis zur Mitte des ganzen Konus (Basis bis imaginäre Spitze) reicht. Die Schallgeschwindigkeit c_s ist von der Temperatur der Abgase abhängig und kann mit 500 – 550 m/s eingesetzt werden.

Abmessungen der Expansionskammern:

Zur Bemessung der einzelnen Bauteile der Auspuffanlage für einen sportlichen Motor können folgende Richtwerte dienen:

Einlaßrohr.
Die Länge l_3 des zylindrischen Einlaßrohres kann als einfachstes Bauteil am besten zu Abstimmung der optimalen Reflexionslänge l_r herangezogen werden. Sie soll so kurz wie möglich sein, um die Saugwirkung des Diffusors möglichst früh einsetzen zu lassen und damit eine lange Dauer des Unterdrucks sicherzustellen. Sie sollte höchstens 6 bis 8 mal so groß sein wie der Einlaß-Durchmesser D_1.
Der Durchmesser D_1 sollte 15 – 20 % größer sein als der bezogene Durchmesser der Auspuff-Schlitzfläche. Ein zu kleiner Rohrdurchmesser führt zu einer steilen Druckwelle, starken Druckschwingungen und hohen Wandreibungsverlusten, aber auch ein zu großer Rohrdurchmesser erzeugt Schwingungen, die den glatten Abfluß stören und sich bis in den Zylinder zurück auswirken.

Diffusor.
Der Kegelwinkel des Diffusors sollte so schlank wie möglich sein, um ein breites Drehzahlband für den optimalen Gaswechsel zu erreichen, aber bei der zur Verfügung stehenden Einbaulänge muß auch ein ausreichendes Volumen untergebracht werden, um die Entspannung der Gase nicht über Gebühr zu behindern. Die üblichen Diffusorwinkel liegen zwischen 4° und 10°.
Ein kleiner Diffusorwinkel gibt natürlich eine große Baulänge, um auf den gewünschten Enddurchmesser und das notwendige Kammervolumen zu kommen. Es ist aber nicht ratsam, den Diffusor bis zum Beginn des Gegenkonus zu führen, weil dann die Unterdruckwelle über die reflektierte Druckwelle hinausreicht, ihren Druck abbaut und damit die Aufladung vermindert. Zwischen Diffusorende und Gegenkonus wird daher meist ein zylindrisches Zwischenstück eingebaut. Bei den begrenzten räumlichen Abmessungen wird schon das Eingangsrohr oft als flacher Kegel ausgebildet und besonders bei Rennmotoren der Diffusor in mehrere Einzelkegel mit stetig wachsendem Kegelwinkel unterteilt, um die Ablösung der Strömung durch allmählichen Übergang zu vermindern. Der Durchmesser D_2 am Diffusor soll 2,0 bis 2,5 mal so groß sein wie der Durchmesser des Einlaßrohres D_1.

Gegenkonus.
Der Gegenkonus soll etwa den doppelten Kegelwinkel haben wie der Diffusor. Ein steiler Gegenkonus läßt die Leistungskurve nach dem Maximum schnell abfallen, ein flacher Gegenkonus gibt einen weicheren Leistungsverlauf bei einem leichten Verlust an maximaler Leistung.
Expansionskammern sollen möglichst mit kreisrundem Querschnitt gebaut werden, da jede Abweichung einen Ansatz zur Reflexion und Randwirbelbildung bedeutet.

Endrohr.

Der Durchmesser des Endrohres D_3 darf nicht zu klein gehalten werden, um die Entspannung der Gase bei Beginn der Auslaßströmung nicht zu behindern und Überhitzungserscheinungen zu vermeiden.

Ein zu großer Endrohrdurchmesser vermindert die Blendenwirkung des Gegenkonus. Der günstigste Wert für den Endrohrdurchmesser liegt erfahrungsgemäß zwischen 0,5 bis 0,6 D_1.

ENTWICKLUNG DER AUSPUFFANLAGEN BEI YAMAHA

Die Entwicklung der Auspuffanlagen und der Steuerzeiten bei reinen Rennmaschinen zeigen die Production-Racer von YAMAHA. Die Leistungsdaten, die Steuerzeiten und die Abmessungen der Auspuffanlagen sind in der Tabelle unten festgehalten, während die Tabelle auf S. 130 (unten) die Entwicklung

Entwicklung der Auspuffanlagen der 250-ccm-YAMAHA Production Racer von 1963 – 1974

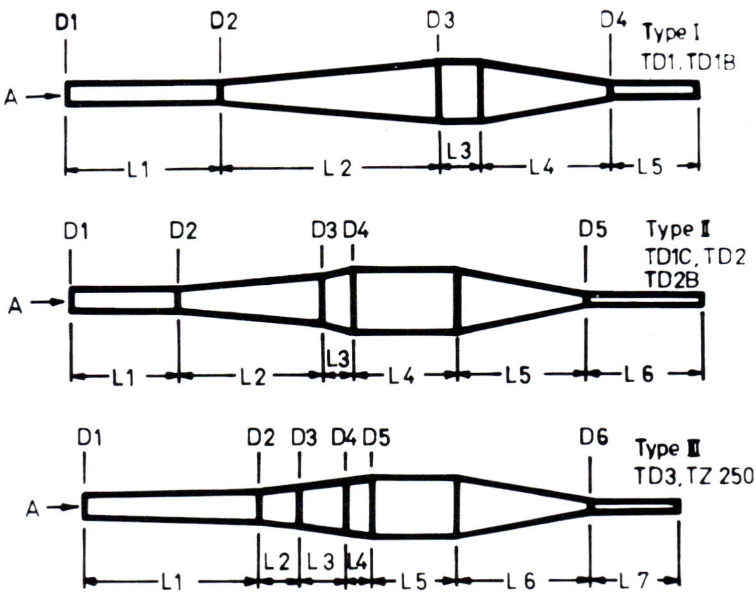

Mit zunehmender Leistung wird die Länge des zylindrischen Eingangsrohres immer kürzer, um schließlich zu Gunsten eines sehr schlanken Eingangs-Diffusors mit einem Kegelwinkel von 3° ganz wegzufallen, damit die Unterdruckphase möglichst lang wird. Der Diffusor wird mehr und mehr in Kegelstümpfe mit ständig wachsendem Kegelwinkel unterteilt, um bei gegebener Resonanzlänge das Ablösen der Strömung von der Wandung durch allmählichen Übergang zu vermindern. Der lange Diffusor sorgt für eine lange Unterdruckdauer, der wieder länger werdende Gegenkonus für ein breites Drehzahlband. Mit dem Endrohrdurchmesser D_3 tastet man sich an 0,5 D_1 heran.

YAMAHA production racers: Abmessungen der Expansionskammer

Typ	Jahr	A	D_1	D_2	D_3	D_4	D_5	D_6	L_1	L_2	L_3	L_4	L_5	L_6	L_7
TD1A	63–64	75	37	37	76	32	—	—	250	290	50	200	200	—	—
TD1B	65–66	85	37	37	97	23	—	—	250	350	135	210	185	—	—
TD1C	67–68	85	38	38	80	97	22	—	175	230	50	165	210	190	—
TD2	69–70	85	39	54	80	97	20	—	266	190	45	160	175	175	—
TD2B	71	85	39	54	80	97	20	—	236	190	45	160	175	175	—
TD3	72–73	80	40	54	65	81	92	20	285	65	75	40	150	215	148
TZ250	74	80	40	54	65	81	92	20	285	65	75	40	150	215	148

YAMAHA production racers
Entwicklung der Schlitzabmessungen

Während die Spülschlitze sich nur wenig veränderten, nahm die Höhe der Einlaß- und Auslaßschlitze ständig zu.
Bei einer Breite von rund 70 % des Zylinder-Durchmessers ging die Schlitzform bei Einlaß und Auslaß immer mehr vom Rechteck ins Oval über.

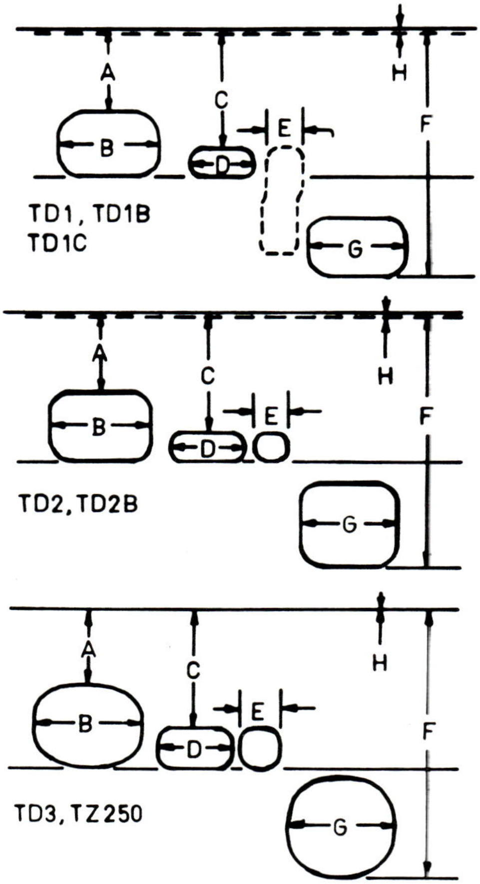

der Schlitzabmessungen zeigt. Für den Leistungssprung von den 28 PS der TD 1 A auf die 32 PS der TD 1 B zeichnet natürlich vor allem die von $\alpha_e = 140°$ kW auf $\alpha_e = 180°$ kW verlängerte Einlaßsteuerzeit verantwortlich, die die Nenndrehzahl von $n_1 = 9\,500 \text{min}^{-1}$ auf $n_1 = 10\,000 \text{ min}^{-1}$ anhob.
Eine überschlägige Berechnung der Auslaßschwingung nach der einfachen Formel zeigt, daß die Resonanzlänge der TD 1 A mit $l_r = 765$ mm viel zu kurz bemessen war – der Motor erreichte nicht die für den optimalen Druckverlauf erforderliche Drehzahl. Bei der TD 1 B wurde die Resonanzlänge dann auch umgehend auf $l_r = 925$ mm verlängert, um sich bei den folgenden Modellen mit $l_r = 800$ bis 810 mm der weiter auf $n_1 = 11\,000 \text{ min}^{-1}$ gestiegenen Drehzahl anzupassen. Es sei noch einmal darauf hingewiesen, daß mit wachsendem Auslaßsteuerwinkel und steigender Drehzahl die Temperatur der Abgase und damit die Schallgeschwindigkeit

Abmessungen in mm:

Typ	A	B	C	D	E	F	G	H
TD1A	27	34	39,5	22	–	84	34	1,2
TD1B	27	34	39,5	22	–	84	34	1,2
TD1C	27	34	39,5	22	12	87,5	34	1,2
TD2	25	35	38	26	12	86	33	1,2
TD2B	25	37	38	26	12	86/87	33	1,2
TD3	25	37	39,5	24	14	91,5	37	0,0
TZ250	25	37	39,5	26	14	91,5	37	0,0

YAMAHA production racers – Leistung und Steuerzeiten

Typ	Jahr	P	n	B	H	Aö	Sö	VA	Eö	VØ
TD1A	63–64	28	9500	56	50	95	69	26	70	27
TD1B	65–66	32	10000	56	50	101	69	32	90	27
TD1C	67–68	40	11000	56	50	101	69	32	99	27
TD2	69–70	47	11000	56	50	101	70	31	97	30
TD2B	71	49	11500	56	50	101	70	31	97	30
TD3	72–73	52	10800	54	54	101	69	32	101	34
TZ250	74	54	11000	54	54	101	69	32	101	34

Ab TD2 haben die Vergaser Zentralschwimmer.

Es bedeuten:
P = Leistung in PS
n = Drehzahl in min^{-1}
B = Bohrung in mm Ø
H = Hub in mm
Aö = Auspuff öffnet in ° kW vor u. T.
Sö = Spülschlitz öffnet in ° kW vor u. T.
VA = Vorauspuff in ° kW
Eö = Einlaß öffnet in ° kW vor o. T.
VØ = Vergaser-Durchmesser in mm

schnell zunehmen. Selbst für die Annäherungsrechnung ist also die Kenntnis der Abgastemperatur erforderlich.
Die Analyse der Gasschwingungen gibt Aufschluß über den zeitlichen und örtlichen Druckverlauf im Auslaßsystem, aber sie sagt noch nichts über die Bewegung der Gassäule selbst aus. Für sie gilt unabhängig von den überlagernden Druckwellen, daß sie bis zur drosselnden Reflektionsstelle mit möglichst geringer Wandreibung möglichst wirbelfrei fließen und sich ausreichend entspannen kann. Die Auspuffvolumen sind mit steigender Drehzahl und steigender Leistung denn auch ständig gewachsen: Kam der TD 1 A-Motor des Jahres 1964 bei einer Nennleistung P = 28 PS bei n_1 = 9500 min^{-1} noch mit einem Auspuffvolumen V_a = 1850 cm^3, also dem 15fachen Hubvolumen des Einzelzylinders aus, so hatte der TZ 250-Motor 10 Jahre später mit einer Nennleistung P = 54 PS bei n_1 = 11 000 min^{-1} ein Auspuffvolumen V_a = 2550 cm^3, also mehr als das Zwanzigfache des Einzelhubvolumens. Wenn man aber bedenkt, daß bei fast verdoppelter Leistung auch die doppelte Gasmenge durch die Anlage strömen muß, so verdient es schon Anerkennung, wie sparsam die Konstrukteure dieser äußerst potenten Bienen mit den Abmessungen umgegangen sind.

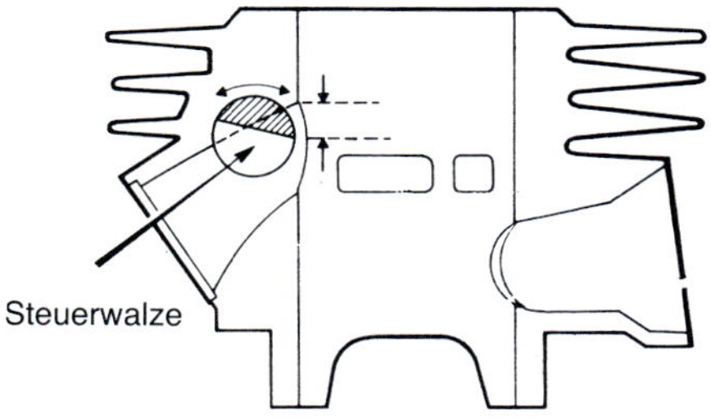

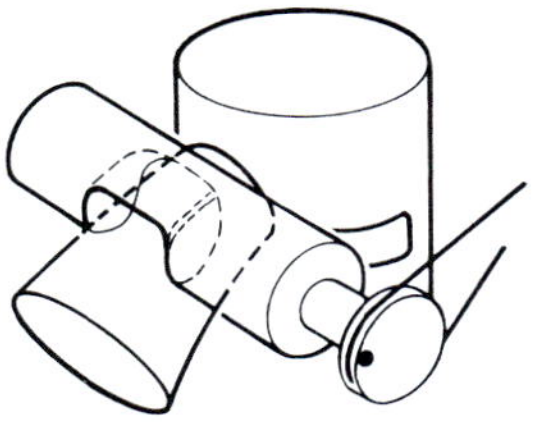

YAMAHA YPVS

Das YAMAHA-Power-Valve-System ist das bisher unerreichte Vorbild einer Zweitakt-Auslaßsteuerung:
Der von einem Elektromotor oder mechanisch in Abhängigkeit von Drehzahl und Belastung gesteuerte Rollendrehschieber gibt den Steuerquerschnitt bei hohen Drehzahlen völlig frei und drosselt ihn im unteren Drehzahlbereich, von der oberen Steuerkante ausgehend, stetig ab. Durch die verkürzte Öffnungszeit wachsen das effektive Verdichtungsverhältnis, der nutzbare Hub und damit das Drehmoment.

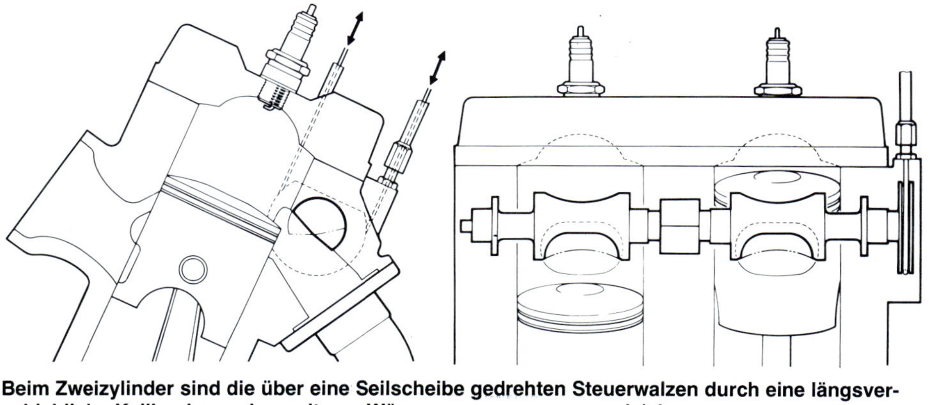

Beim Zweizylinder sind die über eine Seilscheibe gedrehten Steuerwalzen durch eine längsverschiebliche Keilbuchse gekoppelt, um Wärmespannungen auszugleichen.

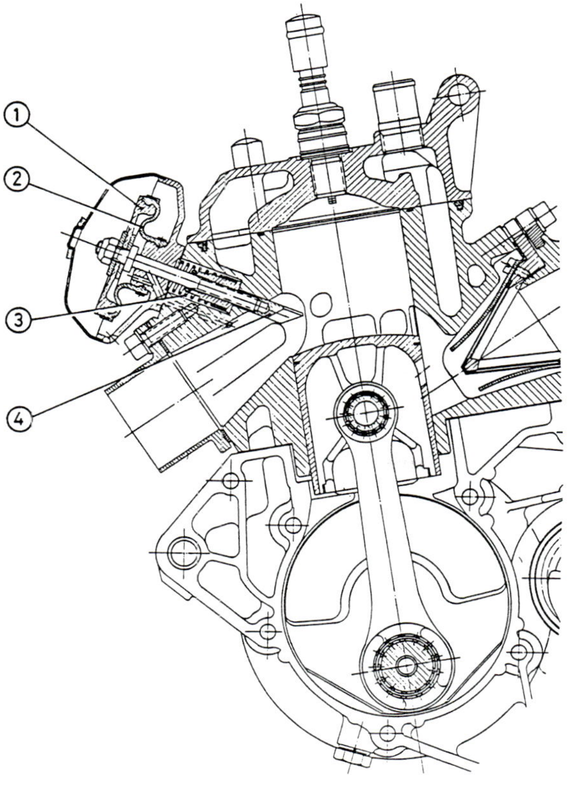

Rotax – druckgesteuerte Auslaßzeit

Dr. Hans Heinz Lippitsch ging bei den Rotax-Rennmotoren von der Überlegung aus, daß der Gasdruck im Auspuffkanal etwa dem Mitteldruck proportional verläuft und damit zur Steuerung des Auslaßquerschnittes herangezogen werden könnte. Die überzeugend einfache Lösung arbeitet mit einem der Zylinderkontur angepaßten Flachschieber (4), der von einer Feder (3) in den Auslaßkanal hineingeschoben wird und die Auslaßzeit verkürzt. Mit steigender Leistung wirkt der steigende Druck der Auspuffgase durch eine Bohrung vom Auslaßkanal in den Raum zwischen dem Schieberteller (1) und dem Schieberbalg (2) und zieht den Schieber gegen den Druck der Feder aus dem Kanal zurück. Das im 250-cm^3-Tandem-Rennmotor bewährte System wird nun auch im 125-cm^3-Motocross-Motor angewendet, der mit quadratischem Hubbohrungsverhältnis P_1 = 23,5 kW (32 PS) bei n_1 = 11 700 min^{-1} leistet und bei n_2 = 9 000 min^{-1} das unglaubliche Drehmoment M_1 = 17,2 Nm (1,75 mkg) erreicht. Der Mitteldruck im füllungsschwachen Drehzahlbereich bei n = 7 000 min^{-1} wurde durch die Auspuffblende von 4,4 bar auf 6,2 bar, also um 40 %, zwischen n = 4 000 min^{-1} bis n = 9 000 min^{-1} im Schnitt um etwa 20 % angehoben.

Veränderliche Steuerzeiten

Die dominierende Rolle, die der zeitliche Ablauf des Auspuffvorgangs für den gesamten Gaswechsel des Zweitaktmotors spielt, legte den Gedanken nahe, ihn durch Änderung der Steuerzeit oder der Resonanzlänge während des Betriebes der Drehzahl und der Belastung anzupassen.

YAMAHA wollte bei seinen neueren Rennmaschinen neben einer besseren Beschleunigung vor allem den durch den großen Vorauslaß von 30° kW unvermeidlichen extrem hohen spezifischen Verbrauch senken. Das Power-Valve-System von YAMAHA (YPVS) ist eine zylindrische Steuerwalze, die horizontal unmittelbar hinter dem Auslaßschlitz angeordnet ist. Eine über die Zylinderachse hinausgehende Einkehlung gibt den Steuerquerschnitt in »auf«-Stellung völlig frei. Beim Drehen der Steuerwalze wird der Auslaßkanal im Zylinder, von der oberen Steuerkante ausgehend, stetig abgedrosselt: der Öffnungswinkel für den Auslaßkanal verkleinert, die Öffnungszeit verkürzt sich. Die Drehzahl der besten Füllung sinkt etwa linear mit der Verkleinerung des Öffnungswinkels, während gleichzeitig das effektive Verdichtungsverhältnis und der nutzbare Hub wachsen. Das kommt dem Mitteldruck und damit dem Drehmoment, aber auch dem Verbrauch zugute.

Als grober Richtwert: Gibt der YAMAHA-Motor (Jahrgang 1980) mit freiem Auslaß seine Höchstleistung von etwa 120 PS bei 11 000 min^{-1} und sein bestes Drehmoment bei etwa 10 000 min^{-1} ab, so wird die Kürzung der Auslaßsteuerzeit von 200° kW auf 160° kW, die Drehzahl der höchsten Leistung auf knapp 9 000 min^{-1} und die des höch-

YAMAHA RD 500 LC

Die Super-Sportmaschine YAMAHA RD 500 LC kann schon durch ihre aggressive Verkleidung nicht leugnen, daß sie eine kompromißlose Replica aus der GP-Szene ist. Die Tauchgabel mit 36-mm-Standrohr-Durchmesser und versteifender Alu-Brücke zwischen den Gleitrohren hat 140 mm Federweg und ist in Federvorspannung und Dämpfung ebenso einstellbar wie das DeCarbon-Federbein der Hinterradschwinge, das horizontal, gut gekühlt und mit tiefem Schwerpunkt unter dem Motor liegt. Der Federweg ist 120 mm.
Der Leichtmetall-Vierkant-Rohrrahmen, die innenbelüfteten Scheibenbremsen, das 16″-Vorderrad mit 120/80 Niederquerschnitts-Reifen, das 18″-Hinterrad mit 130/80, die Rahmen-Geometrie mit dem tiefliegenden Lenkkopf, die Schräglagenwinkel bis 52° zuläßt – das alles sind unverkennbare Attribute der Hochleistungsmaschine.

sten Drehmomentes auf etwa 8 000 min^{-1} herunterdrücken.
Das nutzbare Verdichtungsverhältnis und der nutzbare Hub nehmen aber über 30 % zu. Das Power-Valve wird durch einen von der Gasschieberstellung und der Drehzahl abhängigen Steuermechanismus automatisch auf die optimale Öffnungszeit eingestellt. Die mit dem YPSV ausgerüsteten 500-cm^3-Grand-Prix-Motoren überzeugten im Rennen durch die überlegene Beschleunigung im Kurvenauslauf.
Inzwischen scheinen die Passungs- und Schmierungsprobleme so weit gelöst, daß das Power-Valve nun auch in die unmittelbar aus der Rennmaschine abgeleiteten Sport-Modelle RD 250 LC YPVS und RD 350 LC YPVS und RD 500 LC YPVS eingebaut wird. Aber während die TZ den Walzenschieber durch Fliehgewichte betätigt, wird er bei der RD von einem kleinen, über Zündimpulse gesteuerten Elektromotor über eine Seilrolle mit Bowdenzug gedreht.
Die Steuerwalze bleibt bis etwa 4 000 min^{-1} in der Stellung der kleinsten Öffnung und gibt bis etwa 7 000 min^{-1} den vollen Auspuffquerschnitt frei. Um Klemmen durch Wärmeverzug auszuschließen, sind die Wellen der beiden

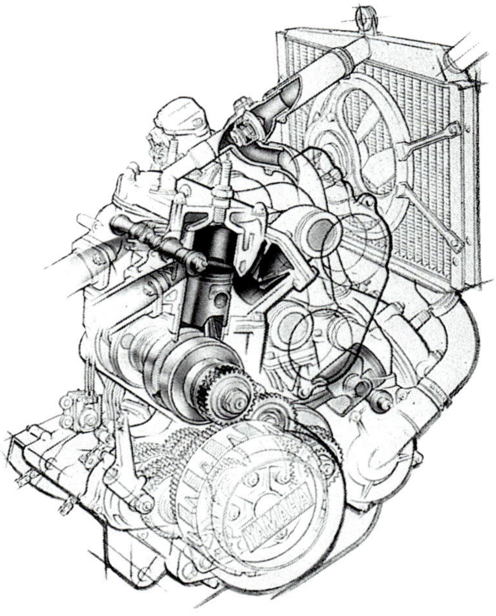

YAMAHA RD 500 LC
– ein gezähmter Rennmotor

Der aus dem Grand-Prix-Motor für die Straße adaptierte 500er Vierzylinder ist kein V-Motor im engeren Sinn, sondern nur die Anordnung zweier 250 cm³-Zweizylindermotoren unter einem Winkel von 50° auf einem gemeinsamen Gehäuse. In der Querschnittszeichnung sind deutlich die für den Leistungsverlauf entscheidenden Steuerorgane, die Einlaßmembran und das Power-Valve zu erkennen. Zwischen den beiden auf je vier Wälzlagern laufenden Kurbelwellen mit 180° Zapfen-Versatz – je zwei Zylinder zünden also gleichzeitig über Kreuz – liegt die Ausgleichswelle. Raummangel in dem engen Zylinderwinkel führte dazu, die vier Saugrohre der vier 26-mm-∅-Mikuni-Vergaser über einen Krümmer zu dem Membran-Gehäuse zu leiten und die Membranen der unteren Zylinder direkt, die der oberen Zylinder aber mit zusätzlicher Steuerhilfe durch den Kolben in das Kurbelgehäuse einmünden zu lassen. Die Auslaßsteuerwellen werden von einem zentralen Stellmotor gesteuert, der den Schlitzquerschnitt über 5000 min^{-1} der Last und der Drehzahl anpaßt.
Der mit D = 56,4 mm ∅ und s = 50 mm recht kurzhubige Motor leistet P = 65 kW (88 PS) bei n_1 = 9500 min^{-1} und einem max. Drehmoment M = 66,7 Nm bei n_2 = 8500 min^{-1} – also zwei Drittel der Werte des GP-Motors.

Steuerwalzen längs-verschieblich gekoppelt.
Die Förderung der Ölpumpe entspricht einem Mischungsverhältnis von etwa 1:40. Als besondere Vorsichtsmaßnahme dreht sich die Steuerwalze beim Einschalten der Zündung ein paar mal hin und her, um etwaige festgebackene Ablagerungen abzustreifen. Wenn in den bisher aus Japan vorliegenden Informationen davon gesprochen wird, daß das Verdichtungsverhältnis von 6,9 auf 6,4 herabgesetzt worden ist, dann heißt das nur, daß die Auslaßsteuerzeit um weitere 10° kW verlängert werden konnte. Dafür spricht auch die Anhebung der Nenndrehzahl von n_1 = 8400 min^{-1} auf n_1 = 9500 min^{-1}, bei der der Viertelliter-Kraftprotz nun 32 kW (43 PS) abgibt, während die Drehzahl des höchsten Drehmoments von n_2 = 7900 min^{-1} auf n_2 = 8500 min^{-1} angehoben wurde. Der wassergekühlte Zweizylinder mit quadratischem Hub-Bohrungs-Verhältnis läuft mit Membraneinlaß und Schwingkammer, die auch bei der neuen RG 250 von SUZUKI unter dem Namen »Intake Power Chamber« zum Einsatz kommt und sicher zu den stolzen 33 kW (45 PS) beigetragen hat.

HONDA MVX 250 F

Bedeuten aber die RD 250 von YAMAHA und die RG 250 Gamma von SUZUKI nur das erneute Bekenntnis zu einer seit Jahren systematisch aufgebauten Zweitaktlinie, so kündete HONDA seine Neuorientierung durch eine revolutionäre Schöpfung, die MVX 250 F an. Die Familienähnlichkeit des wassergekühlten V-Dreizylinders mit der erfolgreichen Grand-Prix-Maschine NS 500 ist nur oberflächlich und zeigt wieder einmal, daß sich die Einbaubedingungen

HONDA MVX 250 F

Der bizarre wassergekühlte Dreizylinder-Motor der MVX 250 F, bei dem der Massenausgleich dadurch angestrebt wurde, daß der stehende Zylinder mit größerem Kolbenbolzen und extrem stark dimensioniertem Pleuel rd. das doppelte Gewicht der hin- und hergehenden Massen in den beiden äußeren Zylindern erhielt.
Das abenteuerliche System findet sich wieder in der Rennsportmaschine NS 400 (D = 57 mm ∅, s = 50,6 mm), die P_1 = 53 kW (72 PS) bei n_1 = 9 500 min^{-1} leistet und ein Höchstdrehmoment M_1 = 55 Nm (5,6 mkg) bei n_2 = 8 500 min^{-1} erreicht.

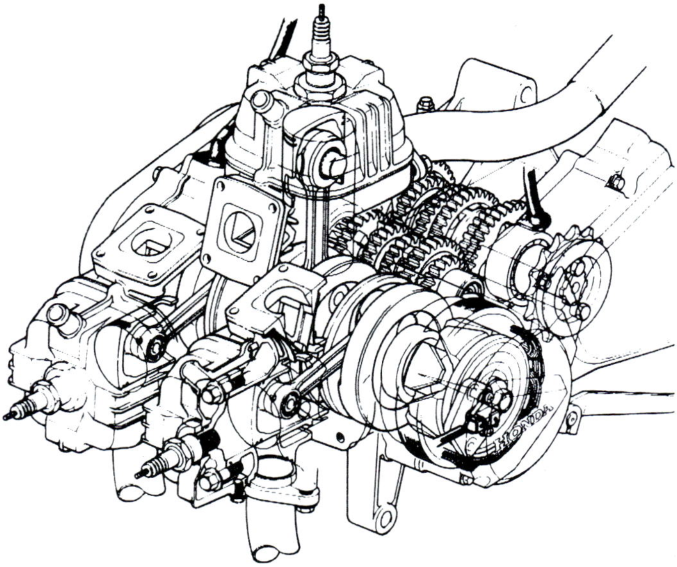

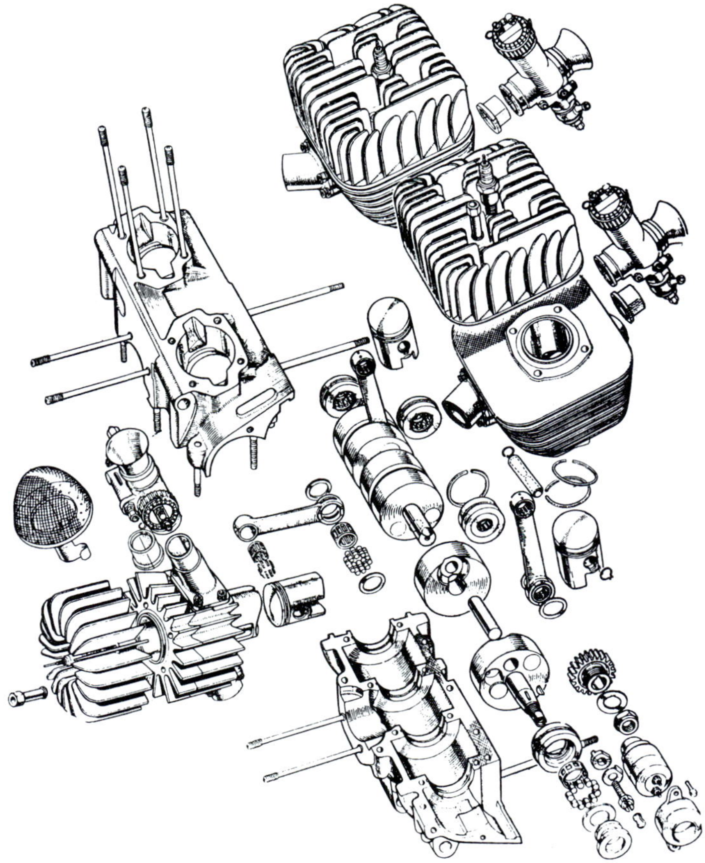

Das Vorbild

Der sensationelle 350-cm^3-DKW-Dreizylinder erreichte schon in den 50er Jahren bei einer Verdichtung 1:12 44 PS bei 9 000 min^{-1} und drehte klaglos bis 11000 min^{-1}. Der mittlere Zylinder lag horizontal, die beiden Außenzylinder waren auf 75° geneigt. Bei sehr geringer Baubreite wurde eine gute Kühlung erreicht.

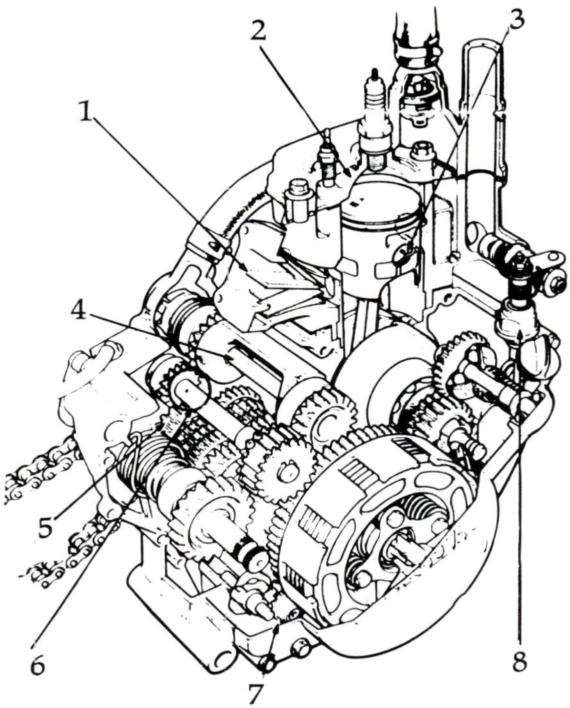

HONDA MTX 200 mit ATAC-System

Es bedeuten:

1 Membraneinlaß	5 Sechsganggetriebe
2 Zylinderkopf	6 Zwischenwelle
3 Kolbenbolzensicherung	7 Schaltwelle
4 Ausgleichswelle	8 ATAC-Antrieb

bei Gebrauchsmaschinen eben doch erheblich von denen der Rennmaschinen unterscheiden. Hier werden die beiden Außenzylinder zur besseren Unterbringung von Ansaugluftfilter und Batterie waagrecht und der Mittelzylinder senkrecht angeordnet, und für einen guten Massenausgleich wurde der Zylinderwinkel bei nichtversetzten Kurbelzapfen von den 112° der Rennmaschine auf 90° verringert.

Um den Massenausgleich eines 90° V-Zweizylinders zu erreichen, war allerdings ein Kunstgriff nötig: Die hin- und hergehenden Massen des mittleren Kolbens wurden denen der im Gleichtakt laufenden beiden äußeren Kolben angeglichen. Der nadelgelagerte Kolbenbolzen wurde von 12 mm ∅ auf 18 mm ∅ vergrößert, und das mittlere Pleuel erhielt rund das doppelte Gewicht der beiden äußeren – eine Lösung mit dem Charme einer Holzhackermethode, wenn man auch an die unruhige Zündfolge denkt. Die schon etwas grotesk anmutende Konstruktion wurde inzwischen aufgegeben und durch einen V-Zweizylinder, die NS 250 F, abgelöst.

Die drei 20 mm ∅ Keihin-Flachschieber-Vergaser sind raumsparend unter 45° geneigt im Zylinderwinkel untergebracht und werden von einer durchgehenden Welle betätigt. Die Einlaßsteuerung erfolgt über Lamellen.

Mit 47 mm ∅ Bohrung und 48 mm Hub und einer effektiven Verdichtung ε_e = 8,0 leistet der Dreizylinder P = 29 kW (40 PS) bei $n_1 = 9\,000\ min^{-1}$, wobei das höchste Drehmoment M_{max} = 31 Nm bei $n_2 = 8\,500\ min^{-1}$ anfällt, hat also ein recht schmales Drehzahlband.

HONDA-Atac-System

Daß sich aber auch HONDA sehr intensiv mit der Verbesserung der Elasizität durch Membraneinlaß und drehzahlabhängig gesteuertes Auslaßvolumen beschäftigt, zeigt der aus dem Motocross-Motor abgeleitete neue MTX 125 R-Motor. Das HONDA-Atac-System (Automatic Torque Amplification Chamber) arbeitet mit einer Resonanzkammer, die dem Auslaßkanal durch einen Steuerschieber unterhalb etwa 6 500 min^{-1} zugeschaltet wird und damit die Eigenschwingungszahl des Systems herabsetzt. Auf einer von der Kurbelwelle an-

HONDA – ATAC

Bei dem HONDA-ATAC-System wird im niedrigen Drehzahlbereich eine Öffnung (1) zu einer Resonanzkammer freigegeben, die die Eigenschwingungszahl des Auspuff-Systems herabsetzt. Mit steigender Drehzahl drücken die auf der ATAC-Welle (7) laufenden Kugeln (9) durch Fliehkraft die Rillenbuchse gegen den Druck einer Feder nach außen und schließen über die Führungsscheibe (6), die Spindel (5) und den Hebel (3) mit dem ATAC-Ventil (2) den Durchgang zur Resonanzkammer.

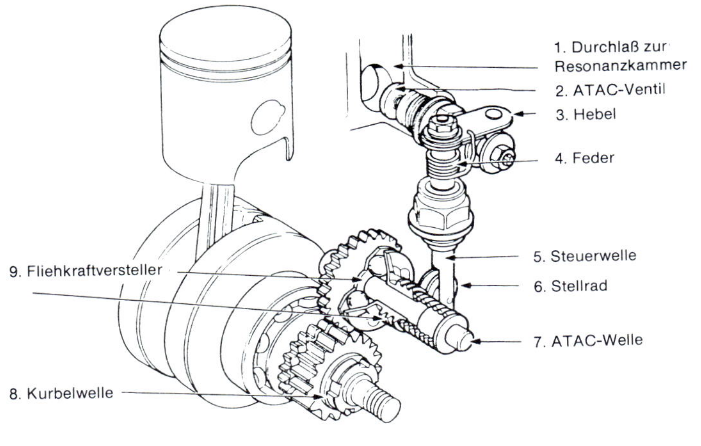

getriebenen Hilfswelle laufen Stahlkugeln als Fliehgewichte und verschieben über ein Hebelgestänge den Steuerschieber, der oberhalb der Steuerdrehzahl die Resonanzkammer gegenüber dem Auslaßsystem abschließt. Im Gegensatz zu dem YPVS von YAMAHA, bei dem Steuerzeit und Steuerquerschnitt, also auch Vorauslaß und effektives Verdichtungsverhältnis stufenlos verändert werden, erfolgt beim ATAC-System lediglich die Änderung der Auspuffresonanz mit einem kurzen Übergang in zwei Stufen.

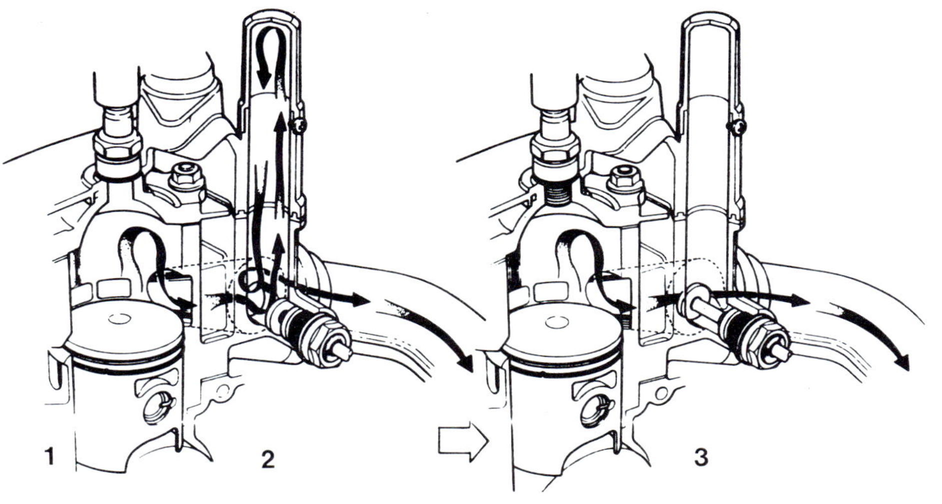

HONDA – ATAC-System

Bei geöffnetem Ventil (1) wird das Auspuff-Volumen durch die Resonanzkammer vergrößert. Zwischen n = 6500 bis 6800 min^{-1} (2) schließt das Ventil und gibt nur das Auslaßvolumen frei (3).

Deutschlands neue Klasse – das 80-cm³-Leichtkraftrad

Geschichtliche Entwicklung

Als der Motorradbau Mitte der 50er Jahre weltweit in eine fast tödliche Krise schlidderte, als die Fahrer, vom Wirtschaftswunder geblendet, in hellen Scharen zum Kleinwagen überliefen, ein Werk nach dem anderen die Pforten schloß oder auf krisensichere Produkte umstieg, schien das Ende des Motorrades als Gebrauchsfahrzeug gekommen. Es war das Moped, das die Fahne des Motors auf zwei Rädern hochhielt, ein handliches, zuverlässiges, anspruchsloses und unerreicht wirtschaftliches Gefährt, das für den Berufsverkehr und für die Freizeit weite Kreise der Motorisierung erschloß, die weder sportlichen Ehrgeiz noch technische Kennnisse hatten. Ein vernünftiger Gesetzgeber beschränkte sich weise auf die unbedingt notwendigen Vorschriften für Fahrerlaubnis und Zulassung, setzte das Mindestalter auf 16 Jahre herab und begrenzte den Hubraum auf 50 cm³ und die Höchstgeschwindigkeit auf 40 km/h.

Wer noch nicht 16 Jahre alt war oder im Moped nur den komfortablen Nachfolger seines Fahrrades sah, der griff zum 1965 eingeführten Mofa, dessen Höchstgeschwindigkeit auf 25 km/h begrenzt war und – meist getriebelos oder mit automatischer Kupplung ausgestattet – nur noch die Bedienung von Gasgriff und Bremse erforderte.

Die umweltfreundliche neue Motorisierung erzielte aber auch eine nicht zu unterschätzende psychologische Wirkung: Die neuen Maschinen waren – im Originalzustand – die mit Abstand leisesten Fahrzeuge und von Haus aus durchaus geeignet, die in weiten Kreisen der Bevölkerung vorhandenen Aversionen gegen den motorisierten Verkehr abzubauen. Daß diese segensreiche Wir-

ZÜNDAPP KS 80 Super – ein ausgewachsenes Leichtkraftrad
Die ZÜNDAPP KS 80 Super zeigt alle Attribute des modernen Leichtkraftrades: Wassergekühlter 80 cm³-Motor mit $P = 7$ kW (9,5 PS) bei $n_1 = 6000$ min^{-1}, kontaktlose MHKZ-Zündanlage, Generatorleistung 12 V/130 W, H-4-Licht, klauengeschaltetes Fünfgang-Getriebe, Doppelschleifen-Rahmen mit Dreieckschwinge, 150 mm-Tauchgabel, 110 mm-Zentralfederbein, 240 mm-∅-Scheibenbremse vorn, 150 mm-∅-Trommelbremse hinten, 15 l-Tank, Alu-Druckgußräder, Trockengewicht 114 kg.

ZÜNDAPP SX 80 Enduro

Der luftgekühlte SX 80 Enduro-Motor leistet P = 6,3 kW (8,5 PS) bei n_1 = 6000 min^{-1} und erreicht sein ausgezeichnetes Drehmoment M_{max} = 10,0 Nm (1 mkg) bei n_2 = 5800 min^{-1}.
Der einfache Rohrrahmen mit zentralem Frontrohr, die Stahlspeichenräder mit 2,75-21 Reifen vorn und 3,50-18 hinten, die aufladbare NC-Trokken-Batterie, der 7,7-l-Kunststofftank und die leichten 118-mm-∅-Trommelbremsen drücken das Trockengewicht auf 98 kg. Die schlanke Tauchgabel und die lange Hinterradschwinge mit vertikal stehendem, fünffach vestellbarem Zentralfederbein haben je 200 mm Federweg.

kung nicht immer erreicht, sondern durch Veränderungen an der Schalldämpferanlage und wildes Aufdrehen in den Straßen oft ins Gegenteil verdreht wurde, ist ein trauriges Zeugnis für die meist jugendlichen Fahrer und weder der Industrie noch dem Gesetzgeber anzulasten – wohl aber manchem »Zubehör«-Händler.
Die Jugend war natürlich begeistert von der Möglichkeit, so früh am motorisierten Verkehr teilnehmen zu können, und es ist auch verständlich, daß sie von den atavistischen Pedalen freikommen und auf einem »richtigen« Motorrad sitzen wollte. So entstand 1960 das Mokick mit Kickstarter und Fußrasten – von der Fahrsicherheit her sicher ein echter Fortschritt, denn die Mokicks wurden trotz weiterer Beschränkung auf 40 km/h – also Ausschluß von der Autobahn – mit einer wirksamen Vorder- und Hinterradfederung, besseren Bremsen und mit einer Sitzbank ausgerüstet.
Mopeds und Mokicks erfordern die Führerschein-Klasse V mit einer einfachen Fragebogen-Prüfung über Verkehrsfragen, sind zulassungs- und steuerfrei und müssen ein jährlich zu erneuerndes Versicherungs-Kennzeichen tragen. Wer aber einmal von dem Bazillus Geschwindigkeit infiziert worden ist, dem erscheinen natürlich 40 km/h auf die Dauer als Schneckentempo, und so entstand das Kleinkraftrad mit ungedrosseltem 50 cm^3-Motor, dessen Leistung sprungartig auf 6 bis 7 PS und dessen Drehzahlen auf 8000 bis 9000 min^{-1} anstiegen – mit 120 bis 140 PS/L also ausgesprochene Hochleistungsmotoren, – die auf der Geräuschseite schon einige Probleme aufwarfen. Sie wurden auch mit entsprechendem Freiheitsdrang gefahren – und das wollten weder der Gesetzgeber noch die Versicherung tatenlos hinnehmen.
Das war die Geburtstunde der Leichtkrafträder mit 80 cm^3-Motoren, die vom Bundes-Verkehrsministerium mit folgenden Auflagen gestartet wurden: Hubraum max. 80 cm^3, Höchstleistung

HERCULES RX 9 – 80 cm³ voll ausgereizt

In das Spitzenmodell RC 9 hat HERCULES nahezu alles hineinkomponiert, was eine 80er zum ausgewachsenen Motorrad macht: Tauchgabel mit 140 mm Federweg und 30-mm-∅-Standrohren vorn, luftunterstützte Federbeine mit 100 mm Federweg und fünffach verstellbarer Federbasis hinten, 220-mm-∅-Scheibenbremse vorn, 140-mm-∅-Trommelbremse hinten, 15-l-Tank, Gewicht vollgetankt 114 kg.

HERCULES XE – Die Enduro-Variante

Luftgekühlter Sachs-Motor mit 6,3 kW (8,5 PS) und Fünfgang-Getriebe, Zentralrohrrahmen mit Unterzügen, Tauchgabel mit 170 mm Federweg vorn und Federbeine mit Gasdruckdämpfern hinten, Trommelbremsen, hochgelegte Auspuff-Anlage, 13-l-Tank, Gewicht 110 kg.

bei max. 6 000 min^{-1} und einer Höchstgeschwindigkeit V_{max} = 80 km/h.

Dabei sollte die Maschine so übersetzt werden, daß die Höchstgeschwindigkeit mit einer Überdrehzahl von max. 10 % erreicht wurde.

Das Ziel war ganz klar: Man wollte die Leistung der entfesselten 50er Motoren bei einer niedrigeren Drehzahl und entsprechend niedrigem Geräuschpegel und niedrigerer Frequenz, also geringerer Lästigkeit erreichen. Das größere Hubvolumen sollte mit der höheren Elastizität zu schaltfaulerem Fahren anregen und das Hochfahren in den Gängen entbehrlich machen – kurz, die nervöse Fahrweise der 50er sollte mit der 80er in gesittete Bahnen gelenkt werden, was auch zu höherer Betriebssicherheit und längerer Lebensdauer beitragen würde.

Man kann darüber streiten, ob es nicht funktionell sinnvoller gewesen wäre,

HERCULES-Roller

Der HERCULES-Roller »City« CV 80 E erhielt einen neuen Motor, mit dem die Leistung von 3,5 kW (4,8 PS) auf 5 kW (6,8 PS) bei n_1 = 5 750 min^{-1} angehoben wurde. Mit der vollautomatischen Kraftübertragung ergeben sich beim niedrigen Gewicht von 92 kg annehmbare Beschleunigungswerte:
Von 0 – 60 km/h nur 10,5 s.
Die recht klar geformte Kunststoff-Karosse ist aus Casocryl.

gleich auf 100 cm^3 überzugehen, aber die wirtschaftlichen Argumente im Hinblick auf Weiterverwendung vorhandener Fertigungs-Einrichtungen, Zubehörteile, Hilfsaggregate usw. erwiesen sich als schlagkräftiger. Zwei Jahre nach dem Erscheinen der 80er auf dem Markt ist festzuhalten, daß das Leichtkraftrad längst die Eierschalen des 50er Kleinkraftrades abgeworfen hat und sich eindeutig an der 125er orientiert, ob es sich nun um die Aufhängung des Motors, des Fahrwerks mit langhubigen Federungen, die Bremsen oder die gesamte Instrumentierung handelt.

Hubraum und Hubraumleistung

Wie Anno 1928, als die Führerschein- und Steuerfreiheit eine typisch »deutsche« Klasse bis 200 cm^3 schuf, entstand jetzt die 80er mit zunächst etwa vergleichbaren Werten in Leistung, Geschwindigkeit, Verbrauch und Gewicht, aber mit ungleich höherem Fahrkomfort, höherer Sicherheit und besserer Ausstattung, als eigenständige Kategorie und in gleicher Typenvielfalt wie die Großen – als Touren- und Sportmodell, als Chopper und Enduro, als Trial-Modell und als Roller. Ein gravierender Unterschied: Die Begrenzung der Höchstleistungs-Drehzahl auf 6 000 min^{-1} und das Leistungsniveau des heutigen Zweitaktmotors hat den Viertaktmotor nun in eine hoffnungslose Außenseiterrolle verdrängt. Eigentlich schade, denn gerade hier, wo der Motor doch überwiegend im oberen Belastungsbereich läuft, könnte der Viertakter seine überlegene Wirtschaftlichkeit ausspielen.

Im Auftrag des Bundes-Umweltamtes führte Dipl-Ing. Karl Heinz Menzl bei ZÜNDAPP eine Forschungsarbeit durch, in der an 4 Motoren mit Hubvolumen von 50, 80, 100 und 125 cm^3 der Einfluß der behördlichen Grenzwerte auf Leistungsverlauf und Geräuschemission untersucht wurde. Bei der Auslegung wurde darauf geachtet, daß sowohl die thermische Ähnlichkeit (Druckverlauf, Verbrennungsablauf, Brennraumform, Wärmeverluste usw.) wie auch die mechanische Ähnlichkeit

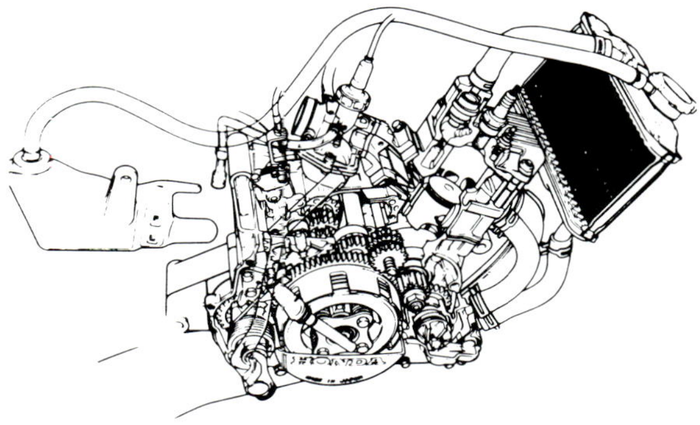

HONDA MT 80

Der heftige Wettbewerb zwingt die Industrie auch in der 80er Klasse zu aufwendigen Lösungen: Das Phantombild der HONDA MT 80 zeigt die mit gleicher Drehzahl, aber in entgegengesetztem Sinn wie die Kurbelwelle umlaufende Ausgleichswelle. 50 % der freien Massenkräfte werden von den Gegengewichten der Kurbelwelle, die anderen 50 % von der Ausgleichswelle aufgenommen. Um ein kompaktes Gehäuse zu erreichen, wird ein komplizierter Stirnradantrieb über Kupplungszahnrad und eine Zwischenwelle in Kauf genommen. Die Ausgleichswelle treibt die Wasserpumpe an, über der der Thermostat liegt. Links der Ausgleichsbehälter für den großen Kühler.

Prototyp eines Motocross-Modells KTM 125 MX

Der wassergekühlte 125-cm^3-Einzylinder der KTM 125 MX mit quadratischem Hubbohrungsverhältnis leistet 25 kW (34 PS) bei $n = 9800\ min^{-1}$. Er fällt durch einen flachen Zylinderkopf mit umlaufender, schräger Quetschkante auf, die nur 0,5 mm Abstand zum gewölbten Kolbenboden hat.
Die luftunterstützte Marzocchi-Tauchgabel (0,8 bar) hat 300 mm Federweg, das White-Power-Zentralfederbein der nadelgelagerten Hinterradschwinge mit Pro-Lever-Aufhängung einen Radfederweg von 320 mm. Die Schwinge erreicht rd. 40 % des Radstandes. Das Federbein ist in der Federvorspannung und in der Druckstufendämpfung stufenlos, in der Zugstufe in 11 Stufen ohne Ausbau einzustellen.
Bei sitzendem Fahrer federt das Hinterrad etwa 80 mm ein – die Bodenfreiheit der unbelasteten Maschine liegt bei etwa 330 mm. Der rotationsgeformte Kunststofftank faßt 9,3 l.

(Hub-Bohrungsverhältnis, Pleuel-Verhältnis, Massenausgleich usw.) weitgehend gewahrt blieben. Die baulichen Daten der wassergekühlten Motoren-Familie gehen aus der nachstehenden Tabelle hervor.

Klasse		50	80	100	125
Hubraum V_h	cm^3	49,9	78,8	99,8	124,2
Bohrung D	mm	39,0	46,5	52,0	58,0
Hub s	mm	41,8	47,0	47,0	47,0
Hub/Bohrungsverhältnis	—	1,07	0,98	0,90	0,81
Pleuellänge l	mm	91,0	91,0	91,0	91,0
Pleuelverhältnis r/l	—	1:4,35	1:3,87	1:3,87	1:3,87
Verdichtung	—	11,2	11,2	11,2	11,2

Die mit dieser Auslegung erreichten Zusammenhänge zwischen Leistung, Drehmoment und Drehzahl sind in folgender Tabelle zusammengefaßt.

Klasse		50	80	100	125
Leistung P_{max}	kW	5,0	5,2	5,2	5,1
Drehzahl n	min^{-1}	8800	5900	5250	4900
Drehmoment T_{max}	Nm	5,7	8,4	9,6	11,6
Drehzahl n	min^{-1}	8000	5900	4200	3500
Mittl. Kolbendruck P_{me} bei T_{max}	bar	6,8	6,7	5,9	5,0
Hubraumleistung	kW/l	100,2	66,0	52,1	41,1
Mittl. Kolbengeschwindigkeit c_m	m/s	12,2	9,3	8,3	7,7

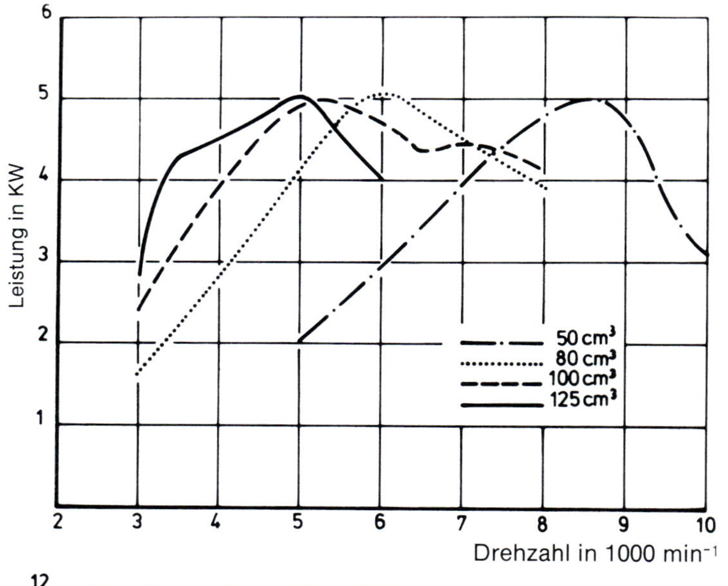

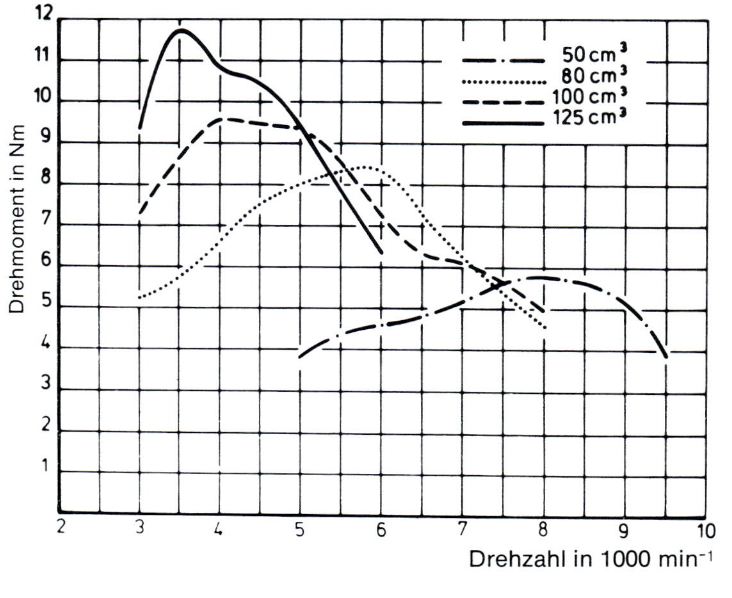

Hubraumleistung und Leistungsverlauf.

Vier ZÜNDAPP-Forschungs-Motoren mit gleicher Spitzenleistung und gleichen thermischen und mechanischen Daten, aber mit unterschiedlichem Hubraum zwischen 50 cm^3 und 125 cm^3. Je höher die Hubraumleistung, um so höher die notwendige Höchstleistungsdrehzahl.

Die Hubraumleistung des 50 cm^3-Motors mit 100 kW/l muß mit einer Drehzahl $n = 8\,800 \ min^{-1}$ erkauft werden, während für die 66 kW/l des 80 cm^3-Motors $n = 5\,900 \ min^{-1}$ ausreichen, für die 52 kW/l des 100 cm^3 Motors $n = 5\,250 \ min^{-1}$ und für die 41 kW/l des 125 cm^3-Motors gar nur $n = 4\,900 \ min^{-1}$. Entsprechend sinkt die mittlere Kolbengeschwindigkeit bei der Höchstleistungs-Drehzahl von 12,2 m/s für den 50 cm^3-Motor auf 7,7 m/s für den 125 cm^3-Motor, und das drückt sich in der Geräuschmessung für die beschleunigte Vorbeifahrt nach ISO so aus, daß sich die Geräuschspitzen in tiefere Frequenzen verlagern, wie die Tabelle zeigt:

50 cm^3	110 Hz
80 cm^3	70 Hz
100 cm^3	66 Hz
125 cm^3	61 Hz

Der Übergang von 50 cm^3 auf 80 cm^3 bringt bei der Frequenz 8 000 Hz eine Absenkung des Geräuschpegels um 10 dB, und der 100 cm^3-Motor ist bei dieser Frequenz noch um weitere 5 dB leiser.

Die mit beachtlichem meßtechnischem Aufwand und hohem Verantwortungsbewußtsein durchgeführte Untersuchung bewies überzeugend, daß der Gesetzgeber hier kein Kuckucksei in die Entwicklungsnester der Industrie gelegt hatte, daß hier eine verantwortungsbewußte Behörde Richtlinien herausgegeben hatte, die die berechtigten Wünsche nach ausreichender Leistung, höherer Fahrsicherheit, verbesserter Betriebssicherheit und Lebensdauer mit den Forderungen der umweltbewußten Öffentlichkeit auf einen Nenner brachten und das Image des Motorrades durchaus positiv beeinflussen konnten.

Die Entwicklung der neuen 80er setzte ebenso rasant wie zweigleisig ein. Die Japaner, gewohnt, auf jede Marktlücke spontan zu reagieren, setzten auf den Kurbeltrieb der vorhandenen 50er flugs aufgebohrte Zylinder und kamen so zu dem steuerungstechnisch ungünstigen Hubbohrungsverhältnis um s : d = 0,85. Die deutschen und die italienischen Motorenbauer gingen systematischer vor und bauten unter Inkaufnahme einer längeren Anlaufzeit völlig neue Motoren mit dem gesunden Verhältnis s : d um 1,0. Beide Entwicklungen erreichten ihre inzwischen auf 6,5 – 7 kW gesteigerten Höchstleistungen gesetztestreu bei rd. $6\,000 \ min^{-1}$. Aber während die Europäer einen satten Leistungsverlauf mit annehmbarer Elastizität anstrebten – das max. Drehmoment fällt bei $n_2 = 5\,300$ bis $5\,600 \ min^{-1}$ an und liegt bei $M_{max} = 8 - 10$ Nm – verläuft die Leistungskurve der Japaner oberhalb der $6\,000 \ min^{-1}$ in einer Schlangenlinie und erreicht zwischen $n_1 = 7\,000$ bis $8\,000 \ min^{-1}$ ein zweites, nur wenig tiefer liegendes Maximum. Ein Trick, der kaum im Sinne des Gesetzgebers liegen dürfte, der ja die Überdrehzahl ausdrücklich auf 10 % begrenzt hatte, und den der Fahrer mit hohem Verbrauch, häufiger Schaltarbeit und höherer Geräuschemission bezahlt. So stieg denn auch die Zahl der Gänge vor allem bei den Hochleistungs-Modellen des Fernen Ostens und Italiens auf 6, und das Gewicht kletterte überall von 80 – 90 kg auf 110 kg und darüber.

Die Hoffnungen der deutschen Industrie in diese maßgeblich von ihr initiierte Klasse erfüllten sich nicht. Wieder einmal setzte sich die japanische Industrie mit ihrer schnelleren Reaktion, dem höheren Stand der Rationalisierung in den Betrieben, vor allem aber mit ganzherzigem Einsatz gegen die technisch eindeutig überlegenen deutschen Konstruktionen durch.

Technik im Detail

Vergaser und Einspritzung

KRAFTSTOFF-LUFTGEMISCH

Die Motorleistung wird durch die Umwandlung der im Kraftstoff enthaltenen chemischen Energie in mechanische Energie erzeugt. Der Kraftstoff – Kohlenwasserstoffe wie Benzin und Benzol oder Alkohol – wird mit Luft unter starker Wärmeentwicklung verbrannt (Spitzentemperatur 2500 – 2800° C), die brennenden Gase dehnen sich schlagartig auf das Vielfache ihres ursprünglichen Volumens aus und treiben über Kolben und Pleuel die Kurbelwelle an.
Für die vollständige Verbrennung und damit für die höchste Leistungsausbeute müssen Kraftstoff und Luft im Verhältnis 1 Gewichtsteil Kraftstoff zu etwa 15 Gewichtsteilen Luft gemischt werden. Ist weniger Kraftstoff vorhanden als in diesem optimalen (stöchiometrischem) Gemisch, so spricht man von einem »armen« oder »mageren« Gemisch, bei zu hohem Kraftstoffanteil von einem »reichen« oder »fetten« Gemisch. Ein zu fettes Gemisch führt zu hohem Verbrauch, hohen Schadstoffemissionen von Kohlenmonoxid und unvollständig verbrannten Kohlenwasserstoffen und starker Ablagerung teer- und koksartiger Rückstände auf dem Kolbenboden, den Ventilen, den Brennraumwänden und den Steuerschlitzen und Auspuffanlagen; ein zu mageres Gemisch verbrennt langsamer, überhitzt den Motor, führt zu einem Anstieg an Stickoxyden im Abgas und zu Aussetzern beim Beschleunigen und im Leerlauf.
Das Mischungsverhältnis ändert sich natürlich mit dem Luftdruck, und der ist nun einmal in größeren Höhen geringer als in der Ebene. Motoren, die an der Küste optimal eingestellt sind, leiden in Bayerns Bergen an Überfettung und müssen, wenn sie dauernd dort gefahren werden, durch kleinere Düsen oder niedriger gehängte Düsennadeln ärmer eingestellt werden. Die wahrscheinlich zunehmende Beimischung von Alkohol zum Kraftstoff erhöht die Klopffestigkeit, erfordert aber auch eine reichlichere Düsenbestückung.
Alle Motorradmotoren werden mit einem leicht überfetteten Mischungsverhältnis gefahren, um bei Vollgas durch die Verdampfungswärme (»Innenkühlung«) die thermische Beanspruchung herabzusetzen und beim Beschleunigen, wenn die Luftgeschwindigkeit in der Saugleitung bei dem vollgeöffneten Schieber noch nicht der Drehzahl entspricht und noch nicht der für das Ansaugen des Kraftstoffes nötige Unterdruck aufgebaut ist, ein zu armes Ge-

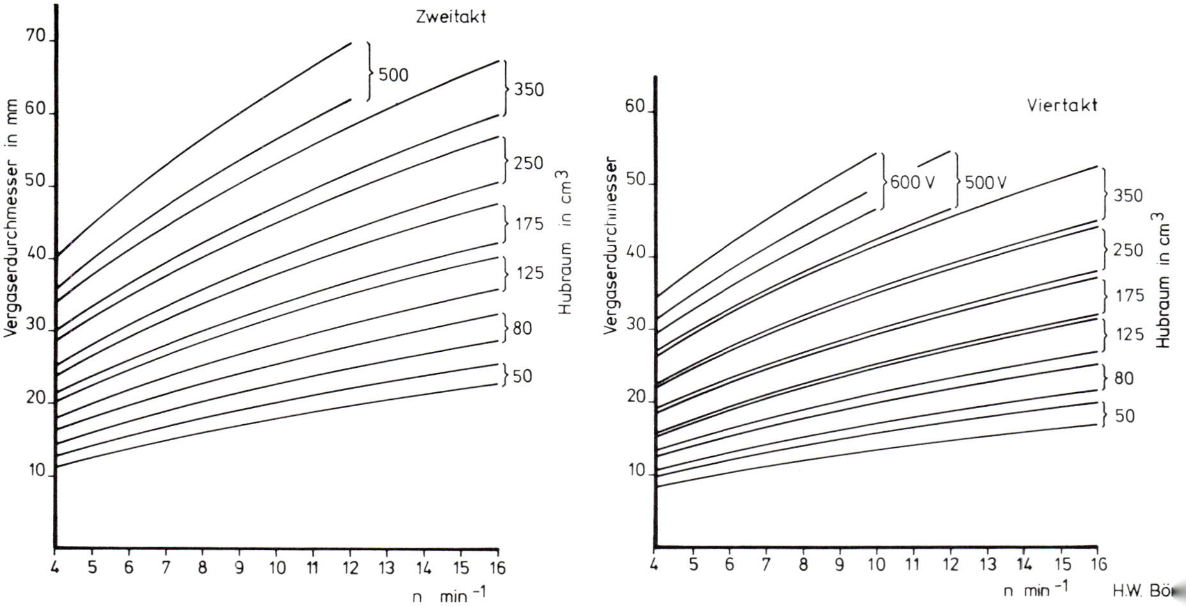

Vergaserquerschnitt, Hubvolumen und Drehzahl

Der Vergaserquerschnitt richtet sich nach dem Hubvolumen V_h in L und der Drehzahl n in min^{-1}. Der für die Leistung optimale Vergaser-Durchmesser in mm ist bei Zweitaktmotoren wegen des geringeren Ansaugunterdrucks und der kürzeren Steuerzeit etwa 30–40 % größer zu wählen als bei Viertaktmotoren.
Als Faustformel kann gelten:
$d = k \cdot \sqrt{V_h \cdot n}$ in mm
Der Korrekturwert k schwankt bei Viertaktmotoren zwischen k = 0,6 bis 0,7,
bei Zweitaktmotoren zwischen k = 0,8 bis 0,9.
Die nach diesen Formeln errechneten Durchmesser-Werte sind im Bild rechts für Viertakter, im Bild links für Zweitakter eingetragen.

misch zu vermeiden. Durch die Überhitzung des Motors führen arme Gemische zum Klopfen: Das Gemisch ist so heiß, daß es nicht wartet, bis der erlösende Funke überspringt und die Flammenfront die ganze Gasmasse durchlaufen hat, sondern der Rest der Ladung sich selbst entzündet und unter extrem starkem und steilem Druckanstieg »detoniert«. Der extreme Druckanstieg äußert sich dann akustisch in dem harten, metallischen Gang, thermisch in der weiteren Erhitzung des Motors. Unter der übermäßigen Druckbeanspruchung werden Lager, Kolbenringe, Ventile und Zylinderkopfdichtungen schnell zerstört, während die hohen Temperaturen dem Kolben nicht bekommen. Dieses Kraftstoff-Klopfen ist zu unterscheiden vom Zündungsklopfen, das durch einen zu frühen Zündzeitpunkt verursacht wird.

Das richtige Mengenverhältnis von Kraftstoff und Luft genügt freilich nicht für eine vollständige Verbrennung. Wenn sich jedes Kraftstoffmolekül im Bruchteil einer Millisekunde mit einem erforderlichen Sauerstoffmolekül vereinigen soll, dann muß es einmal in der Verbrennungsluft gleichmäßig verteilt sein, damit die Flammenfront das Gemisch mit zunehmender Geschwindigkeit zügig durchlaufen kann. Zum anderen muß der Kraftstoff so fein zerstäubt oder vernebelt sein, daß er der Verbrennungsluft eine maximale Oberfläche für die chemische Vereinigung bietet.

Diese Aufgabe übernehmen der Vergaser und die Einspritzanlage. Sie wird dadurch sehr erschwert, daß der Motorradmotor mit sehr viel höherer spezifischer Leistung arbeitet, als sein Kollege auf vier Rädern, und natürlich mit sehr viel höheren Drehzahlen. Daß Leistung und Drehzahl sich in sehr viel kürzerer Zeit in einem weiten Bereich ändern, daß der Gasstrom durch die Bestükkung jedes Einzelzylinders mit einem Vergaser mit viel stärkeren Pulsationen und ständig wechselnden Druckverhältnissen arbeitet.

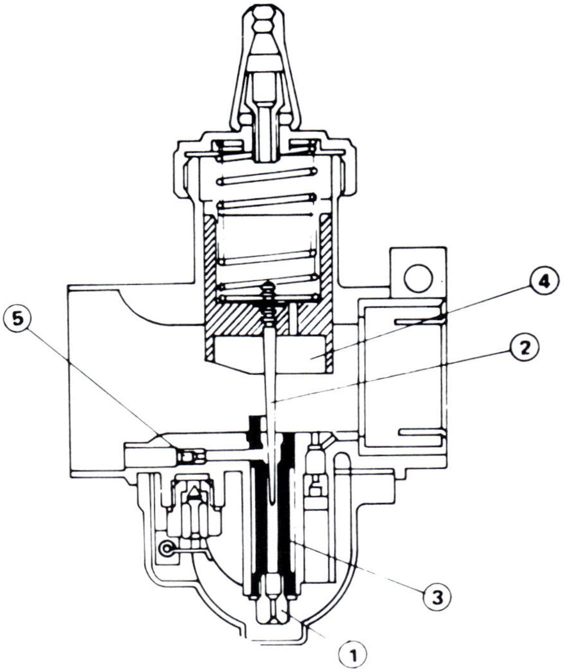

Schiebervergaser

Beim klassischen Schiebervergaser steuert der Kolbenschieber (4) durch die Düsennadel (2) den Querschnitt der Nadeldüse (3) und damit die Kraftstoffmenge, die durch die Luftdüse (5) vorgemischt wird, und paßt sie dem veränderten Luftquerschnitt an.

Die höchste Kraftstoffmenge wird durch die Hauptdüse (1) begrenzt.

Rechts neben der Nadeldüse liegt die Leerlaufdüse mit gesonderter, durch eine Konusschraube einstellbarer Luftzufuhr. Das zentrale Schwimmergehäuse hat sich wegen seiner Unempfindlichkeit gegen Lage- und damit Niveauänderungen auf der ganzen Linie durchgesetzt.

VERGASER

Die Weiterentwicklung des Motorrad-Vergasers hat im letzten Jahrzehnt nach langer Stagnation erhebliche Fortschritte gemacht.

Zentralschwimmergehäuse, bei denen das Kraftstoffniveau im Düsensystem auch bei schnellem Lagewechsel konstant bleibt, sind bei Neukonstruktionen die Regel. Wo der normale Schiebervergaser bei sehr großen Querschnitten Schwierigkeiten im Übergang machte, sprang der Gleichdruckvergaser mit Drosselklappe in die Bresche, bei dem ein membrangesteuerter Kolben den Luftquerschnitt zügig auf gleichen Unterdruck einstellt und den Kraftstoffaustritt durch eine konische Düsennadel, die den Querschnitt der Nadeldüse verändert, steuert.

Durch verbesserte Filterung mit großflächigen Papierfiltern und große Vorvolumen zur Beruhigung der Luft arbeiten Vergaser heute unter wesentlich günstigeren Bedingungen als früher. Und nicht zuletzt auch wesentlich leiser.

Schiebervergaser

Schießt die angesaugte Luft durch den verengten Querschnitt des Lufttrichters im Vergaser, so erhöht sich ihre Geschwindigkeit, und es entsteht ein Unterdruck, der den Kraftstoff aus dem in den Luftstrom ragenden Düsenstock heraussaugt. Beim klassischen Schiebervergaser steuert der Kolbenschieber nicht nur den Querschnitt des Lufttrichters in unmittelbarer Nähe des Kraftstoffaustrittes, sondern durch die an ihm

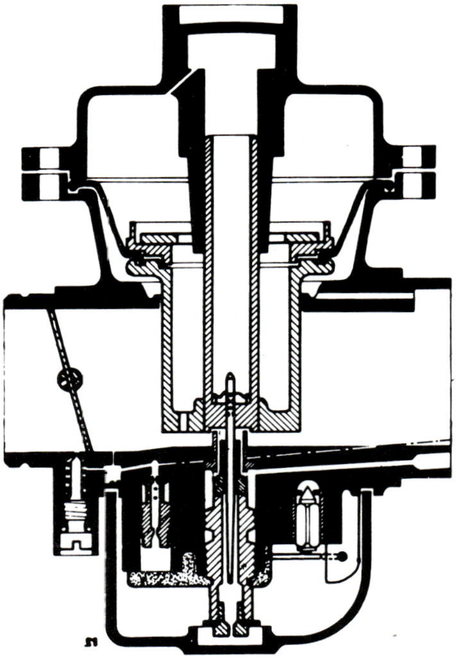

Gleichdruck-Vergaser

Beim modernen Gleichdruck-Vergaser wird der Luftquerschnitt primär durch eine Drosselklappe gesteuert. Der Kolbenschieber hängt an einer Membran, stellt sich in seiner Höhe automatisch auf den im Saugrohr herrschenden Unterdruck ein und steuert die Kraftstoffmenge durch Düsennadel und Nadeldüse. Der Gleichdruck-Vergaser setzt weicher ein und arbeitet sparsamer.

hängende konische Düsennadel auch den Querschnitt der Nadeldüse und damit die Kraftstoffmenge, die durch die Luftdüse vorgemischt und vorzerstäubt wird. Die aus der Zerstäuberdüse austretende Kraftstoff-»Emulsion« wird also stets dem veränderten Luftquerschnitt des Vergasers angepaßt.

Die Feineinstellung ist durch Höher- oder Tieferhängen der in Ringnuten im Schieber aufgehängten Nadel und durch die unterschiedliche Kegelform der Nadel möglich. Die maximale Kraftstoffmenge wird durch die Hauptdüse begrenzt.

Bei sehr kleinen Schieberöffnungen reicht der Unterdruck über dem Düsenstock nicht mehr aus, um das Mischungsverhältnis konstant zu halten. Jetzt tritt das Leerlaufsystem in Funktion, das aus der Leerlaufdüse, der Luftregulierschraube, der Bypaßbohrung vor und der Leerlaufbohrung hinter dem motorseitigen Gasschieberrand besteht. Im Leerlauf wird das bereits durch die Luftregulierschraube eingestellte Kraftstoff-Luftgemisch durch die Bypaßbohrung weiter mit Luft abgemagert und tritt an der Leerlaufbohrung aus. Beim Gasgeben entsteht auch an der Bypaßbohrung genügend Unterdruck, so daß die Vorverdünnung unterbunden wird und auch hier Kraftstoff-Luftgemisch austritt.

Bei manchen Vergasern kann nicht nur die Leerlaufluft, sondern auch das Leerlaufgemisch durch eine besondere Leerlaufgemischregulierschraube eingestellt werden. Der Unterdruck im Leerlauf- und Übergangsbereich wird in Lage und Höhe in entscheidendem Ausmaß durch den schrägen Ausschnitt des Gasschiebers bestimmt, ein Einfluß, der noch weit in den mittleren Geschwindigkeitsbereich hinein wirksam ist. Der Schwimmer, der mit der Schwimmernadel den Kraftstoffzufluß und dadurch das Kraftstoffniveau regelt, wird bei allen modernen Vergasern zentral um den Düsenstock angeordnet, um in der Kurve und beim Beschleunigen und Verzögern Änderungen des Brennstoffstandes zu vermeiden.

Pumpenvergaser

Diese Dosierung des Kraftstoffes funktioniert recht gut, solange der Schieber nur langsam geöffnet wird. Gibt man aus niedrigen Drehzahlen plötzlich Vollgas, so reißt der Unterdruck unter dem Schieber ab – die Kraftstofflieferung kann der einströmenden Luftmenge nicht mehr folgen und der Motor hat ein »Loch«. Die nur für die Beschleunigung notwendige Gemischanreicherung wird durch die Beschleunigerpumpe erreicht. Über ein einstellbares Gestänge oder eine Steuerkurve im Gasschieber wird eine mit Kugelventilen arbeitende Membran betätigt, die eine genau bemessene Kraftstoffmenge durch eine gesonderte Zerstäuberdüse in den Ansaugkanal spritzt.

Gleichdruckvergaser

Beim modernen Gleichdruckvergaser wird der Luftquerschnitt primär durch eine Drosselklappe gesteuert. Für die richtige Kraftstoffzuteilung sorgt ein Kolbenschieber, der an einer Membran aufgehängt ist und sich in seiner Höhe au-

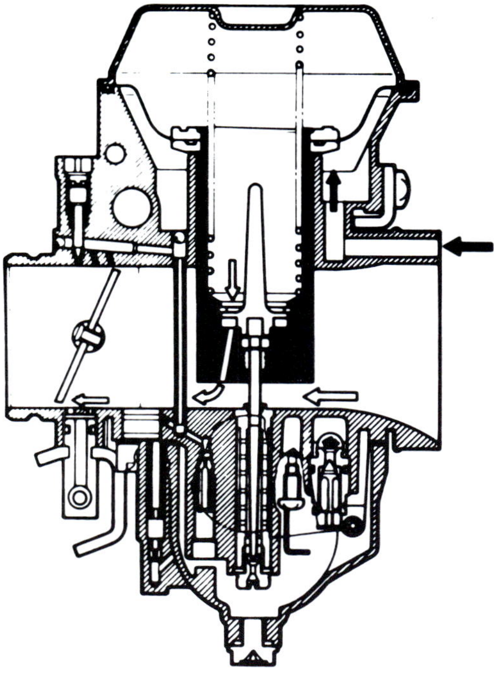

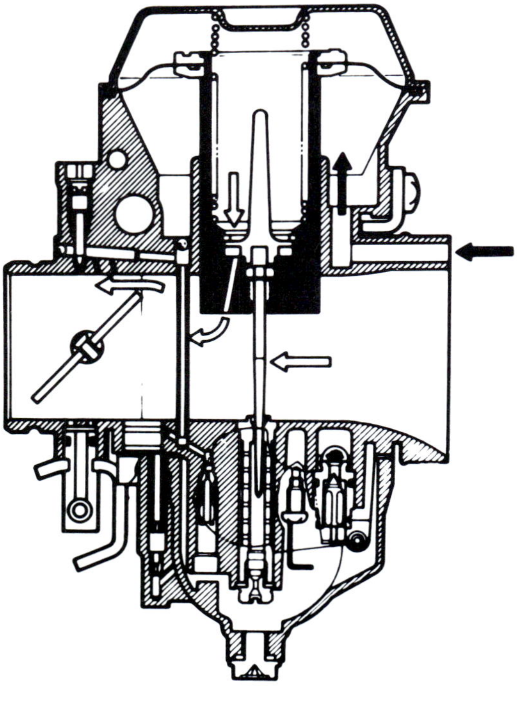

MIKUNI-Gleichdruck-Vergaser der SUZUKI GR 650

Bei geringer Öffnung der Drosselklappe im oberen Bild und niedriger Drehzahl ist der Unterdruck im VENTURI-Rohr gering, und der regelnde Kolben wird von der Feder nach unten gedrückt. Beim Öffnen der Drosselklappe im unteren Bild steigen die Drehzahl und der Unterdruck, der durch die Bohrung im Boden des Steuerkolbens auf den Raum oberhalb der hermetisch trennenden Membran wirkt, während der Atmosphärendruck von unten auf die Membran drückt:
Der Kolben bewegt sich gegen den Druck der schwachen Feder nach oben, gibt im VENTURI-Rohr einen größeren Querschnitt frei und baut damit die Strömungsgeschwindigkeit im VENTURI-Rohr ab.
Die im Steuerschieber hängende Düsennadel bestimmt die Austrittsöffnung für den schon emulgierten Kraftstoff und damit das Mischungsverhältnis. Bei fast geschlossener Drosselklappe im Leerlauf wird der Kraftstoff nach Durchströmen der Leerlaufdüse mit Luft vorgemischt und durch das Vorrohr zur Gemischregulierschraube geführt.

MIKUNI-Vergaser Leerlauf-System

Bei geschlossener oder nur leicht geöffneter Drosselklappe reicht der Unterdruck an der Hauptdüse für eine ausreichende Kraftstoff-Förderung nicht aus. Der von der Leerlaufdüse dosierte Kraftstoff mischt sich mit der Luft aus dem Leerlauf-Luftkanal und strömt durch das senkrechte Vorrohr zur Gemischregulierschraube, deren Bohrung hinter der Drosselklappe in die Einlaßleitung mündet. Zwei weitere Bohrungen unmittelbar vor und hinter der Drosselklappenschließstelle verbessern den Übergang im Teillastbereich.

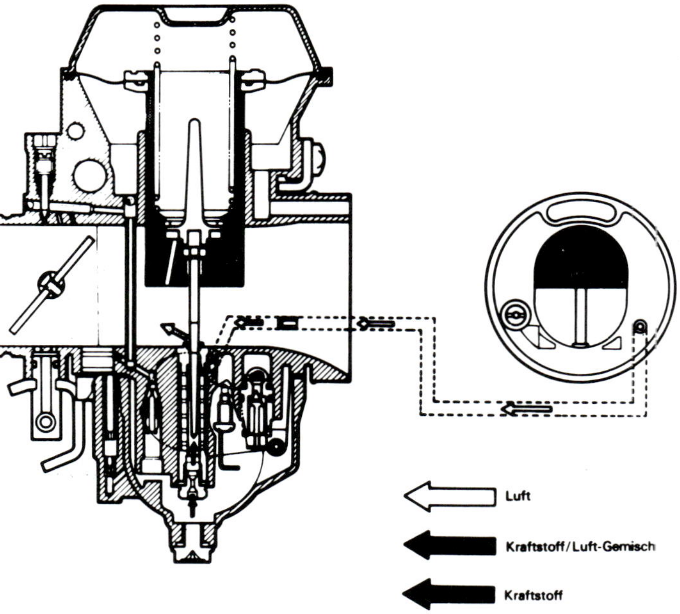

tomatisch auf den Druckunterschied zwischen Ansaugtrichter und Außenluft einstellt. Er steuert damit nicht nur den freien Luftquerschnitt, sondern mit Düsennadel und Nadeldüse auch die Kraftstoffzufuhr. Leerlauf und Übergang werden im Bereich der Drosselklappe geregelt. Der Gleichdruckvergaser setzt weicher ein und arbeitet sparsamer als der klassische Schiebervergaser. Noch wichtiger ist, daß damit die Menge der Schadstoffemissionen deutlich gesenkt wird.

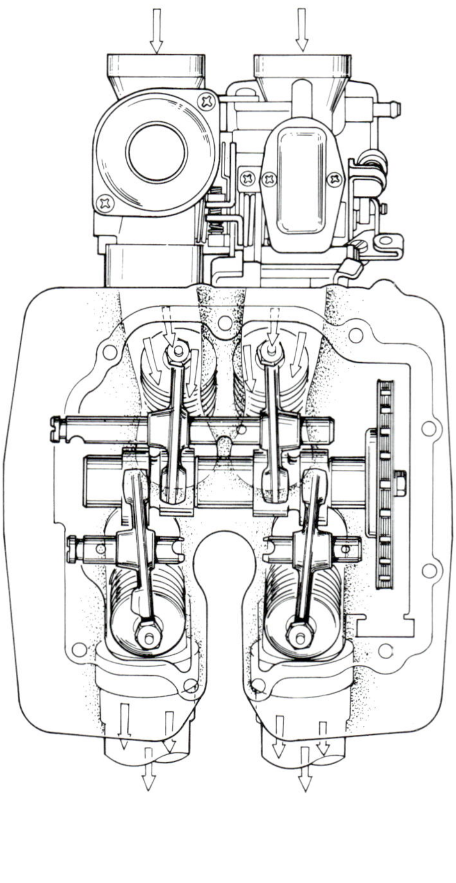

Doppel-Vergaser

Bei den Vierventil-Motoren der Enduro-Modelle arbeitet YAMAHA mit einem Schiebervergaser für das linke Einlaßventil und öffnet erst bei Halbgas über ein Gestänge die Drosselklappe des rechten Gleichdruckvergasers. Damit wird bei großem Gesamtdurchlaß auch ohne Beschleunigungspumpe für einen lochfreien Übergang gesorgt.

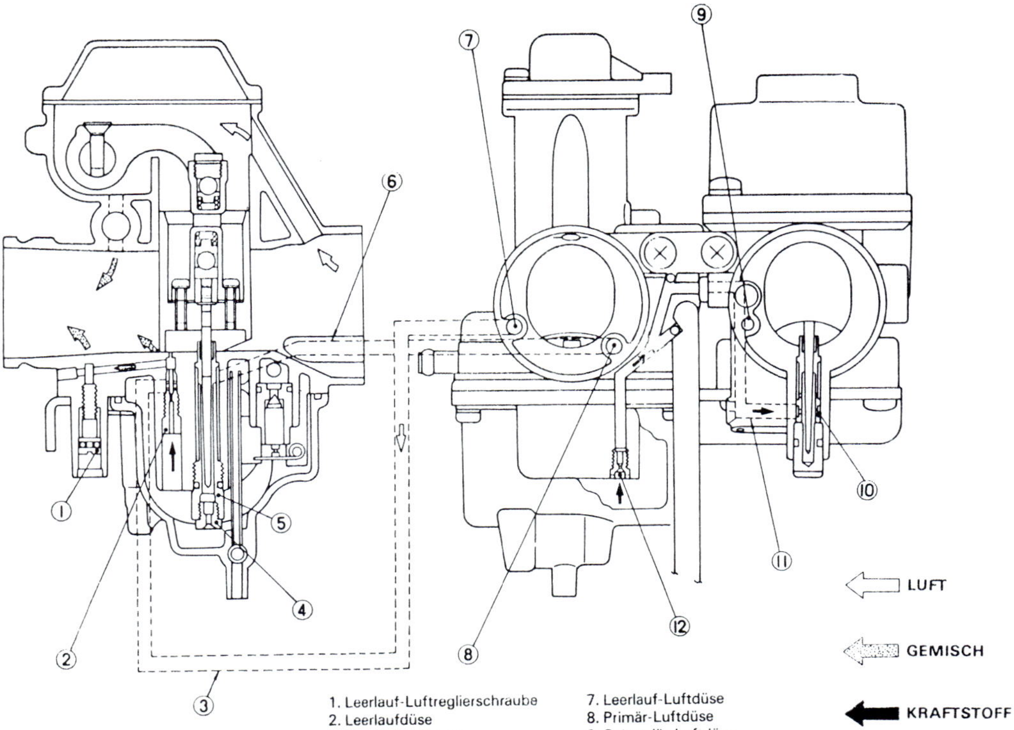

1. Leerlauf-Luftreglierschraube
2. Leerlaufdüse
3. Leerlauf-Luftkanal
4. Primär-Hauptdüse
5. Primär-Nadeldüse
6. Primär-Luftkanal
7. Leerlauf-Luftdüse
8. Primär-Luftdüse
9. Sekundär-Luftdüse
10. Sekundär-Nadeldüse
11. Sekundär-Kraftstoffkanal
12. Sekundärdüse

YAMAHA-Doppel-Vergaser-System (YDIS)

Der linke Primär-Schiebervergaser liefert von Leerlauf bis Halbgas das Gemisch für das linke Einlaßventil, das durch seine außermittige Lage für einen kräftigen Wirbel im Zylinder sorgt. Bei Halbgas öffnet ein Gestänge die Drosselklappe des rechten Gleichdruckvergasers. Die gegenüber einem Einzelvergaser kleineren Einzelbohrungen verbessern die Gemischbildung und den Übergang, der um etwa 20 % größere Gesamtquerschnitt die Leistung.

Doppelvergaser

Eine sehr interessante Verbindung von Schieber- und Gleichdruckvergaser baut YAMAHA in die Vierventil-Motoren der Enduro-Modelle XT 400 und XT 550 ein. Das linke Einlaßventil wird von Leerlauf bis Halbgas ausschließlich von dem Schiebervergaser beliefert. Der enge Vergaserdurchgang sorgt für eine gute Zerstäubung, der einseitige Eintritt in den Brennraum für einen kräftigen Wirbel und damit für eine gute Gemischverteilung. Wird der Gasdrehgriff über Halbgas auf Vollgas geöffnet, betätigt ein Gestänge die Drosselklappe des Gleichdruckvergasers, der nur das rechte Einlaßventil beschickt. Dessen Steuerschieber richtet sich ja nach dem effektiven Unterdruck und sorgt so auch ohne Beschleunigerpumpe für einen lochfreien Übergang. Beide Vergaser haben ein gemeinsames Schwimmergehäuse und einen Durchgangsquerschnitt, der etwa 20 % über dem eines vergleichbaren Einzelvergasers liegt.

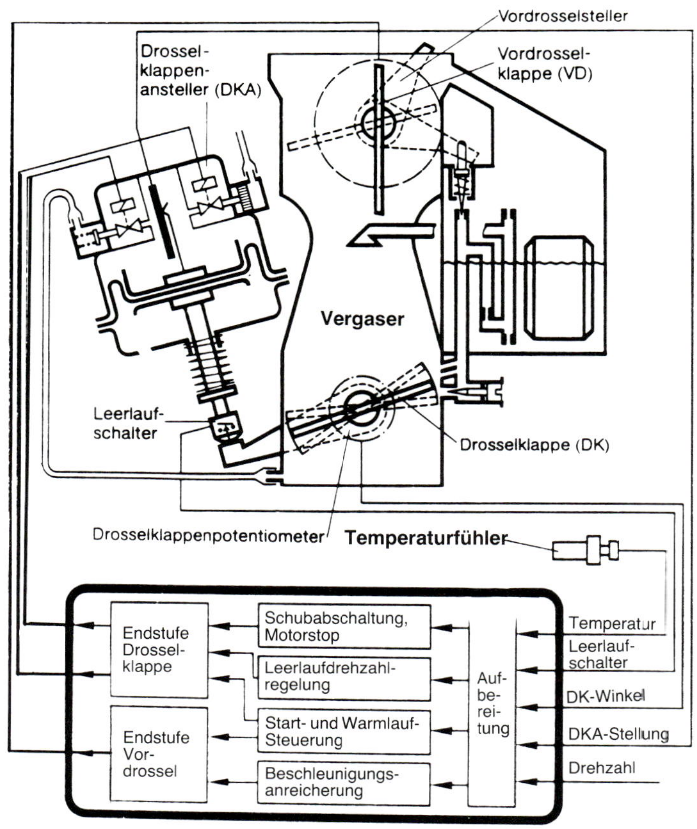

Elektronisches Steuergerät

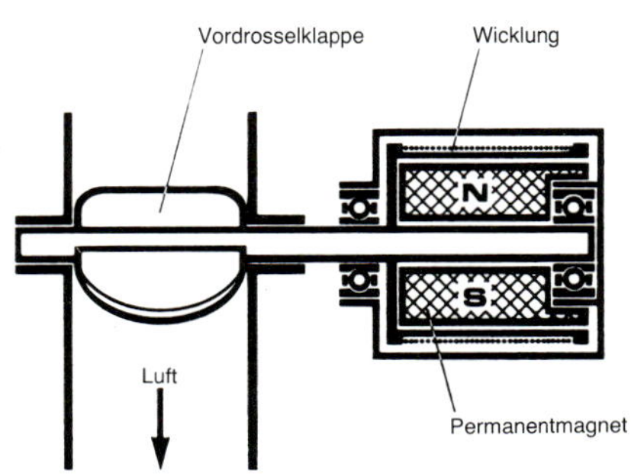

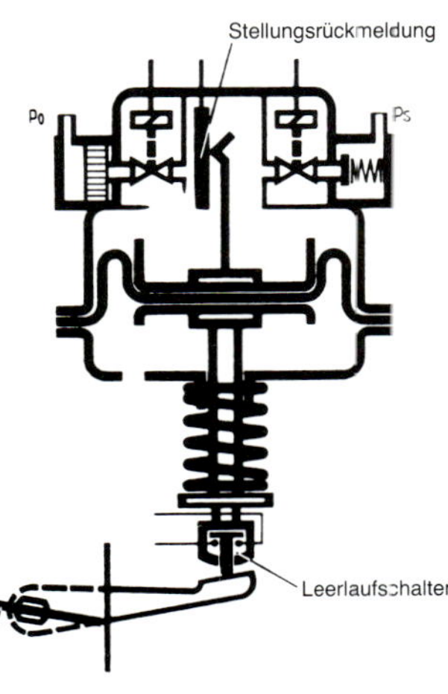

Ecotronic – ein elektronisch gesteuerter Vergaser

Das von Bosch/Pierburg in Gemeinschaftsarbeit entwickelte Ecotronic-System ist ein Drosselklappen-Vergaser, dessen Gemisch-Zusammensetzung in Abhängigkeit von Motordrehzahl, Öffnungswinkel und Öffnungsgeschwindigkeit der Drosselklappe, Motortemperatur usw. elektronisch geregelt wird. Die Funktion ist im Text erläutert. Ob die im Automobil-Motor erstaunliche Regelgenauigkeit auch im »nervöseren« Zweirad-Motor erreicht werden kann, muß die künftige Entwicklung zeigen.

Vergaser mit elektronischer Steuerung

Im Automobil-Motorenbau taucht als Gemeinschaftsarbeit von Bosch und Pierburg ein neuer Vergasertyp auf, bei dem die Gemischzusammensetzung durch ein elektronisches Steuergerät in Abhängigkeit von Drehzahl, Drosselklappenwinkel, Öffnungsgeschwindigkeit der Drosselklappe und Motortemperatur über eine Vordrossel gesteuert wird. Die Stellung der Vordrossel richtet sich beim Start zunächst nach der Motortemperatur und öffnet sich dann in zeitlich genau vorgeschriebenem Ablauf. Beim Beschleunigen wird die Vordrossel zur Anreicherung des Gemisches in Abhängigkeit von Drehzahl, Stellung und Drehgeschwindigkeit der Hauptdrossel und Temperatur ebenso optimal eingestellt, wie sie sich bei gleichmäßiger Drehzahl der jeweiligen Last anpaßt. Die bei Wagenmotoren erreichte verblüffende Regelgenauigkeit mit 10 min^{-1} ermöglicht eine erhebliche Absenkung der Leerlaufdrehzahl. Im Schiebebetrieb über $n = 1\,400\ min^{-1}$ wird die Hauptdrosselklappe geschlossen – durch die Anordnung der Austrittsöffnung für das Leerlaufgemisch oberhalb der Drosselklappe bricht der Unterdruck zusammen und unterbricht den Brennstoffaustritt. Beim Abstellen des Motors wird die Kraftstofförderung automatisch unterbrochen.
Die neuartige elektronische Steuerung wird bisher nur an Drosselklappen-Registervergasern eingebaut und zeichnet sich neben lochfreien Übergängen durch eine Senkung des Kraftstoffverbrauchs um rd. 10 % aus, von der Senkung der Schadstoff-Emissionen ganz abgesehen. Es ist zu hoffen, daß das Prinzip, dessen Kosten zwischen Normalvergaser und Einspritzung liegen dürften, bald auf den Motorrad-Vergaser übertragen werden kann.

KRAFTSTOFF-EINSPRITZUNG

Bei den Viertakt-Motoren des Automobilbaus hat sich die Einspritzung in die Saugleitung auf recht breiter Front eingeführt. Sie kommt mit niedrigen Einspritzdrücken und entsprechend einfachen Pumpen aus, führt durch die genaue Dosierung und Verteilung des Kraftstoffes zu »runderem« Motorlauf bei gesteigerter Leistung und merklich geringerem Verbrauch, und vor allem zu einer deutlichen Reduktion der Schadstoffwerte im Abgas.
Das entscheidende Problem der Einspritzung ist die korrekte Zuordnung der winzigen Brennstoffmenge zur angesaugten Luftmenge, die entweder direkt durch die Bewegungen einer Stauklappe oder durch einen Druckfühler im Saugrohr gemessen wird. Bei den starken und schnell wechselnden Druckschwankungen im Ansaugtrakt von Motorrad-Motoren kann hier nur die von Bosch L-Jetronik genannte Luftmengenmessung zum Erfolg führen. Der Luftmengenmesser besteht aus einer im Ansaugtrakt liegenden federbelasteten Stauscheibe mit einer im Winkel angeordneten Dämpferplatte, deren Winkelstellung über ein Potentiometer in elektrische Impulse umgewandelt wird und die angesaugte Luftmenge mit hoher Genauigkeit angibt.
Rückschwingungen in der Saugleitung werden durch ein in der Stauscheibe angeordnetes Rückschlagventil ausgeglichen.

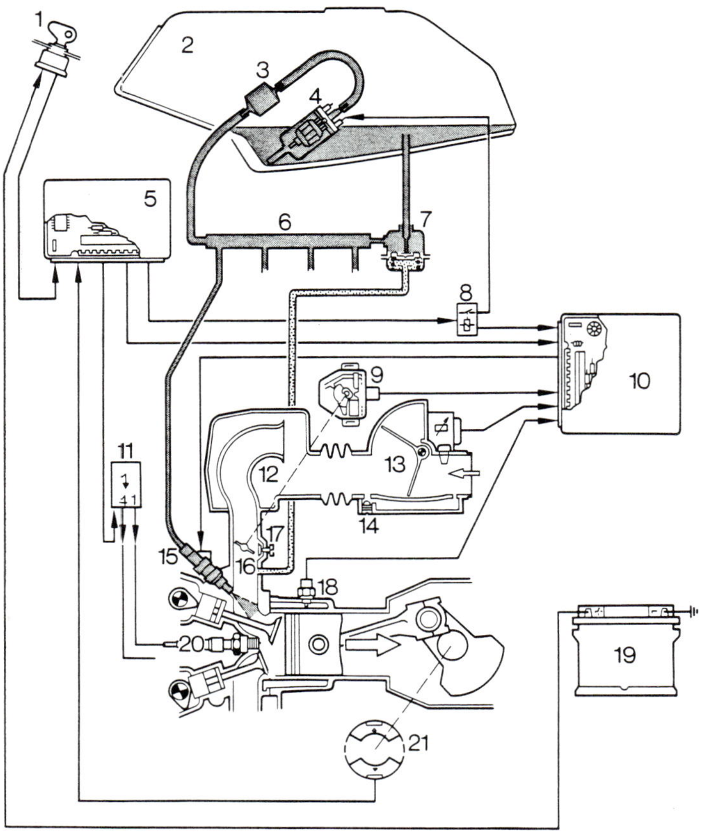

1 = Zündschalter
2 = Kraftstoffbehälter
3 = Kraftstoffilter
4 = Kraftstoffpumpe
5 = Zündungssteuergerät
6 = Kraftstoffleiste
7 = Druckregler
8 = Kraftstoffpumpenrelais
9 = Drosselklappenschalter
10 = Einspritzsteuergerät
11 = Zündspule
12 = Luftsammler
13 = Luftmengenmesser
14 = By-pass Luftschraube
15 = Einspritzventil
16 = Drosselklappe
17 = Leerlaufeinstellschraube
18 = Kühlmitteltemperaturfühler
19 = Batterie
20 = Zündkerze
21 = Hall-Geber

BMW K 100 – Einspritzanlage LE-Jetronic

Jetronic ist das Kürzel für eine elektronisch gesteuerte Einspritzanlage, wobei »L« für Luftmengenmessung und »E« für Europa-Ausführung steht.
Die von einem Elektromotor angetriebene Rollenzellenpumpe (4) fördert den Kraftstoff aus dem Tank (2) über das Kraftstoff-Hauptfilter (3) in die Kraftstoff-Leiste (6), die durch ihre Speicherwirkung Druckschwankungen im Moment des Einspritzens verhindert. Das Druckregel-Ventil (7) am Ende der Kraftstoffleiste hält den Kraftstoffdruck an den Einspritz-Ventilen (15) konstant auf 2,5 bar.
Die eingespritzte Kraftstoffmenge wird durch die Öffnungszeit der Einspritzventile (15) bestimmt, die zwischen 1,5 – 9 ms schwankt und vom Einspritzsteuergerät (10) nach den Signalen von Luftmengenmesser (13), Drosselklappenschalter (9), Motortemperaturfühler (18) und Zündungssteuergerät (5) abgestimmt.

Zur Wirkungsweise: Eine Rollenzellen-Pumpe, von einem im Tank mitten im kühlenden Kraftstoff laufenden Elektromotor angetrieben, fördert den Kraftstoff durch ein Filter und eine Ringleitung zu den Einspritzventilen. Eine Membran hält den Kraftstoffdruck in der Ringleitung konstant auf 2,5 bar. Je ein Temperaturfühler am Motor und – für die angesaugte Luft – im Saugrohr, geben die Daten an die zentrale elektrische Steuereinheit weiter, die auch laufend die für die Kraftstoffzuteilung entscheidenden Werte für Luftmenge und Drehzahl aufnimmt und daraus die Einspritzmenge errechnet. In den Einspritzdüsen hebt eine Magnetspule bei Stromdurchgang die Düsennadel von ihrem Sitz – die Einspritzmenge wird von der Öffnungsdauer bestimmt. Um den elektrischen Aufwand im Steuergerät in wirtschaftlich vertretbaren Grenzen zu halten, sind alle Einspritzventile elektrisch parallel geschaltet und spritzen gleichzeitig zweimal je Nockenwellenumdrehung die Hälfte der benötigten Kraftstoffmenge ab. Die Einspritzimpulse werden vom Unterbrecher gesteuert.

Bisher wird die elektronische Benzineinspritzung im Motorradbau nur von KAWASAKI in der Z 1000, von SUZUKI in der XN 85 Turbo und von BMW in der K 100 serienmäßig eingebaut. Es ist aber durchaus möglich, daß die immer härter werdenden Bestimmungen zur Verringerung der Schadstoffemission bei schweren Maschinen die Einführung der Einspritzung erzwingen könnten.

Das gilt in erhöhtem Maße für den Zweitaktmotor, dessen Zukunft davon abhängen kann, ob es in absehbarer Zeit gelingt, den spezifischen Kraftstoffverbrauch und die Schadstoff-Emissionen den Werten des Viertaktmotors anzugleichen.

Es ist abwegig anzunehmen, daß man dem bestechend einfachen, leichten und robusten Zweitaktmotor die aufwendige Einspritzanlage nicht zumuten könnte. Mit seiner überlegenen spezifischen Leistung, seiner problemlosen Zuverlässigkeit und seinen geringen baulichen Abmessungen ist der moderne Zweitaktmotor längst aus der Rolle der billigen Ersatzlösung herausgewachsen und rechtfertigt jede konstruktive Maßnahme, die die Wirtschaftlichkeit und die Laufkultur verbessert.

Die beim Viertaktmotor vorherrschende Saugrohreinspritzung läßt beim Zweitaktmotor wegen der unvermeidlichen Spülverluste natürlich nur bescheidene Fortschritte erwarten, aber die direkte Einspritzung in den Zylinder wird beim Zweitakter dadurch erleichtert, daß der günstigste Einspritzzeitpunkt hier um den u. T. herum liegt, der Druck im Zylinder sich also wenig über dem Atmosphärendruck bewegt. Die hier eingesetzten Pumpen können wegen des niedrigen Einspritzdruckes im Aufbau sehr viel einfacher gehalten werden, und die wegen des geringeren Gegendruckes etwas gröbere mechanische Zerstäubung kann durch elektronisch gesteuerte, intermittierende Einspritzung mehr als ausgeglichen werden.

Die durch eine direkte Benzineinsprit-

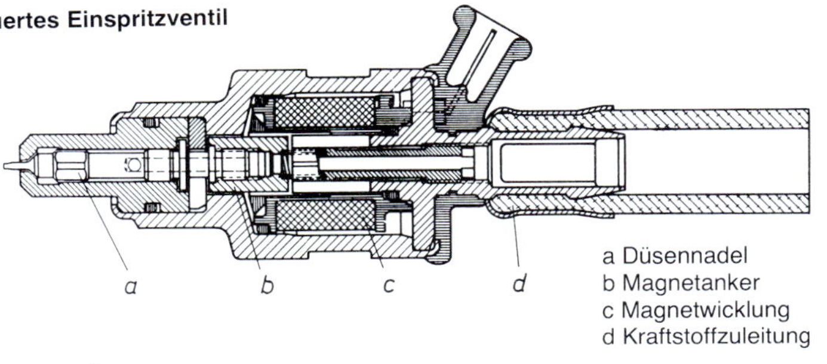

Elektromagnetisch gesteuertes Einspritzventil

Mit einem kurzen, durch die Entladung eines Kondensators sehr genau gesteuerten Stromstoß, wird der Magnetanker in die Magnetspule gezogen und damit die Düsennadel von ihrem Sitz abgehoben. Die Kraftstoffmenge wird durch Änderung des Kraftstoffdrucks und durch die Öffnungszeit, die auf weniger als eine ms verkürzt werden kann, gesteuert.

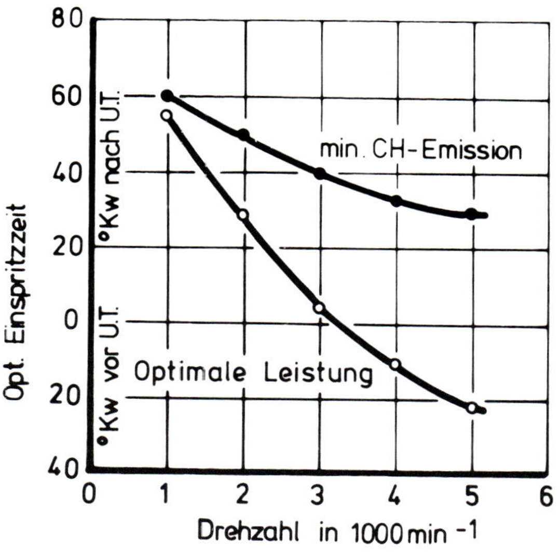

Einspritzzeitpunkt für optimale Leistung und minimale CH-Emission

Der günstigste Einspritzzeitpunkt für optimale Leistung liegt merklich früher als der für minimale CH-Emission. Der Zeitunterschied wächst mit zunehmender Drehzahl.
Bei dem untersuchten 350-cm^3-Zweizylinder lag der optimale Einspritzbeginn für höchste Leistung bei $n = 5000\ min^{-1}$ in guter Übereinstimmung mit den am Gutbrod-Motor gemessenen Werten bei 20 bis 22° kW **vor** u. T., während bei der gleichen Drehzahl ein Einspritzbeginn von 28 – 30° kW **nach** u. T. die niedrigste CH-Emission ergab.

zung gegenüber dem Vergaserbetrieb erzielbaren Vorteile sind vielseitig:
- Vermeidung von Spülverlusten
- Ladungsschichtung mit Brennstoffanreicherung an der Zündkerze
- dadurch Betrieb mit höheren Luftüberschußzahlen möglich
- bessere Brennstoffzuordnung im Teillastbereich
- bessere Brennstoffdosierung bei Last- und Drehzahlwechsel
- dadurch schnelleres Ansprechen des Motors durch schnellere Kraftstoffzufuhr beim Beschleunigen
- schnellerer Drehzahlabfall des Motors beim Gaswegnehmen durch Wegfall der Stuckerzündung
- Vermeidung von Füllungsverlusten durch vorzeitige Kraftstoffverdampfung
- höhere Verdichtung durch bessere Innenkühlung
- bessere Gemischverteilung in Mehrzylindermotoren
- keine Vereisung und kein Brennstoffausfall im Saugrohr
- geringere Schadstoffemission von Kohlenmonoxyd und unverbrannten Kohlenwasserstoffen
- besserer Rundlauf bei Leerlaufdrehzahl
- geringerer spezifischer Verbrauch

Die Verwirklichung dieser Vorteile im Betrieb muß mit einer Vielzahl von Einzelproblemen fertig werden:
- die eingespritzte Kraftstoffmenge muß auf die im Zylinder vorhandene Luftmenge genau abgestimmt werden
- sie muß verzögerungsfrei der Drehzahl folgen
- die von der Drehzahl abhängigen unvermeidlichen Leckverluste der Pumpe müssen berücksichtigt werden
- die Spritzzeiten werden bei höheren Drehzahlen sehr kurz
- für die Gemischaufbereitung durch Zerstäubung und Verdampfung steht nur eine sehr kurze Zeit zur Verfügung
- für die optimale Verteilung der Brennstoffwolke im Zylinder muß die mit der Drehzahl sich verändernde Bewegung der einströmenden Luft berücksichtigt werden
- die Pumpe und die Leitungen müssen kühl gehalten werden, um auf jeden Fall Dampfblasenbildung zu vermeiden

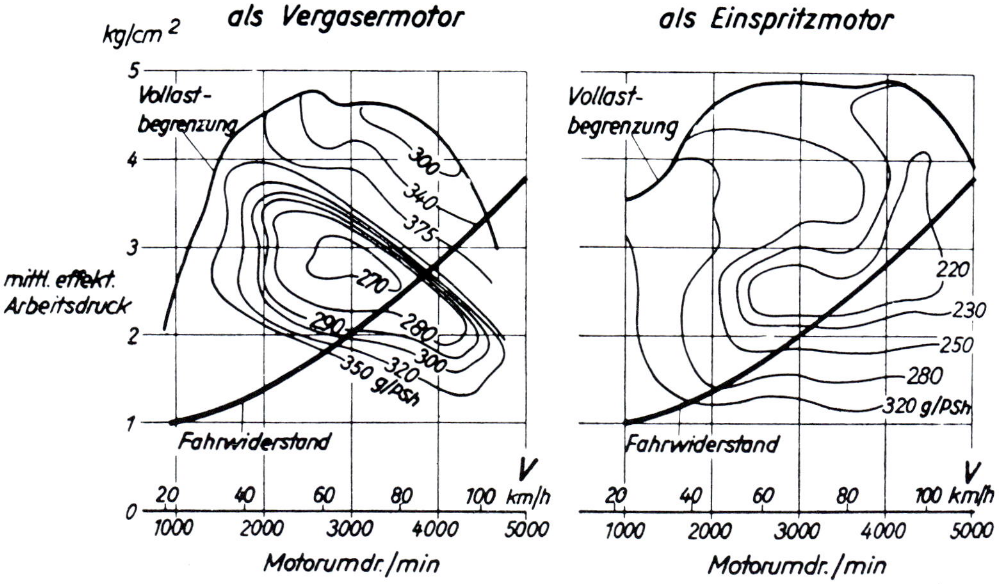

Verbrauchskennfelder des 600-cm³-Gutbrod-Motors mit Vergaser- und Einspritzbetrieb

Beim Einspritzmotor liegt der günstigste spezifische Verbrauch mit b_e = 220 g/PSh in dem weiten Drehzahlbereich zwischen n = 2 500 min^{-1} und n = 4 500 min^{-1} sehr günstig im Verlauf der Fahrwiderstandslinie. Beim Vergasermotor ist er mit b_e = 270 g/PSh nicht nur sehr viel höher, sondern auch auf den engen Drehzahlbereich zwischen n = 2 500 min^{-1} und n = 3 500 min^{-1} begrenzt.
Neben den geringeren direkten Kraftstoff-Verlusten durch den Auspuff ist die drastische Senkung des spezifischen Kraftstoffverbrauchs vor allem auf die durch die Einspritzung mögliche Erhöhung des Verdichtungsverhältnisses von $\varepsilon = 6{,}5$ auf $\varepsilon = 8$ zurückzuführen.

- der Kraftstoff muß bei den sehr engen Passungen im Mikrobereich gefiltert werden
- getrennte Schmierung.

Im einzelnen:
Bei einem 250 cm³-Einzylindermotor schwankt die Einspritzmenge je Hub zwischen 2 – 4 mm³ im Leerlauf und 12 – 15 mm³ bei Vollast im Bereich der besten Füllung, je nachdem, ob die Einstellung auf höchste Leistung oder geringsten spezifischen Brennstoffverbrauch abgestimmt wird.
Im Vergleich zum Viertaktmotor ist der Unterdruck in der Saugleitung von Zweitaktmotoren sehr gering und schwankt durch Schwingungseinflüsse der Gassäule sehr stark. Die für die richtige Dosierung notwendige Messung der Luftmenge muß also durch den Strömungswiderstand einer Stauscheibe oder durch den elektrischen Widerstand eines Hitzdrahtes direkt bestimmt werden.

Einspritzzeitpunkt und Dauer

Für die Aufbereitung des Kraftstoffes durch Zerstäubung und Verdampfung steht beim Zweitakter nur eine sehr begrenzte Zeit zur Verfügung. Die Einspritzdauer bewegt sich zwischen 1 und 2 ms, wobei berücksichtigt werden muß, daß das dynamische Einspritzende je nach Last und Drehzahl 0,5 bis 1 ms nach dem geometrischen Einspritzende liegt.

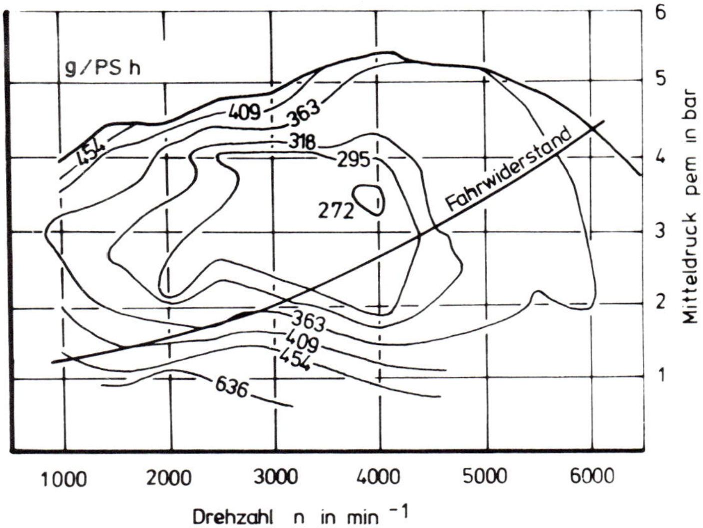

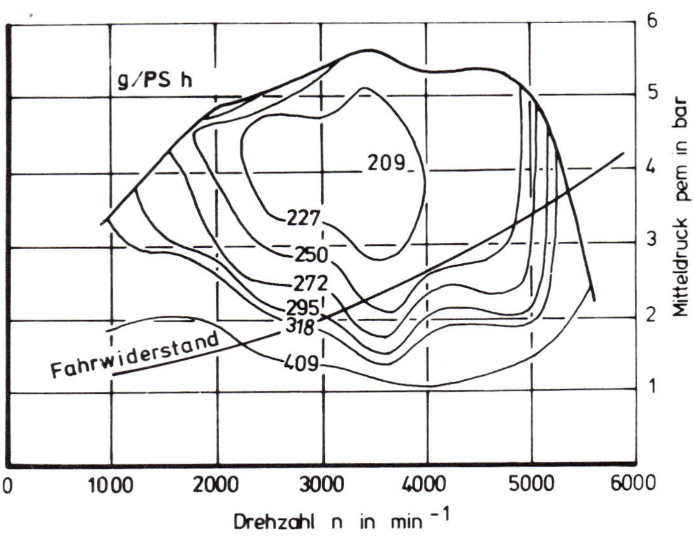

Verbrauchskennfelder für einen 350-cm³-Zweizylinder-Zweitaktmotor mit Vergaser und Einspritzung

Der Einspritzmotor erreicht einen günstigsten spezifischen Verbrauch b_e = 209 g/PSh und überschreitet den Mindestverbrauch des Vergasermotors b_e = 272 g/PSh nicht in dem weiten Drehzahlbereich zwischen n = 1 600 min $^{-1}$ und n = 5 100 min $^{-1}$.

Die eingezeichnete Fahrwiderstandskurve macht deutlich, daß ein Verbrauch b_e = 295 g/PSh bei gleichmäßiger Fahrt in der Ebene von dem Vergasermotor nur zwischen n = 3 330 min $^{-1}$ und n = 4 400 min $^{-1}$, von dem Einspritzmotor aber zwischen n = 3 000 min $^{-1}$ und n = 5 200 min $^{-1}$ unterschritten wird.

Der optimale Einspritzzeitpunkt ist für höchste Leistung und günstigsten Verbrauch um so stärker verschoben, je höher die Drehzahl ist. Der günstigste geometrische Einspritzbeginn für maximale Leistung lag bei einem japanischen 350-cm³-Zweizylindermotor bei 2 000 min $^{-1}$ 30° kW nach UT, bei 5 000 min $^{-1}$ aber 20° kW vor UT. Der günstigste Verbrauch wurde bei 2 000 min $^{-1}$ mit 50° kW nach UT, bei 5 000 min $^{-1}$ mit 30° kW nach UT gemessen (Bild S. 156).

Ein früher Einspritzbeginn begünstigt natürlich die Verdampfung und die homogene Verteilung der Kraftstofftröpfchen, erhöht aber auch die Gefahr direkter Kraftstoffverluste. Die Einspritzdauer beträgt etwa eine ms, bei 3 000 min^{-1} also rd. 18° kW. Bei einem späteren Einspritzbeginn kommt das Einspritzende schon so dicht an den Zündzeitpunkt, daß eine ausreichende Kraftstoffaufbereitung und -verteilung immer fraglicher wird. Die optimale Abstimmung zwischen Einspritzzeitpunkt und Zündzeitpunkt in Abhängigkeit von Last und Drehzahl wird daher von entscheidendem Einfluß auf die Senkung des spezifischen Verbrauchs und der Schadstoffemissionen, nicht zuletzt aber auch für den aussetzerfreien Betrieb im Leerlaufbereich.

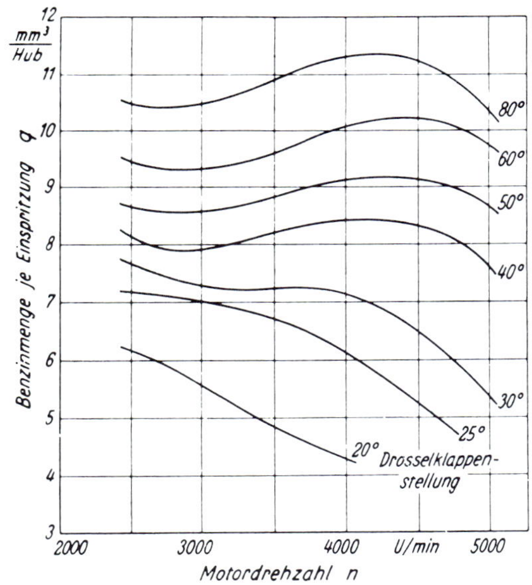

Regelfeld der Bosch-Einspritzpumpe für den 200-cm^3-Lux-Motor

Die Einspritzmenge q in mm^3/Hub ist abhängig von der Drosselklappenstellung, also der Belastung und der Drehzahl. Das Schaubild zeigt die von Hand eingestellten Werte für den günstigsten spezifischen Verbrauch und läßt deutlich erkennen, mit welcher Sorgfalt die optimale Zuordnung der Kraftstoffmenge an die verschiedenen Betriebszustände erfolgen muß.
Für die beste Leistungsausbeute liegen die zugehörigen Brennstoffmengen 15 – 20 % höher. Für optimalen Verbrauch schwanken die Einspritzmengen hier etwa zwischen q = 4 mm^3/Hub und q = 12 mm^3/Hub.

VERGESSENE PIONIERE: GUTBROD, GOLIATH, NSU

Beim »Gutbrod-Superior«, einem 600-cm^3-Zweizylindermotor, konnte schon 1951 die Verdichtung von 1:6,5 beim Vergaserbetrieb auf 1:8 beim Einspritzbetrieb abgehoben werden. Die Leistung stieg von 22 PS bei 4 000 min^{-1} auf 28 PS bei 4 800 min^{-1}, während der beste spezifische Verbrauch im mittleren Drehzahlbereich von 270 g/PSh (368 g/kWh) auf 220 g/PSh (300 g/kWh) abnahm. Der Straßenverbrauch des Einspritzers lag über dem ganzen Geschwindigkeitsbereich rd. 2 l/100 km günstiger als der der Vergaserversion. Eine Erklärung für diese erstaunliche Verbesserung der Wirtschaftlichkeit bringt ein Vergleich der Verbrauchskennfelder.
Der Bereich mit dem sehr niedrigen Verbrauch von 220 g/PSh erstreckt sich beim Einspritzmotor über den weiten Geschwindigkeitsbereich von 55 – 100 km/h und liegt sehr günstig im Verlauf der Fahrwiderstandskurve. Beim Vergasermotor ist der günstigste Verbrauchsbereich von 270 g/PSh von 60 – 80 km/h sehr klein und wird von der Fahrwiderstandskurve in der Ebene gar nicht berührt. Ein Teil der Einsparung ist auf das höhere klopffreie Verdichtungsverhältnis des Einspritzmotors zurückzuführen, eine Folge der besser ausgenützten Verdampfungskälte des Kraftstoffes und der ungleichmäßigen Gemischverteilung (Bild S. 157).
Dr. Walter Froede konnte wenige Jahre später die Leistung des 200-cm^3-Motors

NSU-Lux mit Kraftstoff-Einspritzung
In den 50er Jahren baute Dr. Walter Froede die NSU-Lux wahlweise mit einer Metabo-Pumpe und mit einer Bosch-Pumpe auf direkte Einspritzung um. Er erzielte Verbrauchsdaten, die 20 % unter denen eines Viertaktmotors lagen.

der NSU Lux mit der Bosch-Einspritzpumpe von 8,8 auf 10,5 PS steigern und den besten spezifischen Verbrauch von 280 g/PSh (381 g/kWh) auf rd. 200 g/PSh (272 g/kWh) senken.
In der gleichen Größenordnung lagen die Ergebnisse beim 125-cm^3-Motor. Im Streckenverbrauch erreichte die NSU Lux mit einer Metabo-Einspritzanlage bei einer gleichmäßigen Fahrgeschwindigkeit von 80 km/h einen Verbrauch von 2,6 l/100 km und lag damit erheblich günstiger als die in Abmessungen und Gewicht vergleichbare 250-cm^3-Viertakt-Max, die 3,25 l/100 km verbrauchte.

JAPANISCHE UNTERSUCHUNGEN

Die im Jahr 1971 an dem schon erwähnten 350-cm^3-Zweizylindermotor durchgeführten japanischen Versuche brachten sehr ähnliche Ergebnisse. Der günstigste spezifische Verbrauch des Einspritzmotors lag bei 209 g/PSh (285 g/kWh), der des Vergasermotors bei 272 g/PSh (370 g/kWh). Ein Wert, den der Einspritzmotor über den weiten Bereich zwischen 1 600 und 5 000 min^{-1} bei einem Mitteldruck zwischen 1,4 und 5,3 bar einhielt. Mit dem sinkenden Verbrauch konnte die Emission von Schadstoffen drastisch vermindert werden. In dem japanischen Vier-Stufentest, der zwischen Leerlauf, gleichmäßiger Fahrt mit 40 km/h und einer Fahrt auf 4 % Steigung mit 50 km/h durchgeführt wird, sank die Emission von Kohlenmonoxyd von 2,4 % auf 1,9 %, die von ungesättigten Kohlenwasserstoffen von 4 080 auf 1 965 ppm.
Der Einspritzmotor kann eben mit sehr hohem Luftüberschuß gefahren werden, ohne Zündaussetzer oder ein bedenkliches Ansteigen der Stickoxyd-Emission befürchten zu müssen.
Die japanischen Forschungsarbeiten an der Einspritzung konzentrierten sich vor allem darauf, die Gasbewegung während der Spülung optimal für die Gemischaufbereitung zu nutzen. Am Anfang der Spülung bildet sich ein Wirbel aus, dessen Ebene etwa in der Auspuff-

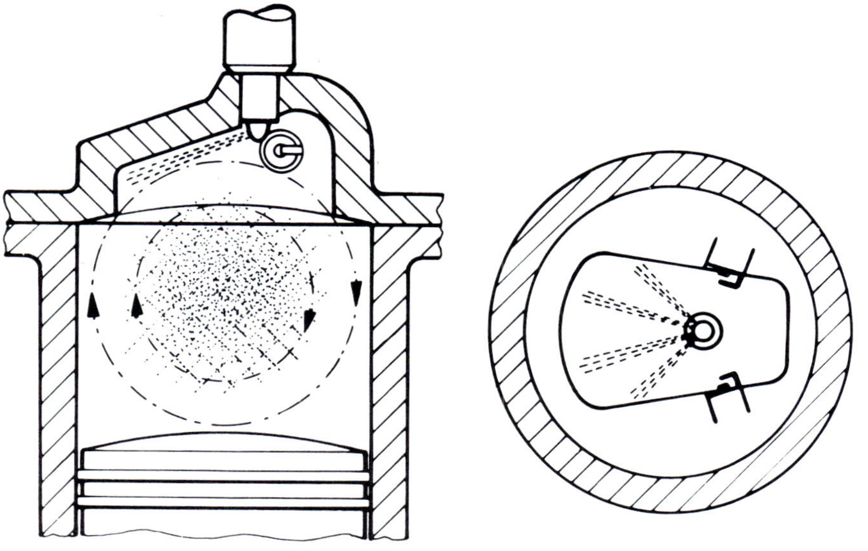

YOCP-Verfahren

Der Brennraum des YOCP-Verfahrens bildet eine keilförmige und sich in der Draufsicht zur Auspuffseite hin verjüngende Tasche. Der Kraftstoff wird von der vierstrahligen Düse gegen den sehr kräftigen und über einen großen Drehzahlbereich sehr stabilen Spülstrom gespritzt, der zur Senkung der Stickoxydwerte bewußt so geführt wird, daß in der Wirbelmitte ein Abgaskern zurückbleibt. Kein Weg zu höchster Leistung, aber zu großer Wirtschaftlichkeit, und auch die Doppelzündung mit ihren in der Tasche horizontal gegenüberliegenden Kerzen dient nicht der Leistungssteigerung, sondern der sichereren Zündung.

richtung liegt. Je höher die Drehzahl wird, um so stabiler bildet sich der Wirbel aus. Hierauf ist zum großen Teil der unregelmäßige Rundlauf bei niedriger Drehzahl zurückzuführen, bei der der Motor meist mit erheblichem Luftmangel (Luftzahl $\lambda = 0{,}6$ bis 0,9) läuft. Durch die schlechte Kraftstoffverteilung und die damit verbundenen häufigen Zündaussetzer ergeben sich hohe CH-Emissionen. Es kommt also entscheidend darauf an, gerade im Bereich geringer Last und niedriger Drehzahl die Gasströmung so zu leiten, daß der Frischgasstrom sicher an der Kerze vorbeigeführt wird. Als günstigster Brennraum ergab sich eine dachförmige Mulde mit dem höchsten Punkt an der Auspuffseite. Die Mulde verjüngt sich in Richtung auf die Auspuffseite in der Breite.

Bei aufwärtsgehendem Kolben bilden sich durch die seitlichen Quetschzonen quer zur Hauptströmungsrichtung Wirbel aus, die sich der eigentlichen Spülströmung überlagern. Die Quetschkantenwirkung beginnt etwa 110 ° kW vor OT und ist naturgemäß um so größer, je schmaler die Mulde und je größer die Quetschzone ist.

Um den Spülstrom auch bei niedriger Last, also bei geringer Strömungsenergie, möglichst geschlossen an die in der Mulde sitzende Kerze heranzuführen und dort ein zündfähiges Gemisch sicherzustellen, wird bei dem vom Nippon Clean Engine Research Institute entwickelten NICE-Verfahren der Auslaßstrom bei niedriger Drehzahl und niedriger Last durch ein mit dem Gasschieber gekoppeltes Ventil oder durch einen

Schieber gedrosselt. Die Folge ist eine erhebliche Verminderung der CH-Emissionen. Der Motor kann mit einem sehr viel ärmeren Gemisch aussetzerarm gefahren werden. Während ein üblicher Zweitaktmotor bei einer Luftzahl von $\lambda = 1{,}0$ bis 1,1 auf eine Zündfolge von 40 – 50 % kam, also viertaktete, erreichte der NICE-Motor bei der gleichen Luftüberschußzahl sicher 80 % Zündungen, kam bei $\lambda = 1{,}35$ auf einen aussetzerfreien Zweitaktlauf und konnte mit $\lambda = 1{,}4$ noch einwandfrei betrieben werden.

Das YOCP-Verfahren der Japaner Yui und Ohnishi arbeitet mit einer sehr ähnlichen Brennraumform wie NICE. Die Einspritzung erfolgt durch eine vierstrahlige Düse, die tangential gegen die Drehrichtung des Spülwirbels gerichtet ist. Die beiden Kerzen sind seitlich im höchsten Teil der Wirbelwanne angeordnet. Sie dienen hier nur der unbedingt sicheren Zündung, nicht der Leistung. Der eingespritzte Kraftstoff wird durch den Spülwirbel auf die unmittelbar hinter der Düse angeordneten Kerzen geblasen.

Um die Bildung von NO_x zu begrenzen, wird bewußt ein gewisser Abgaskern in Kauf genommen. Stroboskopische Untersuchungen scheinen zu beweisen, daß dieser Kern recht stabil ist und der kräftige Spülstromwirbel auch nach dem Schluß des Auslaßschlitzes aufrechterhalten bleibt. So besteht Grund zu der Annahme, daß sich die Brennstofftröpfchen tatsächlich in der Randzone des Wirbels erhalten und der Anteil unverbrannter Kohlenwasserstoffe niedrig bleibt. Für die Verminderung von CO kann durch die gute Spülströmung und durch das ungewöhnlich hohe Verdichtungsverhältnis 10:1, nach Abschluß des Auslaßschlitzes gemessen, mit großem Luftüberschuß gefahren werden. Die Versuche wurden mit einem modifizierten 372-cm^3-FUJI-Motor mit folgenden Daten gefahren:

Bohrung 80 mm ∅
Hub 74 mm
effektives Verdichtungsverhältnis 10:1
Auslaßzeit 155° kW
Spülzeit 115° kW
Vorauslaß also 20° kW

Die Quetschfläche betrug 53 % der Kolbenfläche. Der Einspritzdruck der Dieselpumpe lag bei 100 bar, doch dürften 40 – 60 bar genügen. Die Schmierung war eine einfache Tropfölung in den Einlaß, das Mischungsverhältnis betrug 1:180! Durch eine 450 mm lange Einlaßleitung und eine 1170 mm lange Auslaßleitung war der Motor auf eine Drehzahl von 2000 min^{-1} abgestimmt. Die Meßergebnisse sind verblüffend, auch wenn man berücksichtigt, daß der spezifische Verbrauch hier auf die indizierte Leistung bezogen wurde. Erwartungsgemäß sinkt der spezifische Verbrauch mit sinkendem Mitteldruck: Er betrug bei 2000 min^{-1} und $p_{mi} = 1{,}4$ bar mit dem beachtlichen Luftüberschuß $\lambda = 1{,}4$ nur kaum glaubliche 132 g/PSh (182 g/kWh), bei $p_{mi} = 8{,}7$ bar und einem Luftüberschuß $\lambda = 0{,}85$ nur 196 g/PSh (266 g/kWh). Der Einspritzbeginn schwankte zwischen 120° kW und 130° kW vor OT, wobei der frühere Zeitpunkt günstig für die Leistung, der spätere Zeitpunkt günstig für den Rundlauf bei niedriger Drehzahl ist. Die optimale Vorzündung ist abhängig vom Mitteldruck und liegt bei $p_{mi} = 0{,}35$ bar 35° kW vor OT, bei $p_{mi} = 7{,}0$ bar bei 10° kW vor OT, beide Werte für die Drehzahl $n = 2000$ min^{-1}.

Aus dem sehr interessanten Versuchsbericht geht weiter hervor, daß der höchste Verbrennungsdruck bei einem

Einspritzanlage der Motobécane

Die Pumpe im Vordergrund fördert den Kraftstoff über die rechte Rohrleitung zur elektromagnetisch gesteuerten Einspritzdüse. Am Ansaugstutzen, dessen Durchgang mit einer Drosselklappe geregelt wird, erkennt man die Sonde für die Unterdruckmessung, unter der Druckleitung die Sonde für den Unterdruck im Kurbelgehäuse.

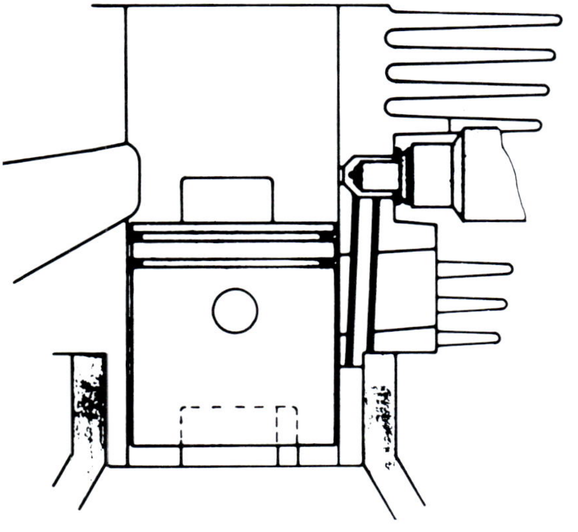

Lage der Einspritzdüse

Die Einspritzdüse ist bei Motobécane genau auf den Auslaßkanal gerichtet. Der Kraftstoffstrahl wird durch die kräftige Spülströmung nach oben abgelenkt.

Verdichtungsverhältnis $\varepsilon_{eff} = 10:1$ nur 38 bar betrug, der maximale Druckanstieg bei Vollast aber 2,3 bar/°kW gegenüber 0,6 bar/°kW im Leerlauf. Auch der Ausstoß an Schadstoffen kann sich sehen lassen:

	CO	CH	NO_x
Vergaser-motor	ca. 5 %	1500 – 5000 ppm	160 – 500 ppm
YOCP-Motor	0,5 – 0,05 %	40 – 230 ppm	200 – 1100 ppm

Es zeigte sich, daß die Bildung von NO_x, die mit 1100 ppm erwartungsgemäß besser liegt als beim Viertakter mit 4000 – 5000 ppm, sehr stark durch den Zündzeitpunkt beeinflußt wird. Der Ausstoß an unverbrannten Kohlenwasserstoffen nimmt zu, wenn direkt gegen die Wände der Verbrennungstasche gespritzt wird.

Motobécane

Motobécane zeigt an einem erstmals auf dem Pariser Salon 1973 vorgestellten und inzwischen systematisch zu hoher Reife entwickelten System, daß die Einspritzung nicht unbedingt in den Zylinderkopf erfolgen muß. Hier fördert die Pumpe den Kraftstoff mit einem konstanten Druck von nur 2 bar zu dem elektromagnetisch betätigten Einspritzventil, das in der Zylinderwand sitzt und überraschend genau auf den Auslaßschlitz gerichtet ist.

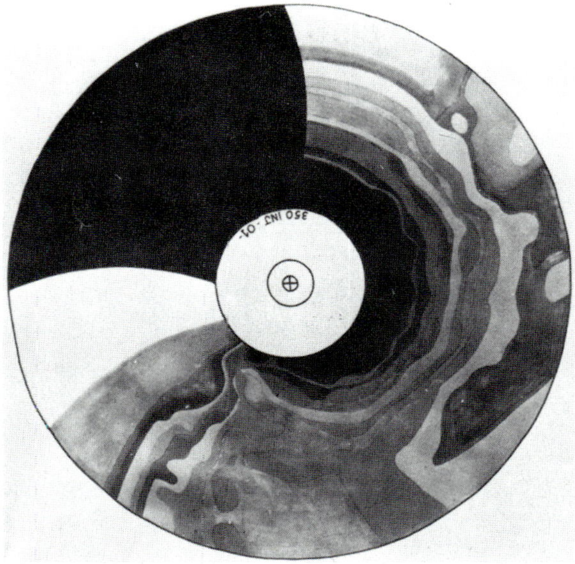

Steuerscheibe

Die Plexiglasscheibe ist nach den für jeden Betriebspunkt des Motors ermittelten Daten unterschiedlich eingefärbt und stellt sich wie ein Tourenzähler nach der Drehzahl ein. Ein durchgehender Lichtstrahl steuert mit seiner Intensität über eine Selenzelle die Magnetspule der Einspritzdüse.

Aber der erste Eindruck täuscht: In langen Versuchen mit genauer stroboskopischer Beobachtung durch Fenster der Überströmkanäle wurden die Kraftstoffstrahlen so gerichtet, daß der Spülstrom sie in Richtung Zylinderkopf lenkt.

Die Einspritzdauer wird in Abhängigkeit von der Drehzahl, von der Temperatur und vom Unterdruck im Ansaugkanal und im Kurbelgehäuse gesteuert. Als Steuerorgan hat sich Motobécane ein geniales System einfallen lassen, das auf dem Prinzip der Photozelle beruht. Eine Plexiglasscheibe ist nach den Daten, die für jeden Betriebspunkt des Motors ermittelt worden sind, unterschiedlich geschwärzt und wird je nach der Drehzahl wie ein Tourenzähler verdreht. Ein durchgehender Lichtstrahl bestimmt mit seiner Intensität die Stromintensität für die Magnetspule der Einspritzdüse. Den Steuerstrom mit einer Spannung von 300 Volt erzeugt ein Schwungrad-Generator, der einen Kondensator von 1 MF auflädt. Streicht der Impulsgeber, ein kleines Stahlplättchen, an einer Steuerspule vorbei, so entlädt sich der Kondensator über die Magnetspule des Einspritzventils. Je nach Öffnungsdauer des Einspritzventils werden Kraftstoffmengen in der Größenordnung von 1 – 5 mm^3 eingespritzt.

Die mit diesem System erzielten Ergebnisse sind beeindruckend. Der Kraftstoffverbrauch konnte von 340 auf 240 g/PSh – also auf Viertakt-Werte – gesenkt werden, und noch überzeugender war die Verminderung der Schadstoff-Emissionen.

Bei dem vorgeschriebenen ECE-Zyklus sank die CH-Emission von 11,2 g/km für einen optimal eingestellten Vergaser-Motor auf 1,93 g/km, also auf 17 % ab. Ebenso spektakulär war die Verminderung von CO.

Die sehr genaue Zumessung der richtigen Kraftstoffmenge auf den Ladegrad wirkt sich aber besonders eindrucksvoll im Leerlauf mit seinen vom Vergaser einfach nicht zu beherrschenden Druckverhältnissen aus und glättet die Löcher im unteren Teil der Leistungskurve, die durch die Gasschwingungen auf der Saugseite verursacht werden. Der Lauf wurde bis zu Drehzahlen um 1000 min^{-1} sehr viel runder, das Viertakt- und Achttakt-Stottern verschwand, und mit ihm die starke Anreicherung von CH und CO im Leerlauf.

Zündung

ZÜNDKERZE

Die Entzündung des hochverdichteten Kraftstoff-Luftgemisches erfolgt durch das Überspringen eines elektrischen Funkens zwischen den Elektroden der Zündkerze. Da das Kraftstoff-Luftgemisch einen vorzüglichen Isolator darstellt, ist für diesen Funkenüberschlag eine sehr hohe Spannung von 15 000 bis 25 000 Volt erforderlich. Der Funken ionisiert die Funkenstrecke und leitet eine Glimmentladung von etwa 1 bis 1,5 Millisekunden Dauer ein, die für die eigentliche Verbrennung entscheidend ist.

Die Zündkerze führt ein sehr hartes Leben. Der Isolatorfuß wird bei der Verbrennung mit einer Temperatur von 2 500 bis 2 800° C beschossen und eine hundertstel Sekunde später mit einer kalten Dusche der Frischgase von 20° C abgeschreckt. Er darf bei Vollgas und höchster thermischer Beanspruchung eine Temperatur von 850 bis 900° C nicht überschreiten, weil er sonst das Gemisch als Glühkerze vorzeitig entzünden würde, aber er muß beim Bummeln im Leerlauf eine Temperatur von mindestens 500° C beibehalten, um nicht zu verrußen, sondern sich erst von den Ablagerungen freibrennen.

Er muß unempfindlich gegen schroffe Temperaturwechsel sein und die Wärme schnell ableiten, um den Temperaturunterschied zwischen dem Fuß mit seinen 900° C und dem im Luftstrom liegenden Kopf mit 200° C rißfrei zu überstehen.

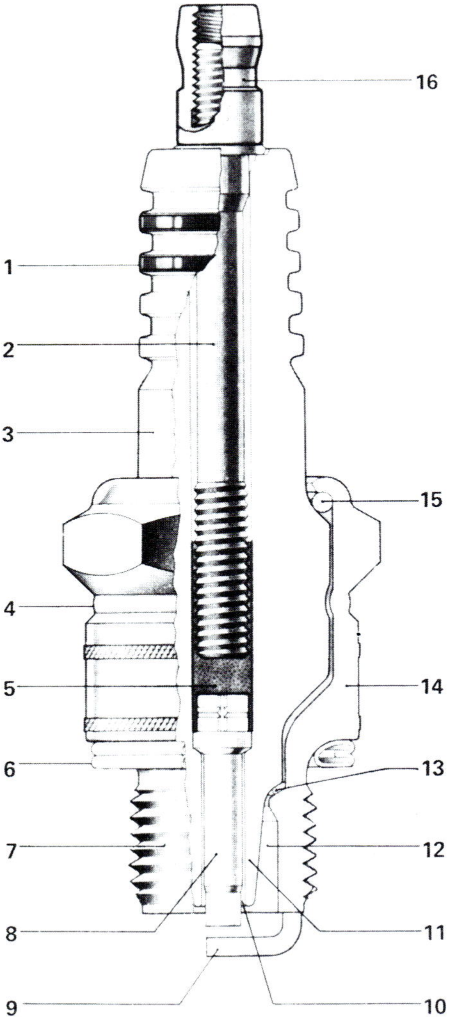

Die Zündkerze

1 Kriechstrombarrieren
2 Anschlußbolzen
3 Pyranit-Isolator
4 Stauch- und Warmschrumpfzone
5 Elektrisch leitende Spezialschmelze
6 Unverlierbarer äußerer Dichtring
7 Gewinde mit Führungsansatz
8 Abbrandfeste CR-Spezialelektrode (Mittelelektrode)
9 Abbrandfeste Masseelektrode
10 Luftspalt
11 Isolatorfuß
12 Atmungsraum
13 Innerer Dichtring
14 Zündkerzengehäuse
15 Bördelring
16 SAE-Anschlußmutter

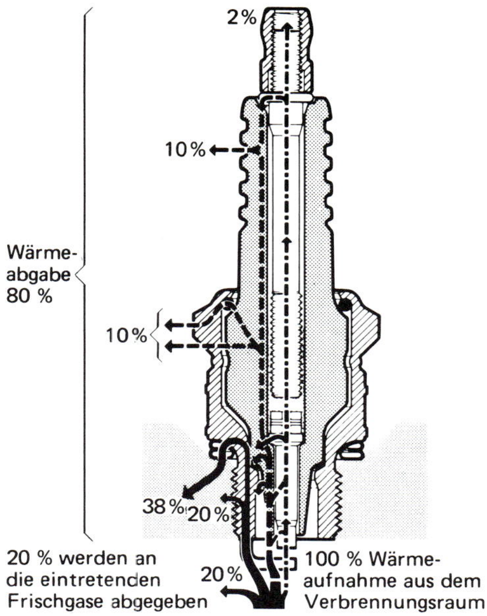

Der Wärmehaushalt der Zündkerze

Fast 60 % der von der Zündkerze aus der Verbrennung aufgenommenen Wärme werden an den Zylinderkopf, 20 % an die Frischgase abgegeben. Die Temperatur des Isolators schwankt bei Vollgas zwischen 850° C am Isolatorfuß und 200° C am Steckeranschluß.

Isolatoren werden auf der Basis von Aluminiumoxid hergestellt und erhalten ihre mechanische Festigkeit durch Brennen bei sehr hohen Temperaturen.

Ein ebenso hartes Los haben die Elektroden. Die am höchsten beanspruchte Mittelelektrode wird aus einer Nickellegierung mit Zusätzen von Mangan, Chrom und Silizium hergestellt und erhält zur besonderen Wärmeführung oft einen Schaft aus Kupfer mit einer viermal so großen Leitfähigkeit. Bei der Seitenelektrode finden sich je nach Beanspruchung verschiedene Formen:

Die Stirnelektrode liegt direkt über der Mittelelektrode, hat einen besonders kleinen Spannungsbedarf, eine große Abbrandreserve und läßt sich leicht auf den richtigen Abstand, der zwischen 0,6 bis 0,7 mm liegen soll, nachstellen. Sie macht im Leerlauf hin und wieder Schwierigkeiten und deckt das Gemisch teilweise ab. Die Seitenelektrode hat einen besseren Leerlauf und kommt wegen der besseren Lage zum Gemisch mit einer etwas geringeren Vorzündung aus, läßt sich aber schwer nachstellen. Die Ringelektrode hat einen sehr geringen Abbrand und gute Leerlaufeigenschaften, läßt sich aber nicht nachstellen.

Der Wärmewert einer Kerze zeigt an, welche thermische Belastung sie erträgt. Bei gleicher Belastung wurden in dem gleichen Motor für die unterschiedlichen Wärmewerte der Kerze folgende Durchschnittstemperaturen der Mittelelektrode gemessen:

Wärmewert alt	Wärmewert neu	Mittlere Temperatur der Mittelelektrode
175	7	760° C
225	5	680° C
240	4	580° C
260	3	530° C

Motoren- und Kerzenhersteller stimmen die Wärmewerte einer Kerze in langen Versuchen sorgfältig auf den Motorentyp ab. Eigene Experimente haben keinen Wert. Zeigt die vorgeschriebene Kerze ein anormales Verhalten, dann ist mit dem Motor irgend etwas nicht in Ordnung. Die Kerze ist ein zuverlässiges Fieberthermometer des Motors.

Mit magerer werdendem Gemisch steigt die Kerzentemperatur stark an und überschreitet schon nach kurzer Volllast-Laufzeit die kritische Grenze von etwa 850° C.

In einem luftgekühlten Schneemobil-Motor mit einer Literleistung von 110 PS/l stabilisiert sich die Kerzentempera-

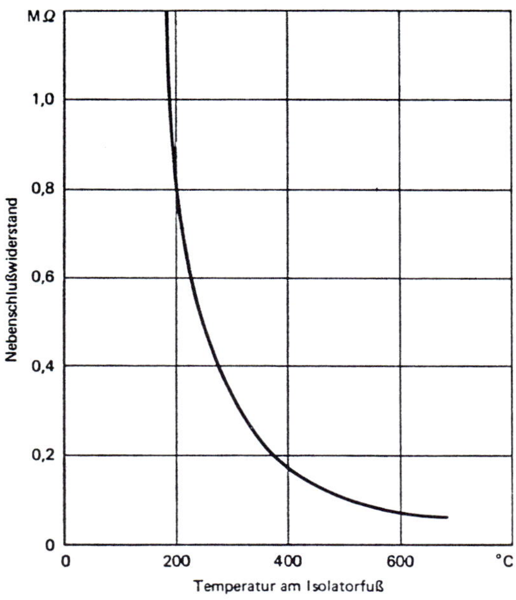

Nebenschlußwiderstand und Temperatur

Durch die Ablagerung von Bleiverbindungen auf dem Isolatorfuß der Zündkerze sinkt der für Kriechströme entscheidende Nebenschluß-Widerstand mit steigender Temperatur von 0,8 Megaohm (MΩ) bei 200° C auf weniger als 0,1 Megaohm (MΩ) bei 600° C.

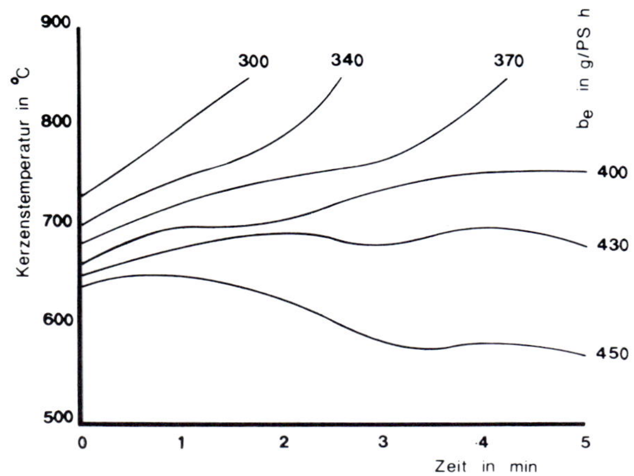

Kerzentemperatur und spezifischer Verbrauch

Die Kerzentemperatur nimmt mit mager werdendem Gemisch schnell zu. Bei einem thermisch sehr hoch beanspruchten Schneemobil-Motor mit einer Leistung von 110 PS/L überschreitet die Kerzentemperatur bei einem spezifischen Verbrauch von 300 g/PSh schon nach einer Vollgaslaufzeit von 1,5 min den kritischen Wert 850° C. Die Temperatur stabilisiert sich erst bei einem spezifischen Verbrauch von 400 g/PSh auf etwa 750° C. Rennmotoren brauchen ein Viertel bis ein Drittel der verbrauchten Kraftstoffmenge zur Innenkühlung, und dafür ist der Kraftstoff eigentlich zu schade.

tur erst bei einem spezifischen Verbrauch b_e = 400 g/PSh mit T_k = 755° C. Die kritische Temperatur T_k = 850° C wird bei b_e = 300 g/PSh schon nach 1,6 Minuten, bei b_e = 370 g/PSh nach 4,2 Minuten Vollgas erreicht. Die Kerzentemperatur steigt weiter mit zunehmender Frühzündung, da damit ja die verbrennenden Gase länger auf die Brennraumwände einwirken. Die kritische Temperatur T_k = 850° C entspricht

bei einer Frühzündung von 30° kW
  v. O. T. einem b_e = 410 g/PSh
bei einer Frühzündung von 28° kW
  v. O. T. einem b_e = 380 g/PSh
bei einer Frühzündung von 25° kW
  v. O. T. einem b_e = 265 g/PSh

Bei einem normalen Verbrauch hat die Art des Kraftstoffes keinen Einfluß auf die Zündkerzentemperatur. Bei armem Gemisch blieb die Temperatur am Versuchsmotor mit Super-Kraftstoff konstant unter 820° C, während sie mit Normalbenzin nach 2 Minuten Vollgas den kritischen Wert T_k = 850° C überschritt. Die höhere Verdampfungswärme, die langsamere Verbrennung und die höhere Klopffestigkeit dürften die Erklärung sein. Auch bei gleicher Vorzündung von 25° C v. O. T. ergab die Kondensatorzündung eine um 60 – 80° C niedrigere Zündkerzentemperatur als die normale Spulenzündung. Das ist nur so zu erklären, daß das Durchbrennen des Gemisches durch den kräftigeren Zündfun-

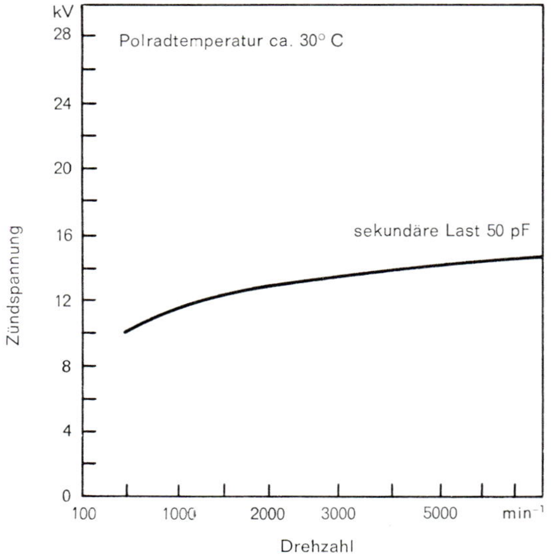

Verlauf der Zündspannung

Der Magnetzünder ist vor allem für kleine Zweitaktmotoren bestimmt.
Die Zündspannung steigt in einer flachen Kurve von 10 000 Volt bei 500 min^{-1} auf 15 000 Volt bei 8 000 min^{-1} an.

ken schneller erfolgt und keine »Nester« zurückbleiben, die durch verzögertes Abbrennen ihre Wärmeenergie nicht in nutzbare Arbeit umsetzen, sondern in stärkerem Maße an die Brennraumwände abgeben. Mit zunehmender Laufdauer steigt die Leistung der Kondensatorzündung als Folge der niedrigeren Zylindertemperatur und damit des höheren Ladegewichtes über die Leistung mit Spulenzündung an.

Einen starken Einfluß auf die Zündkerzentemperatur hat natürlich die Form des Brennraumes. Unter sonst gleichen Bedingungen erreichte die Zündkerzentemperatur in einer Kugelkalotte ohne Quetschrand etwa 830° C. Ein eingeschnürter Brennraum mit 40 % Quetschfläche kam auf 760° C und mit stark zurückgesetzter Kerze und 70 % Quetschfläche nur auf 740° C. Ein derartiger Brennraum erfordert aber viel Frühzündung und setzt die Leistung merklich herab. Um die thermische Belastung zu verringern, werden häufig zwei Kerzen angewendet: Der Flammenweg wird kleiner, so daß die Vorzündung zurückgenommen werden kann und die hohe Gastemperatur eine kürzere Zeit auf die Brennraumwandungen einwirkt. Bei einem unmittelbaren Vergleich lag die Elektrodentemperatur mit einer Kerze bei 790° C, mit zwei Kerzen bei 755° C. Dabei stieg die Leistung bei gleicher Drehzahl $n = 5\,000\ min^{-1}$ von $N = 24{,}2$ PS auf $N = 25{,}2$ PS. Die mögliche Leistungssteigerung durch eine Doppelzündung ist erwartungsgemäß um so stärker, je größer die Bohrung und je höher die Drehzahl ist.

In einem gesunden Motor ist der Isolator milchkaffeebraun bis dunkelgrau. Ein stumpfschwarzer Überzug verrät, daß die Vergasereinstellung zu fett, der Elektrodenabstand zu groß oder der Luftfilter zugesetzt ist. Ein Belag von feuchter Ölkohle oder Ruß kündigt an, daß zu viel Öl in den Verbrennungsraum gelangte, sei es beim Zweitakter durch eine zu hohe Ölbeimischung oder beim Viertakter durch Verschleiß der Kolbenringe oder der Einlaßventilführungen. Blumenkohlelektroden mit Schmelzperlen deuten darauf hin, daß entweder mit der Hauptdüse oder doch mit dem Wärmewert der Kerze gespart wurde, oder der Motor klopfte.

ZÜNDSTROMERZEUGER

Schwungrad-Magnetzünder

Für kleine Moped- und Mofamotoren wird heute noch vorwiegend der Schwungrad-Magnetzünder verwendet, der die mit der Drehzahl steigende Zündspannung unabhängig von einer Batterie erzeugt. Das Polrad mit dem Dauermagneten sitzt auf der Kurbelwelle des Motors und dient ihm als Schwungmasse. Der umlaufende Magnet erzeugt in der geschlossenen Primärwicklung des Stators einen Strom mit niedriger Spannung, die bei Unterbrechung des Stromes in der Sekundärwicklung in einen Hochspannungsstoß umgewandelt wird. Diese Sekundärspule mit der 50- bis 60fachen Windungszahl kann auf dem gleichen Zündanker wie die Primärwicklung aufgebaut sein, oder die Spannungswandlung erfolgt in einem getrennten Transformator.

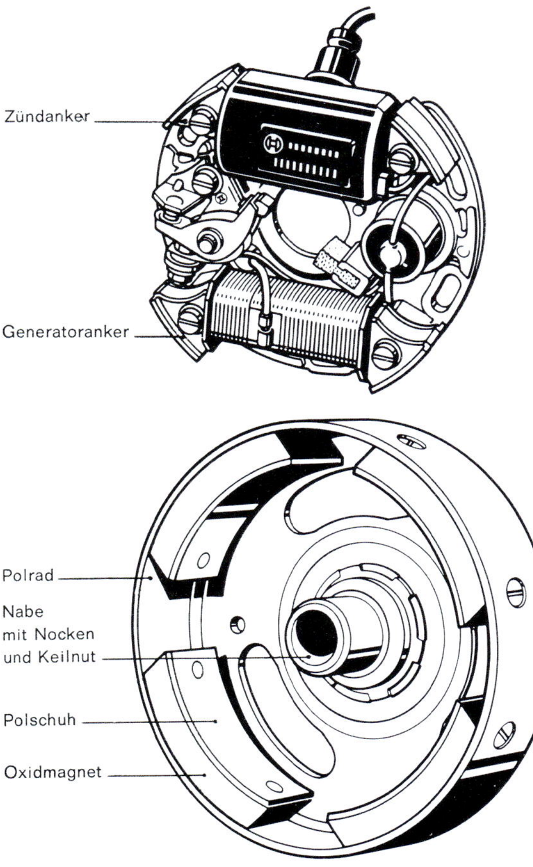

Magnetzünder-Generator
Neben dem Zündanker ist auf der Ankerplatte ein Generator-Anker angeordnet, der Wechselstrom für die Fahrzeugbeleuchtung und andere Verbraucher liefert.

Gleichstrom-Generator

Die höheren Ansprüche an das Bordnetz (Scheinwerfer, Anlasser, Blinker, Bremsleuchten) und das geringe Spannungsangebot der Schwungrad-Magnetzünder bei niedrigen Drehzahlen erfordern eine großzügigere Stromquelle. Und da brauchbare Gleichrichter noch nicht zur Verfügung standen, beherrschten jahrzehntelang Gleichstrommaschinen als Stromerzeuger und die Batteriespulenzündung das Feld. Sie hatte den Vorteil, schon bei niedriger Anlaßdrehzahl einen kräftigen Funken zu liefern und so den Leerlauf zu verbessern, den Nachteil, daß bei sehr hohen Drehzahlen die Zeit sehr knapp wird, um in der Primärspule eine genügend hohe Spannung aufzubauen.

Bei geschlossenem Unterbrecher, dem ein Kondensator parallel geschaltet ist, fließt der Strom durch die Primärwicklung der Zündspule. Wird dieser Strom plötzlich unterbrochen, bricht das durch ihn erregte Magnetfeld zusammen, während sich gleichzeitig der Kondensator auflädt. Er begrenzt die Primärspannung auf 400 bis 500 Volt und sorgt

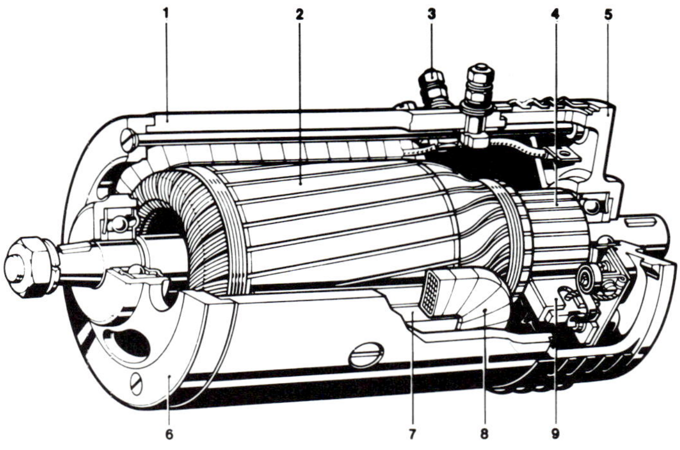

1 Polgehäuse
2 Anker
3 Anschlußklemme
4 Kommutator
5 Kommutatorlagerschild
6 Antriebslagerschild
7 Polschuh
8 Erregerwicklung
9 Bürstenhalter und Kohlebürste

Gleichstrom-Generator

Der Anker läuft zwischen den im Gehäuse sitzenden Polschuhen mit den hintereinander geschalteten Erregerwicklungen. Der Anker besteht aus einem Eisenkern, in dem die Spulen der Ankerwicklung eingebettet sind. Zur Unterdrückung von Wirbelströmen ist der Eisenkern des Ankers aus gegeneinander isolierten Blechlamellen zusammengesetzt. Beim Umlauf des Ankers werden die Kraftlinien des Magnetfeldes zwischen den Polschuhen von den Ankerspulen geschnitten. Dadurch wird in den Ankerspulen eine Spannung induziert. Bei geschlossenem Stromkreis wird der Strom zu der jeder Ankerwicklung zugeordneten Kollektor-Lamelle geleitet und von Kohlebürsten abgenommen.

dafür, daß der Öffnungsfunken am Unterbrecherkontakt weitgehend gelöscht und damit vorzeitiger Kontaktbrand vermieden wird.

Diese Primärspannung wird je nach dem Windungsverhältnis in der Sekundärwicklung auf 25 000 bis 30 000 Volt transformiert. Die notwendige Spannung für den Überschlag zwischen den Elektroden hängt von Elektrodenabstand, Gemischzusammensetzung und Verdichtungsverhältnis ab und liegt bei etwa 10 000 Volt, während die Brennspannung nach der Ionisation der Funkenstrecke nur etwa 700 bis 1 000 Volt beträgt. Der notwendige Kondensator für die Gleichrichtung, die der Stromabnahme dienenden Kohlebürsten und die durch Fliehkräfte hoch beanspruchte Wicklung im Läufer begrenzen die Gleichstrommaschine in der Drehzahl und erfordern ständige Wartung. Sie wird heute nur noch in Ausnahmefällen eingebaut.

Wechselstrom-Generator

Wechselstrom-Generatoren haben einen sehr viel einfacheren und robusteren Aufbau. Hier rotiert ein Magnet als Anker und erzeugt in den sternförmig um ihn herum angeordneten, feststehenden Generatorenspulen wie beim Schwungrad-Magnetzünder einen Wechselstrom, der theoretisch unmittelbar für die Zündung herangezogen werden könnte, in der Praxis aber für die Versorgung des gesamten Bordnetzes (Batterieaufladung, Anlasser, Licht,

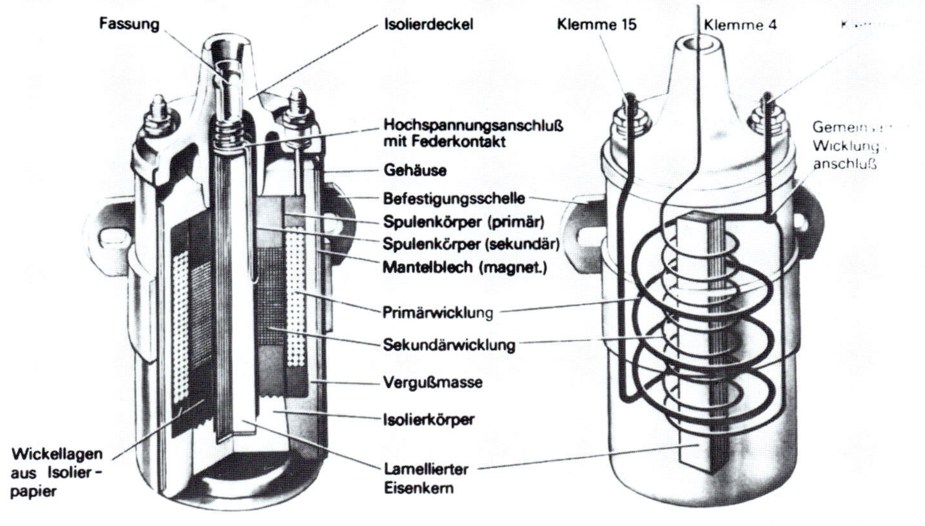

Schnittbild einer Zündspule

Die Zündspule ist ein Transformator, der die Zündenergie speichert und sie in Form eines Hochspannungs-Stromstoßes an die Zündkerze weitergibt.
Auf dem lamellierten stabförmigen Eisenkern sitzt isoliert die sekundäre Hochspannungswicklung mit 15 000 bis 30 000 Windungen aus dünnem Kupferdraht. Darüber liegen die wesentlich dickeren Windungen der Primärwicklung. Das Verhältnis der Windungszahlen liegt zwischen 60 und 150.

Blinker, Bremsleuchten usw.) durch einen Gleichrichter in Gleichstrom umgewandelt wird.
Wechselstromanlagen bauen wesentlich kompakter und liefern bei gleicher Größe etwa die doppelte elektrische Energie wie eine Gleichstrommaschine. Durch den Wegfall der umlaufenden Wicklungen können sehr hohe Drehzahlen erreicht werden, und das Fehlen des Kollektors mit seinen Schleifkontakten wirft auch keine Abnützungsprobleme auf.
Ein Nachteil der einfachen Wechselstrommaschine liegt darin, daß die mit der Drehzahl steigende Spannung durch die Belastung gesteuert werden muß. Man hilft sich durch eine geschickte Schaltung und zapft bei Tagfahrten nur zwei Spulen für Batterieladung und Zündung an. Beim Einschalten des Scheinwerfers werden dann die restlichen vier Spulen dazugeschaltet.

Drehstrom-Generator

An die Stelle des Wechselstrom-Generators ist heute auf breiter Front der Drehstrom-Generator getreten. Der Läufer ist eine rotierende Spule, die von zwei glockenförmigen Weicheisenpolen mit je 6 Klauen ummantelt ist. Die Klauen sind so gegeneinander versetzt, daß der Läufer wie ein 12poliger Magnet wirkt. Die Spule im Läufer erhält Erregerstrom über Bürsten und Schleifringe von der Batterie. Aber dieser Strom ist sehr schwach, und die ungeteilten Schleifringe nützen die Bürsten kaum

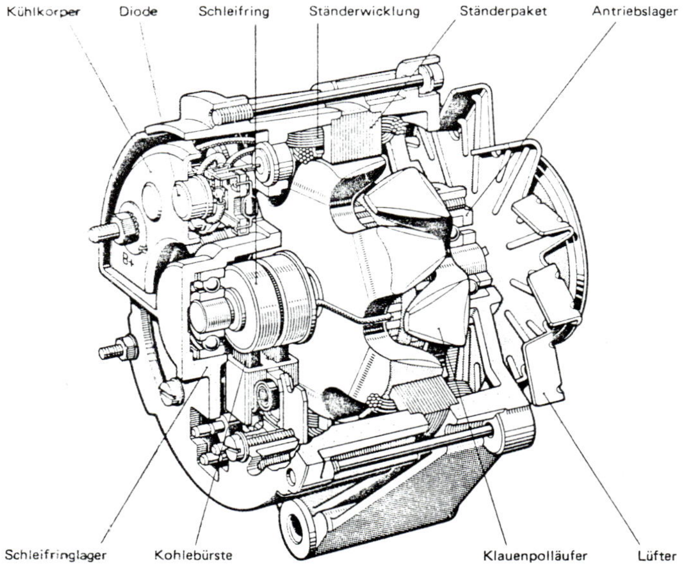

Drehstrom-Generator (Klauenpol-Generator)

Der dargestellte Klauenpol-Generator besteht aus zwei Läufern, deren klauenförmig ausgebildete Pole ineinander greifen und die ringspulenförmige Erregerwicklung umfassen. Bei jeder Umdrehung des Läufers schneiden die Kraftlinienfelder der 12 Pole die drei Stränge der Ständerwicklung und induzieren in den drei Phasen des Ständers 36 abwechselnd positive und negative Spannungs-Halbwellen ab. Ein Spannungsregler macht die Anlage lastunabhängig.

Der Siegeszug der Drehstromanlage war erst möglich, als die unhandlichen und temperaturempfindlichen Selen-

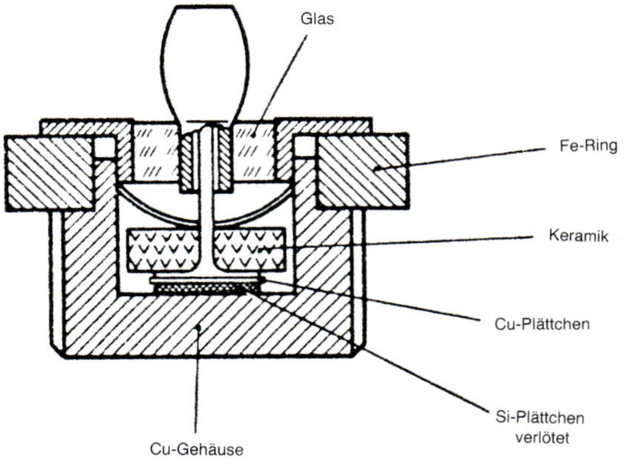

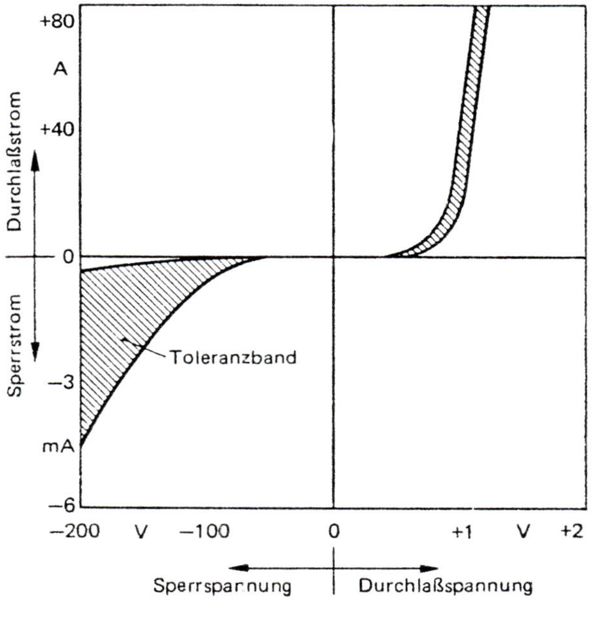

Diode

Der vom Generator gelieferte Wechselstrom muß für die Batterieladung und die elektronischen Geräte gleichgerichtet werden. Diese Aufgabe übernehmen Halbleiter-Dioden, die den Strom nur in einer Richtung durchlassen. Das Bild zeigt den Querschnitt durch eine glasvergossene Silizium-Diode.

Kennlinien von Silizium-Dioden

Silizium-Dioden werden erst leitend, wenn in der Durchlaßrichtung eine Spannung von etwa 0,6 V angelegt wird. Die Sperrspannung liegt bei 60 – 100 V.

Mechanische Unterbrecher

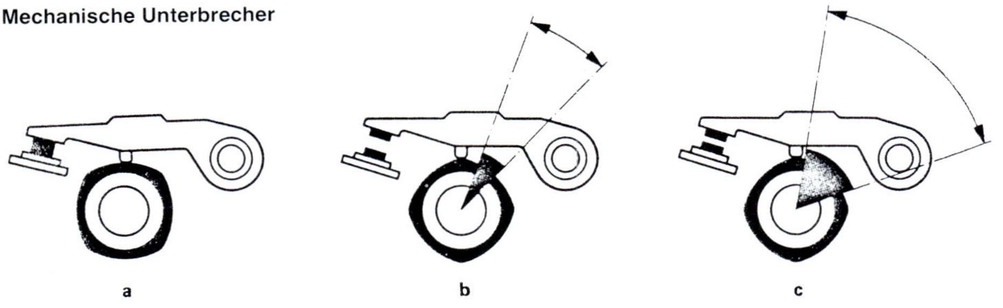

a) Kontakt geschlossen

b) großer Kontaktabstand – kleiner Schließwinkel

c) kleiner Kontaktabstand – großer Schließwinkel

und Kupferoxydul-Gleichrichter durch die kleinen und leistungsfähigen Silizium-Dioden abgelöst wurden, die nach dem Halbleiterprinzip arbeiten.
Bei der Überprüfung von Dioden bei stehendem Motor ist allerdings einige Vorsicht geboten. Sie sind empfindlich gegen Überspannung und dürfen nur mit Nennspannung getestet werden. Bei laufendem Motor muß die Batterie als Sicherung gegen schädliche Spannungsspitzen stets angeklemmt bleiben.

UNTERBRECHER

Mechanischer Unterbrecher

Der Unterbrecher ist die schwächste Stelle im Zündsystem. Bei höherer Drehzahl wird die Schließzeit zu kurz, um die Spule voll »aufzuladen«, bei größerem Schließwinkel wird die Beschleunigung beim Abheben des Unterbrechers zu groß. Es müssen immerhin Stromstärken von 3 und mehr Ampere gesteuert werden, und da tut sich auch der Kondensator schwer, die Kontakte

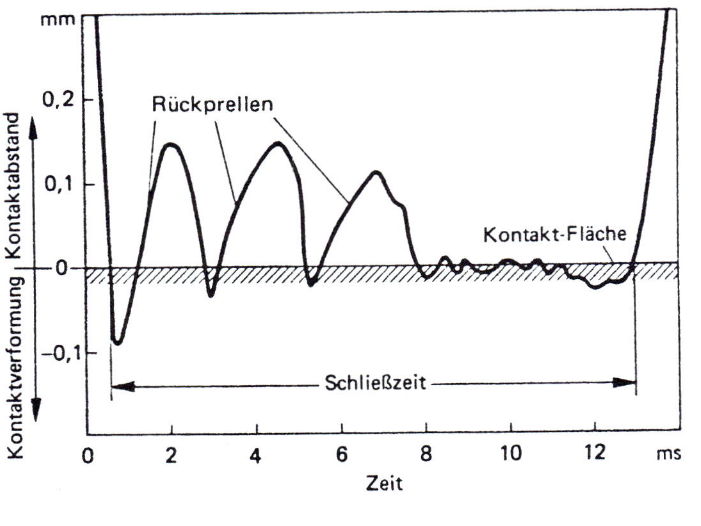

Rückprellen der Unterbrecherkontakte

Der richtige Kontaktabstand vermindert das Zurückprellen der Unterbrecherkontakte, deren Bewegung während der Schließzeit hier über der Zeit aufgetragen ist.

vor dem Funkensprühen und damit vor schneller Zerstörung zu bewahren. Wird der Primärstrom durch einen Transistor geschaltet, so braucht der Unterbrecher nur einen Strom von 0,3 bis 0,4 Ampere zu steuern, wird also erheblich entlastet. Der Transistor ist ein Halbleiter-Bauelement, das mit einer sehr kleinen Basisspannung starke Ströme steuern kann und als Verstärker zwischen Unterbrecher und Zündspule eingesetzt wird.

TRANSISTORZÜNDUNG (MTZ)

Bei der kontaktlosen Transistorzündung wird der Unterbrecher durch einen Magnetgeber ersetzt: Ein kleiner Magnet auf der Kurbelwelle (oder der Nockenwelle) läuft an einer Spule (oder Platte) vorbei und löst damit das Kommando für den Transistor aus. Die Magnettransistorzündungsanlage, kurz MTZ genannt, baut mit den wenigen Einzelteilen kompakt, einfach und preiswert. Ihr Hauptvorteil liegt in der langen Funkendauer, die für eine schnelle und kräftige Einleitung der Verbrennung sorgt und sie damit besonders geeignet für den Viertaktmotor macht. Die im Anfang der

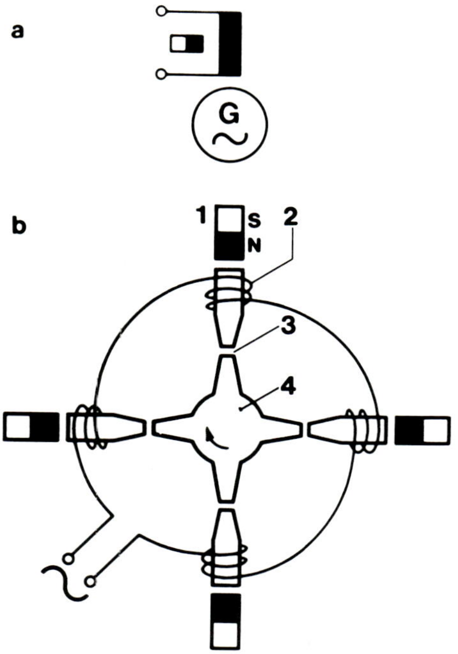

Induktionsgeber

Nähert sich eine Zacke des Rotors der Induktionsspule, so steigt die Spannung immer rascher an und erreicht in der direkten Gegenüberstellung ihren positiven Höchstwert. Entfernt sich die Zacke in Drehrichtung, so wechselt die Spannung sehr rasch das Vorzeichen und steigt auf ihren negativen Höchstwert an. Der Wechsel findet im Zündzeitpunkt statt.

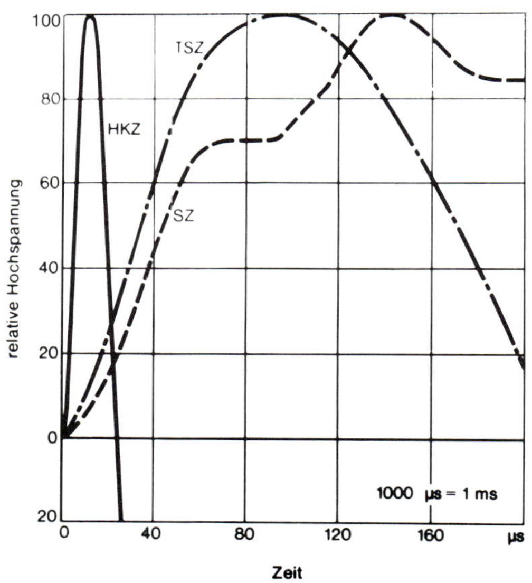

Zeitlicher Verlauf der Sekundärspannung

Durch die kleine Induktivität der Primärwicklung des Zündtransformators gegenüber Zündspulen steigt die Hochspannung der HKZ schon nach 0,012 ms auf ihren Höchstwert, den die TSZ erst nach 0,09 ms und die SZ erst nach 0,14 ms erreicht.

Das Kriterium der HKZ liegt in der mit 0,1 bis 0,2 ms sehr kurzen Funkendauer, die durch die höhere Spannung und den dadurch ermöglichten größeren Elektronenabstand nur teilweise ausgeglichen werden kann.

Als Vergleich:

Die Funkendauer bei der Spulenzündung kann bis zu etwa 1,5 ms betragen.

1 = Drehzahlmesser
2 = Starterknopf
3 = Zündschalter
4 = Kraftstoffbehälter
5 = Kraftstoffpumpe
6 = Zündungssteuergerät
7 = Kraftstoffpumpenrelais
8 = Anlasserrelais
9 = Einspritzsteuergerät
10 = Doppelzündspulen
11 = Batterie
12 = Anlasser
13 = Zündkerze
14 = Hallgeber
15 = Unterdruckschalter

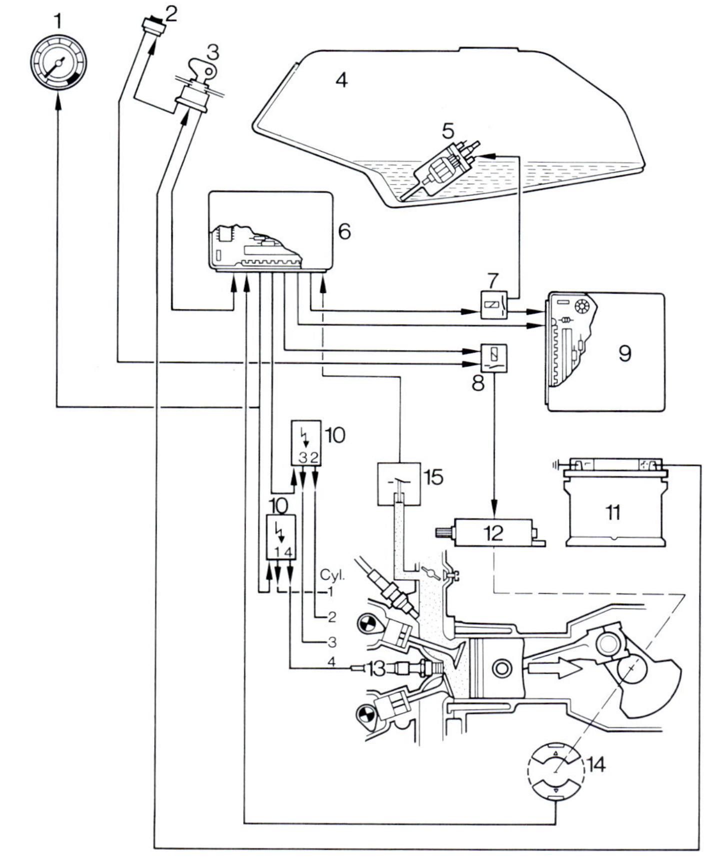

BMW K 100 – Zündanlage

Die Transistor-Spulenzündung mit Hallgeber (TSZH) löst die Zündung durch zwei Hallgeber-Schranken (14) aus: Ein Rotor aus magnetisch leitendem Material mit einem 37° breiten Fenster auf dem vorderen Ende der Kurbelwelle unterbricht periodisch das Magnetfeld.
Das Zündungssteuergerät (6) wertet die Hallsignale für die Zündspulen (10) und für die Steuerung der Einspritzung (9) aus.

BMW K 100 Zündverstellinie

Der Unterdruckschalter (15) informiert das Zündungssteuergerät (6) ob die stark ausgezogene Vollast-Kennlinie oder die bis 12° kW frühere Teillast-Kennlinie gefahren werden soll. Bis zu einer Drehzahl $n = 1\,300\ \text{min}^{-1}$ liegt die Zündungsgrundeinstellung bei 6° vor OT, von $n = 6\,000\ \text{min}^{-1}$ bis $n = 8\,650\ \text{min}^{-1}$ stimmen die Kennlinien überein. Darüber geht der Zündzeitpunkt auf 6° vor OT zurück, und bei $n = 8\,770\ \text{min}^{-1}$ wird die Einspritzung zur Schonung des Motors abgeschaltet.

Zündverstellinie K 100

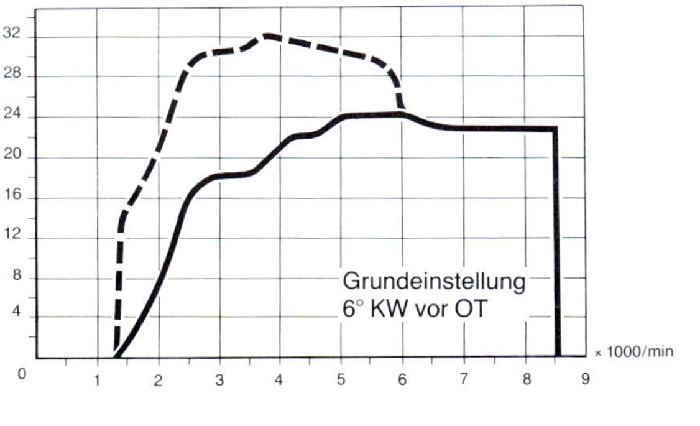

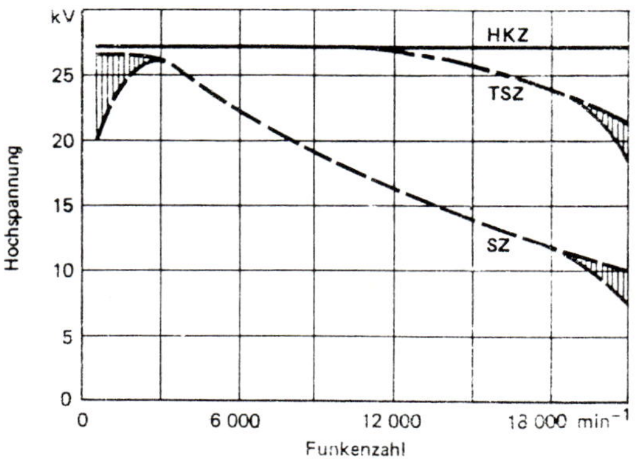

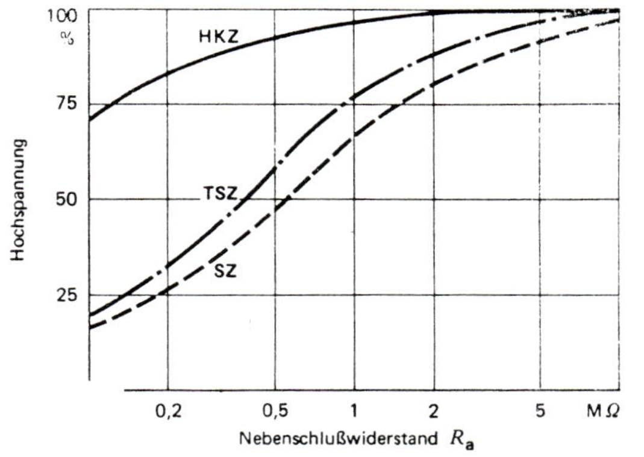

Hochspannung und Funkenzahl

Bei der Spulenzündung (SZ) sinkt die Spannung mit zunehmender Funkenzahl von etwa 25 000 V bei 3 000 Funken/min auf etwa 8 – 10 000 V bei 18 000 Funken/min ab.
Der Spannungsabfall bei niedriger Drehzahl ist besonders bei kleinem Kontaktabstand auf verstärkte Rückzündung durch niedrige Abhebegeschwindigkeit zurückzuführen. Bei hoher Drehzahl vermindern das »Prellen« der Kontakte, die mehrfache Unterbrechung des Stromkreises und die nachlassende Zündleistung die Zündspannung beträchtlich.
Die kontaktgesteuerte Transistor-Spulenzündung (TSZ) ist gegen dieses »Prellen« im oberen Drehzahlbereich natürlich auch nicht völlig immun. Die Zündspannung bleibt aber mit 27 000 V bis etwa 12 000 Funken/min etwa konstant und sinkt erst bei 21 000 Funken/min auf runde 20 000 V ab.
Mit der kontaktlosen vollelektronischen TSZ werden bis zu 40 000 Funken/min erreicht.
Die Hochspannungs-Kondensatorzündung (HKZ) hält die Spannung über den ganzen Drehzahlbereich konstant.

Hochspannung und Nebenschlußwiderstand

Spulenzündung (SZ) und Transistor-Spulenzündung (TSZ) verlieren bei Nebenschlüssen natürlich um so stärker an Spannung, je kleiner der Widerstand ist.
Bei einem Nebenschluß-Widerstand R_a = 0,2 Megaohm (MΩ), der im praktischen Fahrbetrieb etwa die untere Grenze – also den höchsten Kriechstrom – darstellt, sinkt die Hochspannung bei der Spulenzündung auf etwa 25 % des ursprünglichen Wertes ab.
Die Hochspannungs-Kondensatorzündung (HKZ) ist durch den sehr schnellen Spannungsanstieg sehr viel unempfindlicher gegen elektrische Nebenschlüsse als die Spulenzündungen. Hier sinkt die Hochspannung bei einem Nebenschlußwiderstand R_a = 0,2 Megaohm nur auf etwa 80 % ab.

Entwicklung aufgetretenen Probleme durch mangelnde Wärmebeständigkeit der Magneten sind heute überwunden. Ein Nachteil der MTZ liegt in dem langsamen Anstieg der Sekundärspannung. Bis zum Funkenüberschlag vergehen mindestens 0,1 ms, und in dieser Zeit kann bei verschmutzten Zündkerzen oder Nebenschluß auf der Hochspannungsseite schon so viel Zündenergie wirkungslos abfließen, daß der Rest nicht mehr zur sicheren Zündung ausreicht. Bei der Mischungsschmierung der meisten Zweitaktmotoren ist der verschmutzte Isolator aber vorprogrammiert.

HOCHSPANNUNGSKONDENSATOR-ZÜNDUNG (MHKZ)

Hier liegt das Feld für die Hochspannungskondensatorzündung, MHKZ oder Thyristorzündung genannt. Der Thyristor ist eine Schaltdiode, also ein Halbleiterelement mit Gleichrichterwirkung für hohe Spannungen und Ströme, das durch einen relativ geringen Schwachstromimpuls gesteuert wird. Im Spannungswandler der HKZ wird die Bordnetzspannung auf etwa 500 V hochgespannt und damit der Kondensator geladen, der an Stelle der Zündspule die Energie speichert. Sobald der Thyristor den Zündbefehl über den kontaktlosen Geber erhält, wird er schlagartig leitend und entlädt den Kondensator über die Primärwicklung, während auf der Sekundärwicklung die Zündspannung aufgebaut wird. Da die Induktivität der Primärspule sehr gering ist, erfolgt der Anstieg der Hochspannung einhundertmal schneller als bei der MTZ. Dafür ist die Funkendauer durch den Fortfall der Glimmentladung sehr kurz.

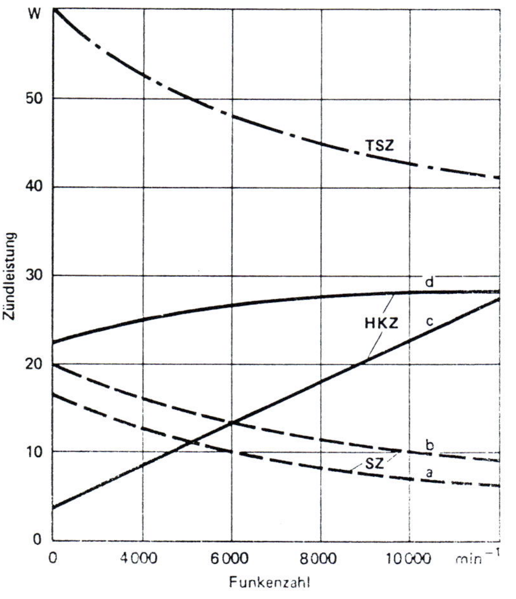

Leistungsaufnahme der verschiedenen Zündsysteme

Bei der Spulenzündung (SZ) sinkt die Zündleistung mit steigender Funkenzahl in der Standard-Zündspule (a) von 16 W bei 2000 Funken/min auf 7 W bei 10000 Funken/min ab, in der Hochleistungs-Zündspule (b) von 20 W auf 9 W.
Die Transistor-Spulenzündung (TSZ) zeigt einen ähnlichen Leistungsverlauf, aber auf wesentlich höherem Niveau. Hier sinkt die Zündleistung zwischen 2000 und 10000 Funken/min von 60 W auf 41 W ab.
Bei der Hochspannungs-Kondensator-Zündung (HKZ) steigt die Zündleistung in dem gleichen Funkenzahlbereich mit Einzelimpuls-Aufladung (c) von 4 W auf 23 W, mit Vielimpulsaufladung (d) von 23 W auf 28 W.

ZÜNDZEITPUNKT

Das beim Überspringen des Funkens entzündete Gemisch braucht einige Zeit, um völlig durchzubrennen und seine höchste Temperatur und damit seine höchste Energie zu erreichen. Die Zeit ist um so kürzer, je heißer und kräftiger der Zündfunke ist, je genauer das Gas-Luft-Gemisch dem idealen (stöchiometrischen) Verhältnis entspricht, je gleichmäßiger die Vermischung und je stärker die Verwirbelung des Gemisches ist und je höher das Gemisch verdichtet wird. Die Verbrennung muß etwa 10° kW nach dem oberen Totpunkt abgeschlossen sein. Legt man die durchschnittlichen Werte für Brennraumabmessung, Brenngeschwindigkeit, Verwirbelung usw. zugrunde, so beträgt die Zeit für das Durchbrennen etwa 1 ms. Das entspricht bei einer Drehzahl von 6000 min^{-1} einem Drehwinkel der Kurbelwelle von 36° kW. Der Zündfunke muß also etwa 26 bis 30° kW vor o. T. überspringen, damit das Gemisch rechtzeitig durchgebrannt ist. Der optimale Zündzeitpunkt wird in Abhängigkeit von der Drehzahl und von der Belastung (Schieberstellung oder Unterdruck im Vergaser) mechanisch durch Fliehkraftversteller oder in zunehmendem Maße elektronisch gesteuert. Kleine Motoren mittlerer Leistung kommen aber oft mit einem festen Zündzeitpunkt aus, weil sich die Einflüsse von Drehzahl, Verwirbelung, effektiver Verdichtung und Gemischtemperatur weitgehend ausgleichen.

Ein zu früher Zündzeitpunkt führt zu hartem Gang und in extremen Fällen zum Zündungsklopfen: Der Verdichtungsdruck und damit die Verdichtungstemperatur steigen schon vor dem Erreichen des o. T. so stark an, daß der noch nicht verbrannte Rest des Gemisches schlagartig detoniert und neben starkem Anstieg der Betriebstemperatur Lager und Kolben bis zur Zerstörung überbeansprucht werden. Ein zu später Zündzeitpunkt nützt durch schleichende Verbrennung die Kraftstoffenergie nur ungenügend aus und führt zur Überhitzung des Motors.

Schmierung

AUFGABEN DER SCHMIERUNG

Das Öl im Motor hat ein ganzes Bündel von Aufgaben zu erfüllen:
Es soll

- durch einen dünnen Film alle Gleitflächen des Motors voneinander trennen, um die trockene Reibung in eine Flüssigkeitsreibung umzuwandeln und dadurch den Verschleiß der Gleitflächen und die Reibungswärme abzubauen,
- die durch die Restreibung auftretende Wärme sicher ableiten, von den besonders heißen Stellen zu kühleren Stellen tragen und damit zu einer gesunden Betriebstemperatur beitragen,
- an den durch die hohen Verbrennungsdrücke und Verbrennungstemperaturen extrem hoch belasteten Kolbenringen die Feinabdichtung übernehmen und das Durchblasen von Verbrennungsgasen in das Kurbelgehäuse ebenso verhindern helfen wie das Eindringen von Öl in den Verbrennungsraum,
- durch die sichere Trennung aller aufeinander gleitenden Flächen die mechanischen Geräusche akustisch dämpfen,
- die durch die aggressiven verbrannten Gase und beim Kaltstart durch das Verbrennungswasser chemisch heftig angegriffenen Laufbahnen und Lagerflächen vor Korrosion schützen.

Die Temperatur der Zylinderwand und des Öls im Sumpf liegt beim luftgekühlten Motorrad-Motor durch die höhere spezifische Leistung und die höheren Drehzahlen im Durchschnitt etwa 20° C höher als im wassergekühlten Wagenmotor. Das Öl muß mit erheblich geringerem Ölvolumen die meist im Ölbad laufende Kupplung und auch das angeblockte Getriebe mitversorgen, und beide stellen ganz unterschiedliche Forderungen:
Bei der Kupplung muß durch Ölzusätze dafür gesorgt werden, daß trotz hoher Schmierfähigkeit des Öls kein Rutschen der Reibscheiben auftritt; im Getriebe muß die Schaumbildung gebremst und das Zerreißen der Ölmoleküle unter den hohen Zahnflankendrücken vermieden werden.

Um diesen vielseitigen Anforderungen gerecht zu werden, muß das Motorenöl eine Vielzahl sich teilweise widersprechender Eigenschaften in sich vereinigen:

Es muß
- dünnflüssig genug sein, um beim Kaltstart schnell zu allen gefährdeten Gleitstellen zu gelangen und die Flüssigkeitsreibung so niedrig wie möglich zu halten,
- einen hohen Flammpunkt und Brennpunkt haben, also hohen Temperaturen standhalten, ohne zu koksartigen Rückständen zu verbrennen, die zu starkem Verschleiß und zur Gefährdung des Ölumlaufes führen würden,
- die unvermeidlichen Rückstände möglichst fein verteilt aufnehmen, um Verstopfungen der Engstellen im Ölkreislauf und das Ausschleudern durch Fliehkräfte zu vermeiden,
- bei höheren Betriebstemperaturen seine Tragfähigkeit weitgehend beibehalten, damit der Ölfilm bei den hohen Drücken, wie sie besonders an Nocken, Kipphebeln und Stösseln auftreten, nicht durchgedrückt wird,
- diese guten Eigenschaften über eine lange Betriebszeit möglichst unverändert bewahren, ohne seine innermolekulare Struktur zu ändern, darf also nicht vorzeitig »altern« und ungesättigte Verbindungen bilden, die die Gleitflächen angreifen oder zur Schlammbildung und zu starker Emulsion mit Kondenswasser neigen.

EIGENSCHAFTEN DER SCHMIERÖLE

Der Versuch, die Eignung eines Motorenöls in einem einzigen Begriff wie »Schmierfähigkeit« festzulegen und zu bewerten, muß bei der Vielschichtigkeit der Beanspruchungen und Aufgaben von vornherein scheitern. Einen ersten Anhaltspunkt gibt die Viskosität, die Zähflüssigkeit des Öls, die früher in Englergraden und heute nach der SAE-Norm in Centi-Stokes gemessen wird. Sie nimmt mit steigender Temperatur in einer hyberbolischen Kurve schnell ab und beträgt in der Klasse SAE 20 bei 0° C etwa 1 000 cSt, bei 100° C aber gerade noch 8 cSt!
Die Abhängigkeit der Viskosität von der Temperatur wird durch den »Viskositäts-Index«, kurz VI genannt, gekennzeichnet. Der VI ist um so höher, je flacher die Viskositätskurve ist, je weniger also die Viskosität mit steigender Temperatur absinkt. Man erreicht einen hohen VI durch sogenannte Additive, hochmolekulare Verbindungen, die für ausreichende Viskosität bei hohen Temperaturen sorgen und dem Öl den Mehrbereichscharakter geben. Man erkennt das Mehrbereichsöl an der Doppelbezeichnung wie SAE 10 W/30. Ein solches Mehrbereichsöl hat bei 0° Fahrenheit (– 17,8° C) die Viskosität eines Einbereichsöles SAE 10, bei 210° F (99° C) aber die Viskosität eines Einbereichsöles SAE 30. Andere Additive sorgen dafür, daß die unvermeidlichen Rückstände im Öl fein verteilt und in der Schwebe gehalten werden, um auch feine Durchgänge im Ölkreislauf sicher zu passieren und nicht von den schnelllaufenden Teilen abgeschleudert zu werden.

BMW K 100 – Ölkreislauf

Die mit Rädern unterschiedlicher Größe arbeitende Zahnradpumpe fördert das Öl von der Ansaugglocke durch den daneben liegenden Hauptstrom-Ölfilter zum zentralen Hauptölkanal im oberen Gehäuse. Von hier aus wird das Öl zu den fünf Kurbelwellen-Hauptlagern und durch Bohrungen in der Kurbelwelle zu den Pleuellagern geführt. Direkt vom Hauptölkanal wird auch das Öl für die vorderen Nockenwellenlager und den hydraulischen Kettenspanner abgezweigt. Die vier weiteren Nockenwellenlager erhalten ihr Öl durch die hohlen Nockenwellen, die Nocken und Stößel werden permanent über Öltaschen versorgt. Die Ölpumpe fördert maximal 3 500 l/h, also knapp ein l/s – der Ölvorrat von 3,5 l wird also in vier Sekunden umgewälzt und läuft bei Vollgas in einer Stunde 900 mal durch den Motor.

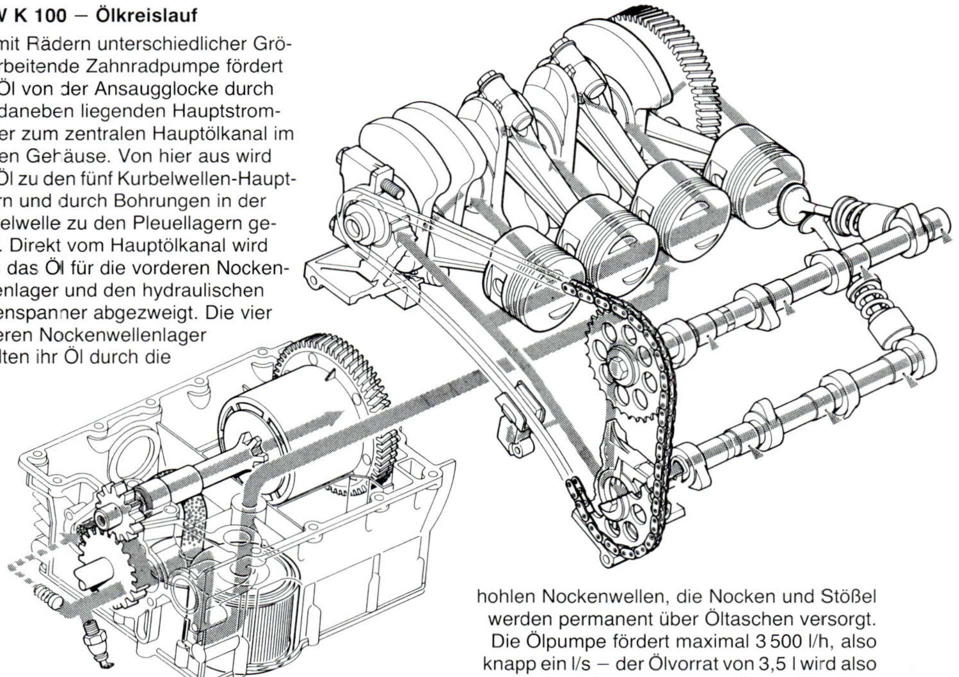

THEORIE DER SCHMIERUNG

Die ideale Flüssigkeitsreibung läßt sich nur bei der rein drehenden Bewegung einer Welle in einem Gleitlager erreichen. Die im Stillstand auf dem Grund des Lagers liegende Welle nimmt bei der Drehung einen Ölfilm mit, der als Schmierkeil zwischen Welle und Lager dringt und die Welle abhebt, die Gleitflächen also voneinander trennt. Dabei entstehen sehr hohe hydrodynamische Drücke, gegen die die Ölpumpe mit ihren paar bar keine Chance hätte – wenn das Öl nicht zur drucklosen Seite des Lagers gefördert würde. Die Ölpumpe sorgt also nur für den Ölnachschub, nicht für den Druckbedarf des Lagers! Wälzlager, also Rollen-, Kugel- und Nadellager haben einen so geringen Schmiermittelbedarf, daß sie meist mit Ölnebel auskommen. Ein zu großes Ölangebot kann sogar störend auf den optimalen Ablauf der Wälzkörper wirken.

Problematisch ist die Schmierung von Nocken, Stößeln und Kipphebeln nicht nur wegen der extrem hohen Flächenpressungen, sondern vor allem wegen des ungleichmäßigen Bewegungsablaufes, durch den sich kein geschlossener Ölfilm aufbauen kann. Bei der Schmierung der Ventilschäfte stört nicht nur die hin- und hergehende Bewegung, sondern vor allem am Auslaßventil die hohe Temperatur in der Nähe des Ventiltellers. Hier muß das Öl seine zweite Hauptaufgabe, die Kühlung, erfüllen.

Am Einlaßventil muß die gute Dichtung gewährleistet sein, damit das Öl nicht in den Verbrennungsraum eintreten und dort verbrennen kann.
Ganz kritisch ist schließlich die Schmierung der oberen Kolbenringe, die den hohen Verbrennungstemperaturen standhalten muß, ohne zu verkoken und damit das für die einwandfreie Abdichtung erforderliche freie Spiel in den Ringnuten in Frage zu stellen. Ölabstreifringe müssen dafür sorgen, daß genug Öl für die Schmierung der Laufbahn, aber nicht zu viel Öl in die thermisch gefährdete obere Zone gelangt. Wenig Ärger macht trotz hoher Zahndrücke und hoher Kettengeschwindigkeit die Schmierung des Nockenwellenantriebs, da hier die Belastung durch hohe Temperaturen fortfällt.

SCHMIERSYSTEME

Tauchschmierung

Im Anfang stand die Tauchschmierung: Die Kurbelwelle taucht mit dem Pleuelfuß und mit den Wangen in den Ölsumpf des Kurbelgehäuses und schleudert das Öl im Motor zu den einzelnen Schmierstellen, oft durch Leitbleche und Schmiertaschen in der Dosierung unterstützt.

Frischölschmierung

Der nächste Schritt war die dosierende Frischölschmierung. Eine kleine, meist als langsam laufende Kolbenpumpe

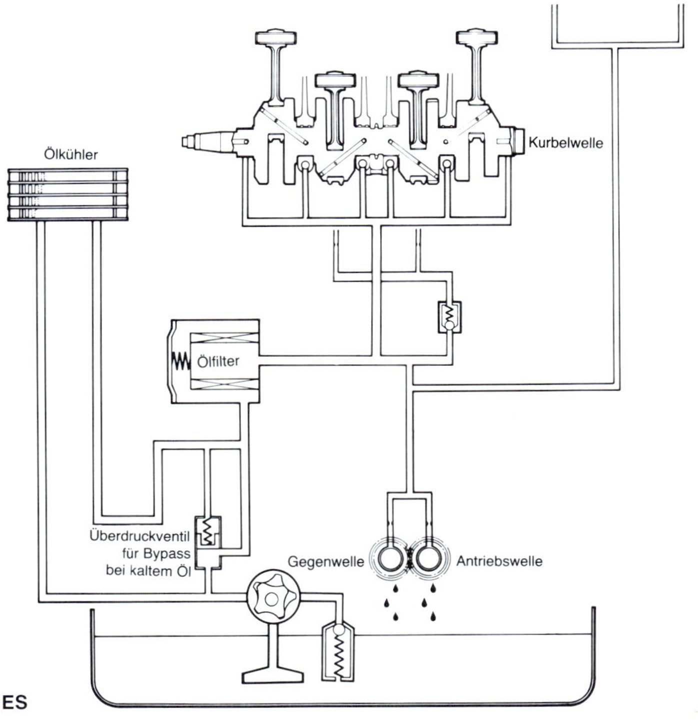

SUZUKI:
Ölkreislauf der GSX 750 ES

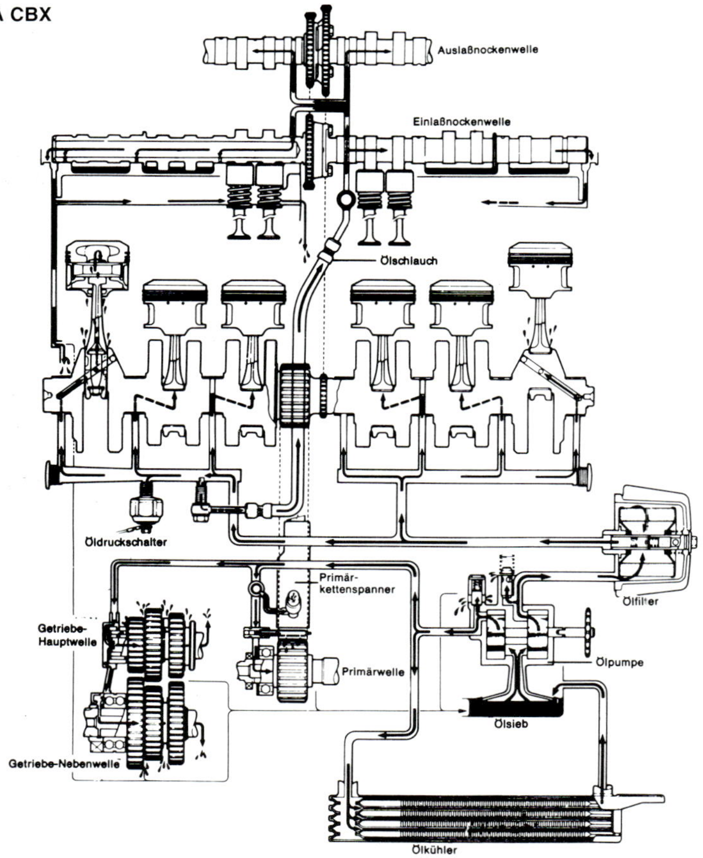

Ölkreislauf der HONDA CBX

Die Doppelläufer-Ölpumpe saugt das Öl über das Ölsieb an. Der rechte Läufer bringt es am Überdruckventil vorbei durch das Ölfilter zu der Sammelleitung für die Kurbelwellengrundlager.
Von hier aus fließt es über schräge Querbohrungen zu den Kurbelzapfenlagern und durch die Längsbohrung im Pleuelschaft unter Druck zu den Kolbenbolzenlagern.
Die Schmierung der Zylinderbahnen übernimmt Spritzöl aus den Zapfenlagern.
Aus der Sammelleitung, in der der Öldruck gemessen wird, führt eine zentrale Leitung, von der auch die Ventilschäfte versorgt werden, zu den hohl gebohrten Nockenwellen. Die Nocken tauchen in flache Ölfangschalen, um die Schmierung der hochbeanspruchten Nockenbahnen und der Tassenstößel sicherzustellen.
Der linke Pumpenläufer fördert das Öl über ein Überdruckventil zu einer Abzweigung, deren einer Zweig zum Ölkühler führt, während die zweite Leitung den Zahnketten-Primärantrieb mit dem hydraulischen Kettenspanner und das Getriebe über die hohl gebohrten Wellen beliefert.

ausgebildete Ölpumpe fördert das Öl aus einem Vorratsbehälter, durch Düsen auf den Bedarf genau abgestimmt, zu den einzelnen Schmierstellen.

Die Vorteile: Sehr geringer Ölverbrauch, stets sauberes Öl und genaue Dosierung. Die Nachteile sind in der fehlenden Kühlwirkung und in der notwendigen Überwachung des Ölvorrates zu sehen.

Das Hauptanwendungsgebiet der Frischölschmierung ist heute der vollwälzgelagerte Zweitaktmotor mit seinen wenigen oder fehlenden Nebenantrieben. Die Dosierung erfolgt in Abhängigkeit von der Drehzahl und von der Gasschieberstellung, also der Belastung.

Druckumlaufschmierung

Im Viertaktmotor hat sich – mit Ausnahme einiger Bahnrennmotoren – die Druckumlaufschmierung auf der ganzen Linie durchgesetzt. Die hohe thermische und mechanische Belastung bei

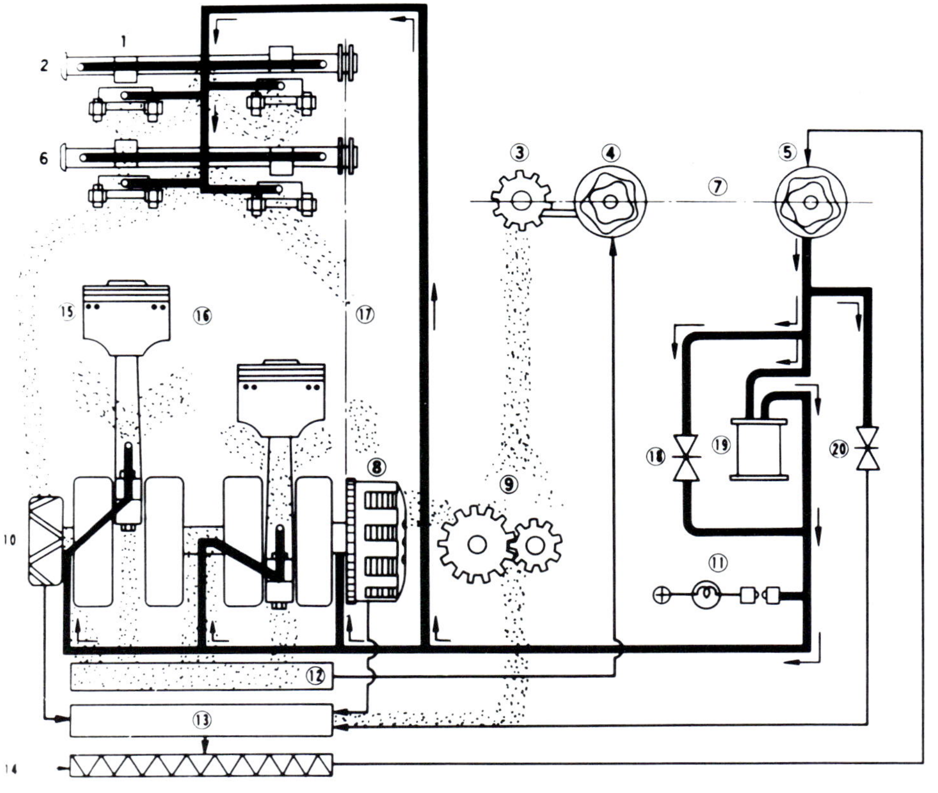

Schmiersystem der YAMAHA

Das Schmiersystem der YAMAHA nimmt eine Zwischenstellung zwischen Naß- und Trockensumpf-Schmierung ein: Das 21 mm breite Trochoiden-Rad der Förderpumpe (5) drückt das Öl über das Filter (19) zur Kurbelwelle und zum Ventiltrieb (2, 6), während die auf der gleichen Welle laufende 20 mm breite Rückförder-Pumpe (4) das rücklaufende Öl im Kurbelgehäuse auf einem niedrigen Stand hält und vor allem das Getriebe beliefert.
YAMAHA sieht in diesem System den besonderen Vorteil, den Ölstand im Kurbelgehäuse, in der Ölwanne, im Getriebe und im Kupplungsgehäuse getrennt einstellen zu können.

1. Doppelte, obenliegende Nockenwellen
2. Einlaßwelle
3. Drehzahlmesserantrieb
4. Ölrückführpumpe
5. Speisepumpe
6. Auslaßwelle
7. Pumpenwelle
8. Kupplung
9. Getriebe
10. Lichtmaschinengehäuse
11. Öldruck-Warnschalter
12. Kurbelgehäuse
13. Ölwanne
14. Ölfilter
15. Zylinderwand
16. Zylinderwand
17. Steuerkettendurchgang
18. Umgehungsventil
19. Wegwerf-Ölfilter
20. Überdruckventil

den heutigen Leistungen und Drehzahlen konnte auf die Kühlwirkung des Öls nicht verzichten. Die Ölpumpe der Druckumlaufschmierung fördert aus dem Ölsumpf des Kurbelgehäuses eine reichlich bemessene Ölmenge gezielt zu den einzelnen Schmierstellen. Das überschüssige Öl fließt in den Sumpf zurück und führt erhebliche Wärmemengen von den thermisch hoch beanspruchten Schmierstellen ab. Das System verlangt von dem ja immer wieder verwendeten Öl hohe Altersbeständigkeit, gute Dispersion, also die Fähigkeit,

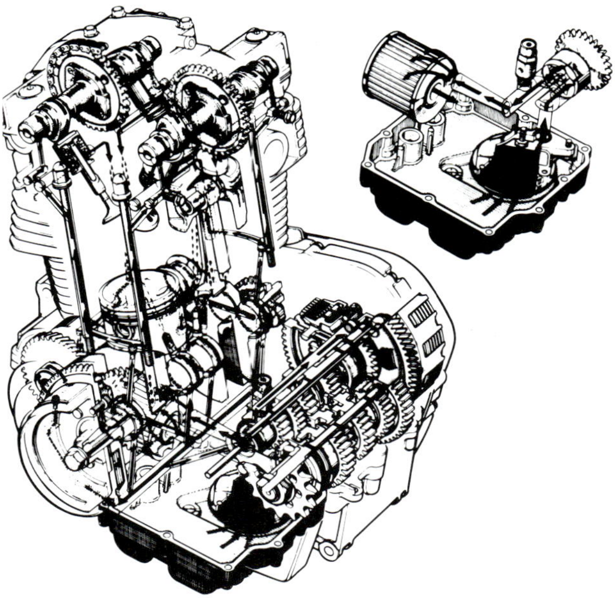

SUZUKI GM 650: Ölkreislauf

Die Trochoiden-Pumpe drückt das Öl über ein Filter in den Hauptölkanal, aus dem es zu den Kurbelwellenlagern und Nockenwellenlagern geleitet und durch Öldüsen auf Zylinderwände und Kolben, Ventiltrieb, Ausgleichswelle, Steuerkette, Vorgelege- und Getrieberäder gespritzt wird. Ein besonderer Ölkanal im Kurbelgehäuse ist mit zwei Düsen ausgestattet, die auf die Unterseite der Kolben gerichtet sind und Öl zur Kühlung gegen die Kolbenböden spritzen. Eine konstruktive Vorarbeit zur »Ölkühlung« der GSX 750 R.

Rückstände fein verteilt in Schwebe zu erhalten, und geringe Neigung zu Emulsion und Schaumbildung.

Trockensumpfschmierung

Die Weiterentwicklung der Druckumlaufschmierung für Hochleistungsmotoren ist die Trockensumpfschmierung, bei der das von den Schmierstellen ins Kurbelgehäuse zurückfließende Öl von einer zweiten Ölpumpe in den gesondert angeordneten Öltank zurückgeleitet wird. Diese Rückförderpumpe arbeitet mit geringem Druck und einer etwas größeren Fördermenge, um das ablaufende Öl sicher zurückzupumpen und vor allem mit dem Ölschaum fertig zu werden. Die Trockensumpfschmierung ist durch den getrennten Tank, die zweite Pumpe und die notwendigen Ölleitungen aufwendiger als die Druckumlaufschmierung mit nassem Sumpf, vermeidet aber die Panschverluste, arbeitet unabhängig von der Lage der Maschine und bietet günstigere Voraussetzungen für das Kühlen und Entschäumen des Öls.

Mischungsschmierung

Das einfachste Schmierungssystem ist die Beimischung des Öls zum Kraftstoff. Die Vorteile der Mischungsschmierung sind unbestritten: absolute Zuverlässigkeit, ideale Zuordnung zur Belastung (außer bei langen Gefällstrecken), denn die Ölförderung entspricht ja immer dem Kraftstoffverbrauch, optimale Kaltstarteigenschaften, da das Öl unabhängig von Viskosität und Temperatur mit der ersten Umdrehung an den Schmierstellen ist. Die Mischungsschmierung ist mit ausreichender Sicherheit nur bei vollwälzgelagerten Zweitaktmotoren anwendbar und stellt hohe Anforderungen an die Ölqualität: Ein gutes Zweitaktöl muß trotz der »Verdünnung« mit Kraftstoff einen hochstabilen Schmierfilm bilden und sehr gute Antiverschleißeigenschaften haben. Es muß sich mit dem Kraftstoff gut und dauerhaft mischen, darf insbesondere bei tiefen Temperaturen nicht ausfallen und muß weitgehend rückstandsfrei verbrennen. Feinstbearbeitungen der Gleitflächen, engere Passungen, kleinere Laufspiele der Kolben und Fortschritte im Verbrennungsablauf haben es möglich gemacht, die

Ölumlauf bei YAMAHA

Die Trochoiden-Pumpe fördert das Öl zu dem hinter dem Steuerkopf angeordneten Ölbehälter, aus dem es unter Schwerkraft durch den gut im Fahrtwind liegenden Ölkühler in das Kurbelgehäuse zurückfließt.

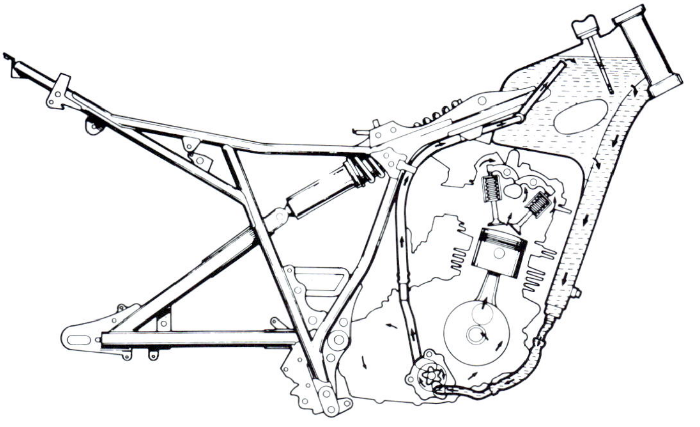

Ölbeimischung von dem klassischen Verhältnis 1:20 auf 1:40 bis 1:50 herabzusetzen. Einige Motoren arbeiten schon mit dem Mischungsverhältnis 1:100.

Die früher typischen Zweitaktkrankheiten wie Verkoken der Kerzen, Zusetzen des Auslaßkanals mit Ölkohle und Festbrennen der Kolbenringe in ihren Nuten sind dadurch weitgehend behoben. Treten sie bei den ölarmen Mischungsverhältnissen dennoch auf, ist der Fehler am Motor zu suchen:

Falscher Wärmewert der Kerze, zu fette Vergasereinstellung oder ein zu später Zündzeitpunkt können die Ursache sein.

ÖLPUMPE

Kolbenölpumpe

In der Kolbenölpumpe steuert der stark untersetzt meist über einen Exzenter angetriebene Kolben den Zu- und Abfluß des Öles über federbelastete Kugelventile oder kleine Ventilscheiben. Der verhältnismäßig hohe konstruktive Aufwand ermöglicht die genaue Dosierung der Fördermenge unabhängig von der Motordrehzahl und macht diesen Pumpentyp daher besonders geeignet für die Frischölschmierung. Er herrscht daher im pumpengeschmierten Zweitaktmotor vor, findet sich aber auch noch in Viertaktmotoren.

Zahnradölpumpe

Die Zahnradölpumpe ist weltweit der im modernen Motorenbau vorherrschende Typ: In einem O-förmigen Gehäuse kämmen zwei Zahnräder miteinander, nehmen das auf der »auseinanderlaufenden« Seite eintretende Öl in ihren Nuten mit auf die »ineinanderlaufende« Seite, wo es dann in den Kreislauf gedrückt wird. Der sehr einfache, raumsparende Aufbau verlangt für einen ausreichenden Druck und für einen geräuschlosen Lauf recht enge Passungen und muß in den Zähnen kräftig dimensioniert werden, um mit den hohen Öldrücken beim Kaltstart fertig zu werden.

Zahnrad-Ölpumpe und Drehkolben-Ölpumpe

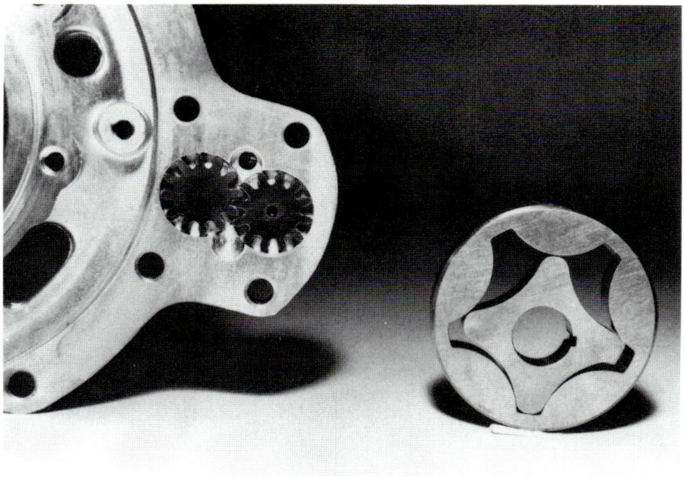

Die klassische Zahnradpumpe wurde in den 70er Jahren zunehmend von der Eatonpumpe abgelöst, bei der ein vierarmiger Trochoiden-Innenläufer in einem fünfstrahligen Außenläufer kämmt. Der ständig wachsende Freiraum zwischen Innen- und Außenläufer erzeugt die gewünschte Förderung. Rotorpumpen laufen geräuscharm, fördern große Ölmengen und sind unempfindlicher gegen hohe Drücke, haben aber bei hohen Drehzahlen einen etwas höheren Leistungsbedarf. Bei sehr hochdrehenden Motoren gewinnt daher die Zahnradpumpe langsam wieder an Boden.

Rotorpumpe

Die klassische Zahnradpumpe wird in zunehmendem Maß von der Rotorpumpe abgelöst: Der meist direkt von der Nockenwelle angetriebene Innenläufer hat vier Zähne und kämmt mit einem fünfzähnigen, exzentrisch gelagerten Außenläufer. Der ständig wechselnde Freiraum zwischen Innen- und Außenläufer erzeugt den gewünschten Druckverlauf. Rotorpumpen laufen geräuscharm, fördern große Ölmengen und sind unempfindlicher gegen hohe Drücke beim Kaltstart. Trotzdem: Alle Pumpen müssen gegen den hohen Druck des zähen Öls bei niedrigen Temperaturen – vor allem auch mit Rücksicht auf das Filtermaterial – vor Überdruck geschützt werden. Hierzu dienen federbelastete, kleine Kolbenschieber, die bei zu hohem Druck nachgeben und einen Teil des geförderten Öls in den Sumpf abfließen lassen.

PUMPENLOSE UMLAUFSCHMIERUNG

Eine interessante Variante einer pumpenlosen Schmierung entwickelte Husqvarna für den neuen 500-cm^3-Motocross-Motor. Der Einzylinder mit obenliegender Nockenwelle leistet 45 PS und läßt unschwer die Abstammung von dem 450-cm^3-Zweitakter erkennen, von dem Kurbelgehäuse, Kurbelwelle, Kupplung und Getriebe übernommen wurden.
Der Ölvorrat liegt in dem vom Kurbelgehäuse getrennten Gehäuse für den Primärantrieb und den Kettenantrieb für die Nockenwelle. Die Kette taucht in den Ölvorrat ein und fördert das Öl zur Nockenwelle, die es mit Zentrifugalkraft auf die Ventilschäfte – zur zusätzlichen Kühlung besonders auf das hochbelastete Auslaßventil – schleudert. Die Nockenwelle taucht in eine unter ihr liegende, dauernd mit Öl gefüllte Schale,

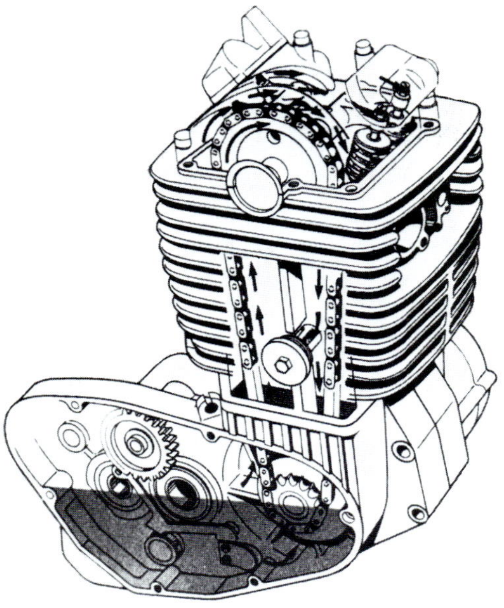

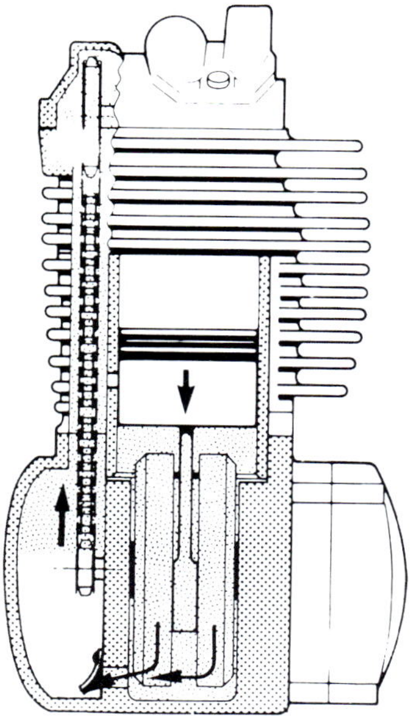

Pumpenlose Umlaufschmierung

Im 500 cm^3-Motocross-Motor von Husqvarna fördert die Antriebskette der Nockenwelle das Öl aus dem Antriebsgehäuse, das mit dem Kurbelgehäuse nur durch eine membrangesteuerte Bohrung verbunden ist, in das Ventilgehäuse. Der Kolben unterstützt den Umlauf, indem er beim Aufwärtsgang das aus dem Ventilgehäuse abfließende Öl durch einen Schlitz in der Zylinderwand in das allseits geschlossene Kurbelgehäuse saugt, beim Niedergang den Schlitz abdeckt und das Öl durch das Membranventil in das Gehäuse der Steuerkette zurückdrückt.

so daß die Schmierung der Nockenbahnen – wie bei vielen HONDA-Motoren – von der ersten Umdrehung an gesichert ist. Der Kolben übernimmt die Funktion einer pneumatischen Absaugpumpe: Beim Aufwärtsgang gibt er einen Schlitz in der Zylinderwand zwischen Steuergehäuse und Kurbelgehäuse frei und saugt das Öl durch ein von außen leicht zugängliches Sieb zum Kurbeltrieb. Beim Niedergang des Kolbens wird der Schlitz verschlossen und der Kolben drückt das Öl durch ein Membranventil in das Antriebsgehäuse zurück.

ÖLFILTER

Die drastisch gestiegenen Leistungen, die hohen Drehzahlen und vor allem die mit Rücksicht auf die Laufruhe sehr viel enger gewordenen Laufspiele von Lagern und Kolben fordern gebieterisch eine peinliche Reinhaltung des Öls von Verunreinigungen, Abrieb und Verbrennungsrückständen. Die früher üblichen einfachen Drahtfilter genügen diesen Anforderungen bei weitem nicht mehr. Sie werden abgelöst durch Filter aus imprägniertem Spezialpapier, die Partikel im My-Bereich (1/1000 mm) sicher zurückhalten und durch Faltung eine sehr große Oberfläche aufweisen, um den Druckabfall so klein wie möglich zu

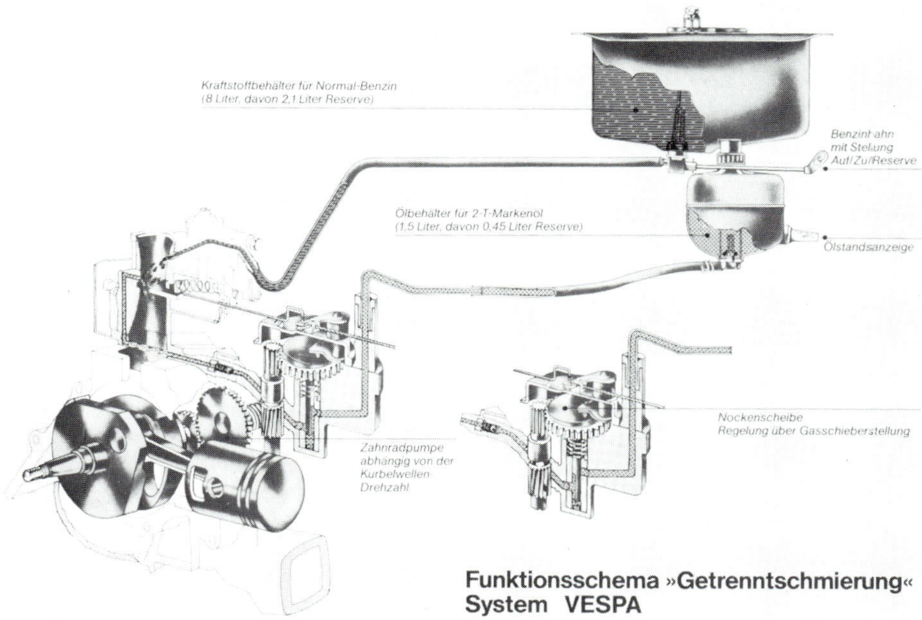

VESPA PX 200 E: Getrennte Schmierung

In jahrzehntelanger, zielstrebiger Entwicklung reifte der Urahn der klassischen Motorroller zur VESPA PX 200 E. Der gebläsegekühlte Drehschieber-Motor leistet $P_1 = 7$ kW (10 PS) bei $n_1 = 5000$ min^{-1}, hat ein drehgriffgeschaltetes Viergang-Getriebe mit Ölbad-Kupplung und einen Elektrostarter.
Recht aufwendig ist die getrennte Schmierung: Die von der Drehzahl abhängige Fördermenge der Zahnradpumpe wird von der Gasschieberstellung über eine Nockenscheibe geregelt. Bei der Höchstdrehzahl $n_1 = 5000$ min^{-1} liegt die Fördermenge zwischen 2,5 – 3,2 cm^3/min. Der Öltank faßt 1,5 l.

halten. Sie sind bei modernen Motoren so gut von außen zugänglich, daß ihre Überwachung und ihr Austausch keinerlei Schwierigkeiten mehr macht. Eine unabdingbare Voraussetzung für eine lange Lebensdauer des Motors. Wer hier spart, spart – wie bei den Luftfiltern – am falschen Platz.
Für das Rückhalten des metallischen Abriebs sorgen Magnetfilter, die meist an der Ölablaßschraube des Kurbelgehäuses – aber auch im Getriebegehäuse – untergebracht und ebenfalls für eine häufige Kontrolle dankbar sind.
Die früher verbreiteten Zentrifugalfilter, die die schwereren Rückstände und den Schlamm ausschleudern, sind heute nahezu verschwunden.

Filteranordnung

Man unterscheidet Hauptstrom- und Nebenschlußfilter. Beim vorwiegend verwendeten Hauptstromfilter läuft der gesamte Ölstrom durch das Filter, das unmittelbar hinter der Pumpe sitzt und damit die Schmierstellen optimal schützt. Kritisch wird die Sache, wenn das Filter sich völlig zugesetzt hat und

HONDA Kurbelgehäuse-Entlüftung

Die an den Kolbenringen durchblasenden Gase werden über ein Labyrinth aus dem Kurbelgehäuse in eine Beruhigungskammer zwischen Luftfilter und Vergaser geleitet und erneut angesaugt. Öldunst und Kondenswasser werden über einen Entlüftungsschlauch abgeführt.

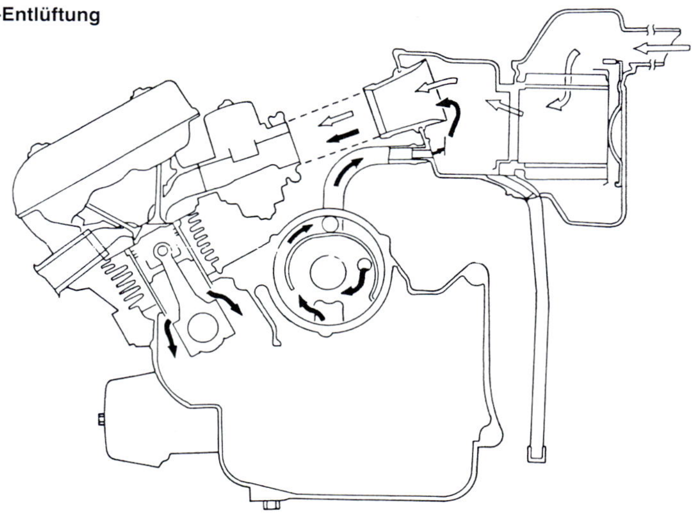

damit den Ölstrom unterbricht. Hier muß dann ein Bypaß-Ventil, das bei hohem Öldruck öffnet, für die Weiterförderung mit – ungefiltertem – Öl sorgen.
Beim Nebenstromfilter werden nur etwa 10 % des umlaufenden Öls durch das Filter gedrückt. Es kann daher noch feinere ausgewählt werden und noch kleinere Partikelchen zurückhalten, schützt aber die Schmierstellen eben nur auf Umwegen.

Umlaufmengen

Das Öl wird mit sehr hoher Geschwindigkeit durch den Motor gejagt. Ein moderner 1 000-cm^3-Motor wälzt in einer Stunde je nach Leistung 500 bis 3 000 l Öl um. Der Tankinhalt mit 2 bis 3,5 l muß also in jeder Minute 40- bis 60mal durch die engen Ölwege gedrückt werden. Obwohl Öl ein recht schlechter Wärmeleiter ist, übernimmt es bei diesen Umlaufzahlen doch rund 10 % der gesamten Kühlleistung. Der Ölvorrat wird nicht nur aus wirtschaftlichen oder Gewichtsgründen klein gehalten, sondern mit Rücksicht auf eine schnelle Erwärmung des Öls beim Kaltstart. Die mangelhafte Schmierwirkung des kalten Öls, wenn es zu spät »vor Ort« erscheint, führt zu wesentlich höherem Verschleiß als die durch hohe Temperaturen verursachte nachlassende Schmierwirkung. Da bei sehr hohen Leistungen auch die Kühlleistung einer stark verrippten Leichtmetall-Ölwanne nicht mehr ausreicht, sorgt bei den modernen Hochleistungsmotoren ein gesonderter Ölkühler für zusätzliche Wärmeabfuhr.

Entlüftung

Auch bei gut eingelaufenen Kolbenringen läßt sich nicht vermeiden, daß ein Teil der Verbrennungsgase an ihnen vorbei in das Kurbelgehäuse durchbläst und dort den Druck erhöht. Um den für die Öldichtigkeit des Kurbelgehäuses notwendigen leichten Unterdruck trotz-

YAMAHA TR 1: Luftführung

Bei der YAMAHA TR 1 fließt die Frischluft durch das Luftfilter in das hohle Rahmenrückgrat, das hier als Beruhigungsraum dient, und von dort durch zwei hochgelegte Stutzen zu den Vergasern. Die an den Kolbenringen vorbeiblasenden Leckgase werden durch das hintere Kettengehäuse für den Nockenwellenantrieb in das Filtergehäuse zurückgeleitet und noch einmal angesaugt.

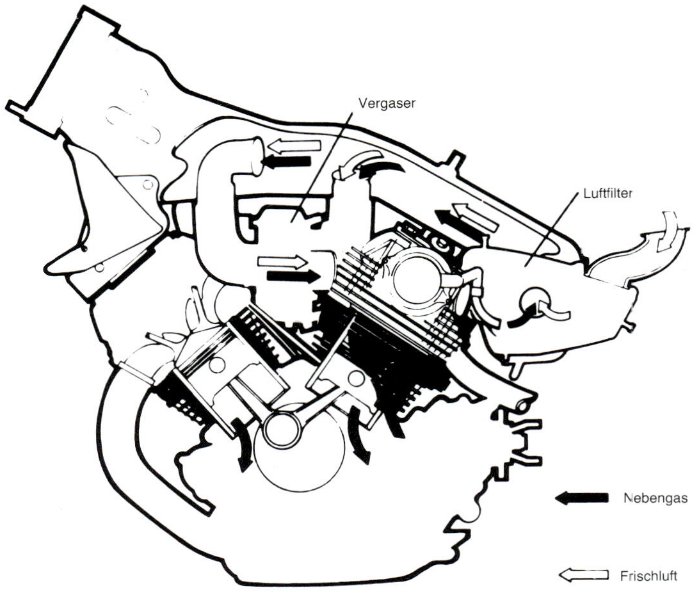

dem einzustellen, ist ein Entlüfter erforderlich: Er arbeitet entweder als Schnüffelventil oder als Drehschieber, der mit Kurbelwellendrehzahl umläuft – vor allem bei dem stark pulsierenden Innenleben von echten Twin und Boxern.

Kühlung

AUFGABEN DER KÜHLUNG

Von der dem Motor zugeführten Kraftstoffenergie werden nach einer ganz groben Faustformel 1/3 in Nutzarbeit umgewandelt, 1/3 geht durch den Auspuff verloren und das letzte Drittel muß über die Kühlung an die Außenluft abgegeben werden, um die Betriebstemperatur in einem gesunden Bereich zu halten.

Die Zylinderlaufbahn darf mit Rücksicht auf Schmierfilm und Abrieb nicht heißer als 150° C – 180° C werden, und auch die heißesten Teile der Brennraumwand sollen im Durchschnitt eine Temperatur von 220° C, kurzzeitig eine Temperatur von 240 – 250° C nicht überschreiten. Während beim Viertaktmotor 75 – 80 % der gesamten Wärmemenge über den Zylinderkopf abgeführt werden, gehen beim Zweitaktmotor, der ohnedies

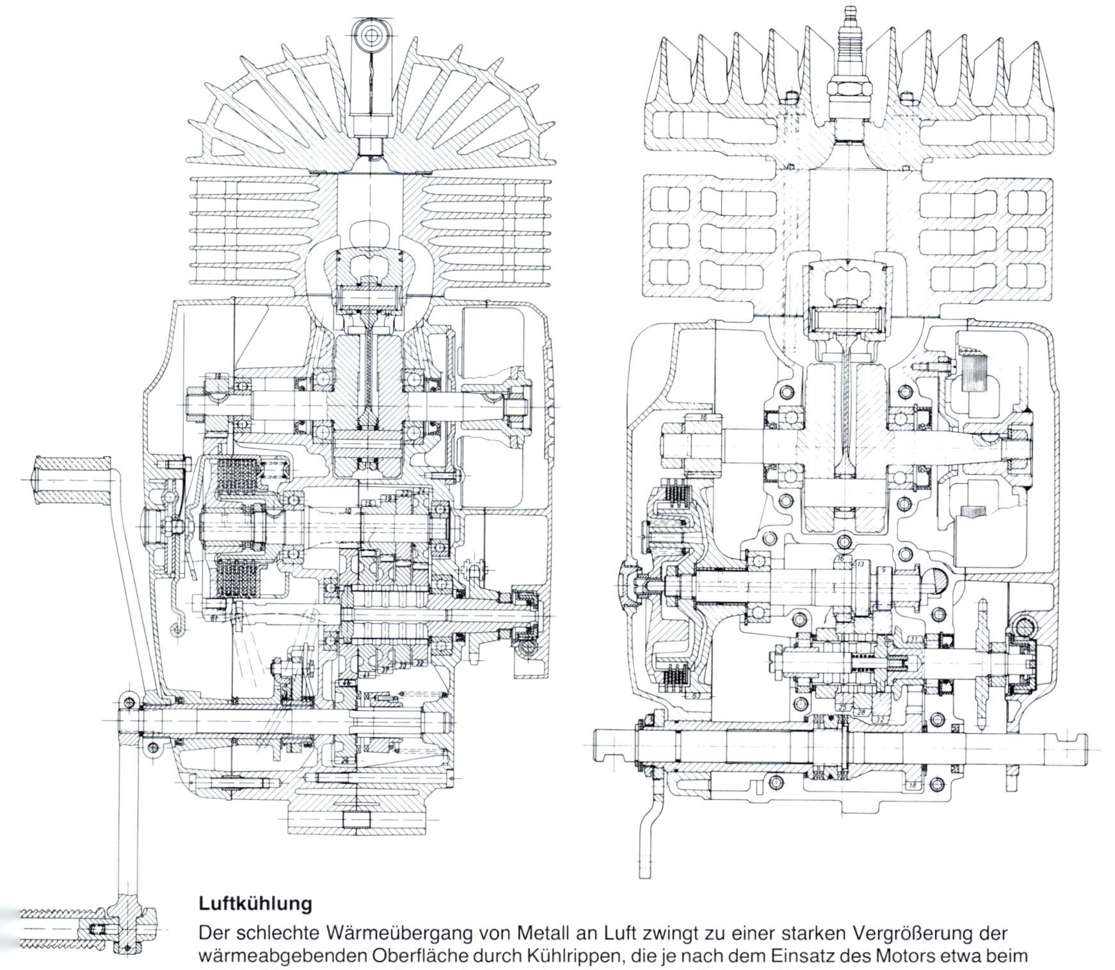

Luftkühlung

Der schlechte Wärmeübergang von Metall an Luft zwingt zu einer starken Vergrößerung der wärmeabgebenden Oberfläche durch Kühlrippen, die je nach dem Einsatz des Motors etwa beim 15- bis 20fachen der wärmeaufnehmenden Fläche von Zylinder und Brennraum liegen sollte. Ein gutes Beispiel stellt der Sachs 80 SA dar:
Der vom Kolben bestrichenen Zylinderfläche $F_w = 66{,}5\ cm^2$ steht eine Kühlrippenfläche $F_k = 1\,800\ cm^2$, also der 27fache Wert gegenüber. Noch intensiver wird der Zylinderkopf gekühlt: Die wärmeaufnehmende Innenraumwand hat eine Fläche $F_w = 22{,}5\ cm^2$, während die fächerförmig angeordneten Kopfrippen eine Kühlfläche $F_k = 1\,610\ cm^2$, also den 71fachen Wert aufweisen.
Beim Sachs 50 SA haben die 7 Zylinderrippen einen Abstand von 11 mm und eine Tiefe von 75 mm. Sie müssen wie die bis zu 70 mm tiefen Rippen des Fächerkopfes durch eingegossene Stege und eingedrückte Kunststoffblöcke gegen Schwirren sorgfältig abgestützt werden. Für die periphere Wärmeverteilung sorgt die 12 mm starke Leichtmetallwand.

durch die doppelte Zündfolge, durch die fehlende Kühlung des umlaufenden Öls und durch das vorgewärmte Frischgas thermisch erheblich höher belastet ist, nur 40 – 50 % über den Zylinderkopf und ein beträchtlicher Teil über die besonders gefährdete Wandung rund um den Auslaßschlitz.

LUFTKÜHLUNG

Luft ist ein sehr schlechter Wärmeleiter, und auch der Wärmeübergang von Metall an die Luft ist sehr ungünstig. Die Wärme abgebende Oberfläche steigt langsamer an als das Hubvolumen: Ein

500-cm³-Einzylindermotor hat das vierfache Hubvolumen, aber nur die 2,5fache Brennraumfläche eines 125-cm³-Einzylinders, wird also thermisch erheblich höher belastet. Hier liegt neben den Massenkräften einer der Gründe für den Übergang zum Mehrzylinder. Die Oberfläche muß also durch Rippen vergrößert werden. Die Rippenhöhe moderner Hochleistungsmotoren ist etwa so groß wie die Bohrung, der Rippenabstand liegt bei Straßenmaschinen zwischen 10 – 12 mm, bei Geländemaschinen zwischen 12 und 16 mm.

Ebenso wichtig wie die Wärmeabgabe über die Kühlrippen an die Luft ist die gleichmäßige Wärmeverteilung in der Zylinderwand, damit der Zylinder bei jeder Betriebstemperatur schön rund bleibt. Das gilt vor allem für Zweitaktmotoren mit ihrer durch die Kanäle zerklüfteten Zylinderwand. Die enorme Leistungssteigerung zwang zu einer erheblichen Vergrößerung der Wanddikken, die bei kleinen Hochleistungsmotoren bis zu 40 % der Bohrung wuchs, und natürlich zum Übergang vom Grauguß- zum Leichtmetallzylinder mit seiner wesentlich besseren Leitfähigkeit. Die Voraussetzungen für ein einwandfreies Laufverhalten des Kolbens im Leichtmetallzylinder wurden durch eingegossene oder eingeschrumpfte Graußgußbuchsen oder durch die für die Wärmeableitung noch günstigere Hartchrom- oder Nikasil-Beschichtung geschaffen.

Eine Schwarzlackierung oder eine Schwarzeloxierung der Kühlrippen führt besonders am Zylinderkopf und am Auslaßstutzen zu einer merklichen Verbesserung der Wärmeabstrahlung, die bei Vollgas die Temperatur um 20 – 30° C senken kann.

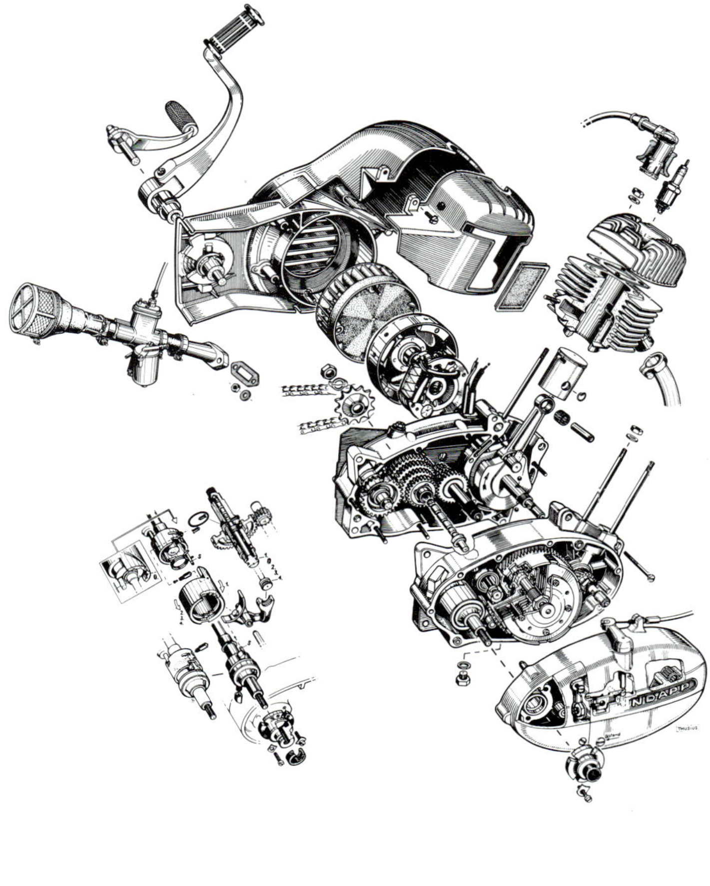

Zwangsluftkühlung

Bei Motoren, die häufig im Stadtverkehr, im Kolonnenbetrieb oder in bergigem Gelände gefahren werden, reicht die Fahrwindkühlung nicht immer aus. Sie muß durch ein Gebläse verbessert werden, das tiefere Rippen und kleinere Rippenabstände zuläßt.

Der fahrwindgekühlte Motor wird thermisch nicht bei der Höchstleistung und entsprechend hoher Geschwindigkeit, sondern beim schweren Ziehen in den niederen Gängen am Berg am höchsten beansprucht.

Zwangsluftkühlung

Roller und Mopeds, die häufig im Stadt- und Kolonnenverkehr mit niedriger Fahrgeschwindigkeit gefahren werden, werden oft durch ein Gebläse gekühlt. Sie können mit kleineren Rippenabständen und sehr tiefen Rippen gebaut werden und halten ihre Leistung auch am Berg konstanter als der fahrwindgekühlte Motor.

FLÜSSIGKEITSKÜHLUNG

Der Wärmeübergang von Metall an Wasser ist etwa 20mal so groß wie an Luft. Die immer stärker vordringende Flüssigkeitskühlung ist schwerer, aufwendiger und teurer, hat aber einige entscheidende Vorteile: Die ungleich bessere Temperaturverteilung über den Zylinderumfang, die sichere Beherrschung extrem hoher Leistungen – die Temperaturen in der Ringzone des Kolbens liegen um 30 – 50° C, am Kolbenboden um 10 – 15° C niedriger als beim luftgekühlten Motor – die höhere Laufdauer, die bessere Dämpfung der mechanischen Geräusche und bei großen Motoren der geringere Raumbedarf. Die

SACHS-Motor mit Wasserkühlung

Der wassergekühlte SACHS-Motor fällt durch den organischen Einbau des Kühlers in den zusätzlich verrippten Zylinderblock auf. Eine mit 2/3 der Kurbelwellen-Drehzahlen laufende kleine Flügelpumpe drückt die Mischung aus 64 % Wasser und 36 % Frostschutzmittel durch die großen Kühlmittel-Querschnitte. Die Umlaufmenge wird durch einen Thermostaten gesteuert, der sich bei 70° C langsam und bei 85° C voll geöffnet wird.

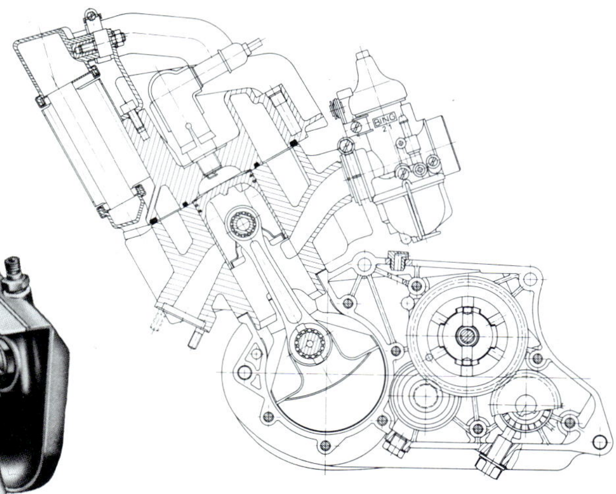

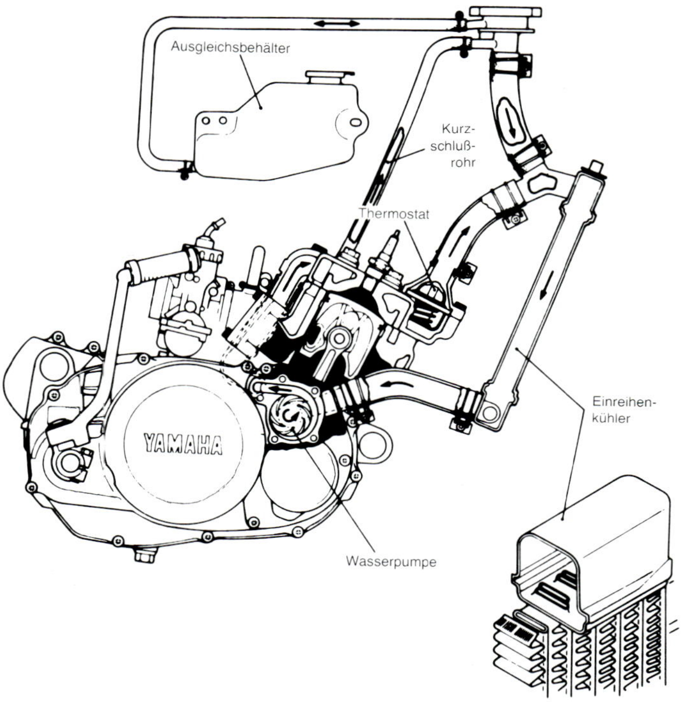

YAMAHA – Wasserkühlung

Das Schnittbild des wassergekühlten YAMAHA-Zweitakters zeigt den Umlauf von der Wasserpumpe durch die großen Querschnitte in den Kühlmänteln von Zylinderkopf und Zylinder zum thermostatgesteuerten Kühler und zurück. Ein Bypass-Rohr läßt bei geschlossenem Thermostaten – also niedriger Kühlmittel-Temperatur – nur einen stark gedrosselten Umlauf zu. Ein großer Ausgleichsbehälter entlastet den Kühler.

Kühlflüssigkeit ist gegen die Frostgefahr eine Mischung aus etwa 2/3 Wasser und 1/3 Glykol. Der Umlauf erfolgt entweder nach dem Thermosyphonprinzip durch den Temperaturunterschied zwischen der Flüssigkeit im Raum rund um den Motor und dem Kühler oder durch eine kleine Flügelpumpe, wobei die Umlaufmenge durch einen Thermostaten gesteuert wird. Der Thermostat öffnet erst bei 80 – 85° C und sorgt so für einen schnellen Anstieg der Betriebstemperatur nach dem Kaltstart. Das geschlossene Kühlsystem arbeitet mit einer Kühlwassertemperatur bis zu 120° C, um den Wärmeübergang zu verbessern.

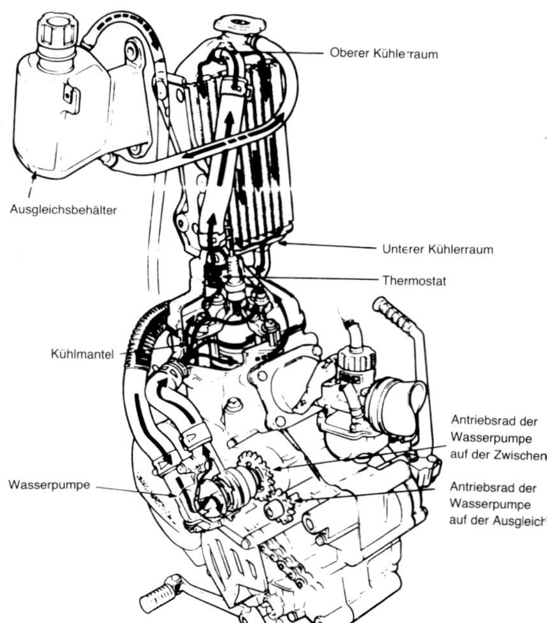

HONDA MTX 200 – Kühlwasser-Umlauf

HONDA VF 750 F: Doppelkühler

Bei dem geschlossenen Kühlsystem der HONDA VF 750 F mit Ausgleichsbehälter sind zwei Kühlerblöcke im Kreislauf hintereinander geschaltet. Hinter dem oberen Kühler sind die beiden durch Thermoschalter gesteuerten Gebläsemotoren angeordnet.

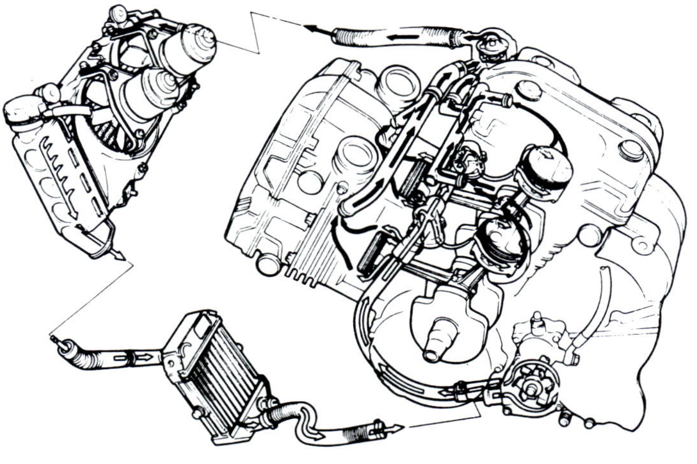

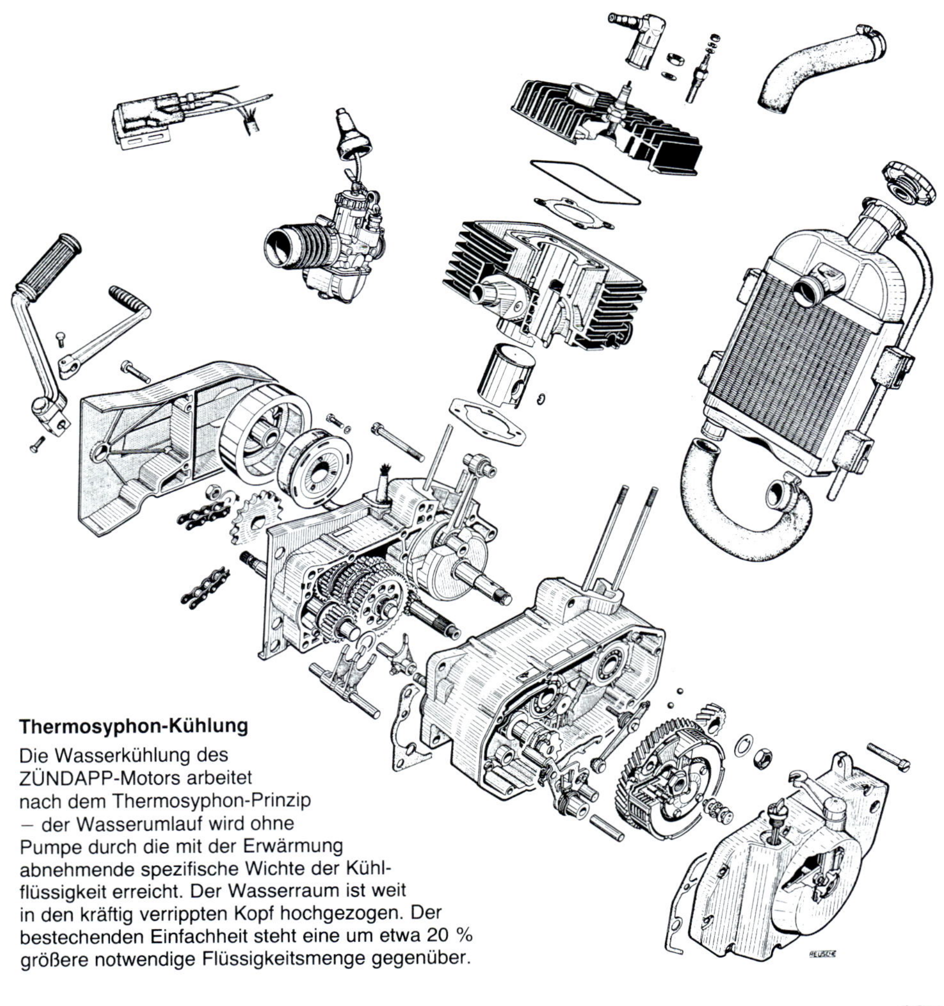

Thermosyphon-Kühlung

Die Wasserkühlung des ZÜNDAPP-Motors arbeitet nach dem Thermosyphon-Prinzip – der Wasserumlauf wird ohne Pumpe durch die mit der Erwärmung abnehmende spezifische Wichte der Kühlflüssigkeit erreicht. Der Wasserraum ist weit in den kräftig verrippten Kopf hochgezogen. Der bestechenden Einfachheit steht eine um etwa 20 % größere notwendige Flüssigkeitsmenge gegenüber.

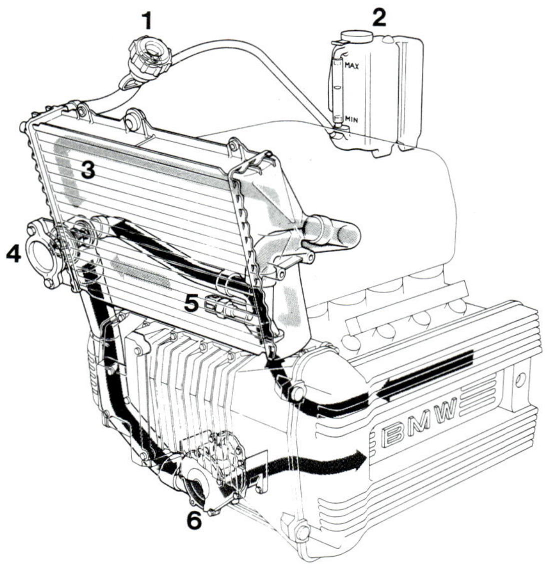

BMW K 100 Kühlmittel-Kreislauf

Die Wasserpumpe (6) fördert das Kühlmittel – 60 % Wasser, 40 % Glykol – bei kaltem Motor durch den Motor und einen Umgehungsschlauch zum Thermostat-Ventil (4) und zurück zur Pumpe. Steigt die Temperatur des Kühlmittels über 85° C, beginnt das dicht am Kühlergehäuse angeordnete Thermostat-Ventil den Kurzschluß-Kreislauf zu schließen und den Weg durch den Aluminium-Querstrom-Kühler bis zur vollen Freigabe bei 92° C zu öffnen. Der Temperaturfühler (5) steuert mit einem NTC-Widerstand die Einspritzung, mit dem anderen einen Temperaturschalter, der bei 103° C den hinter dem Kühler angeordneten Lüftermotor, bei 111° C eine Temperatur-Warnlampe einschaltet. Bei starker Erwärmung öffnet bei 1,1 bar Überdruck ein Ventil zum 0,4 l fassenden Ausgleichsbehälter (2), bei Abkühlung sorgt ein zweites Ventil bei 0,1 bar Unterdruck für den Rückfluß des Kühlmittels in den Kreislauf. Die Wasserpumpe fördert maximal 12 000 l/h – der gesamte Kühlmittelinhalt wird also bei Vollgas in knapp einer Sekunde durch den Motor gejagt.

Die Kupplung

Die Kupplung hat die Aufgabe, den Kraftfluß zwischen Motor und Getriebe beim Anfahren »gleitend« herzustellen und ihn während des Schaltvorganges zu unterbrechen. Bei querlaufenden Motoren ist sie meist im Schwungrad untergebracht und läuft mit Motordrehzahl, hat also nur das Motordrehmoment zu übertragen, bei längslaufenden Maschinen fast immer auf der Eingangswelle des Getriebes, läuft also mit der um die Primärübersetzung verminderten Drehzahl und dem im gleichen Verhältnis erhöhten Drehmoment.

Die Trockenkupplung

Das übertragbare Kupplungsdrehmoment ist neben dem Kupplungsdurchmesser von der Anzahl der Lamellen, dem Reibbeiwert und vom Anpreßdruck abhängig. Der Reibbeiwert liegt bei Trockenkupplungen im Durchschnitt bei 0,3 bis 0,4, bei Ölbad-Kupplungen je nach Belag zwischen 0,05 bis 0,15. Nach den Erfahrungen von F & S soll bei Trockenkupplungen mit organischen Belägen eine Flächenpressung von 40 – 50 N/cm^2, mit Sinterbelägen von 100 N/cm^2 nicht überschritten werden.

Die Ölbadkupplung

Bei Ölbad-Kupplungen wird eine Flächenpressung bis zu 35 N/cm^2, mit Papierbelägen bis 90 N/cm^2 angegeben. Die üblichen Flächenpressungen bei

1 = Kupplungskorb
2 = Stahlring
3 = Tellerfeder
4 = Mitnehmerscheibe
5 = Ausrückhebel
6 = Druckkolben
7 = Axiallager
8 = Kupplungs-Druckstange

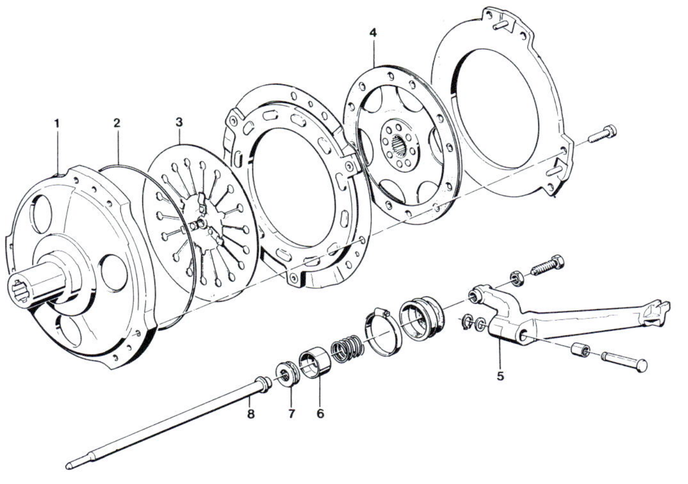

BMW K 100: Einscheiben-Trockenkupplung

Der Kupplungskorb (1) ist aus Leichtmetall geschmiedet und sitzt auf der Keilverzahnung der Abtriebswelle. Die flach bauende Tellerfeder (3) wird durch einen Stahlring (2) gesichert. Die Mitnehmerscheibe (4) trägt den asbestfreien 180-mm-∅-Belag. Der nadelgelagerte Ausrückhebel (5) aus Aluminium betätigt, 4 :1 übersetzt, über den Druckkolben (6) und das Axiallager (7) die in der hohlen Antriebswelle des Getriebes laufende Kupplungs-Druckstange (8) aus Leichtmetall mit einer Konusspitze aus Stahl.

Trockenkupplungen liegen zwischen 10 und 20 N/cm^2, bei Ölbad-Kupplungen zwischen 20 und 50 N/cm^2. Der Anpreßdruck erfolgt über sechs bis acht ringförmig angeordnete Schraubenfedern oder durch eine zentrale, raumsparende Scheiben- oder Sternfeder.

Der Gleitbeiwert verschiedener Beläge gegen Stahl im Ölbad beträgt nach F & S-Versuchen für Papier 0,13, Kork 0,10, Sinterbronze 0,08 und Semimetall 0,06. Am günstigsten verhält sich der Papierbelag, der noch einen anderen, entscheidenden Vorteil aufweist: Der Unterschied zwischen dem Gleitbeiwert und dem Haftreibwert ist sehr klein und kann sogar negativ werden, wodurch das Eingreifen der Kupplung erleichtert und das Rupfen der Kupplung sicher unterbunden wird.

Grundsätzlich haben Ölbad-Kupplungen einen weicheren Eingriff als Trokkenkupplungen, breite Lamellen einen weicheren, schmale Lamellen einen härteren Eingriff. Zur Verbesserung des Eingriffs werden die Beläge durch Nuten unterbrochen, um das Öl zwischen den Lamellen schnell nach außen zu führen. Wie bei den Bremsen wird auch bei den Kupplungen die Verwendung asbesthaltiger Beläge wegen gesundheitsschädlicher Auswirkungen weltweit abgebaut.

Zum Auskuppeln müssen die Lamellen um 0,2 bis 0,4 mm gegen die Federkraft abgehoben werden. Das addiert sich bei den wegen des höheren Drehmoments und des begrenzten Durchmessers nötigen 4 – 8 Scheiben bei schweren Maschinen auf der Getriebewelle zu mehreren mm Ausrückweg und schränkt das Übersetzungsverhältnis zum Kupplungshandhebel ein. Kein Wunder, daß bei den hohen Drehmomenten moderner Super-Bikes Handkräfte von 110 bis 120 N gemessen wur-

den, aber auch bei den starken 650ern liegen die Werte bei 75 bis 80 N. Eine Analyse einiger Dutzend schwerer Modelle läßt den eigentlich zu erwartenden Zusammenhang zwischen dem Drehmoment an der Kupplung und der Kupplungshandkraft nicht erkennen – der Fehler muß also in dem unterschiedlichen Wirkungsgrad der Bowdenzüge als Folge ungünstiger Verlegung oder ungenügender Schmierung liegen.
Es wird zweifellos an der Verringerung der Handkräfte gearbeitet, und der Übergang zu hydraulischer Betätigung des Aushebers an einigen Modellen wird sicher eine merkliche Verbesserung bringen, aber es wird gewiß noch eine ganze Weile dauern, ehe man auf breiter Front die vorbildlichen 35 N der BMW R 80 erreicht.

Die Gleitkupplung

Eine völlig neue und überraschende Rolle hat HONDA der Kupplung zugewiesen, und wieder gab der Rennsport den entscheidenden Impuls: Bei der Erprobung der revolutionären NS 500 und der FWS 1 000 bremsten die hochdrehenden Viertaktmotoren beim Gaswegnehmen so brutal ab, daß das Hinterrad zum wilden Stempeln angeregt wurde

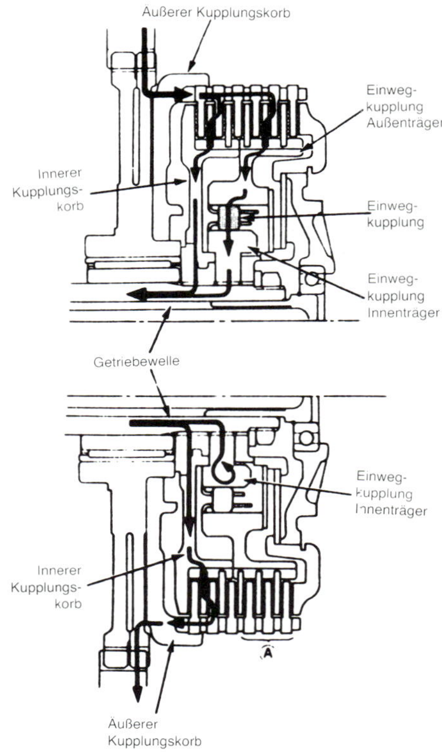

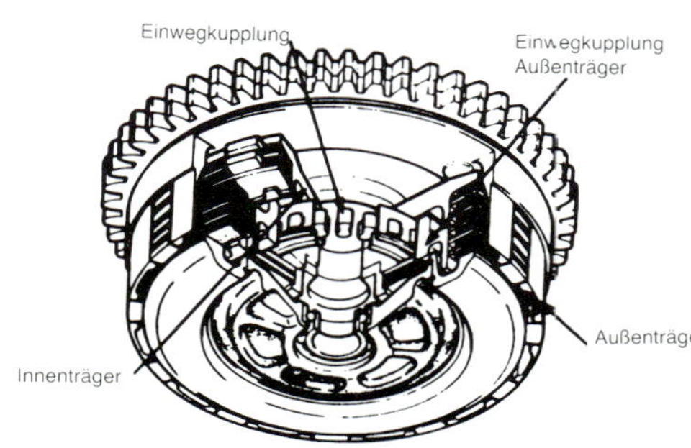

HONDA-antihopping-clutch

Um die beim starken Abbremsen schneller Maschinen durch die elastisch vorgespannte Kraftübertragung hervorgerufenen stoßartigen Schwingungen zu unterdrücken, entwickelte HONDA die antihopping-clutch, die nur unter Last das volle Drehmoment überträgt. Beim Abbremsen übertragen nur drei der sechs Kupplungsscheiben mit Hilfe eines Freilaufs das Bremsmoment des Motors.
Die Bilder zeigen den Aufbau der Kupplung und den Kraftfluß, der im Text im einzelnen beschrieben wird.

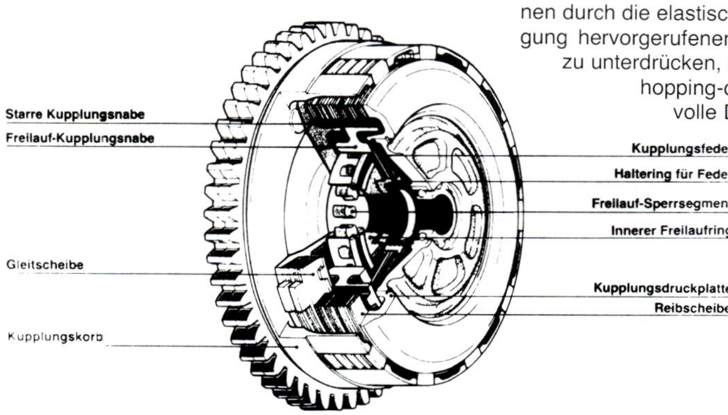

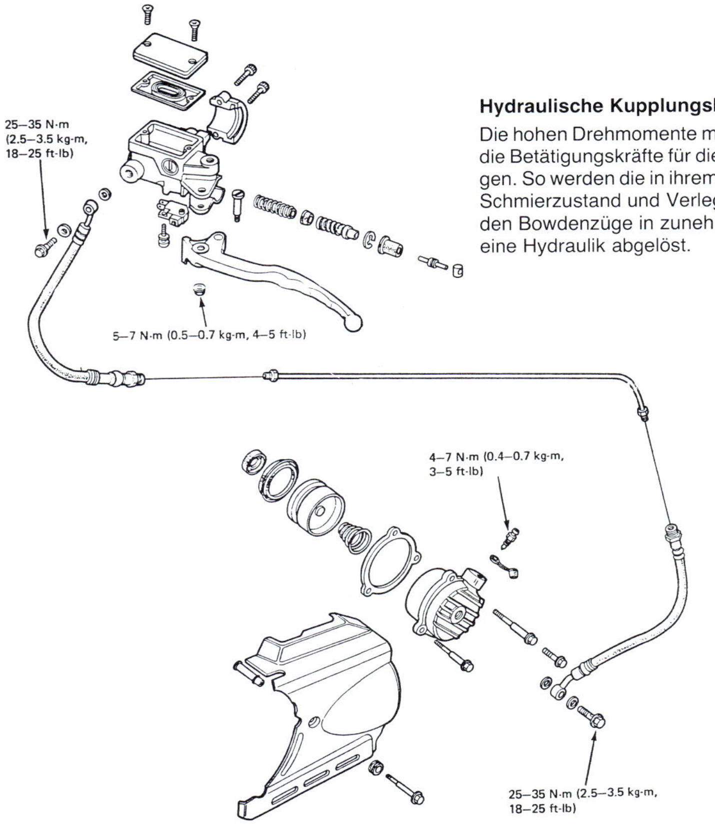

Hydraulische Kupplungsbetätigung
Die hohen Drehmomente moderner Motoren ließen die Betätigungskräfte für die Kupplung stark ansteigen. So werden die in ihrem Wirkungsgrad je nach Schmierzustand und Verlegung stark schwankenden Bowdenzüge in zunehmendem Maße durch eine Hydraulik abgelöst.

und weitgehend die Haftung verlor. Die seit Jahrzehnten bekannte Erscheinung wirkte sich auf die Fahrsicherheit um so kritischer aus, je höher die Motoren drehten, je länger die Federwege der Hinterradschwinge wurden, je ungenauer die Kinematik von Hinterradschwinge und Bremskraftabstützung abgestimmt und je größer die elastische Verformung der Kraftübertragung im Hinterrad war. Beim scharfen Abbremsen durch den Motor werden alle Übertragungsglieder zwischen Motor und Hinterrad elastisch vorgespannt und speichern potentielle Energie, die sich je nach der Haftung des ja zunehmend entlasteten Hinterrades in stoßartigen Schwingungen über die Hinterradfederung austobt. Radikale Abhilfe in dieser kritischen Lage bringt nur das Ziehen der Kupplung oder ein Freilauf, aber damit fällt eben die Entlastung der Bremsen durch das Bremsmoment des Motors völlig aus.

Die anti-hopping-clutch von HONDA, die nun serienmäßig in die stärksten Modelle eingebaut wird, überträgt nur unter Last das volle Drehmoment. Von den 6 Kupplungsscheiben sitzen die 3 motorseitigen Scheiben auf einer starren Kupplungsnabe, während die 3 anderen Scheiben auf einer Freilaufnabe untergebracht sind. Gibt der Motor Leistung ab, so richten sich die 20 semmelförmigen Sperrelemente auf und verklemmen den äußeren mit dem inneren Freilaufring zu einer starren Verbindung. Damit sind alle 6 Kupplungsscheiben im Eingriff. Wird der Motor beim Gaswegnehmen vom Hinterrad geschoben, kippen die Sperrsegmente

Zweigang-Automatik

Die Zweigang-Automatik von SOLO besteht aus einem Planetengetriebe, das in die durch einen Keilriemen vom Motor angetriebene Riemenscheibe organisch eingebaut ist. Das innen verzahnte große Sonnenrad (A) ist fest mit der Riemenscheibe verbunden, das kleine Sonnenrad (D) wird auf der Tretlagerwelle durch einen Freilauf am Rückdrehen gehindert.
Die drei Planetenräder (B) sind über dem Planetenradträger (C) über eine Hohlwelle mit dem Abtriebsritzel verbunden.
Im 1. Gang treibt das große Sonnenrad (A) die Planetenräder (B) an, die auf dem kleinen Sonnenrad (D) ablaufen und den Steg (C) untersetzt mitnehmen.
Steigt die Geschwindigkeit, so pressen sich die Fliehgewichte (F) gegen die Trommel und nehmen die Trommel mit, so daß kleines und großes Sonnenrad jetzt mit gleicher Drehzahl umlaufen.
An den Fliehgewichten (F) sind besondere Belagsträger (E) angelenkt, die die Anpreßkraft verstärken.
Das in einem Ölbad laufende Getriebe kuppelt weich und ohne Zugkraftunterbrechung ein und kann in seinem Schaltpunkt in gewissen Grenzen durch Gasgeben beeinflußt werden.

um und lösen für 3 Scheiben die starre Verbindung zwischen Innen- und Außenring, so daß der Kraftfluß nur über die 3 Scheiben der starren Nabe läuft. Die Bremswirkung des Motors bleibt zur Hälfte erhalten – bei höheren Belastungsspitzen dreht die Kupplung unter Inkaufnahme eines etwas höheren Verschleißes durch und verhindert so das Aufschaukeln des Antriebsstranges. Die Unterbringung der aufwendigen Kupplungseinheit in dem begrenzten Bauraum ist auch mit den flach bauenden Tellerfedern ein konstruktives Meisterstück.

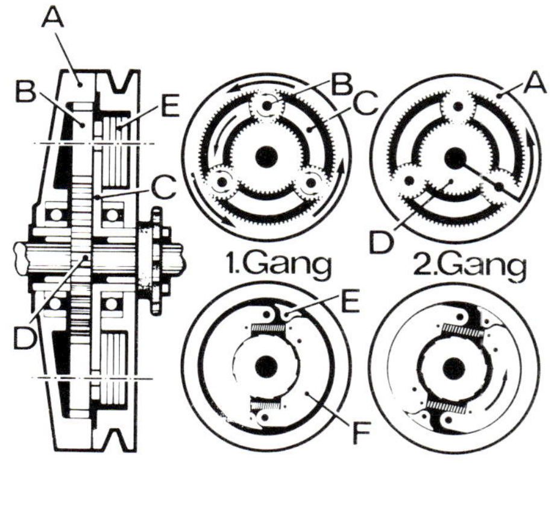

Hydraulische Kupplung

Der Solo-Hydro-Drive ist eine automatische hydraulische Kupplung mit fest auf der Kurbelwelle sitzendem Pumpenrad 1 und dem rollengelagerten Turbinenrad 2, das mit der Riemenscheibe umläuft. Die Füllmenge an Automatik-Getriebeöl beträgt 65 cm^3 und kann durch die Einfüllbohrungen kontrolliert werden.

Automatische Kupplungen

Der überwiegend sportlich orientierte Motorradfahrer hat die automatische Kupplung immer wieder als Einschränkung seiner fahrerischen Handlungsfreiheit abgelehnt. Die automatische Fliehkraft-Kupplung hat sich daher zunächst nur jenen Fahrzeugtyp erobert, der vom Fahrer als anspruchsloses Transportgerät ohne sportliche Ambitionen geschätzt wird: Den Leichtroller, das Mofa mit auf 25 km/h und das Moped mit auf 40 km/h begrenzter Höchstgeschwindigkeit. Die Abbildungen zeigen zwei typische Lösungen mit Kugeln und Fliehgewichten. Der nächste Entwicklungsschritt ist die Stufenautomatik, bei der jeder Radsatz über eine eigene Fliehkraft-Kupplung betätigt wird, eine narrensichere, wenn auch nicht gerade raumsparende Konstruktion.

Sehr schmal baut die »Solomatic«, die hier wegen der Anpassung an die unterschiedlichen Fahrbedingungen etwas eingehender behandelt werden soll.

Das Planetengetriebe ist organisch in die Riemenscheibe eingebaut, die vom Motor mit einem Keilriemen angetrieben wird. Das äußere, innen verzahnte Sonnenrad ist fest mit der Riemenscheibe verbunden, das innere Sonnenrad wird auf der Tretlagerwelle durch einen Freilauf am Rückdrehen gehindert. Der schmale Träger der drei Planetenräder verbindet sie über eine Hohlwelle mit dem Abtriebsritzel. Im 1. Gang nimmt das große Sonnenrad mit seiner Innenverzahnung die Planetenräder mit, die auf dem feststehenden kleinen Sonnenrad ablaufen und den Steg mit verminderter Drehzahl umlaufen lassen. Im großen Gang werden großes und kleines Sonnenrad durch zwei auf dem Planetenradträger gelagerte Fliehgewichte gekoppelt und laufen mit der gleichen Drehzahl um.

Der besondere Kniff der Solomatic liegt darin, daß die Fliehgewichte auf dem Abtriebssteg sitzen und damit nicht von der Motordrehzahl, sondern von der Fahrgeschwindigkeit abhängig sind.

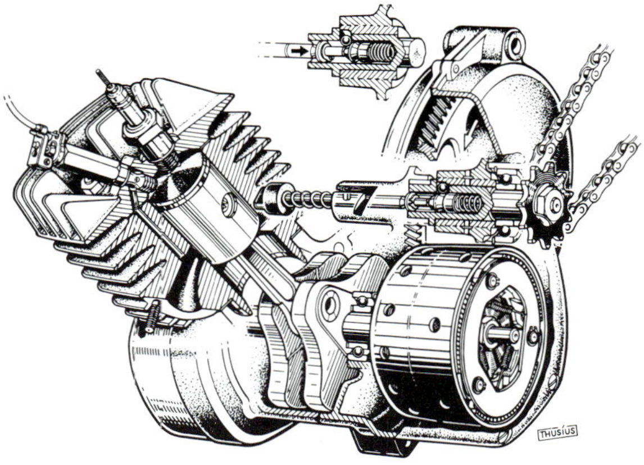

Fliehkraft-Kupplung mit Fliehgewichten

Die Automatik des ZÜNDAPP-Mofa-Motors 248 arbeitet mit einer Anfahr-Kupplung. Der Kraftschluß wird durch federgebremste, pendelnde Kupplungsbacken hergestellt, die durch die Fliehkraft mit dem Kupplungsbelag gegen die Kupplungstrommel gedrückt werden.

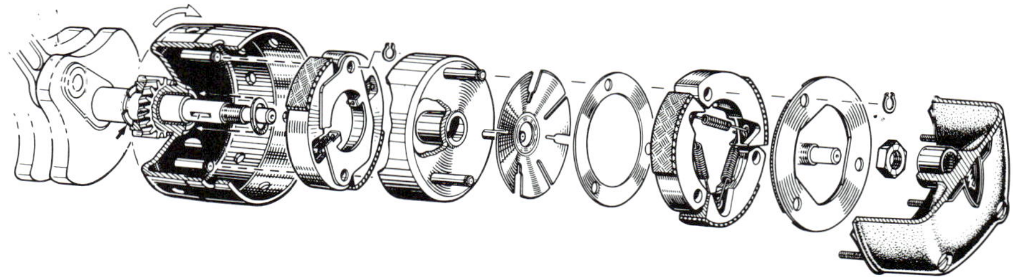

Durch eine geschickte Lagerung der Fliehgewichte wird eine kräftige Servowirkung erzielt, und diese Selbstverstärkung sorgt dafür, daß das Einkuppeln des großen Ganges in Abhängigkeit von der Belastung bei einer höheren Geschwindigkeit erfolgt als das Auskuppeln, also das Rückschalten auf den 1. Gang. Automatische Mehrgangschaltungen, wie das ingeniöse, aber auch sehr aufwendige Kreisgetriebe, haben sich bisher ebensowenig durchsetzen können wie die immer wieder versuchten Reibradgetriebe mit ihrem meist zu hohen Gewicht und ihrem mäßigen Wirkungsgrad.

Inzwischen hat auch Solo eine hydraulische Kupplung entwickelt.

Am Rande sei erwähnt, daß JAWA seit vielen Jahren mit dem Schaltvorgang automatisch auskuppelt, zum Anfahren aber mit normaler Kupplung arbeitet.

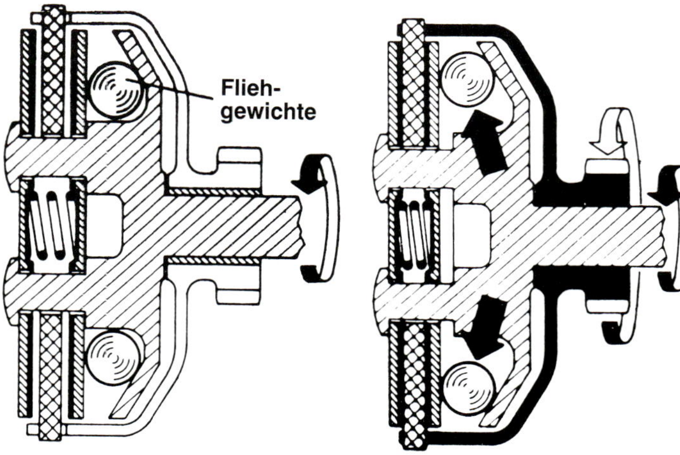

Fliehkraft-Kupplung mit Kugeln

Mit steigender Drehzahl werden die auf einer Kegelfläche laufenden Kugeln nach außen geschleudert und drücken die Kupplungsscheibe gegen den Druck der Feder gegen den mit der Kupplungsglocke fest verbundenen Reibbelag.

Getriebe

Die hohe Literleistung und die damit verbundene geringe Elastizität des Motorrad-Motors weisen dem Getriebe einen entscheidenden Stellenwert für den Leistungseinsatz zu. Im Rennmaschinenbau mit seinen extrem spitzen Leistungskurven uferte der Trend zu vielstufigen Getrieben aus: In den kleinen Hubraumklassen stieg die Zahl der Gänge in Gruppengetrieben – zwei hintereinander geschaltete Getriebe – auf 12 oder gar 16 Gänge an, bis die FIM eingriff und die Gangzahl auf sechs begrenzte.

Im Serienbau sind heute – auch aus Kosten- und Gewichtsgründen – vier bis fünf Gänge, in der sportlichen Mittelklasse fünf bis sechs Gänge und bei den schweren Maschinen fünf Gänge die Regel.

Der Wirkungsgrad moderner Getriebe liegt bei max. 97 %.

Die Klauenschaltung

Die Schaltung arbeitet mit Klauen, die über Schaltgabeln von einer Klinken- oder Kulissenschaltung auf der Keilwelle verschoben werden und mit den dauernd kämmenden, freilaufenden Zahnrädern zum Eingriff gebracht werden.

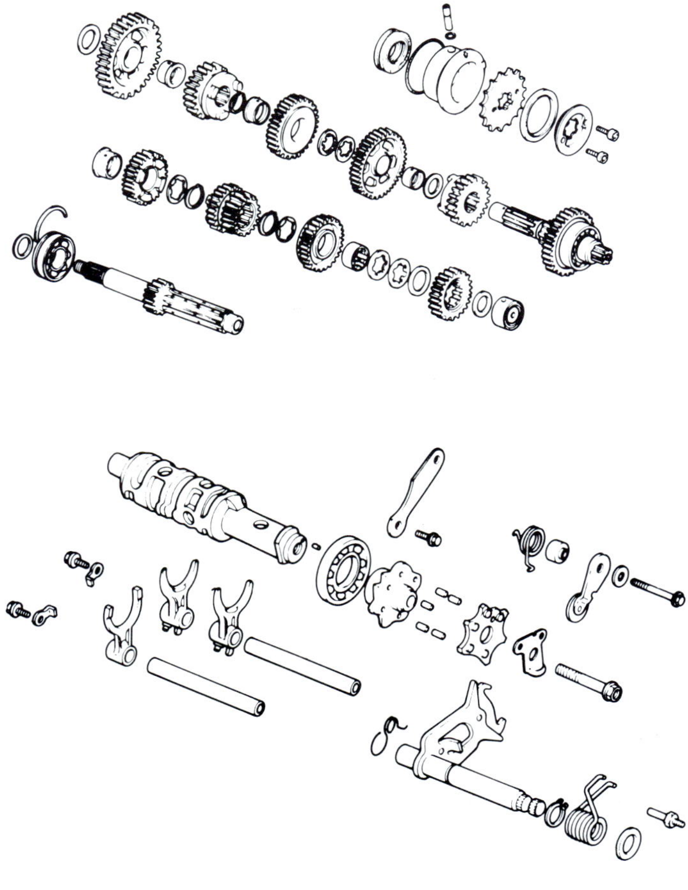

HONDA-Fünfgang-Getriebe

Die Explosionszeichnung zeigt oben die Radsätze auf Haupt- und Nebenwellen und die Keilwellen-Verzahnung für die Schaltklauen, darunter die Schaltwalzen mit den Führungsnuten, die Schaltgabeln und schließlich die Schaltklinke mit der Rastenscheibe.

BMW K 100 Fünfgang-Getriebe

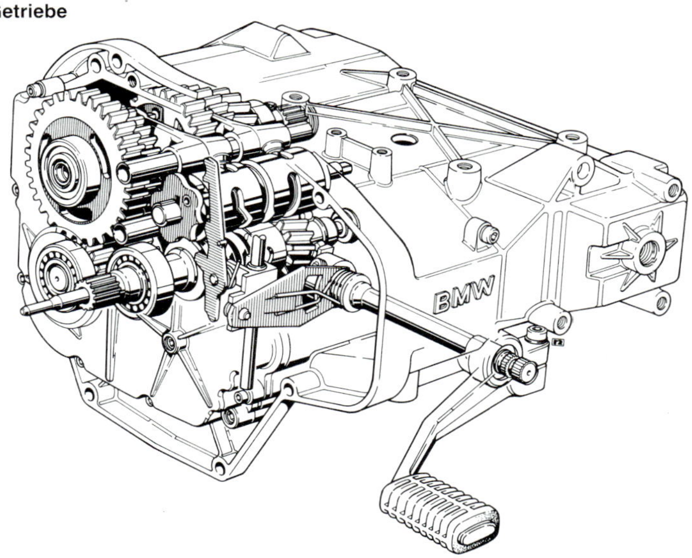

In dem Drei-Wellen-Fünfgang-Getriebe der BMW K 100 laufen die schaltbaren Gangräder auf der kugelgelagerten Neben- und Abtriebswelle. Der Schalthebel verdreht über die Schaltwelle die durch eine Überschalt-Sicherung geschützte Schaltwalze. Die Leichtmetall-Schaltgabeln sind auf den hohl gebohrten Schaltachsen gelagert und werden durch Stahlrollen in den Kulissen der Schaltwalze geführt, die auch die Digital-Ganganzeige steuert. Alle Losräder sind auf Nadellagern oder Bronzebuchsen gelagert.
Die kegelrollengelagerte Antriebswelle wird durch einen Anfahrdämpfer entlastet. Das Antriebsritzel und das Radpaar des 5. Ganges sind schräg verzahnt.

Die Ziehkeilschaltung

Bei leichten Maschinen und bei Rollern hat die Ziehkeilschaltung noch immer sehr viele Anänger, wenn auch die Neukonstruktionen vermehrt zur Klauenschaltung zurückkehren. Bei der Ziehkeilschaltung sind die Räder der hohlen Hauptwelle frei drehbar, die Räder der Nebenwelle fest mit ihr verbunden. Der Kraftschluß für das Zahnrad des gewählten Ganges wird dadurch hergestellt, daß eine in der Hohlwelle verschiebbare Schaltstange mit Ringnokken eine oder mehrere Kugeln oder Mitnehmerstifte in die Nut oder die Nuten des Zahnrades drückt. Der Vorteil des Ziehkeilgetriebes liegt in der gedrängten Bauart – die Zahnräder können unmittelbar nebeneinander angeordnet werden – in seiner Robustheit und in seiner einfachen Schaltmechanik.
Die im Automobilgetriebe längst zum Standard gewordene Synchronisierung aller Fahrgänge findet im Motorradbau kein Interesse: Motorrad-Getriebe laufen in den meisten Fällen mit wesentlich niedrigerer Drehzahl und sind immer erheblich enger gestuft als Automobil-Getriebe, so daß das Schaltgeräusch grundsätzlich geringer ist und den allgemeinen Geräuschpegel kaum überschreitet. Der Motorrad-Konstrukteur scheut auch mit Recht den größeren Raumbedarf, das höhere Gewicht und schließlich auch die unvermeidlich höheren Planschverluste.

Das Kegelscheibengetriebe

Die vor vielen Jahren im Hobby-Roller von DKW und in den 70er Jahren in den Geländemaschinen von ROKON eingebauten stufenlosen Kegelscheibengetriebe mit Keilriemenübertragung, die

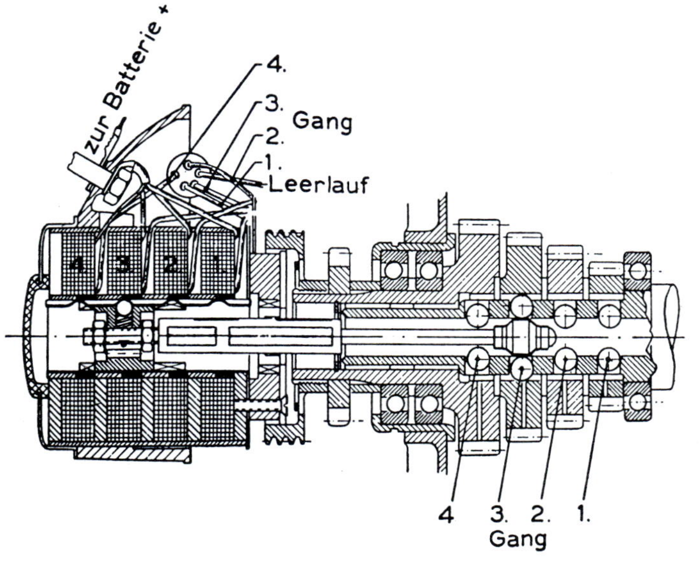

Ziehkeilgetriebe mit elektromagnetischer Schaltung

Die einfache Kinematik und die geringen Schaltkräfte des Ziehkeilgetriebes nutzte Norbert Riedel für VICTORIA zu einer elektromagnetischen Schaltung aus. Die Schaltstange mit dem Schaltkegel wurde dadurch betätigt, daß die Magnete durch die eingeschaltete Magnetspule in die richtige Stellung gezogen wurden.

Im Zeitalter der Elektronik ist es eigentlich verwunderlich, daß die im praktischen Betrieb durchaus bewährte Konstruktion nicht längst zu einer Vollautomatik weiterentwickelt wurde.

VESPA Automatic

Bei den Automatic-Modellen 50–80–125 cm^3 ging VESPA vom traditionellen Drehschiebereinlaß durch die Kurbelwelle auf eine Einlaßmembran über, um das Drehmoment im unteren und mittleren Drehzahlbereich anzuheben. Die Übersetzung des Kegelscheiben-Getriebes wird in Abhängigkeit von der Fahrgeschwindigkeit **und** von der Stellung des Gasdrehgriffes, also der Belastung, bestimmt: Bei jeder Geschwindigkeitserhöhung verlängert die von einem Fliehkraft-Regler gesteuerte Hydraulik-Pumpe – bei gleichbleibender Stellung des Gasdrehgriffes – die Übersetzung. Wird der Gasdrehgriff zum Beschleunigen weiter geöffnet, wird die kurze Übersetzung trotz erhöhter Motordrehzahlen beibehalten. Das Schemabild zeigt den vom Fliehkraft-Regler gesteuerten Hydraulik-Kolben zur Verlängerung der Übersetzung und den entgegenwirkenden, vom Gasdrehgriff betätigten Steuernocken mit Gegenfeder.

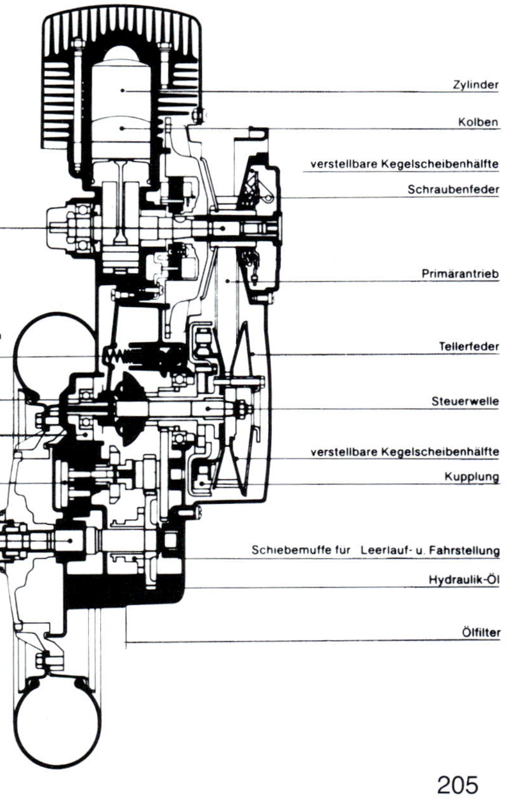

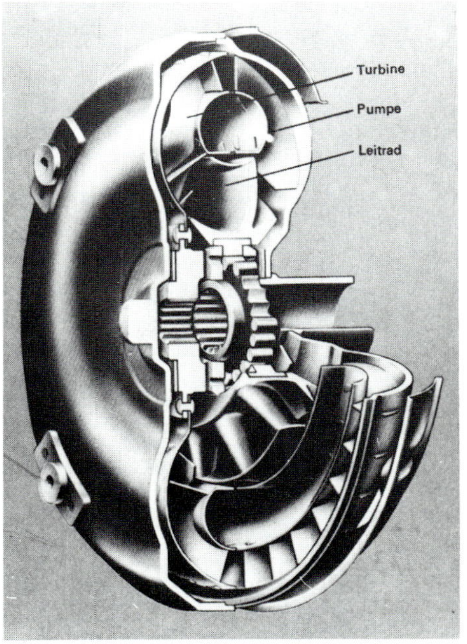

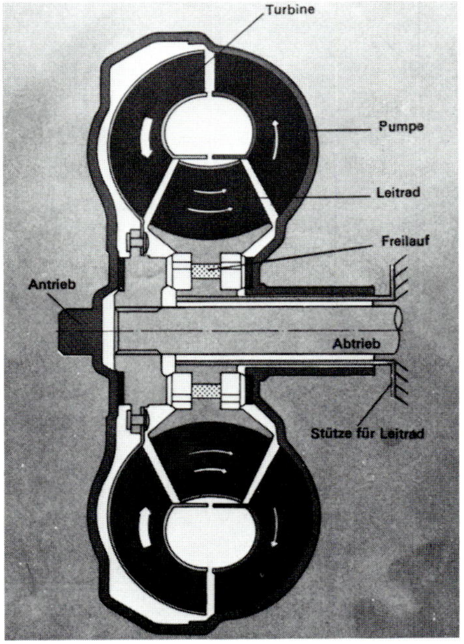

Das Trilock-System

Die mit dem Antriebsgehäuse fest verbundenen Pumpenschaufeln drücken das Öl mit zunehmender Drehzahl durch die Fliehkraft an den äußeren Umfang und führen es dem mit der Antriebswelle fest verbundenen Turbinenrad zu. Hier wird die Strömungsenergie des Öls in den stark gekrümmten Schaufeln in eine Drehbewegung umgeformt. Das zwischen Pumpenrad und Turbine angeordnete Leitrad stützt sich über einen Freilauf gegen Rückwärtsdrehung ab und verstärkt das Motordrehmoment beim Anfahren durch die Umlenkung des Ölstroms in seinen Schaufeln, bis Turbinen- und Pumpendrehzahl wieder übereinstimmen.

ohne Zugkraft-Unterbrechung arbeiten, aber sehr sperrig bauen, haben nun Nachfolger gefunden. Die japanischen Roller-Konstrukteure griffen den Gedanken wieder auf, und VESPA entwickelte für das Kegelscheibengetriebe eine hydraulische Steuerung.

Das andere Vorbild aus dem Automobilbau, der hydrodynamische Drehmomentenwandler, fand nach Versuchen von BSA (1935) und dem mutigen Vorstoß von GUZZI und HONDA Ende der 70er Jahre im Motorradbau keine neuen Anhänger.

Der hydrodynamische Drehmomentenumwandler

Dabei sind die Vorteile des hydrodynamischen Wandlers überzeugend: Er arbeitet praktisch ohne Verschleiß, paßt sich stufenlos den wachsenden Fahrwiderständen an, stellt bei niedriger Fahrgeschwindigkeit automatisch ein hohes Drehmoment zur Verfügung, macht das Anfahren geschmeidiger, dämpft die Stöße in der Kraftübertragung und verhindert das Abwürgen des Motors. Sein Hauptnachteil liegt in dem mäßigen Wirkungsgrad durch den unvermeidlichen, für die Funktion nun einmal erforderlichen Schlupf. Eine weitere Eigenheit der Automatic soll nicht unerwähnt bleiben: Durch den Freilauf ist die Bremswirkung des Motors aufgehoben.

Die MOTO-GUZZI V 1 000 I-Convert arbeitet mit dem hydraulischen Drehmomentenwandler von FICHTEL & SACHS, mit einem Wandelfaktor von 1,6 und einem fußgeschalteten Zweiganggetriebe mit den Übersetzungsstufen 1,33 :1 und 1:1. Das Anfahren erfolgt über eine normale Zweischeiben-Trockenkupplung und verhindert damit das »Kriechen« bei zu hoher Leerlauf-Drehzahl, nutzt aber natürlich den Dämpfungseffekt des nun als sanfte hydraulische Kupplung wirkenden Wandlers.

Nach der CB 750 A hatte HONDA mit der CB 400 A Hawk auch in der Mittelklasse eine Automatik eingeführt. Mit einem Durchmesser von nur 165 mm und einer Breite von 100 mm ist der HONDA-Wandler erstaunlich bescheiden in seinen Abmessungen. Der Wandelfaktor liegt bei 2,0, und das nachgeschaltete Zweiganggetriebe hat die Übersetzungsstufen 2,06 :1 und 2,92 :1.

Während die HONDAMATIC der CB 750 A mit zwei hydraulischen Kupplungen arbeitet, um das Schalten des Zweiganggetriebes geräuschlos sicherzustellen, wird das gleiche Ziel bei der CB 400 A durch einen radikalen Abbau der Reibungsverluste im Schaltmechanismus durch Kugellager für Schaltmuffen und Schaltgabeln angestrebt. Der dreiventilige Parallel-Zweizylinder-Motor der HONDA HAWK wurde durch kleinere Ventile, einen flacheren Kolbenboden und kleinere Vergaserquerschnitte in der Leistung von 40 PS auf 30 PS gedrosselt und in seinem Leistungsverlauf auf die Automatic zugeschnitten. Die beiden Einlaßventile des mit 70,5 mm ∅ Bohrung und 50,6 mm Hub auffallend kurzhubigen Motors wurden von 26 mm ∅ auf 24 mm ∅ und der Vergaser-Durchmesser von 32 mm ∅ auf 28 mm ∅ reduziert.

Auch die Zündung mußte den besonderen Anforderungen der Automatic angepaßt werden: Der im Leerlauf bei 7,5° v. O. T. liegende Zündzeitpunkt springt beim Einschalten des 1. Ganges auf 15° v. O. T., um das Abwürgen zu verhindern.

Die beiden hier beschriebenen Wandlergetriebe sind Halbautomaten – die vollautomatische Schaltung des nachgeschalteten Zweiganggetriebes macht die Anlage erheblich komplizierter und teurer und wirft durch den unvermeidlichen Schaltruck beim Durchfahren enger Kurven auch fahrerische Probleme auf.

Das Motorradfahrwerk

Der technische Stand eines Motors läßt sich mit den Werten von Leistung, Drehmoment, Drehzahl, Verbrauch, Betriebstemperatur, Rundlauf, Klopffestigkeit und Emissionen in recht engen Grenzen festlegen und mit ausreichender Genauigkeit messen. Die vielschichtigen Forderungen, die an ein Fahrwerk gestellt werden müssen, um die Motorleistung sicher, spurtreu und dennoch handlich über den gesamten Geschwindigkeitsbereich auf die Straße zu bringen, sind nicht nur sehr viel schwerer zu erfüllen, sondern auch durch verwirrend viele, sich oft widersprechende Einflüsse in ihrer Durchsetzbarkeit in Frage gestellt.

KONSTRUKTIVE DATEN UND FAHREIGENSCHAFTEN

Die Grundlagen der Fahrmechanik des Einspurers, die geometrischen Beziehungen, die dynamischen Zusammenhänge, der zeitliche Ablauf der Eigenstabilisierung und die wichtigsten Störungen – Flattern und Pendeln – sind in meiner »Einführung in die Motorradtechnik« ausführlich dargestellt worden. Dabei konnte gezeigt werden, daß eine optimale Eigenstabilisierung immer nur in einem begrenzten Geschwindigkeitsbereich möglich ist. Eine kurze Übersicht soll in Stichworten darstellen, wie sich die wichtigsten konstruktiven Daten der Maschine auf die Fahreigenschaften auswirken:

Radstand

Ein langer Radstand verbessert die Führung und verschiebt die Resonanzlage der störenden Schwingungen um die Hochachse (Pendeln) in höhere Geschwindigkeitsbereiche. Kein Wunder also, daß bei den ständig gewachsenen Leistungen und Geschwindigkeiten unserer schweren Maschinen der Radstand mitgewachsen ist und die damit etwas verminderte Handlichkeit in engen Kurven und bei schnellem Richtungswechsel zugunsten der höheren Sicherheit in Kauf genommen wird. 1 500 mm, die vor wenigen Jahren noch als Tabu-Grenze galten, werden heute unbedenklich überschritten: Von der BMW K 100 nur um 16 mm, von den 750er und 1 000er HONDA-Modellen um 40 – 95 mm, bei KAWASAKI um 45 – 80 mm, bei der GUZZI California um 65 mm, bei SUZUKI und YAMAHA um 20 – 40 mm. Den Vogel schießen die HONDA GL 1 200 mit 1 610 mm, die YAMAHA XVZ 12 T mit 1 617 mm und die HARLEY FXST gar mit 1 670 mm ab.

Gewichtsverteilung

Eine Verschiebung des Schwerpunktes nach vorn führt zu einer starken Dämpfung des Schwingungssystems und damit zu stabiler Geradeausfahrt im hohen Geschwindigkeitsbereich, aber auch zu höheren Lenkkräften und verminderter Handlichkeit. Im Durchschnitt liegen 44 – 47 % des Leergewichtes auf dem Vorderrad. Bei schnellen Maschinen ist daher eine Tendenz zu steigender Vorderradbelastung festzustellen.

Schwerpunkthöhe

Der Schwerpunkt der mit einem Fahrer besetzten Maschine liegt im Durchschnitt bei rd. 600 mm, der leeren Maschine etwa bei 550 mm über der Fahrbahn. Ein hoher Schwerpunkt vermindert zwar die Handlichkeit bei schnellem Lagewechsel, wirkt sich aber wegen des vergrößerten Rollmomentes um die Reifenaufstandslinie stabilisierend aus und erfordert durch den Einfluß der Reifenbreite für die gleiche Kurvengeschwindigkeit einen kleineren Neigungswinkel.

Lenkkopfwinkel

Rechnerische Untersuchungen und Jahrzehnte empirischer Erprobung haben gezeigt, daß der optimale Kompromiß zwischen guter Stabilisierung und bester Handlichkeit bei einem Lenkwinkel zwischen 61° und 64° erreicht wird. Ein flacher Lenkwinkel verbessert die Stabilität bei hohen Geschwindigkeiten, macht aber die Lenkung bei niedrigen Geschwindigkeiten unhandlich und wirft Probleme beim Bremsen auf. Bei den üblichen Werten von Raddurchmesser und Gabelvorbau liegt dann der geometrische Nachlauf bei 90 – 110 mm. Größere Nachlaufwerte zwischen 120 – 150 mm und Lenkkopfwinkel zwischen 55 – 60° finden sich vor allem bei Choppern, einigen sehr schnellen japanischen 1 100ern und bei HARLEY, die eine interessante Variante für den Nachlaufversatz zeigt:
Die Gabel ist mit 29° wesentlich stärker geneigt als die Lenkachse mit 25°, die Standrohre werden oben bis hinter den Lenkkopf zurückgezogen und bauen damit das Trägheitsmoment um die Lenkachse ab. Geländegängige Maschinen, also reinrassige Enduro- und Motocross-Modelle haben natürlich ihre eigenen Gesetze. Hier liegt der Lenkkopfwinkel meist bei 58 – 60° und der Nachlauf zwischen 130 – 160 mm. Es darf in diesem Zusammenhang nicht übersehen werden, daß die Federwege besonders bei Geländemaschinen in den letzten Jahren auf Werte von 250 – 320 mm gewachsen sind, so daß durch die ausgeprägte Nickbewegung beim Bremsen der Nachlauf erheblich verringert wird.
Selbst bei einer biederen Straßenmaschine nimmt ja der geometrische Nachlauf bei einer Verzögerung von $b = 6\ m/s^2$ von $n = 100$ mm auf $n = 75$ mm ab.

Reifendimension

Der Übergang vom klassischen 18″- auf den 16″-Reifen bei einigen schnellen japanischen Modellen hat zu widerspruchsvollen Diskussionen über die optimale Reifendimension geführt. Wird die Bereifung auf dem 16″-Rad für die gleiche Belastung ausgelegt, so ist es

um 5 – 8 % schwerer als das 18″-Rad. Das Trägheitsmoment ist um 2 – 3 % niedriger, aber das Rad dreht bei gleicher Geschwindigkeit durch den um 2 – 3 % kleineren Abrollumfang höher und erzeugt damit ein höheres Kreiselmoment. Der um 15 – 20 mm kleinere Durchmesser senkt den Schwerpunkt um 8 – 10 mm und verringert das Trägheitsmoment um die Rollachse um 3 – 4 %, aber das größere Kreiselmoment macht die erhoffte größere Handlichkeit wieder zunichte.
Es kommt hinzu, daß der breitere, kleinere Reifen für die gleiche Kurvengeschwindigkeit stärker geneigt werden muß und der höhere Rollwiderstand als Störkraft 5 – 6 mm weiter außermittig angreift. Der größere Neigungswinkel steigt mit zunehmender Kurvengeschwindigkeit und liegt bei einer Seitenbeschleunigung von 0,8 g bei gut 1° – kein Wunder, daß der breite Reifen im Grenzbereich leichter unruhig wird.
Die von allen aufmerksamen Fahrern bestätigte und im praktischen Versuch auf dem Handling-Kurs auch einwandfrei messbare bessere Handlichkeit ist vorwiegend psychologisch bedingt: Der breitere Reifen muß bei gleicher Kurvengeschwindigkeit stärker abgewinkelt werden. Die Winkelgeschwindigkeit des Kippvorganges ist höher, der Angriffspunkt des Rollwiderstandes wandert schneller nach innen und versucht, die Lenkung im Kurvensinn zu drehen. Der Fahrer hat den durchaus zutreffenden Eindruck eines besonders kleinen Lenkmoments, also einer besonders leichtgängigen Lenkung. Dieser Eindruck wird noch verstärkt durch die Tatsache, daß ja die Rückkehr in die Nullage beim Wiederaufrichten der Maschine in der gleichen kurzen Zeit erfolgt. Die Neigung zum Aufrichten beim Bremsen in der Kurve ist stark ausgeprägt.
Der unbestreitbare Vorzug des 16″-Rades liegt – neben dem größeren Freiraum für den Federweg – in der größeren Reifenauflage, die die maximale Bremsverzögerung um 5 – 8 % verbessert.

Rahmen

Beanspruchungen und Forderungen an die Gestaltfestigkeit

Als tragende Verbindung zwischen dem Lenkkopf und der Lagerung des Hinterrades ist der Motorrad-Rahmen in seinen geometrischen Abmessungen durch die ergometrischen Forderungen des Fahrers (und des Beifahrers), durch die Bauart des Motors und des Antriebs und schließlich durch die Art der Radaufhängung in ziemlich engen Grenzen festgelegt. Wenn sich trotz einer weltweiten Vereinheitlichung der Radaufhängung mit Tauchgabel vorn und gezogener Hinterradschwinge und einer sehr klaren Aufgabenstellung der Rahmen in sehr unterschiedlichen Bauarten zeigt, so liegt das weniger an der Größe der Serie oder der unterschiedlichen maschinellen Einrichtung des herstellenden Betriebes, sondern vor allem an

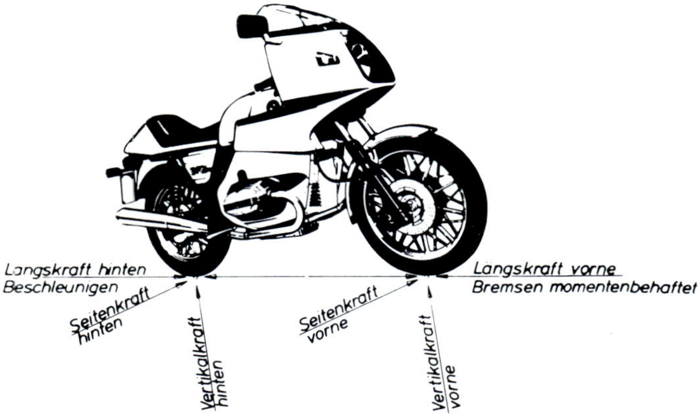

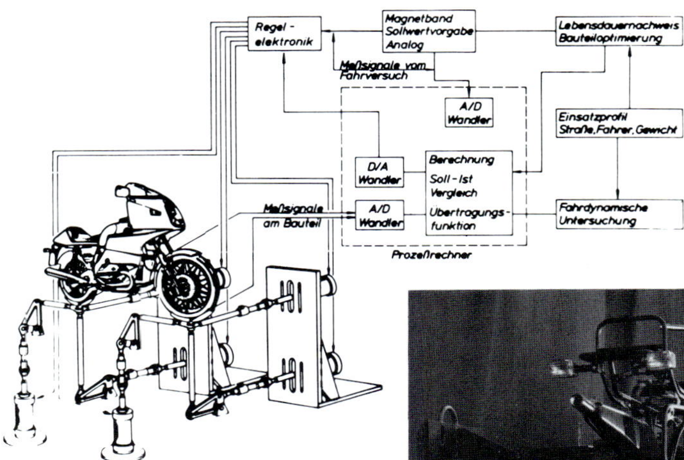

Aggregate-Prüfstand

Die im Fahrversuch gewonnenen Daten über die auftretenden Beanspruchungen bilden die Grundlage für die systematische Untersuchung auf dem Aggregate-Prüfstand.
Auf dem BMW-Mehrkomponenten-Prüfstand werden Vertikalkraft, Längskraft und Seitenkraft durch gewaltige Servo-Hydraulik-Zylinder unabhängig voneinander an jedem Rad eingeleitet. Der vielseitige Prüfstand kann für fahrdynamische und festigkeitstechnische Untersuchungen eingesetzt werden.

der noch immer vorhandenen Unsicherheit über die Art und Höhe der Beanspruchungen im Fahrbetrieb, die einer Vorausberechnung auch im Computer-Zeitalter noch nicht zugänglich sind. Die wahren Beanspruchungen durch die Fahrbahn und durch Brems- und Beschleunigungskräfte müssen durch umfassende Fahrversuche auf unterschiedlichen Streckenabschnitten über den ganzen Geschwindigkeitsbereich mit Beschleunigungsmessern und Dehnmeßstreifen aufgenommen und zu einem wirklichkeitsnahen Belastungskollektiv zusammengestellt werden, das nun die Grundlage für die systematische Untersuchung der Auswirkungen auf dem Aggregate-Prüfstand bildet.

In enger Zusammenarbeit mit dem Fraunhofer-Institut für Betriebsfestigkeit in Darmstadt hat BMW einen Mehrkomponenten-Motorrad-Prüfstand entwikkelt, der die wirklichkeitsnahe Einleitung der im Fahrbetrieb auftretenden Kräfte in die Maschine sicherstellt. Je nach der Untersuchung schwingt das Motorrad entweder vertikal frei und baut die Radkräfte über die Massenkräfte ab, oder die Maschine wird durch einen Hilfsrahmen so gefesselt, daß sich das Schwingungsverhalten und die Beanspruchung der untersuchten Bauteile vom Fahrbetrieb nicht unterscheiden.

Die Einleitung der drei Kraftkomponenten Vertikalkraft, Längskraft und Seitenkraft erfolgt an jedem Rad unabhängig voneinander durch je einen Servohydraulic-Zylinder. Die Koppelung der Zylinder an den Radaufstandspunkt wird über ein kardanisches Kugelgelenk vorgenommen. Um die räumliche Bewegung des Radaufstandspunktes mitmachen zu können, sind die Schubstangen über Gelenkköpfe an den Festpunkten angeschlossen.

Je nach der Aufgabenstellung erfolgt die Einleitung der Radkräfte entweder durch diese starre Einspannung des Rades mit Klemmung der Felge, wobei mit blockiertem Antrieb alle sechs Kräfte eingeleitet werden können, oder über das Rad mit Reifen, wobei für Längs- und Seitenkräfte eigene Abstützungen erforderlich werden. Die im Fahrbetrieb aufgenommenen Daten für Kräfte, Wege und zeitlichen Verlauf werden nun elektronisch dem Hydraulic-Zylinder vorgegeben. Der Einsatzbereich des vielschichtigen Prüfstandes reicht von Festigkeitsuntersuchungen für den Nachweis von Betriebssicherheit und Lebensdauer unter unterschiedlichen Fahrbedingungen bis zu fahrdynamischen Untersuchungen über das Schwingungs- und Fahrverhalten bei Geradeaus- und Kurvenfahrt.

In ihrer Auswirkung noch schwerer zu beurteilen als die aus dem Fahrbetrieb kommenden Kräfte sind die vor allem für Dauerbrüche verantwortlichen Vibrationen des – besonders mit Rücksicht auf den Kettenantrieb – meist starr eingebauten Motors. Die Übergangsstellen an den Rohrmuffen, an den Knotenpunkten und am Lenkkopf sind hier besonders gefährdet.

Die Forderungen an den Rahmen sind klar: Er muß bei niedrigem Gewicht eine ausreichende Dauerfestigkeit aufweisen, Motor, Getriebe, Antrieb, Tank und nicht zuletzt den Fahrer sicher aufnehmen und die Zugänglichkeit zu den wichtigsten Aggregaten und ihren Ein- und Ausbau nicht behindern. Die entscheidende Forderung: Die Fahrwerksgeometrie muß bei allen Beanspruchungen unverändert aufrecht erhalten werden. Sie darf nicht statisch, sondern muß unter den Gesetzen der Dynamik betrachtet werden. Das Einspurfahr-

zeug ist nun einmal nur in einem begrenzten Geschwindigkeitsbereich zu einer vollkommenen Eigenstabilisierung fähig, und alle geometrischen Abweichungen im Sturz oder Schräglauf der Räder und jeder seitliche Versatz in die Spur wirken sich um so verheerender auf die Eigenstabilisierung, auf den korrekten Geradeauslauf wie auf die Sicherheit in der Kurve aus, je höher die Geschwindigkeit liegt.
Abweichungen von 4 – 6 mm, wie sie vor einiger Zeit vom MOTORRAD an einigen schnellen japanischen Maschinen gemessen und von den Herstellern als im Toleranzfeld liegend bestätigt wurden, sind einfach unverantwortlich. Die heute von vielen Modellen erreichten Geschwindigkeiten von über 200 km/h erfordern gebieterisch ein Umdenken, nicht nur in der Bewertung der Herstellungs-Toleranzen, sondern auch in der Bemessung aller auf Biegung und Verdrehung beanspruchten Bauteile, der Gabelstandrohre, der Radachsen und der Schwinge in ihrer Lagerung.

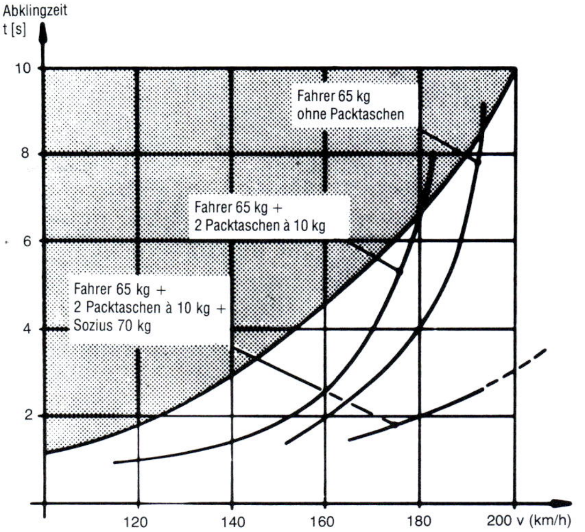

Pendeln und seine Ursachen

Das berüchtigte Pendeln, ein Zusammenwirken von Roll- und Gierschwingungen, wirkt sich um so störender auf die Fahrstabilität aus, je höher die Geschwindigkeit ist. Mit wachsender Geschwindigkeit fällt die Dämpfung, die hier durch die Abklingzeit einer eingeleiteten Schwingung gekennzeichnet wird, durch die verringerte Reifenhaftung ab – die Abklingzeit nimmt zu.
Der Auftrieb am Vorderrad einer unverkleideten Maschine liegt bei 180 km/h immerhin zwischen 40 und 60 kg! Während der Fahrer allein bei dieser Maschine erst bei 190 km/h den Bereich des Dauerpendelns erreicht, wird die Lage mit zwei Packtaschen zu 10 kg schon bei 180 km/h kritisch. Mit einem 70-kg-Sozius, der sich hier als wirksame Dämpfermasse verdient macht, wird die kritische Geschwindigkeit (weit über 200 km/h) trotz der Packtaschen nicht erreicht.

Rahmensteifheit und Fahrverhalten

Umfangreiche theoretische Untersuchungen und praktische Fahrversuche in den 70er Jahren von Sharp in den USA, Roe und Thorpe in Großbritannien und Koch, Chenchanna und Willumeit an der TU Berlin haben eindeutig nachgewiesen, daß die Gierschwingungen, also das Pendeln um die Hochachse, um so besser gedämpft werden, je größer die Verwindungssteifheit des Fahrwerks ist.
Eine Versteifung des Rahmens von 18 mkp/° auf 90 mkp/° brachte nach amerikanischen Versuchen je nach der Geschwindigkeit eine Erhöhung der Gierdämpfung um 25 – 40 %. Mit steigender Geschwindigkeit läßt die Gierdämpfung nämlich erschreckend schnell nach – sie liegt bei 140 km/h nur noch bei rd. 1/3 des Wertes bei 90 km/h. Mit anderen Worten: Eine ausreichende Verdrehsteifigkeit gewinnt mit zunehmender Geschwindigkeit an Bedeutung, um das Hochgeschwindigkeitspendeln zu unterbinden.
Die von mir in der »Einführung in die Motorradtechnik« genannten Werte von 30 – 50 mkp/° für die zulässige Verdrehung zwischen Steuerkopf und Schwingenlagerung müssen für Maschinen über 200 km/h Spitze als Mindestforde-

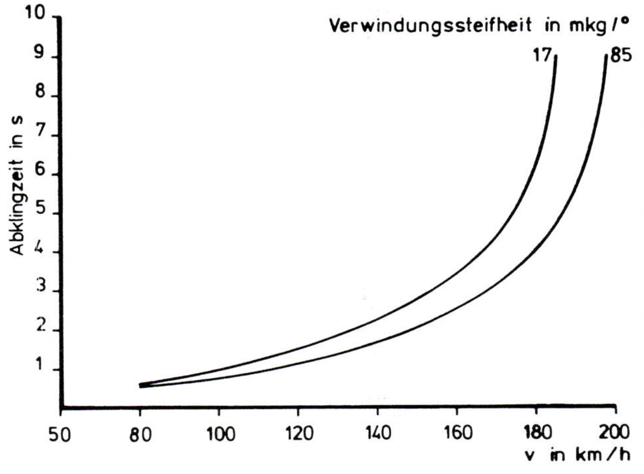

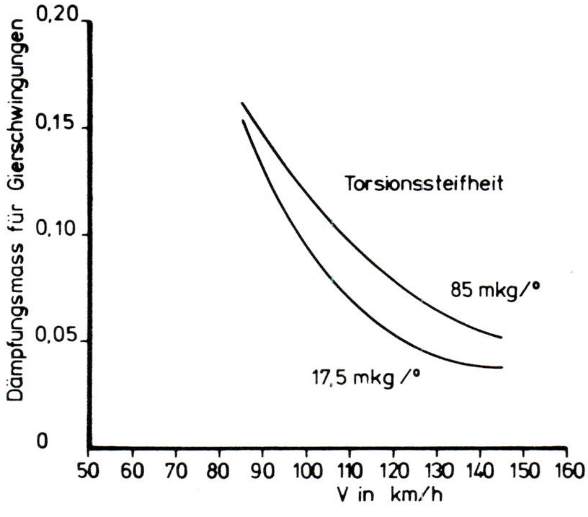

Pendelschwingungen und Rahmensteifheit

Als Maßstab für das Ausmaß der Pendelschwingungen dient die Zeit, die das Lenksystem braucht, um von einer erzwungenen Schwingung auf die Hälfte des Ausschlages abzuklingen. Diese Abklingzeit wächst mit steigender Geschwindigkeit in einer parabelförmigen Kurve um so schneller an, je geringer die Verwindungssteifheit des Rahmens ist. Mit einer Rahmensteifheit von 17 mkg/° geht die Schwingung bei etwa 170 km/h, mit 85 mkg/° bei etwa 185 km/h in ein permanentes Pendeln über.

Gierschwingungen und Torsionssteifigkeit

Mit steigender Geschwindigkeit fällt die Dämpfung der Gierschwingungen um so stärker ab, je geringer die Torsionssteifigkeit des Fahrwerks ist. Dadurch steigt die Abklingzeit nach einer eingeleiteten Störschwingung in einer parabelförmigen Kurve an.

rung betrachtet werden. Dabei muß durch Dehnstreifenmessungen sichergestellt werden, daß sich die Verdrehung möglichst gleichmäßig über den ganzen Rahmen verteilt. Die allergischen Punkte – Lenkkopf und Schwingenlagerung – erfordern eine sorgfältige Aussteifung der räumlichen Dreiecke durch Knotenbleche oder einen Rohrverband. Dabei ist darauf zu achten, daß die Schweißnähte möglichst in der neutralen Zone der Rohre liegen – eine technische Binsenweisheit, gegen die immer wieder verstoßen wird. Eine erhebliche Zunahme der Verdrehsteifheit bringt natürlich der mittragende fest eingebaute Motorblock. Das macht bei einem Doppelschleifenrahmen zwischen 20 und 30 % aus.

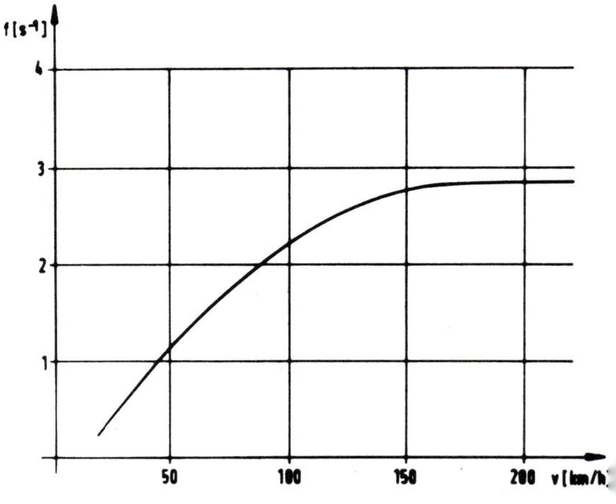

Frequenz der Gierschwingung und Geschwindigkeit

Mit wachsender Geschwindigkeit steigt die Frequenz der Gierschwingung von etwa 1 sek^{-1} bei 50 km/h in einer immer flacher werdenden Kurve an, um über 150 km/h zwischen 2,5 und 3 sek^{-1} konstant zu werden.

RAHMENBAUARTEN

Rohr-Rahmen

Die langjährigen Erfahrungen, die große Freizügigkeit in der Formgebung, die die Anpassung an die auftretenden Beanspruchungen erleichtert, der niedrige Aufwand an hochwertigen Werkzeugen und Vorrichtungen, die auch bei Kleinserien eine wirtschaftliche Fertigung und kurzfristige Änderungen ermöglichen, und schließlich die für den Geschmack des Motorradfahrers offensichtlich sehr entscheidende Tradition der Linienführung, sind die Gründe für die noch immer überwiegende Verwendung von Stahlrohr. Nahtlose Stahlrohre werden meist als überlegen angesehen, obwohl das längsgeschweißte Rohr ihnen in der Festigkeit nicht nachsteht und meist die geringeren Wandstärken-Toleranzen aufweist. Hartlötverbindungen, die im Fahrradbau traditionelle Herstellungsart, sind nur noch da zu finden, wo Muffen verwendet werden. Schwalbenschwanzausbildung oder Kegelverjüngung müssen für einen guten Übergang der Spannungen sorgen. Die Entwicklung moderner Elektro-Schweißverfahren in der Schutzgas-Atmosphäre unter Luftabchluß hat die Autogen-Schweißung weitgehend verdrängt. Autogen-Schweißung ist teuer und setzt großes handwerkliches Geschick voraus, wenn gleichbleibende Qualität gewahrt bleiben soll, hat dann allerdings den Vorteil langer Wärmeübergangszonen mit geringerer Empfindlichkeit gegen Spannungsrisse und Dauerbruch. Ovalrohre, insbesondere mit kegelig erweiterten Enden, die allerdings sehr teuer sind, weil sie im Swaging-Hammer geformt werden müssen, ergeben bei Schräganschlüssen längere Schweißnähte mit niedrigerer spezifischer Beanspruchung. Es ist verwunderlich, daß sich hier das Knotenrohr mit gleichbleibendem Außen-Durchmesser und an den Enden zunehmender Wandstärke, das in der Herstellung nur unwesentlich teurer ist als ein zylindrisches Rohr, eine merkliche Gewichtseinsparung ermöglicht und an den Schweißstellen die erwünschten stärkeren Material-Querschnitte aufweist, bisher nicht durchsetzen konnte.

Vierkantrohr oder Rundrohr

Aus dem Rennmaschinenbau übernommen, wurde das Vierkantrohr zum vieldiskutierten Schlagwort der letzten Jahre. Von Richard Küchen – an der Hoffmann Gouverneur – und anderen fortschrittlichen Konstrukteuren immer wieder vorgestellt, lehnte der Markt das Vierkantrohr offenbar aus ästhetischen Gründen ab. Seine Vorzüge liegen vor allem in der Fertigung: Die langen geraden Nähte erleichtern besonders bei den vorherrschend anfallenden Schräganschlüssen die Schweißverbindungen, und bei verschraubten Anschlußteilen bringen die ebenen, größeren Auflageflächen den sichereren Halt.
Aber auch in der Festigkeit sammelt das Vierkantrohr Pluspunkte:
Ein Rundrohr 40 ∅ × 2 mm kann bei gleicher Querschnittsfläche durch ein quadratisches Rohr 40 × 1,5 mm ersetzt werden. In dem heute bei schweren Maschinen vorwiegend verwendeten, den Triebwerksblock seitlich umfassenden Fachwerkrahmen wird das Rohr fast ausschließlich auf Biegung und kaum auf Torsion beansprucht. Das für die Durchbiegung entscheidende

YAMAHA FJ 1100 Fahrwerk

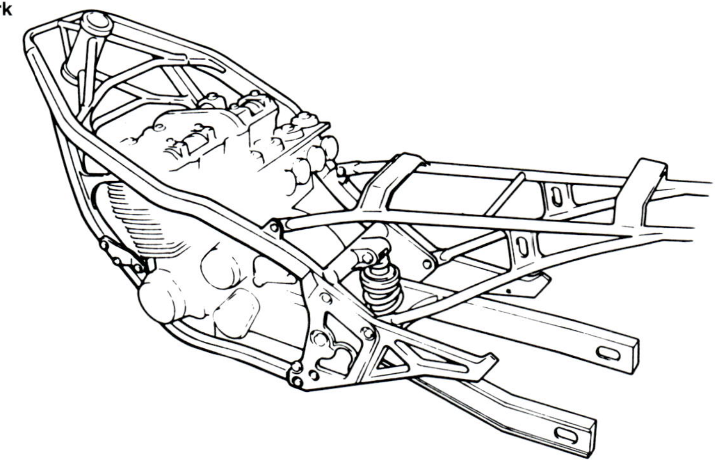

Der den Triebwerkblock in weitem Bogen umfassende lateral frame aus Vierkantrohr kann seine Herkunft aus dem Rennmaschinenbau nicht verleugnen. Die Oberzüge werden bis weit vor den Lenkkopf geführt und durch ein radiales Rohrfachwerk gegen ihn abgestützt, eine sehr verwindungssteife Konstruktion.
Die Hinterschwinge ist in einem kräftigem Verband aus Rahmenrohren und Leichtmetallguß-Trägern gelagert und arbeitet über ein Gelenksystem mit progressiver Kinematik auf das zentrale De Carbon-Gasöldruck-Federbein, das über Zahnrad und Kette durch ein gut zugängliches Handrad in Federvorspannung und Dämpfung abgestimmt werden kann.

axiale Flächen-Trägheitsmoment des Vierkantrohres liegt gut 30 % über dem des Rundrohres.
Da die auf den Rahmen wirkenden Belastungen aus Gewichts-, Beschleunigungs- und Bremskräften bei der Solo-Maschine fast ausschließlich in der Rahmenebene angreifen, Querkräfte also vernachlässigt werden können, werden Vierkantrohre zur Gewichtsoptimierung selten quadratisch, sondern meist als hochstegige Rechteckrohre eingesetzt. So haben die weit ausladenden Hauptträger des YAMAHA FJ 1100-Rahmens die Abmessungen 40 × 25 × 1,6 mm und eine rund 18 % höhere Tragfähigkeit als ein Rundrohr mit gleichem Gewicht. Auch ein elliptisches Rohr 40 × 25 × 2 mm mit vergleichbarem Gewicht erreicht nur etwa 70 % der Biegefestigkeit des Vierkantrohres.

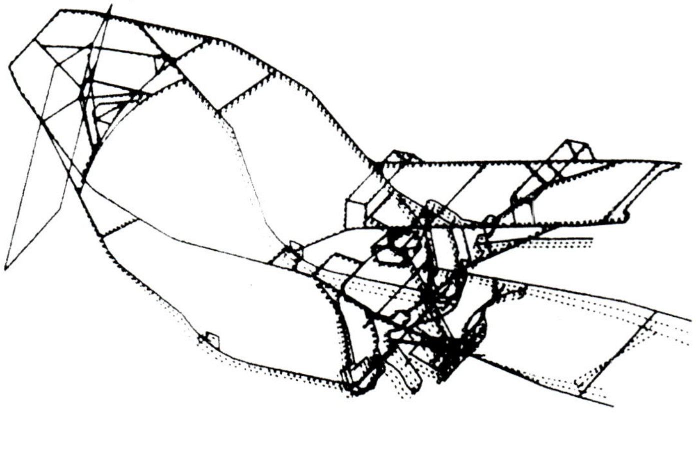

CAD-Computer Added Design

So zeichnet CAD, die Computer-unterstützte Konstruktions-Methode, den breit ausladenden Vierkant-Rohrrahmen der YAMAHA FJ 1100, dessen Oberzüge um den Lenkkopf herumführen und ihn in einem sternförmigen Fachwerk abstützen.

Einrohr-Rahmen

Der aus dem Fahrradbau übernommene Einrohrrahmen wird meist als offener Rahmen (»Diamond-Frame«) bei leichten Maschinen und – aus Gewichtsgründen – bei Einzylinder-Enduro-Modellen angewendet. Das kräftige, vom Lenkkopf bis zur Lagerung der Hinterradschwinge geführte Hauptrohr bildet das Rückgrat, der Motor-Getriebeblock den mittragenden Unterzug.

Doppelrohr-Rahmen

Bei den mittleren und schwereren Modellen herrscht der geschlossene Doppelrohrrahmen mit einem kräftigen Hauptrohr oder einem aus Halbschalen zusammengeschweißten Träger, meist aber aus einem als räumliches Dreieck ausgebildeten Rohrverband als tragendem Rückgrat und biege- und verwindungssteifen Dreiecksverbänden vor. Die weitgehende Verwendung gerader

HONDA VF 750 F – Rahmen

Der aus einem Rechteck-Profil weit ausladend aufgebaute Doppelschleifen-Rahmen hüllt den Motor-Getriebeblock vorbildlich ein. Ein- unc Ausbau des Triebwerks werden durch den abnehmbaren linken Unterzug erleichtert. Das Pro-Link-System der Hinterradaufhängung ermöglicht den senkrechten Einbau der zentralen Feder-Dämpfereinheit, die auch bei großem Federweg sehr geringe Schwenkwinkel aufweist.

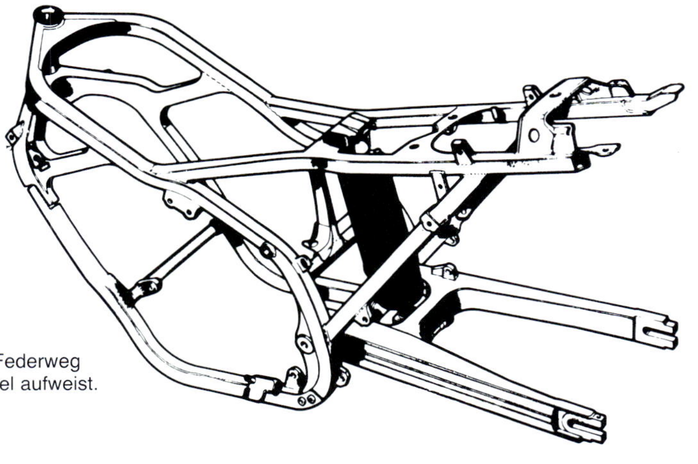

Leichtmetallrahmen der Suzuki GSX R 750

Er fällt durch ein Vierkantprofil auf, dessen Ecken durch kräftige Wülste versteift sind und damit das Widerstandsmoment merklich erhöhen. Der Rahmen wiegt nur 8,1 kg!

Rohre trägt nicht nur zur überlegenen Steifheit bei, sondern ermöglicht auch die rechnerische Bestimmung der Beanspruchungen nach der Methode der »finiten Elemente«.

Doppelschleifen-Rahmen

Daneben lassen sich aber in den Doppelschleifenrahmen (double-cradle-frame) noch immer die Ideen des genialen Rex McCandless wiederfinden, der in den 50er Jahren mit dem berühmten Norton-Federbettrahmen den Fahrwerksbau revolutionierte. Typische Kennzeichen dieser Pionierkonstruktion sind die sich am Lenkkopf kreuzenden Hauptrohre und die weichen Rohrbögen, die eine gewisse Nachgiebigkeit in der vertikalen Ebene zulassen und die Anfälligkeit gegen Dauerbrüche vermindern sollten. Eine Aufgabe, die bei den besser ausgewuchteten Mehrzylinder-Motoren mit ihrem gezähmten Schwingungsverhalten an Bedeutung verloren hat.
Die Entwicklung der Fahrwerke für die Super-Bikes, die in engem Erfahrungsaustausch mit dem Rennmaschinenbau noch immer als Trendsetter gelten (und zumindest von Fahrern, Presse und Werbung dafür angesehen werden) verläuft mehrgleisig:

Fachwerkrahmen

Bei dem ersten Konzept wird der Begriff »Rahmen« am wörtlichsten genommen: Als Hauptträger umschließen bei der YAMAHA FJ 1 100 die seitlich ausladenden Ober- und Unterzüge aus Vierkantrohr den Triebwerksblock. Die Oberzüge führen außen um den Lenkkopf herum und stützen ihn mit einem Fachwerk aus Rundrohren sternförmig ab. Hinten werden die Seitenträger mit geschmiedeten Aluminiumplatten verschraubt, die die Schwingenlagerung und die Fußrasten aufnehmen. Auch HONDA setzt bei den Modellen der VF-Reihe auf den »umfassenden« Doppelschleifenrahmen aus Vierkantrohr, der allerdings durch den schmalen wassergekühlten V-Motor nicht ganz so weit auslädt wie bei dem Reihen-Motor der YAMAHA. Um bessere Zugänglichkeit

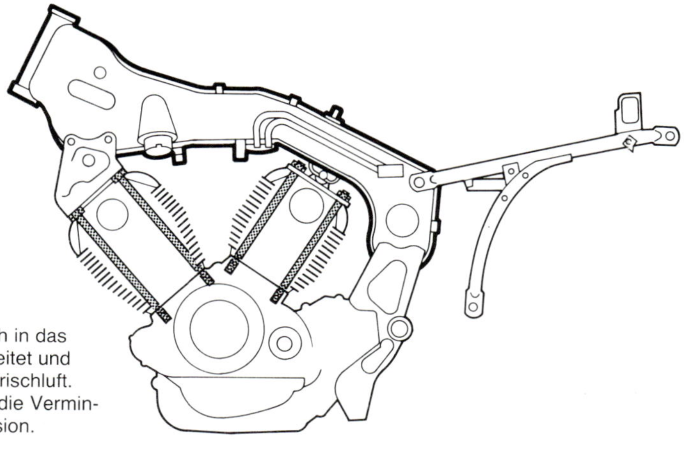

YAMAHA TR 1
Der voluminöse Kastenprofil-Rahmen wird bei der YAMAHA TR 1 als wirkungsvoller Beruhigungsraum für die ja in ungleichmäßiger Zeitfolge angesaugte Luft genützt. Die an den Kolbenringen durchblasenden Altgase werden durch die Kettengehäuse hindurch in das Ansauggehäuse zurückgeleitet und mischen sich hier mit der Frischluft. Ein kleiner Nebeneffekt ist die Verminderung der Stickstoff-Emission.

YAMAHA XZ 550 – Rahmen

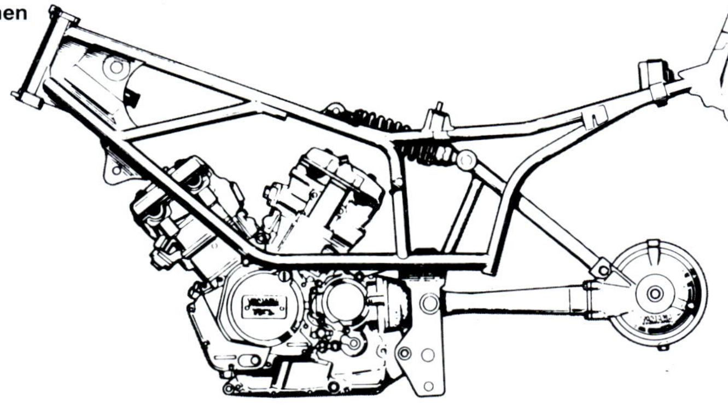

Der wassergekühlte 70°-V-Zweizylinder der YAMAHA XZ 550 wird von unten in den breit ausladenden Doppelschleifen-Brückenrahmen gehängt, der den breiten, aber flachen 17-l-Tank trägt – er muß ja Platz für die beiden Mikuni-Fallstrom-Drosselklappen-Vergaser mit ihrem Luftfilter lassen. Die Kardanschwinge ist als Cantilever mit fünffach verstellbarem Gasdruckdämpfer ausgebildet. Die Sitzhöhe der unbelasteten Maschine fällt mit nur 770 mm angenehm auf.

zum fest verschraubten, versteifenden Motor sicherzustellen, ist der linke Unterzug abschraubbar.

SUZUKI ersetzte in dem kräftigen Doppelschleifenrahmen der schnellen GSX 1 100 EF die Rundrohre 32 ∅ × 1,6 mm der Unterzüge durch die quadratischen Rohre 28 × 1,4 mm, während die Production-Racer RGB 500 III für den Leichtmetallrahmen ausschließlich Rechteckrohre verwenden und damit nicht unerheblich zu der Gewichtseinsparung von 137 auf 126 kg beitrugen.

Brückenrahmen

Die zweite Entwicklungslinie kann unter dem Sammelbegriff »Brückenrahmen« zusammengefaßt werden. Das Rückgrat dieser Brücke, in die der Motor von unten eingehängt und mit breiten, verwindungssteifen Auflagen für die Verschraubung zur wirkungsvollen Versteifung des Fahrwerks herangezogen wird, kann – als großdimensioniertes Zentralrohr wie bei Egli, als aus zwei Preßteilen zusammengeschweißtes Kastenhohlprofil wie bei NSU, Kreidler, der kleinen HONDA oder der YAMAHA TR 1, als Gitterrohrrahmen wie bei Bimota oder Krauser und schließlich als Leichtmetall-Gußrahmen wie bei VICTORIA und Heinkel – ausgebildet werden. Die Vorteile des offenen Brückenrahmens liegen in der guten Zugänglichkeit und dem leichten Ein- und Ausbau des Motors. Dabei darf nicht übersehen werden, daß die Aufhängepunkte des Motors zwangsläufig einseitig weit außerhalb seines Schwingungs-Mittelpunktes liegen und dadurch wesentlich höher belastet werden als bei geschlossenem Rahmen. Es ist deshalb verständlich, daß Peter Zettelmeier bei seiner Diplom-Arbeit, die dem Krauser-Rahmen zugrunde liegt, trotz des sehr steifen Fachwerks noch einen abschraubbaren doppelten Unterzug vorsah.

Gitterrohrrahmen

Das räumliche Fachwerk aus ausschließlich geraden Rohren setzt zwar eine sehr sorgfältige Schweißung mit genauer Einhaltung der Schweißfolge voraus, ist aber sehr steif und hat den

MKM 1 000 – Gitterrohrrahmen

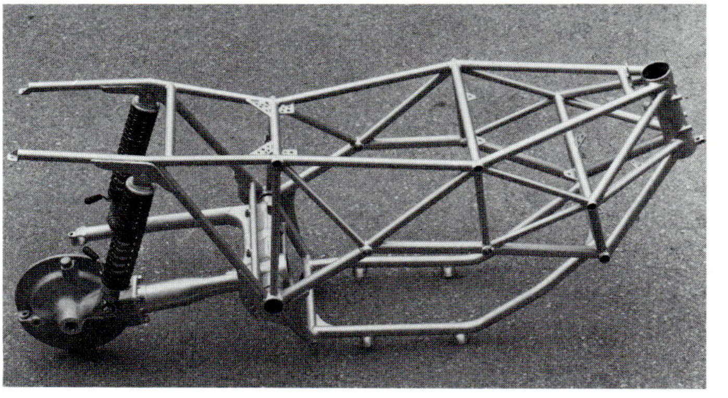

Der auf der Diplom-Arbeit von Peter Zettelmeyer beruhende Gitterrohr-Brückenrahmen der MKM 1 000 mit angeschraubten Unterzügen ist ein Schulbeispiel für ein aus 52 geraden und nur 4 leicht gebogenen, dünnwandigen Chrom-Molybdän-Stahlrohren (12 × 1 bis 20 × 1 mm, Ausgangslänge 16 m) elektrisch verschweißtes räumliches Fachwerk von höchster Gestaltfestigkeit. Die bei dieser Bauart mögliche und sorgfältig durchgeführte Vorausberechnung bestätigte sich im Renneinsatz überzeugend. Der Rahmen wiegt mit nur 11,6 kg, über 6 kg weniger als der an sich schon leichte Original-Rahmen der BMW R 100 S.
Der Radstand wurde von 1 465 mm auf 1 510 mm, das Lenkkopfrohr von 165 mm auf 210 mm verlängert, der Federweg von 200 mm auf 160 mm gekürzt.

unschätzbaren Vorzug, in seinem Kräfteverlauf genau vorausberechenbar zu sein und damit das Gewicht optimieren zu können. So kommt der in seinem Aufbau sehr einfache und übersichtliche Rückgrat-Rahmen der K-Modelle von BMW mit den Rohrabmessungen 30 ∅ × 2 mm und 30 ∅ × 1,5 mm aus und wiegt unter 11 kg. Er profitiert natürlich auch von der breiten Basis, auf der der kompakte mittragende Triebwerksblock, der auch die Lagerung der Hinterradschwinge übernimmt, aufgenommen werden kann.

Zentralrohrrahmen

Der Schweizer Fritz W. Egli hat die schon seit Beginn des Jahrhunderts immer wieder aufgegriffene Idee des Zentralrohrrahmens in unermüdlicher Versuchsarbeit auf einen hohen Entwicklungsstand gebracht. Er wußte, daß er die Torsionsfestigkeit des 100-mm-∅-Rohres nur dann voll ausnützen konnte, wenn es gelang, die auftretenden Kräfte optimal zu übertragen: Die Verbindung zur Schwingenlagerung mit Zentralfeder und die Aufhängung des Motors über-

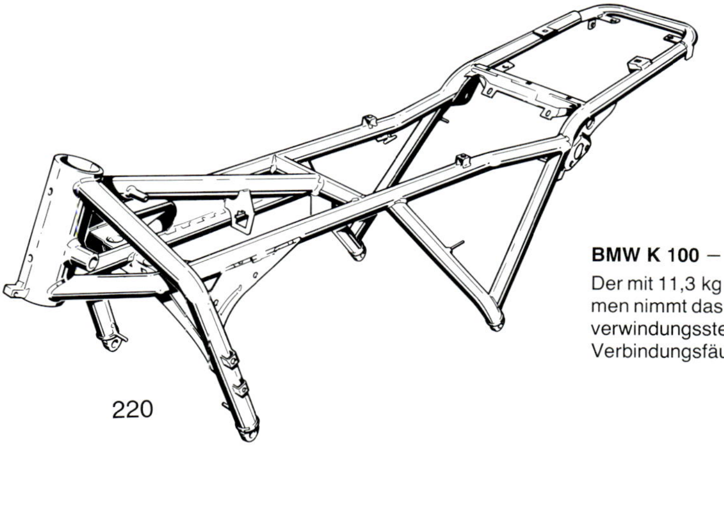

BMW K 100 – Rahmen

Der mit 11,3 kg sehr leichte Gitterrohr-Brückenrahmen nimmt das kompakte Triebwerks-Gehäuse als verwindungssteifes, mittragendes Element n fünf Verbindungsfäusten auf.

Egli-HONDA Red Baron

Egli-Fahrwerk mit Zentralrohrrahmen, wälzgelagerter Cantilever-Schwinge, Gasdruckfederbein, Elektron-Gleitrohre der Tauchgabel durch Brillen mit stabilen Klemmfäusten versteift. Das hochglanzvernickelte Fahrwerk ist für HONDA-Sechszylindermotoren von 1 047 – 1 200 cm^3, bestimmt.

nehmen ausschließlich auf Zug und Druck beanspruchte gerade Rohre im klassischen Dreiecksverband, die unter Schutzgas über breitflächige Versteifungslaschen mit dem Hauptrohr verschweißt werden.

Bei dem überzeugend einfachen Brükkenrahmen der König-Rennmaschine verbindet sich ein sehr starkes Hauptrohr über ein T-Rohr, das gleichzeitig die Schwingenlagerung aufnimmt, mit den geraden Unterrohren zu einem formsteifen, räumlichen Dreieck. Der flachbauende Vierzylinder-Zweitaktboxer wird ohne Unterzug von unten eingehängt.

Für Großserien können sich die aufwendigen Preß- und Ziehwerkzeuge amortisieren und eine langwierige Entwicklungs- und Versuchsarbeit zur optimalen Formgestaltung in Richtung Kräfteverteilung, Schwingungsfestigkeit und Leichtbau verantworten. Hier wird die Rohrkonstruktion durch den aus zwei verschweißten Halbschalen gebildeten Zentralpreßrahmen abgelöst. Die für leichte Maschinen mit ihren großen Stückzahlen recht erfolgreiche Bauart, in Deutschland vor allem durch NSU und Kreidler bekannt, in Japan durch die HONDA S 90, erlebte 1980 durch die TR 1 und später durch die XV 500 und XV 1 000 von YAMAHA eine überraschende Wiederbelebung in der schweren Klasse. Wie bei NSU und Kreidler wird auch hier der große Hohlraum als Beruhigungsraum für die Dämpfung der Ansaugluft herangezogen.

Monocoque

In der neueren Fachliteratur wird der aus Halbschalen zusammengeschweißte Zentralpreßrahmen recht ungenau meist als Monocoque bezeichnet. Das echte Monocoque unterscheidet sich vom Rückgrat-Rahmen wie das Schalentier (Insekt) vom Wirbeltier: In

Leichtmetallrahmen

Trotz erheblicher Fortschritte im Leichtmetallguß hat sich diese für Großserien durchaus wirtschaftliche Bauweise bisher nur bei einigen Kleinrollern durchsetzen können. Das Bild zeigt den Leichtmetallgußrahmen der HEINKEL Perle aus den 50er Jahren, die durch ihre klare Linienführung besticht.

der umfassenden Schale sind Brennstofftank, Sitzbank und Motoraufhängung in einem geschlossenen Bauteil integriert.

Eine überzeugend einfache, bei niedrigem Gewicht formsteife und dabei für den Einsatzzweck in weiten Grenzen wandelbare Lösung eines Monocoque stellt die vom Target-Design vorgeschlagene Konstruktion dar. Ein Plangewicht von 90 kg für eine 125er und von 120 kg für eine 500er Einzylinder-Viertakt sind ermunternde, aber durchaus realistische Zahlen.

Kunststoffrahmen

Ein echtes Monocoque schwebte auch den DKW-Ingenieuren in Zschopau vor, als sie Ende der 30er Jahre die ersten ernsthaften Entwürfe für ein Kunststoff-Fahrwerk auf das Reißbrett zeichneten. Eine logische Überlegung, die ihrer Zeit weit vorauseilte, denn die im Kunstharz eingebetteten Glas- oder Kohlefasern zeigen ihre Leichtbau-Überlegenheit am deutlichsten bei großflächigen Bauteilen. Nun tauchen ein halbes Jahrhundert später die ersten Kunststoff-Fahrwerke auf der Rennstrecke auf:

HONDA nutzt seine ehrgeizige Forschungsmaschine, die von einer überheblichen Fachpresse zu Unrecht verspottete NR 500, als vielseitigen Versuchsträger für Kohlefaser-Bauteile aus: Rahmenrückgrat, Schwinge, Felgen, Bremsscheiben und sogar die Standrohre der Tauchgabel sind aus dem mit einer Dichte von 1,8 g/cm^3 unerreicht leichten, hochfesten Baustoff, dem man durch sorgfältige Ausrichtung der Kohlefasern und eine raffinierte Wärmebehandlung die gefürchtete Sprödigkeit abgewöhnt hat.

Armstrong ließ 1983 in Silverstone eine 250er laufen, deren Rahmen und Hinterschwinge aus Kohlefaserwerkstoff gebaut sind: Die beiden Rahmenträger führen als großflächige, flache Schalen werkstoffgerecht direkt vom Lenkkopf zur Schwingenlagerung. Rahmen und Schwinge wiegen knapp 8 kg, die ganze Maschine liegt hart am FIM-Mindestgewicht von 90 kg.

Die technischen Probleme wie die sichere Einbettung unentbehrlicher Stahlbauteile am Lenkkopf oder an der

Target – ein überzeugender Monocoque-Baukasten

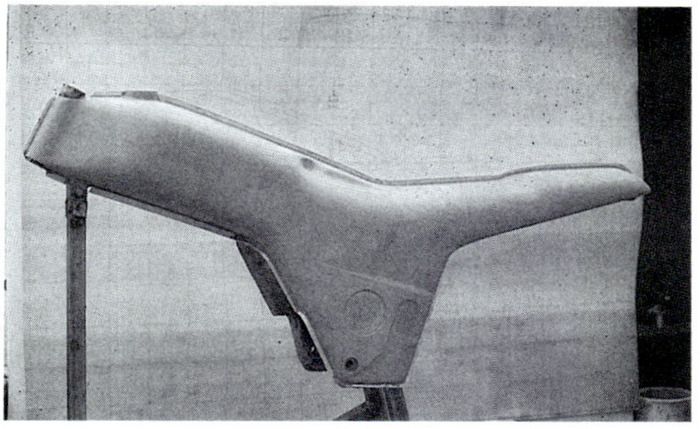

Brennstofftank, Sitzbank und Motor/Schwingen-Träger sind im Target-Monocoque zu einem formsteifen und leichten Basis-Bauteil zusammengefaßt.

Das formschöne Basis-Fahrwerk mit 125-cm^3-Rotax-Motor, Telegabel, Hinterrad-Zentralschwinge, Cockpit-Verkleidung und Leichtbaurädern.

Für ZÜNDAPP entwickelte Target noch unmittelbar vor dem Zusammenbruch des traditionsreichen Münchener Werkes diese wassergekühlte Sportmaschine mit dem organisch verkleideten Kühler und der unauffälligen Bremsmoment-Abstützung.

Die fahrfertige 125er soll nur 90 kg wiegen.

Schwingenlagerung scheinen weitgehend gelöst – einer baldigen Einführung in den Serienbau stehen vorläufig noch die Apotheker-Preise der Kohlenfaserstoffe und der große Platzbedarf für die Fertigung entgegen.
Nun ist die Kohlefaser sicher nicht das letzte Wort auf dem Weg zu extrem leichten Bauteilen hoher Festigkeit. Wenn erst einmal die durchaus verständlichen Vorbehalte und Zweifel gegenüber dem epochalen Übergang vom vertrauten Metall zum immer noch als futuristisch empfundenen Kunststoff, der ja auch eine weitgehende Umstellung der Fertigungseinrichtungen mit sich bringt, überwunden sind, wird die Chemie sicher eine große Zahl von Werkstoffen anbieten, die in ihren Eigenschaften den unterschiedlichen Beanspruchungen ungleich gezielter als Metalle angepaßt werden können. So ist die von DUPONT entwickelte synthetische Faser Kevlar elastischer, hitzebeständiger und widerstandsfähiger gegen chemische Angriffe als die Kohlefaser.

Radaufhängungen

VORDERRADAUFHÄNGUNG

Die Federung soll den Fahrer und die Maschine von den Fahrbahnstößen entlasten und die Bodenhaftung der Räder für die einwandfreie Führung und Übertragung von Brems-, Beschleunigungs- und Kurvenkräften sicherstellen. Die Güte der Federung, die mehr oder weniger senkrechte Beschleunigung des Fahrers und der Maschine, hängt ab: von der Federkennung, von der Eigenreibung im System der Radaufhängung, von der Art der Aufhängung und von dem beim Motorrad sehr ungünstigen und konstruktiv nur schwer zu beeinflussenden Verhältnis der gefederten zur nur reifengefederten Masse.
Die von der Federung aufzunehmende Stoßenergie wächst mit dem Quadrat der Geschwindigkeit, ist also bei 200 km/h 4 mal so hoch wie bei 100 km/h – ein deutlicher Hinweis, daß die rapide gestiegenen Leistungen den Fahrwerks-Konstrukteur heute vor ungleich schwerere Aufgaben stellen als vor einem Jahrzehnt.
Kein Wunder auch, daß sich aus der Vielzahl der möglichen Radaufhängungen eine Standard-Bauweise herausgebildet hat: die Tauchgabel – allgemein etwas irreführend Teleskopgabel genannt – für das Vorderrad, und die gezogene Schwinge für das Hinterrad. Ein kurzer Rückblick auf die verlassenen Systeme ist dennoch aufschlußreich.

Gezogene Schwinge

Die Vorderradfederung mit gezogener Schwinge, die sich heute noch an einigen Motorrollern findet, wird vor allem wegen der günstigen Raderhebungskurve gelobt. Die positiv angestellte gezogene Schwinge folgt dem Bewegungsablauf über ein Hindernis tatsächlich harmonischer als andere Radaufhängungen, aber das starke Tauchen beim Bremsen – Bremsmoment und Gewichtsverlagerung addieren sich – ist ein so unangenehmer und bei ausreichendem Federweg konstruktiv nur un-

BMW – Langarmschwinge

BMW übernahm die Langarmschwinge aus den Erfahrungen des Rennsports und verhalf ihr in den 50er Jahren in Deutschland zum Durchbruch. Die Schwinge wurde in nachstellbaren Kegelrollenlagern spielfrei gelagert. Das höhere Trägheitsmoment um die Lenkachse wurde durch einen vergrößerten Nachlauf und den ebenfalls aus der Rennmaschine in die Serie übernommenen hydraulischen Lenkungsdämpfer aufgefangen.

ZÜNDAPP – Langarmschwinge
Langarmschwingen sprechen wegen der geringen Systemreibung wesentlich besser an als Tauchgabeln und haben den höheren Federungskomfort, wegen des größeren Massenträgheitsmomentes um die Lenkachse aber das schlechtere Handling. Ihr größter Vorteil ist das »angeborene« Antidive-Verhalten. Die leichte und dennoch sehr formsteife ZÜNDAPP-Langarmschwinge stützt sich an dem kräftigen Joch unter dem Lenkkopf ab.
Der Nachteil ist in dem rahmenfesten Scheinwerfer zu sehen.

wesentlich zu beeinflussender Nachteil, daß diese Radaufhängung im echten Motorradbau seit langem auf die Hinterradfederung begrenzt wurde.

Geschobene Kurzschwinge

Bei der auch nur noch im Rollerbau anzutreffenden einfachen geschobenen Schwinge wird der Lenkkopf beim Bremsen immer angehoben und der Nachlauf vergrößert. Bei kurzer Schwinge und scharfem Bremsen kann die Federung schnell auf Anschlag gehen, das Rad beginnt zu stempeln und verliert die Bodenhaftung. Die sehr robuste halblange Schwinge wird von HERCULES noch in die K 125 Military eingebaut. Die Schwingarme sind zur Versteifung als durchgehende Bügel ausgebildet. Auffallend ist die ungewöhnlich lange Feder.

Langarmschwinge

Die von BMW aus den Erfahrungen des Rennsports übernommene Langarmschwinge mit durchgehender Achse und spielfrei nachstellbarer Kegelrollenlagerung löste in den 50er Jahren die Tauchgabel für mehr als ein Jahrzehnt ab, wurde aber auch in zahlreichen ähnlichen Konstruktionen angewendet. Das höhere Trägheitsmoment um die Lenkachse wurde durch einen merklich vergrößerten Nachlauf und einen ebenfalls aus dem Rennmaschinenbau übernommen hydraulischen Lenkungsdämpfer aufgefangen. Die entscheidenden Vorteile der Langarmschwinge lagen im ungleich höheren Federungskomfort – die Federung sprach durch die sehr viel geringere Systemdämpfung auf die kleinsten Fahrbahn-Unebenheiten an – und im überlegenen Bremsverhalten: Die Gabel geht beim Bremsen nicht in die Knie, sondern stemmt sich gegen das Eintauchen, ohne die Federung allzu stark zu verhärten oder gar auf Block zu gehen. Die gravierenden Nachteile, die schließlich die Rückkehr zur von BMW zur Weltgeltung entwickelten Tauchgabel erzwangen, waren die durch das hohe Trägheitsmoment des ganzen Vorderradsystems und den notwendigen großen Nachlauf verminderte Handlichkeit und auch der auf maximal 130 mm begrenzte Federweg.

Doppelschwinge

Bei der Doppelschwinge kann durch die unterschiedliche Länge und Stellung der Schwingarme zueinander nahezu jede beliebige Raderhebungskurve erreicht und damit auch das Tauchen der Gabel beim Bremsen in weiten Grenzen

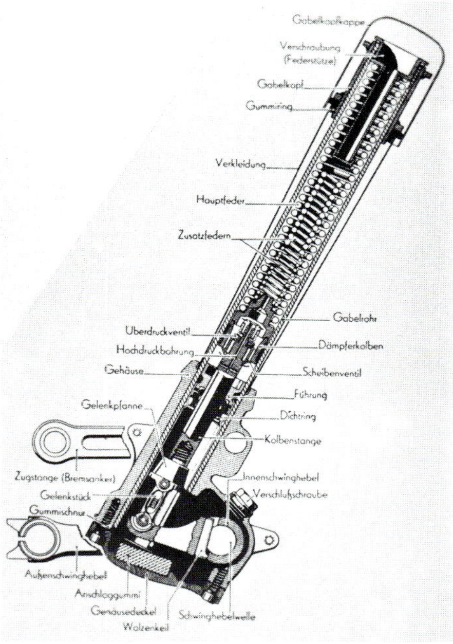

Doppelschwinge von ADLER

Eine sehr aufwendige, funktionell aber überzeugende Konstruktion:
Die im Ölbad gelagerte Schwinge wirkt mit einem Kniehebel über ein Gelenkstück und eine sauber geführte Kolbenstange auf je eine Hauptfeder und zwei Zusatzfedern mit unterschiedlicher Steigung. Durch die unterschiedliche Länge und Stellung von Schwinge und Bremsanker kann die Raderhebungskurve und damit die Tauchneigung in weiten Grenzen verändert werden. Durch die geringe Systemreibung spricht die Doppelschwinge auf kleine Fahrbahn-Unebenheiten besser an als eine Telegabel.

verändert werden. Die im Ansprechverhalten der Federung und im Bremsverhalten jeder Tauchgabel überlegene Konstruktion vermeidet das hohe Trägheitsmoment der Langarmschwinge, ist aber im Federweg noch stärker begrenzt und stellt durch die hohe Belastung der Schwingenlager hohe Anforderungen an die Qualität der Fertigung und an die Wartung.

Tauchgabel

Den einmaligen Erfolg der Tauchgabel, die rückhaltlose Anerkennung als Schulbeispiel für die optimale Vorderradaufhängung im Motorradbau der Welt, verdankt sie einer ganzen Reihe entscheidender Vorzüge: Die vollkommende Kapselung und die einwandfreie Schmierung aller verschleißgefährdeten Gleitstellen sichert ihr eine weitgehende Wartungsfreiheit. Die organisch eingebaute Öldämpfung unterstreicht die klare ästhetische Linienführung. Die – allerdings mit einem recht hohen Baugewicht erkaufte – hohe Seitensteifheit und das Fehlen aller verschleißgefährdeten Gelenke bürgt für die sichere Radführung. Der große Federweg, der heute bei Straßenmaschinen zwischen 150 und 200 mm liegt, bei Motocross-Maschinen zwischen 250 – 320 mm, ermöglicht die Anwendung von Federn mit sehr niedriger Anfangskennung und – vor allem in Verbindung mit zusätzlicher Luftfederung – einem stark progressiven Verlauf.
Neben den durch die notwendige sehr genaue Fertigung bedingten hohen Herstellungskosten und dem hohen Baugewicht liegt der funktionelle Nachteil der Tauchgabel in der Tatsache, daß sie nur die Stoßkräfte mit genügendem

Wirkungsgrad verdaut, die genau in der Achsrichtung auftreten. Bei jeder anderen Stoßrichtung treten erhebliche Reibungswiderstände auf, die durch das ungünstige Hebelverhältnis von Kraftarm zu Lagerabstand und durch unvermeidliche Biege- und Verdrehungs-Verformungen der Standrohre noch weiter wachsen. Die hier auftretenden Reibungsverluste werden meist erheblich unterschätzt. Bei der recht guten Telegabel einer 250er mit einer Anfangsfederkennung von 10,8 kp/cm wurde bei senkrechter Belastung eine Reibkraft von 13 kp gemessen, und selbst bei einer Stoßrichtung von 18° zur Senkrechten betrug die Reibkraft noch 10 kp. Bei einer 750er Maschine wurden bei senkrechter Belastung eine Reibkraft von 18 kp, bei einer anderen von 22 kp gemessen. Biegesteifheit der Gabel, Abstand der Führungsbuchsen, also die Überdeckungslänge von Standrohr und Gleitrohr, Güte der Reibflächen und Viskosität des Öles spielen hierbei eine Rolle und lassen erhebliche Unterschiede zu.

Diese hohen Reibkräfte wirken sich natürlich in beträchtlichen Aufbaubeschleunigungen aus. Versuche an einer MZ ETS 250, die mit steigender Geschwindigkeit über ein Hindernis von 45 mm Höhe gefahren wurde, zeigten einen Anstieg der Hubbeschleunigung am Lenkkopf von 2,5 g bei 10 km/h über 3 g bei 20 km/h auf 8 g bei 30 km/h, um dann wieder über 7,5 g bei 40 km/h auf knapp 4 g bei 50 km/h abzufallen: Die mittlere Stoßrichtung näherte sich erst bei dieser Geschwindigkeit offensichtlich der Gabelachse. In diesem Zusammenhang ist die ernüchternde Tatsache festzuhalten, daß die Bahnreibung beim Bremsen immer kleiner wird und bei einer Bremsverzögerung von etwa 5 m/s^2 den niedrigsten Wert erreicht – das Eintauchen also erleichtert.

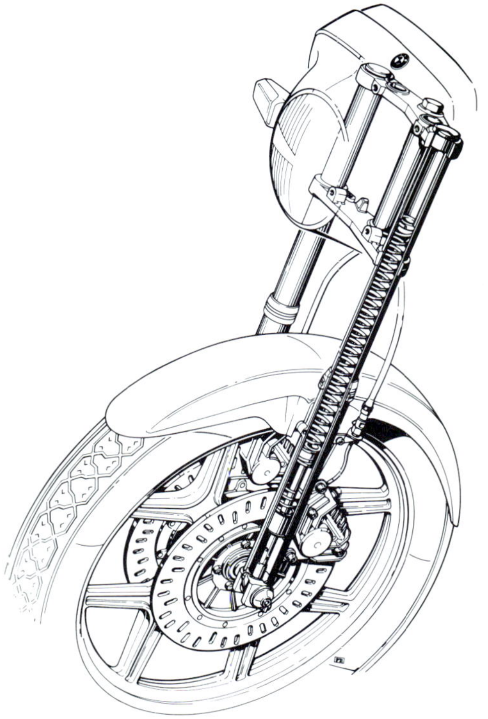

BMW K 100 – Tauchgabel und Vorderrad

Die BMW-Tauchgabel mit 185 mm Federweg fällt vor allem durch die kräftigen, hartverchromten 41,4-mm-∅-Standrohre und die hohlgebohrte 30-mm-∅-Steckachse in den breiten Klemmfäusten der Gleitrohre auf. Der hydraulische Dämpfer arbeitet mit Dämpferrohr und Kolben aus Aluminium, mit Teflon-Manschette und einem Kunststoff-Dämpferring im Ventilgehäuse.

Das im Gegendruck-Kokillenguß gefertigte Aluminiumrad hat Schrägschulter-Felgen und wird mit einem schlauchlosen Niederquerschnittsreifen 100/90 V 18 bestückt. Beachtenswert die gute Einleitung und Verteilung der Felgenkräfte über die Y-Speichen mit H-Querschnitt. Die beiden Festsattelbremsen haben 38 mm Kolbendurchmesser bei einem 13-mm-∅-Geberzylinder.

Die asbestfreien Semimetallbeläge arbeiten auf langgelochte Edelstahlscheiben.

KONSTRUKTIVE FORDERUNGEN

Aus den bisherigen Überlegungen lassen sich folgende konstruktive Forderungen an die Tauchgabel ableiten:
1. Die Standrohre müssen biege- und verwindungssteif sein. Als Anhaltspunkt für die Mindestrohrabmessungen kann dienen:

Maschinen bis 125 cm^3
 28 – 30 ∅ × 3 mm
Maschinen bis 250 cm^3
 32 – 35 ∅ × 3 mm
Maschinen über 250 cm^3
 36 – 40 ∅ × 3 – 4 mm

Es stimmt nachdenklich, wenn die Harley-Superglide und die GUZZI Le Mans 850 mit 35 mm ∅ den gleichen Standrohr-Durchmesser wie die CAGIVA 125 haben.

Als Vergleich:
Die BMW K 100 gibt sich erst mit 41,5 mm ∅, die MARZOCCHI-Gabel der KTM erst mit 42 mm ∅ zufrieden. Versuche von W. Schnepf beim MOTORRAD ergaben bei der HONDA CB 900 F mit 39 mm Standrohr-Durchmesser eine Torsionssteifheit der Gabel von 9,89 mkp/°, ein Wert, der schon beim Weglassen des Schutzbleches auf 5,7 mkp/° abnahm. Eine wesentliche Versteifung auf 16 – 17 mkp/° konnte durch eine steife Brücke zwischen den Gleitrohren erzielt werden. Eine nachträgliche Anbringung dieser in verschiedenen Ausführungen im Handel angebotenen Versteifungsbügel muß allerdings mit größter Vorsicht erfolgen, um jede Verspannung der Rohre und damit eine Erhöhung des Gleitwiderstandes zu vermeiden.

Die ungenügende Torsionssteifheit der Gabel ist eine der wesentlichen Ursachen für das gefürchtete Hochgeschwindigkeitspendeln. Eine Erhöhung der Torsionssteifheit um 60 – 100 % kann die kritische Pendelgeschwindigkeit um 10 – 15 km/h hinaufsetzen. Einen großen Einfluß hat die ausreichende Bemessung der Achse und ihre sichere Aufnahme in breiten Klemmfäusten: die hohle Achse der BMW K 100 hat 30 mm ∅!

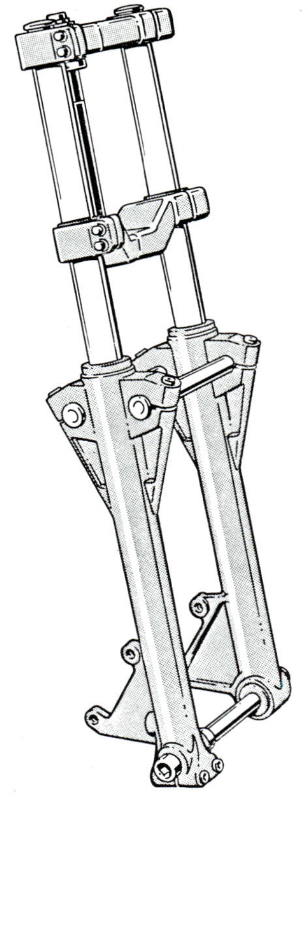

Egli-Racing-Gabel

Die Verwindungssteifheit der Gabel ist entscheidend für spursichere, pendelfreie Radführung im höheren Geschwindigkeitsbereich.
Bei der Egli-Racing-Gabel werden die Elektronguß-Gleitrohre durch eine kräftige Stahlrohrbrücke zu einer verdrehsicheren Einheit verbunden. Die Gabel ist für Standrohr-Durchmesser von 30 – 38 mm ∅ und für Räder von 16″ bis 19″ ausgelegt.

Es sind ja nicht die Fahrbahnstöße allein, mit denen die Gabel fertig werden muß: Eine einfache Scheibenbremse mit einem seitlichen Abstand von 60 mm zur Radmittelebene leitet bei einer Verzögerung von 8 m/s^2 immerhin ein Drehmoment von rd. 35 mkp in die Gabel ein, dreht sie also um 2 bis 3 Grad – ein entscheidendes Argument für die Doppelscheibenbremse.

Und noch eines:

Bei jeder Kurvenfahrt wandert der Radaufstandspunkt aus der Radmittelebene nach innen und belastet das kurveninnere Federbein stärker als das äußere. Wenn sich auch der Unterschied in der Einfederung in der Größenordnung von 0,1 mm bewegt, so genügt diese Verschränkung doch zu einem beträchtlichen Anstieg der Gleitbahnreibung. Auch hier bringen die Querversteifungen der Gleitrohre einen Abbau der Verschränkung um 50 – 70 %.

Die Standrohre müssen peinlich genau parallel gehalten und dürfen beim Zusammenbau nicht verspannt werden.

Sie müssen oberflächenverchromt und sollten längsorientiert bearbeitet (gehont) werden.

Die Führungsbuchsen sollen den größtmöglichen Abstand haben, sorgfältig geräumt und für gute Gleitfähigkeit beschichtet werden (Teflon). Die Federn sind so lang wie möglich auszulegen. Ausknicken sehr weicher Federn kann durch eine Unterteilung der Feder mit zwischengelegtem Gleitstück vermieden werden, darüberhinaus eine einfache Möglichkeit, um bei gleichbleibender Steigung der Einzelfeder eine geknickte Kennlinie zu erhalten. Die Federn sind so weich wie möglich auszulegen, um bei gegebenen Abmessungen ein leichtes Ansprechen zu erreichen. Da die für die gleiche Arbeitsaufnahme erforderlichen Federwege sich wie die reziproken Wurzeln aus den Federkennungen verhalten, benötigt eine halb so starke Federkennung nicht den doppelten, sondern nur den 1,4fachen Federweg. Um das starke Einsinken unter statischer Last in Grenzen zu halten, muß die Feder ausreichend vorgespannt werden. Der Federweg – also auch die Federkennung – wird begrenzt durch das Eintauchen beim Bremsen und bei Nickschwingungen, vor allem aber durch den begrenzten Abstand der Führungsbuchsen. In der heute üblichen Ausführung ist die obere Führung mit dem Gleitrohr, die untere mit dem Standrohr fest verbunden. Der Abstand wächst also mit zunehmender Durchfederung. Die Biegebeanspruchung und damit die Gefahr des Kantens, das berüchtigte »stikking«, also auch die erforderliche Losbrechkraft, ist in ausgefahrenem Zustand am größten – mit ein Grund für das unbefriedigende Ansprechen der Tauchgabel auf kleine Fahrbahnunebenheiten.

Das Durchschlagen kann durch eine stark progressiv gewickelte Feder oder durch einen Gummikegel im letzten Teil des Federhubes verhindert werden. Die fortschrittliche Lösung dieses Problems, die zunehmend neue Anhänger findet, ist in der geschlossenen Gabel mit einer Kombination von Schraubenfeder und Luftfeder zu sehen.

Luftfederung

Luft ist ein ideales Federelement: Leicht, stark progressiv und auf jede gewünschte Federhärte für den unterschiedlichen Einsatz aufpumpbar. Schon kurz nach dem Krieg entwickelte Dowty aus den Erfahrungen mit Flugzeugfederbeinen eine Tauchgabel mit reiner Luftfederung, die sich aber, vor allem wegen der bei den begrenzten Abmessungen nicht zu beherrschenden Wärmeprobleme, nicht durchsetzen konnte. Ein entscheidender Fortschritt in der Luftfederung wurde von YAMAHA mit der Motocross-Tauchgabel der YZ 400 C erzielt. Die Konstruktion geht von dem Gedanken aus, daß die Federkennung einer Luftfederung bei den gegebenen Abmessungen einer Tauchgabel zu progressiv ansteigt, um bei genügend leichtem Ansprechen den vollen Federweg von über 200 mm ausnützen zu können. Die Lösung dieses Problems wurde dadurch erreicht, daß auf das obere Ende der 36-mm-∅-Standrohre ein geschlossener Zylinder geschraubt wird, in dem ein Kolben mit etwa doppeltem Durchmesser fliegend gleitet, der mit zwei O-Ringen abgedichtet ist. Durch ein Ventil kann der Innendruck im Zylinder oberhalb des Kolbens, mit einem zweiten Ventil der Druck im Standrohr optimal gewählt werden, während als dritte Einflußgröße durch unterschiedliche Ölfüllung die Federrate

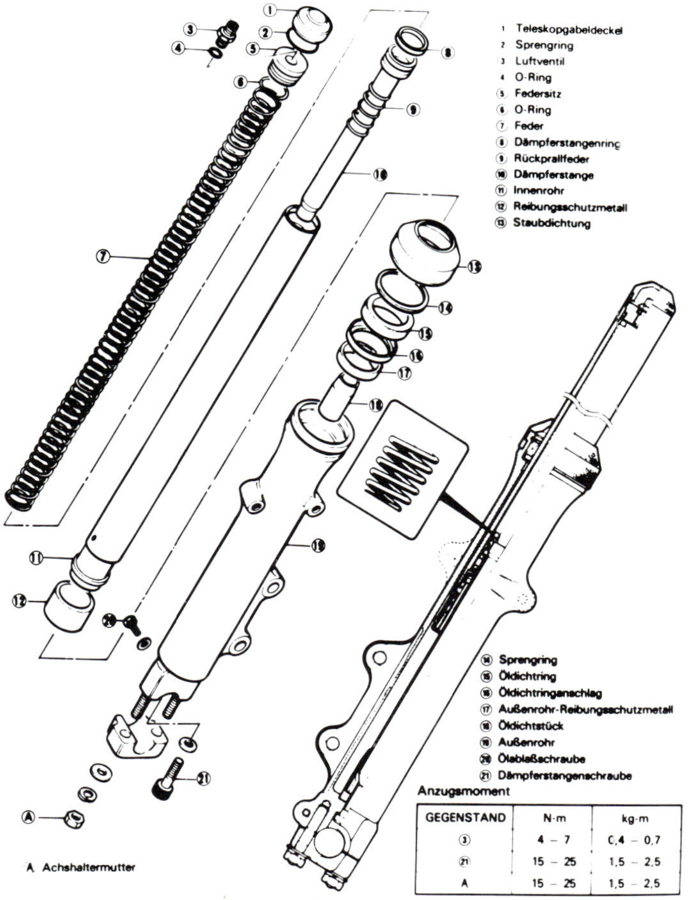

Anzugsmoment

GEGENSTAND	N·m	kg·m
③	4 – 7	0,4 – 0,7
㉑	15 – 25	1,5 – 2,5
A	15 – 25	1,5 – 2,5

Luftunterstützte Telegabel der SUZUKI GR 650

Die Explosionszeichnung zeigt die nur für Kanada bestimmte Tauchgabel der SUZUKI GR 650.
Die Feder (7) übernimmt die tragende Funktion und kann weich gehalten werden, weil schwere Stöße durch das stark progressive Luftpolster aufgenommen werden. Die Füllung erfolgt über das Luftventil (3).

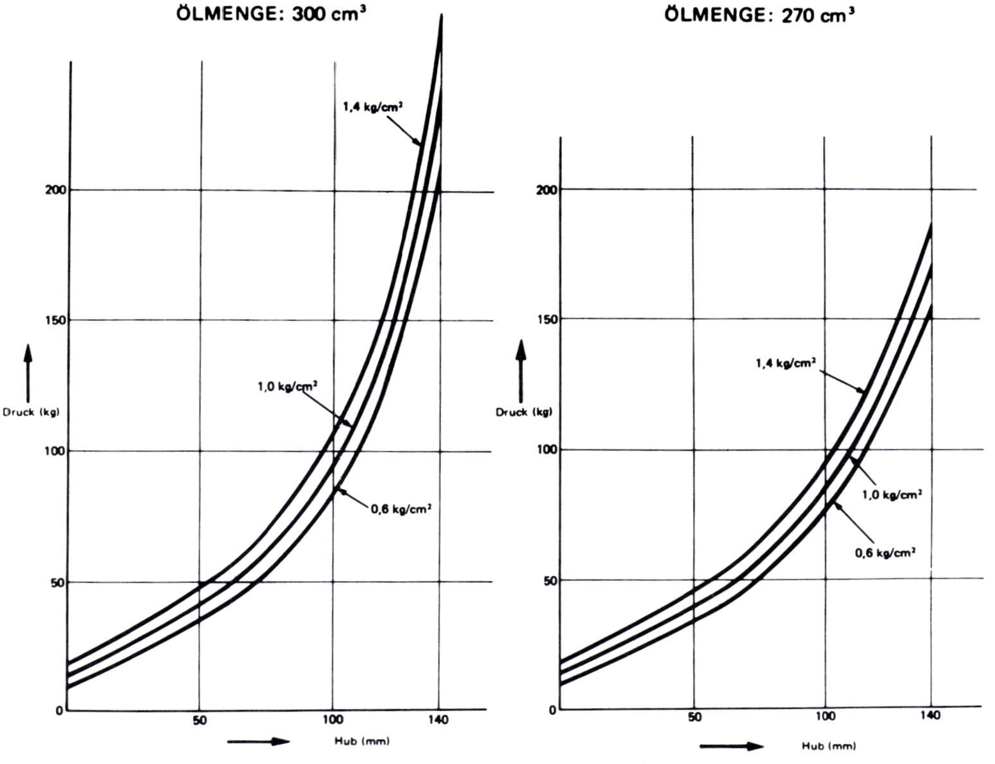

Ölmenge und Federkennung

In einer luftunterstützten Tauchgabel steigt die Federkennung mit zunehmender Ölfüllung durch die Verkleinerung des Luftvolumens stark an. Bei der Gabel der HONDA genügt eine Erhöhung der Füllmenge von 270 cm^3 auf 300 cm^3, also um 11 %, um den Druck bei 140 mm Federhub um rd. 33 % anzuheben.

verändert werden kann. Als Grundeinstellung empfiehlt YAMAHA eine Ölfüllung von 435 cm^3. Der Druck in der oberen Kammer ist mit 3,6 bar gut doppelt so hoch wie der in den Standrohren mit 1,7 bar.

Die Vorteile dieser Anordnung sind leicht verständlich.

Ist der Druck in der oberen Kammer doppelt so hoch wie in der unteren, so gibt der Kolben nach, wenn die Gleitrohre etwa den halben Federweg zurückgelegt haben – der progresive Anstieg der Federrate wird abgeflacht und dadurch auch die zu starke Erhitzung der Luft abgebaut. Im Wettbewerb kann der Druck der oberen Kammer leicht der höchsten Beanspruchung angepaßt werden, während der Druck in der unteren Kammer vor allem für die Rückfederung verantwortlich zeichnet. Trotz ihrer wegen des großen Federhubes von 215 mm beachtlichen Länge – in vollausgefedertem Zustand ist immer noch ein Lagerabstand von 500 mm vorhanden – sind die geschmiedeten Leichtmetall-Gleitrohre sehr leicht: Sie wiegen zusammen weniger als 1 kg.

Die theoretisch überzeugende Konstruktion wurde leider nicht weiter verfolgt. Sie starb wahrscheinlich an dem doch erheblichen fertigungstechnischen Aufwand, vielleicht aber auch daran, daß sie den Fahrer mit der Wahl der optimalen Einstellung überforderte. Aus dem Motocross-Sport mit seinen extremen Ansprüchen an Stoßaufnahme und Federweg entwickelte sich die Kombination Schraubenfeder – Luftfeder. Hier hat Maico Pionierarbeit geleistet und mit seiner Motocross-Gabel das Schulbeispiel einer konsequenten, wissenschaftlich fundierten Lösung geschaffen. Die kräftigen Standrohre mit den Abmessungen 38 × 3 mm haben einen Luftinhalt von rund 500 cm^3 je Holm, der mit 0,8 – 1,0 bar vorgespannt ist. Die weichen Tragfedern haben eine Kennung von nur 2,4 kg/cm.

Der Federweg beträgt nicht weniger als 250 mm. Die robuste Öldämpfung mit einer Ölmenge von 360 cm^3 je Holm arbeitet mit einem massiven Kegelringventil, das von zwei Federn mit unterschiedlicher Kennung gesteuert wird. Der massive Kolbenring, die einwandfreie Führung von Standrohr, Dämpferrohr und Gleitrohr, und die kräftige Kegelrollenlagerung im Lenkkopf tragen offensichtlich den enormen Beanspruchungen des Geländesports kompromißlos Rechnung.

Um die Aufheizung der Luft in gesunden Grenzen zu halten und auch die Dichtungen zu schonen, arbeiten moderne Konstruktionen mit progressiver Kennung der Stahlfedern und gehen mit dem Luftdruck noch weiter herunter. In der langhubigen Gabel der YAMAHA XT-Modelle hat die erste Feder für den Anfangshub bis etwa 115 mm eine Federkennung c_1 = 3,4 kg/cm, die zweite Feder für den Bereich 115 – 205 mm eine Federrate c_2 = 5,5 kg/cm. Der normal vorgeschriebene Luftdruck bei entlasteter Gabel beträgt nur 0,4 bar. Als zulässiger Höchstwert für schwere Belastungen wird ein Grenzwert von 1,2 bar angegeben. Da die beiden Gabelholme bei diesem Modell ohne Druckausgleich arbeiten, wird ein Druckunterschied von höchstens 0,1 bar toleriert.

Bei dem begrenzten Luftvolumen im Gabelrohr muß die vorgeschriebene Ölmenge genau eingehalten werden. Selbst in der Gabel der HONDA CB 1100 R mit einem Standrohr-Durchmesser von 39 mm ∅ liegt der Gabeldruck bei einer Füllmenge von 300 cm^3 und einem Hub von 100 mm um 13 %, bei einem Hub von 140 mm aber um 38 % höher als bei der vorgeschriebenen Füllmenge von 270 cm^3.

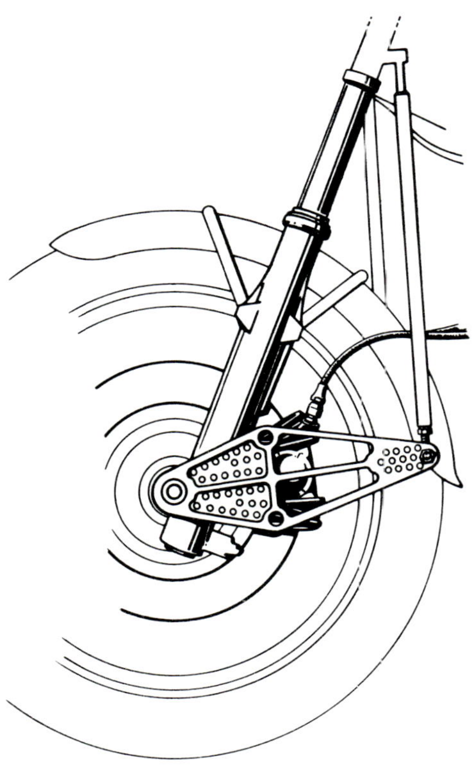

Mechanisches Antidive-System

Die drehbar auf der Radachse gelagerte Schwinge wird von der Bremszange der Scheibenbremse mitgenommen und stützt sich mit Schubstreben gegen die untere Gabelbrücke ab. Die Federung wird wesentlich geringer verhärtet als bei den üblichen hydraulischen Antidive-Systemen. Die im Rennmaschinenbau bewährte Lösung hat wegen des höheren Wartungsbedarfes, des etwas höheren Trägheitsmomentes um die Lenkachse, vor allem aber wegen der sperrigen Form bisher – leider – keinen Eingang in die Serie gefunden.

Garelli – Antidive
Von der Grand-Prix-Weltmeister-Maschine übernahm Garelli die Abstützung des Bremsmomentes für die Tauchgabel. Für den Kenner ein Schmuckstück.

Antidive

Die ständig wachsenden Federwege und die niedrigen Federkennungen moderner Tauchgabeln haben einen ihrer im Prinzip liegenden Nachteile zur – von Presse und Werbung oft überbewerteten – vordringlichen Entwicklungsaufgabe hochstilisiert: Das starke Eintauchen beim Bremsen und die damit veränderte Fahrwerks-Geometrie. Nun wirkt es natürlich schon alarmierend, wenn der Lenkwinkel einer ganz normalen Straßenmaschine bei einer Bremsverzögerung $b = 5\ m/s^2$ von 27° auf 20° zurückgeht, der geometrische Nachlauf von 97 mm auf 78 mm abnimmt, und es ist durchaus verständlich, daß das spektakuläre Eintauchen von Rennmaschinen bei Verzögerungen von $10\ m/s^2$ als fahrerisch kaum mehr beherrschbar beurteilt und dringend nach einer Abhilfe gesucht wurde.
Zur Lösung des Problems sind sehr unterschiedliche Wege beschritten worden. Es lag natürlich nahe, die mechanische Drehmomentabstützung der Langarmschwinge für die Tauchgabel abzu-

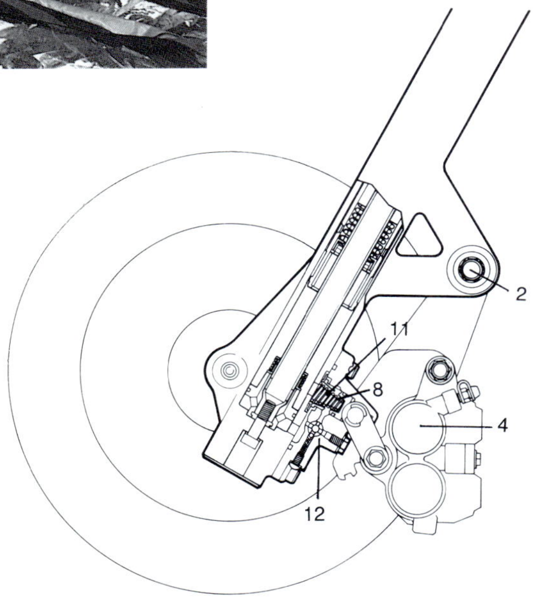

HONDA – Antidive
Beim Abbremsen wird der Bremssattel (4) von der Bremsscheibe mitgenommen, dreht sich um den Bolzen (2) der Aufhängung und drückt gegen den Druck der Feder (11) den Steuerkolben (8) nach innen, der die Durchgangsbohrung zum Vierwege-Schieber (12) freigibt.
Durch Drehen kann der Schieber auf vier verschiedene Durchgangs-Querschnitte und damit die Einfederdämpfung auf vier Härtegrade eingestellt werden.

wandeln: Die Bremszange der Scheibenbremse nimmt beim Bremsen eine drehbar auf der Radachse gelagerte

Schwinge mit, die sich gegen die untere Gabelbrücke abstützt und das Tauchen ohne unzulässige Verhärtung der Federung verhindert. Das System verlangt eine laufende Wartung der spielfrei zu haltenden Lagerung, vergrößert das Trägheitsmoment um die Lenkachse und ist nur schwer in eine ansprechende Form zu bringen. Es blieb daher bisher auf die Anwendung im Rennmaschinenbau durch KAWASAKI und GARELLI beschränkt, ist aber zweifellos eine zukunftsträchtige Lösung.
Längst in den Serienbau übernommen ist das erstmals in Rennen von SUZUKI vorgestellte hydraulische Antidive-System.
Bei SUZUKI und YAMAHA wird bei Betätigung der Handbremse der Bremsleitungsdruck über eine kurze Zusatzleitung von der Bremszange auf einen federbelasteten Steuerkolben geleitet, der den Durchflußquerschnitt für die Druckstufe des Dämpfers drosselt und damit die Einfederung der Gabel verzögert. Die zusätzliche Belastung der Handbetätigung durch das Antidive-System ist spürbar und beeinträchtigt die Dosierbarkeit der Bremse.
Das TRAC-System (Torque-Reactive-

YAMAHA XJ 900 – Tauchgabel
In der luftunterstützten Tauchgabel der YAMAHA XJ 900 dient die Verbindungsleitung zum Druckausgleich zwischen den beiden Standrohren. Sehr kräftige Leichtmetallbrücken zwischen den Standrohren und den Gleitrohren sorgen für die notwendige Verwindungssteifheit. Das Antidive-System vor den Gleitrohren steuert die Dämpfung in Abhängigkeit vom Betätigungsdruck.

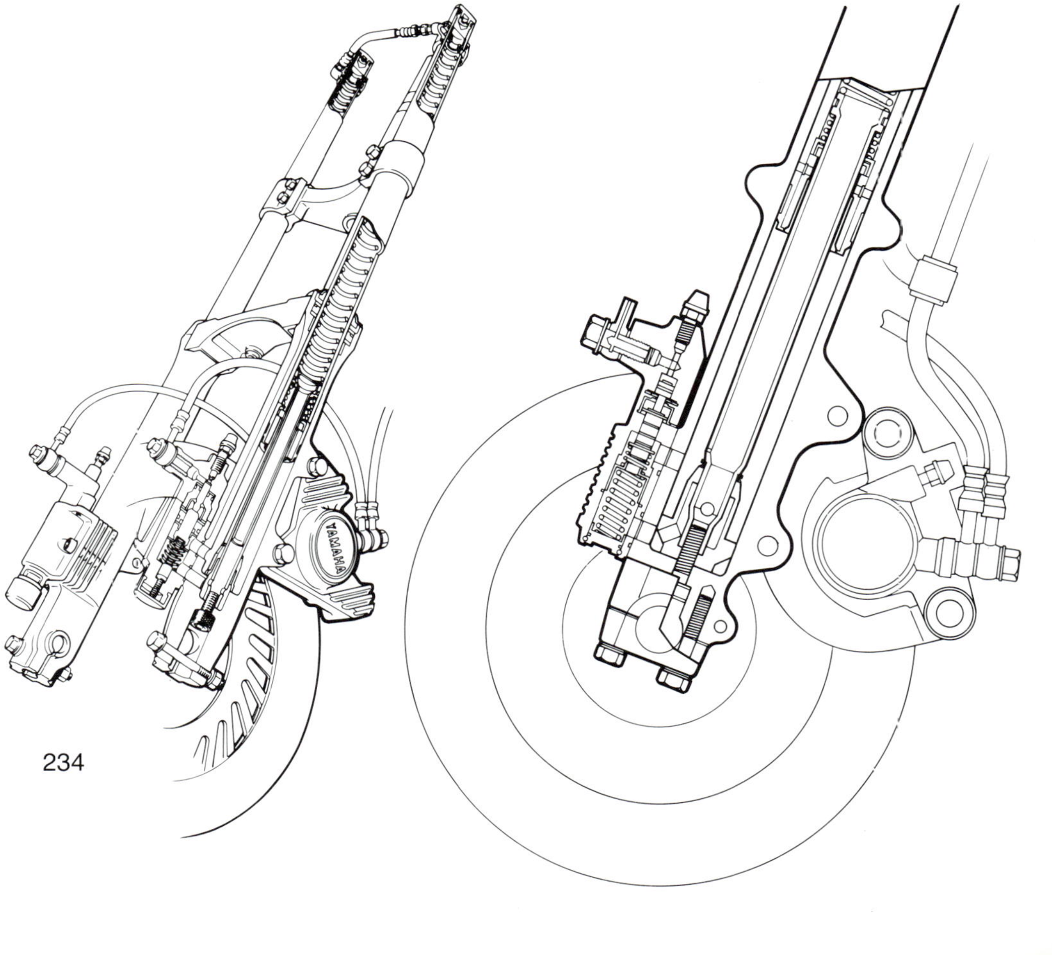

Antidive-Control) von HONDA vermeidet diesen Nachteil dadurch, daß die hydraulische durch eine mechanische Steuerung ersetzt wird: Der Bremssattel ist drehbar gelagert und führt beim Abbremsen eine Schwingbewegung aus, mit der ein Steuerkolben mechanisch gegen die Wandung des Gabelrohres gedrückt wird und das Dämpferöl zu einem Umweg durch ein Steuerventil zwingt. Dieses Steuerventil mit unterschiedlichen Durchgangsrohren kann durch Drehen auf vier verschiedene Dämpfungsstufen eingestellt werden.
Die Steuerung des Eintauchens durch die Drosselung der Einfederdämpfung hat den prinzipiellen Nachteil, daß die Wirkung der härteren Dämpfung zeitlich auf 1 – 2 Sekunden begrenzt ist, und die volle Einfederung bis zum Aufsetzen

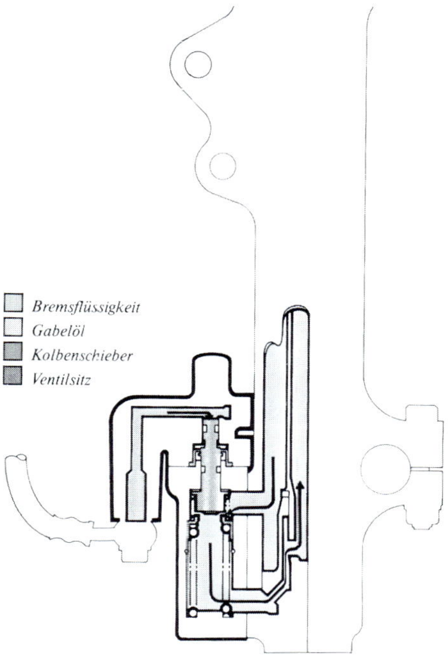

YAMAHA Antidive

Beim Einfedern drückt der Kolben des Dämpferrohres durch den Übergangskanal über das federbelastete Ventil Öl in der linken Steuerzylinder. Beim Betätigen der Bremse drückt die vom Verbindungsschlauch mit den Bremssätteln kommende Bremsflüssigkeit den Kolbenschieber in Richtung Ventilsitz und verkleinert damit den Durchflußquerschnitt für das Dämpferöl – die Dämpfung verhärtet, das Einfedern verlangsamt sich. Die Dämpfung ist so bemessen, daß selbst bei einer Vollbremsung noch ein Federweg von etwa 40 mm als Reserve bleibt. Fährt die Maschine bei einer starken Bremsung durch ein Schlagloch, nimmt der Öldruck im Dämpferkreislauf schlagartig zu und drückt den federbelasteten Ventilsitz nach unten. Der Durchfluß für das Dämpferöl vergrößert sich für den Bruchteil einer Sekunde – das Schlagloch wird geschluckt.

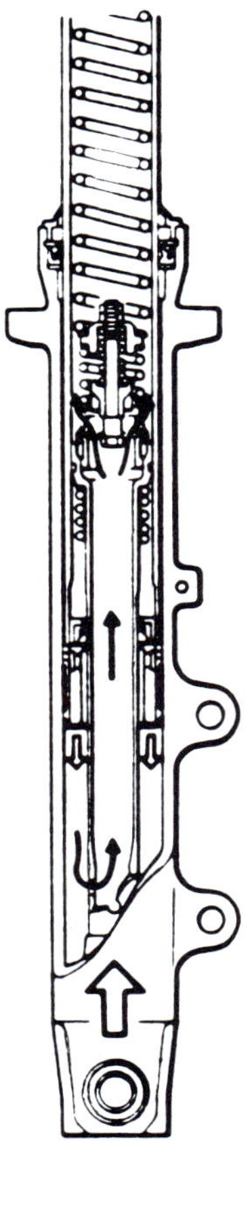

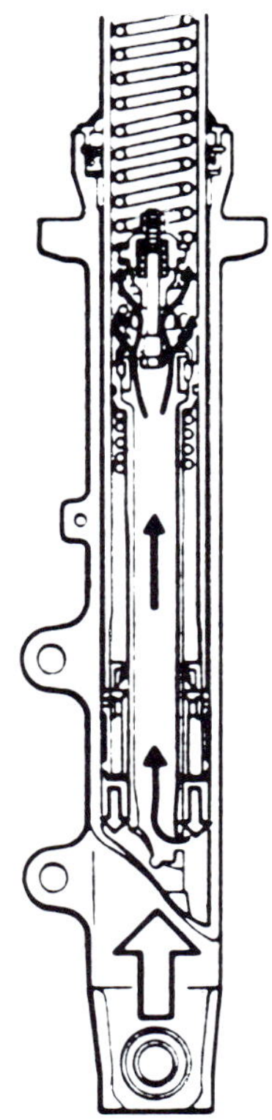

YAMAHA FZ 750 – Tauchgabel mit variabler Dämpfung

In der luftunterstützten Tauchgabel der YAMAHA FZ 750 steuert ein zweiteiliger Dämpferkolben am oberen Ende des Dämpferrohres durch das Zusammenspiel einer inneren und einer äußeren Feder den Durchfluß-Querschnitt in Abhängigkeit von Einfederungs-Geschwindigkeit und Federweg. Steigt bei einem starken Stoß der Druck im Dämpferrohr schlagartig an, so erkennt man im rechten Bild, wie die innere Feder des Dämpferkolbens zusammengedrückt wird und für kurze Zeit einen größeren Querschnitt für das Dämpferöl freigibt. Das Antidive-System der XJ 750 wurde also hier in der Weiterentwicklung organisch im Gabelholm untergebracht.

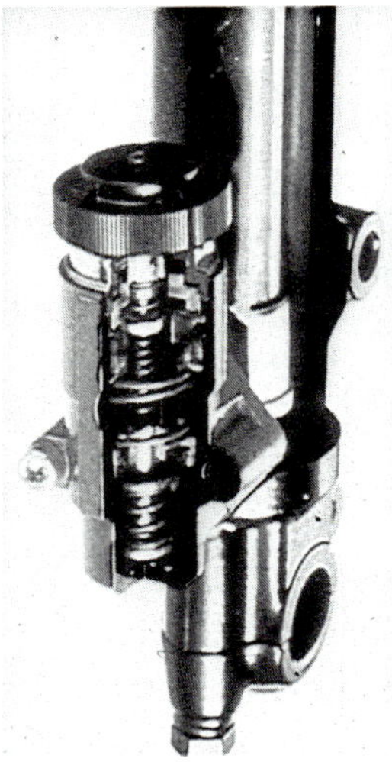

SUZUKI GSX 1100 EF – Tauchgabel mit dem PDFS-System

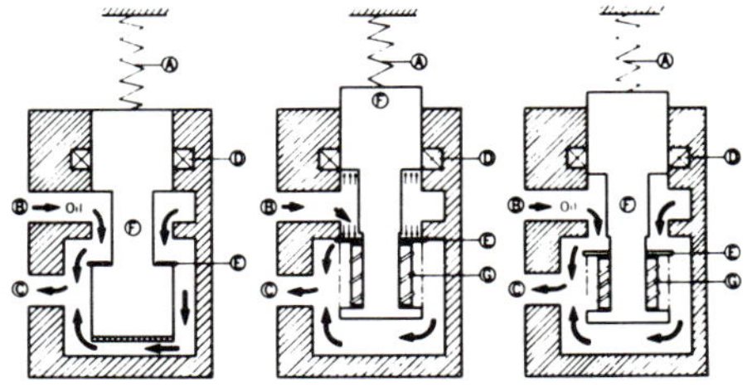

Das PDFS (Posi Damp Fork System) soll nicht nur das Eintauchen beim Bremsen vermindern, sondern auch harten Bodenwellen mit steiferer Dämpfung entgegenwirken. Es arbeitet unabhängig von der Bremshydraulik und drosselt das Dämpferöl nicht mehr durch eine konstante Bohrung, sondern durch einen Ringspalt, dessen Querschnitt von einem Steuerkolben bestimmt wird. Der Steuerkolben arbeitet gegen eine Feder, deren Vorspannung durch ein Einstellrad in 4 Stufen verändert werden kann.
Bei hoher Federvorspannung bleibt der Ringspalt auch beim schnellen Eintauchen der Gabel – sei es durch Fahrbahnstöße oder beim harten Bremsen – relativ groß, die Dämpfung also gering. Bei niedriger Federvorspannung drosselt der Steuerkolben das Öl durch den kleiner bleibenden Ringspalt schon beim langsamen Eintauchen stark ab.
Im Bereich der einzelnen Stufe stellt sich der Ringspalt weitgehend automatisch ein: Beim schnellen Eintauchen steigt der Druck in der Gabel stark an und drückt den Steuerkolben stärker nach oben, verengt also den Ringspalt schneller. Durch diese automatische Einstellung auf die Tauchgeschwindigkeit stellt das PDFS-System einen interessanten Schritt auf dem Weg zu höherem Fahrkomfort dar.

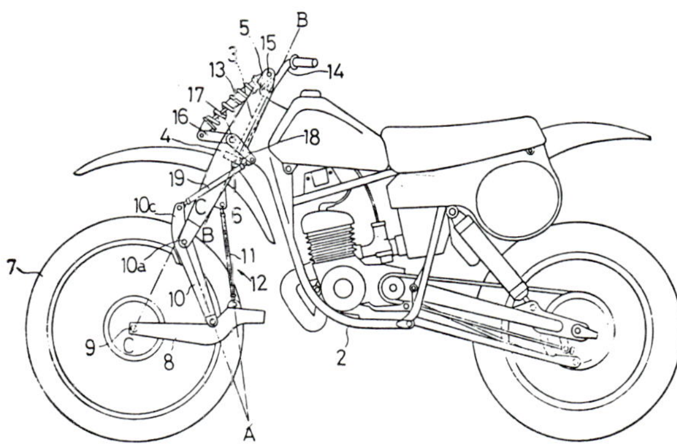

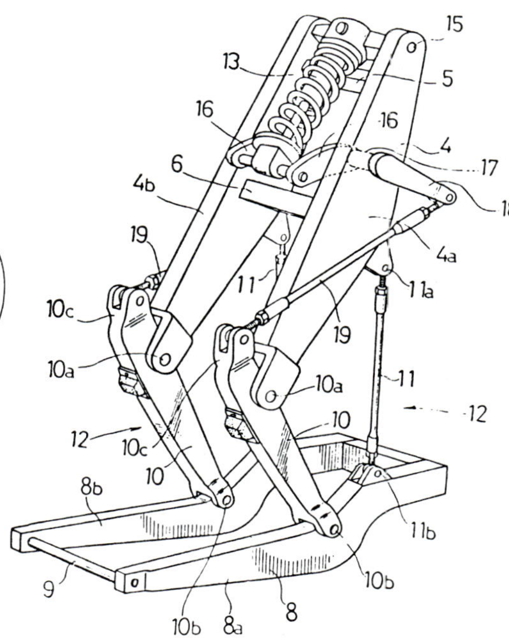

HONDA-Vielgelenk-Gabel für Motocross-Einsatz

HONDA entwickelte 1981 für das 125-cm^3-Motocross-Modell eine abenteuerliche Vielgelenk-Gabel mit bemerkenswerten funktionellen Vorteilen: Große Federwege, günstige Raderhebungskurve, meßbare Längsfederung und gefühlvolle Antidive-Wirkung.
Der Bewegungsablauf ist im Text ausführlich dargestellt.

Luftfederung und Antidive

Die luftunterstützte Telegabel der Harley FXRT arbeitet beim Bremsen mit erhöhter Federkennung. Die Funktion ist eingehend im Text beschrieben.

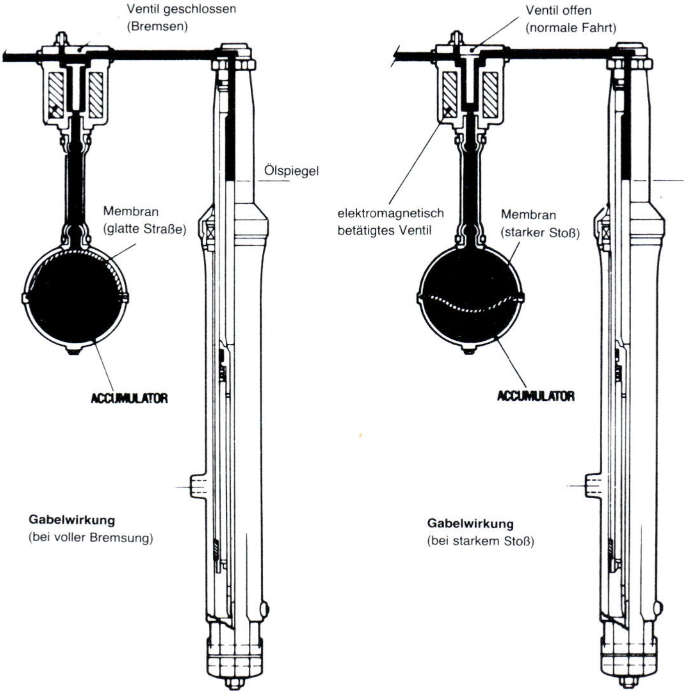

der Gabel gegenüber der normal gedämpften Aufhängung zeitlich nur unwesentlich hinausgezögert, aber nicht vermieden wird. So ist es verständlich, daß die Rennfahrer, die als erste mit dem hydraulischen Antidive-System beglückt wurden, nach kurzer Euphorie unter Hinweis auf die drastische Einbuße an Bodenhaftung und Dosierbarkeit dankbar ablehnten. Ob der Durchschnittsfahrer, der ja bei einer Notbremsung nervlich empfindlicher auf die Lageänderung der Maschine reagiert, wirklich fühlbar entlastet wird, wenn die Gabel in der ersten kritischen Bremssekunde um 10 mm weniger einfedert, muß ernstlich bezweifelt werden.

Sehr viel logischer als eine Verhärtung der Dämpfung ist die auf den Bremsvorgang begrenzte Erhöhung der Federkennung, für die ja die immer stärker vordringende Zusatzluftfederung günstige Voraussetzungen bietet. Eine recht überzeugende Anwendung dieses Prinzips zeigt HARLEY DAVIDSON mit der Gabel der FXRT. Die Luftkammern der beiden 35-mm-∅-Standrohre sind durch eine Druckleitung miteinander verbunden, die über ein elektrisch betätigtes Sperrventil zu einer, an der unteren Gabelbrücke untergebrachten, durch eine Gummimembran unterteilten Druckkammer führt. Bei normaler Fahrt ist das Ventil zwischen den Federbeinen und der Druckkammer geöffnet. Der Druck in den Federbeinen wird je nach gewünschtem Fahrkomfort auf 0,3 bis 0,7 bar, der in der Druckkammer auf 1,7 bis 1,8 bar aufgepumpt. Mit wachsendem Systemdruck steigt natürlich der Antidive-Effekt. Steigt der Druck in den Luftkammern der Standrohre auf den Wert in der Druckkammer, arbeitet die Gabel mit zweistufiger Federkennung. Sobald Hand- oder Fußbremse betätigt werden, wird das Sperrventil durch einen im Bremslichtkreis liegenden Schalter elektomagnetisch geschlossen. Es steht also nur noch das Luftpolster in den Gabelholmen zur Verfügung, so daß die Federkennung steil ansteigt.

Das Durchsacken der Gabelfederung beim scharfen Abbremsen ist mehr als ein Schönheitsfehler, dessen fahrpsychologische Auswirkungen ebenso wenig unterschätzt werden dürfen wie die Einbußen an sicherer Radführung, aber es sind ja noch längst nicht alle Möglichkeiten zu seiner Behebung ausgelotet. Noch ist der konstruktive Aufwand zu groß, um etwa die Gabelvorspannung in direkter Abhängigkeit von der Verzögerung zu steuern, aber vielleicht schenkt uns auch hier die findige Elektronik einmal eine kostengünstige Lösung.

Kompromißlose Ingenieure scheuen auch nicht davor zurück, bei ihren Überlegungen die in ihrer Kinematik ja nur wenig wandelbare Tauchgabel in Frage zu stellen. So zeigte HONDA 1981 an der 125-cm^3-Motocross eine Vielgelenkgabel mit abenteuerlichem Bewegungsablauf: Die Vorderachse 9 ist in der Schwinge 8 gelagert, die mit der Schwinge 10 drehbar in der eigentlichen Gabel 4 aufgehängt ist und sich mit den Zugankern 11 gegen sie abstützt. Bei einer Fahrbahnerhebung weicht die Radachse 9 in einem weichen Bogen nach hinten aus und dreht über die Schwinge 10 und die Zugstrebe den Kipphebel 19, der das auf der Achse 15 drehbar gelagerte Feder-Dämpfer-Element 13 zusammendrückt. Die offensichtlich bei Arbeiten am Pro-Link-System angefallene Konstruktion wird sich wohl ebenso vergeblich um einen Schönheitspreis wie um die Anerkennung als besonders wartungsfreundlich bemühen, wartet aber funktionell mit unbestreitbaren Tugenden auf: Große Federwege, günstige Radererhebungskurve mit merklicher Längsfederung und kräftige, aber sanft einsetzende Antidive-Wirkung.

HINTERRADAUFHÄNGUNG

Schleppschwinge

Als Hinterradaufhängung hat sich die Schleppschwinge auf der ganzen Linie durchgesetzt. Ihre Vorzüge sind überzeugend:

1. große Federwege bei begrenzter Änderung des Kettendurchhanges,
2. kurze Einleitung der Kräfte in den Hauptrahmen,
3. günstige Aufnahme des Bremsmomentes mit Belastung des Hinterrades,
4. geringe Eigendämpfung.

Sie stellte aber auch eine ganze Reihe harter Forderungen an den Konstrukteur:

1. breite kräftige, unbedingt spielfreie Lagerung,
2. möglichst lange, dabei leichte und völlig verwindungssteife Schwingarme,
3. optimale Anordnung des Schwingendrehpunktes für kleine Änderungen des Kettendurchhanges.

Die Schwinge wird am wirksamsten so eingestellt, daß sie bei statischer Belastung fast horizontal steht. Die positive Einstellung im entlasteten Zustand geht

BMW Monolever

Die verwindungssteife Einarmschwinge aus Leichtmetall-Kokillenguß wird von zwei Leichtmetall-Lagerbolzen mit Kegelrollen-Lagern getragen, die im Getriebegehäuse angeordnet sind.
Das Einzelfederbein des BMW Monolever mit einem Federweg am Hinterrad von 110 mm hat einen in drei Stufen verstellbaren Gasdruckdämpfer. Auf Wunsch kann der Boge-Nivomat eingebaut werden. Der schlauchlose Niederquerschnittsreifen hat die Dimension 130/90 V 17.

beim Durchfedern schnell in eine immer stärker werdende negative Lage über. Dadurch wird der Anlaufweg für das Überrollen eines kantigen Hindernisses stark verkürzt – ein wichtiger Faktor für den Einfluß der Radaufhängung und der Radgröße auf die Güte der Federung. Selbst bei der mit 500 mm sehr langen Schwinge einer 750er wechselt der Anlaufweg bei einer 50mm hohen Schwelle von rd. 180 mm bei $\alpha = +15°$ über 165 mm bei $\alpha = 0°$ auf rd. 150 mm bei $\alpha = -15°$. Das bedeutet eine Erhöhung der für die Stoßhaftigkeit maßgebenden Drehbeschleunigung um rd. 40 %.

Übersetzte Federung

Bei den meisten Schwingen greift die Feder nicht senkrecht über der Radachse an, sondern ist zur Schwingachse hin versetzt und nach vorn geneigt angeordnet. Man erreicht damit

- geringe Massen über der Hinterachse,
- größere Einbaulängen für Federn und Dämpfer,
- günstigere Beanspruchung der Feder durch achsialen Kraftangriff bei hoher Belastung,
- verringerte Sitzbankhöhe.

Da die Federkraft, bezogen auf den Radhub, die beste Wirkung hat, wenn sie senkrecht zur Schwinge angreift, wird durch die schräg angestellte Feder eine leicht progressive Federkennung erreicht.

Winkelschwinge

Die gleichen Überlegungen führten zur Wiederentdeckung der schon um die Jahrhundertwende gebauten Winkelschwinge, die sich seit Anfang der 70er Jahre unter den Namen Cantilever und Monocross in kurzer Zeit die Motocross-Modelle mit ihren großen Federwegen eroberte und bald auf die Straßenmaschinen übertagen wurde. War im Motocross vor allem der große Federweg zu-

YAMAHA-Cantilever

YAMAHA, der Wiederentdecker der Cantilever-Aufhängung, hat seit der Wiedereinführung des seit Jahrzehnten bekannten Systems unablässig an der Verbesserung seiner Geometrie gearbeitet, um die Progressivität auch ohne zusätzliche Gelenkhebel zu steigern.
Die Schemazeichnung zeigt überdies die Führung des Kühlwassers und die Anordnung der großen Schwingkammern für den Membraneinlaß.

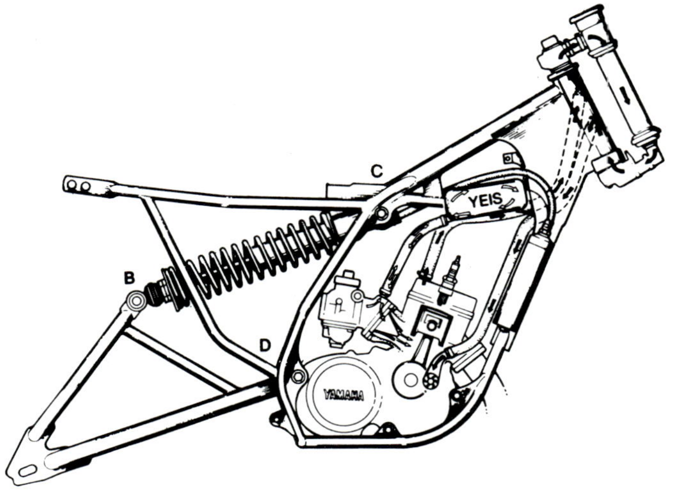

sammen mit der besseren Gewichtsverteilung der entscheidende Grund für die Einführung, so eroberte sich die Cantilever-Federung das Feld der Straßenrennmaschine, bei der der Federweg der Hinterradschwinge schon wegen der Auswirkung auf Kettendurchhang, Lenkwinkel und Nachlauf zwangsläufig begrenzt ist, vor allem durch die bessere Spurhaltung des Hinterrades: Durch die zentrale Anordung des Federelementes können naturgemäß keine Spurfehler durch unterschiedlich wirkende Dämpfer oder einseitig gesetzte Federn auftreten, und meist kann auch der Dreiecksverband der Hinterradschwinge bei der Cantilever-Federung verdrehsteifer ausgebildet werden.
Der entscheidende Vorteil der Cantilever-Federung ist darin zu sehen, daß der Zentraldämpfer in seinen Abmessungen sowohl in der Länge wie auch im Durchmesser kaum begrenzt ist und durch sein größeres Ölvolumen erheblich standfester wird als die meist sehr knapp bemessenen Einzeldämpfer. Es dauerte aber auch geraume Zeit, ehe man den Zentraldämpfer, der ja nur

YAMAHA TR 1 – Cantilever-Schwinge

Die Cantilever-Schwinge der YAMAHA TR 1 arbeitet mit einer Kombination von Stahl- und Luftfeder. Die Federkennung kann durch den Luftdruck, die Dämpfung über ein außen liegendes Handrad eingestellt werden.

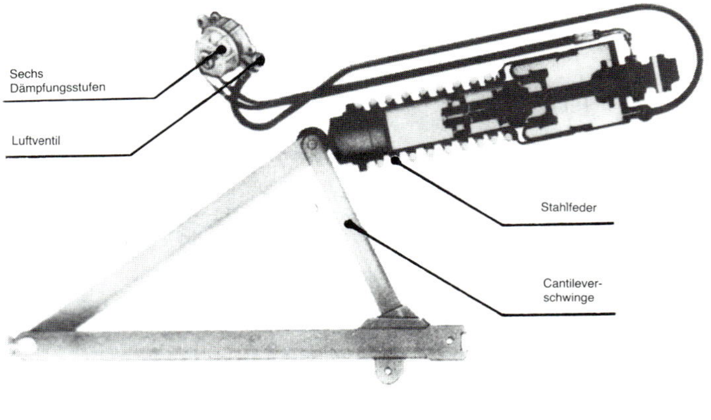

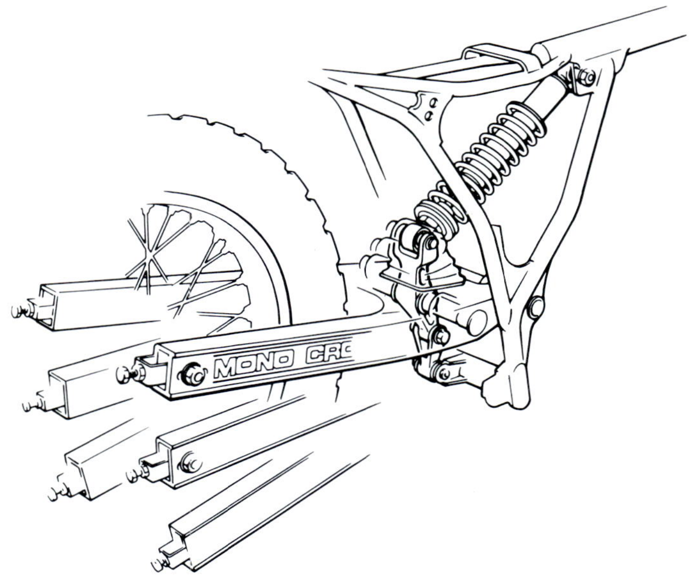

Monocross
YAMAHA, der Vorkämpfer des Cantilever, wandelt das zentrale Hinterrad-Federungs-System mit der Gelenkschwinge Monocross entscheidend ab. Neben der starken Progression wurde vor allem erreicht, daß das Federbein aus dem Windschatten des Tanks befreit wurde.

spärlich mit dem kühlenden Fahrtwind befächelt wurde, thermisch in den Griff bekam.
Der Nachteil jeder Kniehebelfederung liegt darin, daß die Kräfte nicht dort aufgenommen werden, wo sie eingeleitet werden, sondern die Schwingenlagerung voll belasten und damit eine besonders kräftige Schwingenlagerung fordern.
Dabei ist zu beachten, daß sich die Federkennungen wie die reziproken Quadrate der Hebelarme für Feder- und Radachse verhalten, und das gilt natürlich auch für die Dämpfung. Für die Gebrauchsmaschine ergeben sich konstruktive Schwierigkeiten dadurch, daß der für die Zentralfeder benötigte Bauraum schon durch Luftfilter, Batterie und andere Aggregate besetzt ist.
Wegen der notwendigen extrem starken Dimensionierung aller Bauteile bringt die Cantilever-Schwinge nur sehr selten die zunächst erhoffte Gewichtseinsparung.

Gelenkschwinge

Der Konstrukteur von Motocross-Modellen, deren Federwege vorn und hinten auf 300 mm gewachsen waren, konnte sich auch mit der durch Federn unterschiedlicher Steigung und durch geschickte Winkelstellung erreichbaren geringen Progressivität der konventionellen Winkelschwinge nicht zufrieden geben. Die hier erforderliche Verhärtung von Federung und Dämpfung am Ende des Federweges konnte – wenn

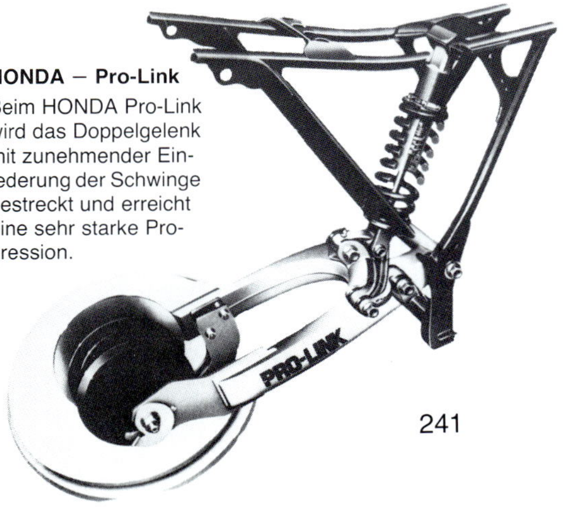

HONDA – Pro-Link
Beim HONDA Pro-Link wird das Doppelgelenk mit zunehmender Einfederung der Schwinge gestreckt und erreicht eine sehr starke Progression.

HONDA – Pro-Link für die Straße

Das HONDA Pro-Link-System für die Straße arbeitet zwar auch mit dem Kniehebel, der sich beim Einfedern der Schwinge streckt, aber die Progression der Kinematik ist für die kleineren Belastungsspitzen sehr viel geringer als bei den Motocross-Modellen. Das Luftfederbein ist kürzer gehalten, um Platz für Batterie und Luftfilter zu schaffen.

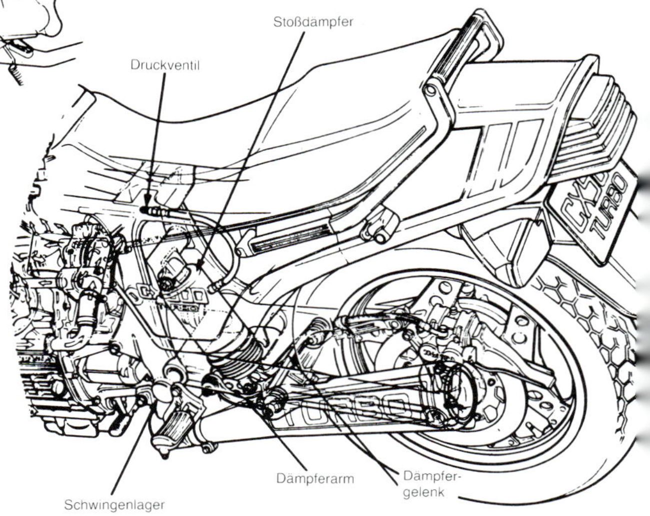

KAWASAKI – Unitrak

Beim Unitrak-System von KAWASAKI drücken zwei A-förmig auf der Hinterradschwinge angeordnete Stoßstangen aus Chrom-Molybdän-Stahl die Feder über einen auf Kugelgelenken schwingenden, geschmiedeten Kipphebel auf die senkrecht stehende zentrale Feder. Das Dämpferöl im Vorratsbehälter wird durch einen Kolben von der hoch verdichteten Stickstoff-Füllung getrennt.

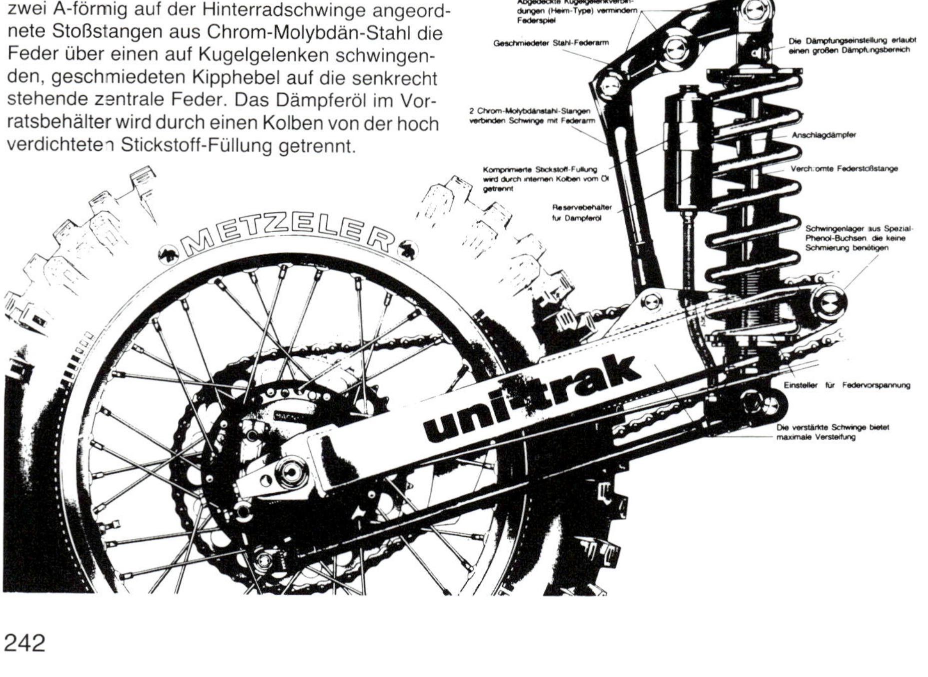

HONDA – Pro-Link-Lagerung
An den Hebeln der stark untersetzten Gelenk-Federungen treten enorme Lagerbelastungen auf.
HONDA ging 1984 an der VF 1000 von der Gleitlagerung zur Nadellagerung über und versteifte das Hebelwerk durch merklich größere Querschnitte.

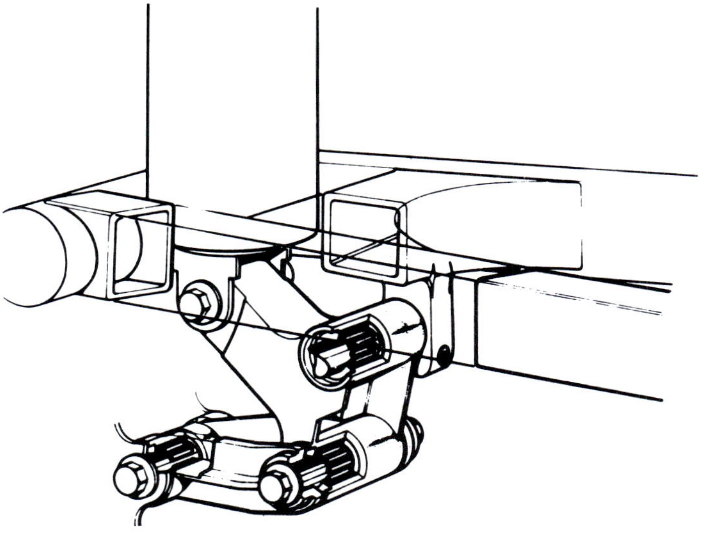

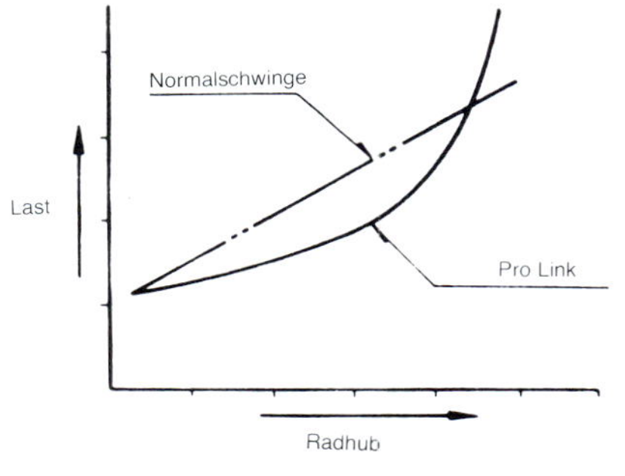

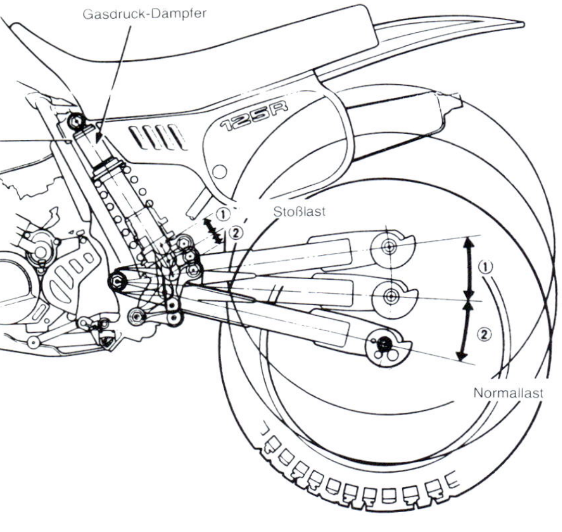

HONDA – Pro-Link für Motocross
Die Bewegungsskizze hält die Monolever-Schwinge in drei Stellungen fest. Bei gleichbleibendem Schwenkwinkel der Schwinge wird der Dämpferhub durch die Wirkung des Kniehebels mit zunehmender Einfederung größer. Das Diagramm zeigt die Änderung der Last mit zunehmendem Radhub für die einfache Schwinge linear und für die Pro-Link-Schwinge stark progressiv.

man einmal von der thermisch noch immer problematischen Luftfederung absah – nur durch eine Aufgliederung der Übersetzung durch ein zusätzliches Gelenksystem erreicht werden. Den Anfang machte KAWASAKI mit dem in den USA entwickelten Unitrak, bei dem das senkrecht stehende zentrale Federbein sich am unteren Ende am Rahmen abstützt und über eine Kippe von zwei auf der Schwinge gelenkig angeordneten Stoßstangen betätigt wird. Das etwas sperrig bauende und recht aufwendige System erlaubt eine in einem recht weiten Bereich wandelbare Progression. Eine Abwandlung des Unitrak ist das Full-Floater-System von SUZUKI, dessen Federbein sich unten nicht am Rahmen sondern auf der Schwinge abstützt. Das auch von BIMOTA eingebaute Sy-

SUZUKI – Full Floater

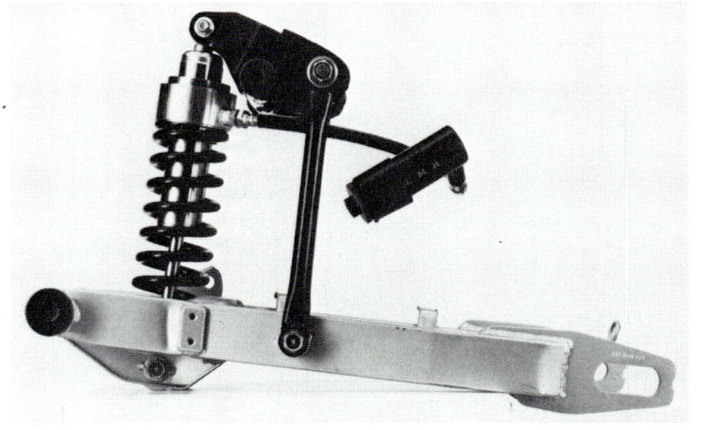

Beim Full-Floater-System von SUZUKI drückt die Schwinge beim Einfedern mit einer kurzen Stoßlasche über einen ungleichseitigen Kipphebel von oben auf das mit der unteren Faust in einem Ausleger der Schwinge aufgehängte Feder-Dämpferelement. Die hohe Progressivität wird dadurch erreicht, daß der in der Nullage sehr schräg gestellte Kipphebel mit zunehmender Durchfederung immer mehr in Achsrichtung der Feder angreift. Durch den rechts sichtbaren Stellknopf wird ein Kolben verschoben, der mit Öldruck die Vorspannung der Feder in vier Stufen verändert.

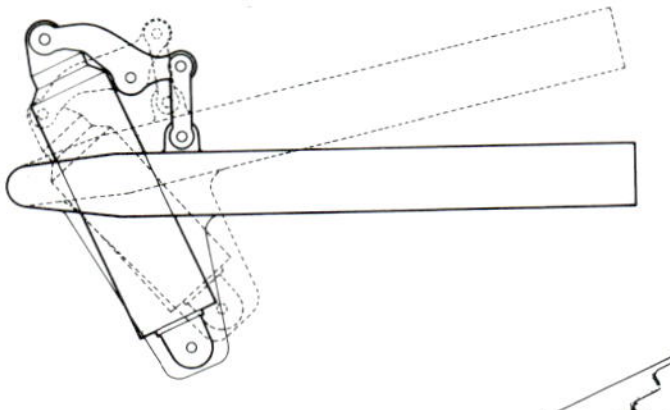

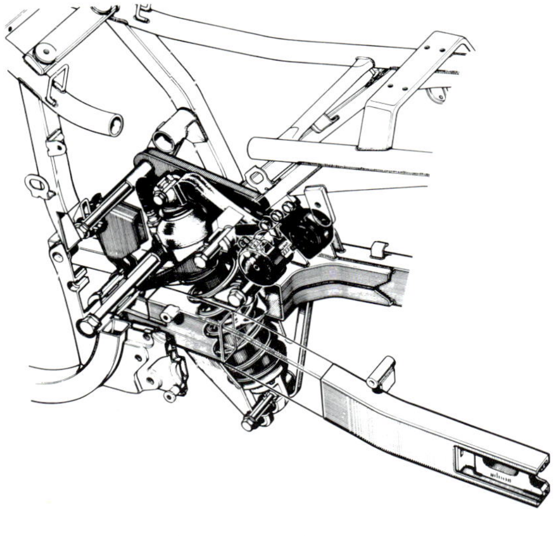

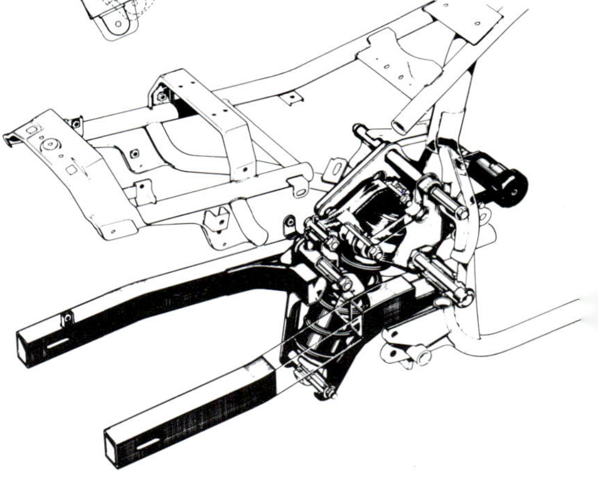

stem arbeitet mit etwas größerem Dämpferhub, um die hohen Dämpferkräfte etwas abzubauen.

Das Pro-Link-System von HONDA arbeitet mit einem Doppelgelenk, das mit zunehmender Einfederung der Schwinge gestreckt wird und über den abgewinkelten Federbeinhalter ebenso wie das ähnliche Zeta-Link von MAICO eine sehr starke Progression erreicht.

Auch YAMAHA hat den ständig wachsenden Forderungen des Motocross mit der Abwandlung der Cantilever-Schwinge längst Tribut gezollt: Beim Einfedern drückt die Schwinge über eine kurze, gelenkige Schubstrebe auf einen Winkelhebel, dessen einer Schenkel drehbar im Rahmen gelagert ist, während der andere das fast waagrecht liegende Federbein zusammendrückt.

YAMAHA XJ 600 – Gelenkschwinge

Die nadelgelagerte Schwinge aus Vierkantprofil betätigt das DeCarbon Gasöldruck-Federbein über ein Gelenksystem, das sich beim Einfedern streckt und dadurch die gewünschte Progression erzielt. Die Federvorspannung kann über einen Zahnriemen mit einem Spezialschlüssel in fünf Stufen verstellt werden.

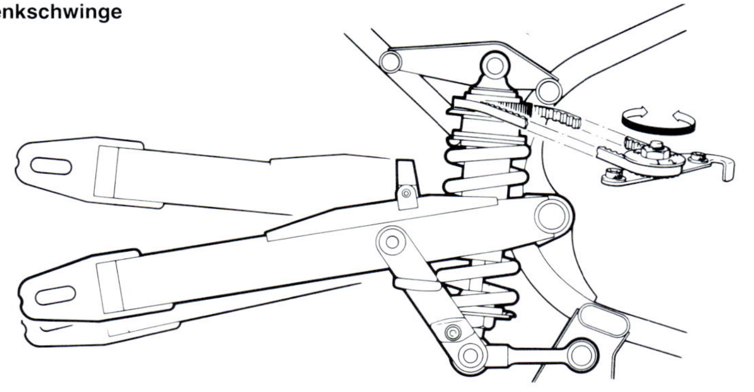

Für die Straßenmodelle entwickelte YAMAHA die Gelenkschwinge Monocross, deren Federbein nur leicht geneigt eingebaut und aus dem Windschatten befreit wurde. Bei den größeren Modellen der FJ-Reihe kann die Federvorspannung stufenlos, die Dämpfung in fünf Stufen über Kette oder Zahnriemen eingestellt werden.

In der Super-Sportmaschine RD 500 LC liegt die Feder-Dämpfereinheit gut gekühlt horizontal unter dem Motorblock.

Im Motocross gelten eben andere Gesetze. Die Diagramme Seite 246 zeigen, daß die Progression der Gelenkschwinge zwar zunächst sehr langsam einsetzt, im letzten Drittel des Federweges aber sehr steil ansteigt. Die niedrige Federkennung der Gelenkschwinge bürgt für guten Fahrkomfort.

Das weltweit betriebene Puzzlespiel mit Schwingenwinkeln, Kraftvektoren und Federwegen hat die technisch machbaren Grenzen im Motocross zweifellos weiter hinausgeschoben und das Zusammenspiel zwischen Feder und hydraulischer Dämpfung etwas erleichtert. Ob der für diesen Einsatz notwendige Aufwand an komplizierter Lagertechnik, höherem Gewicht und anspruchsvoller Wartung bei sicher eingeschränkter Lebensdauer für die vernünftigerweise auf

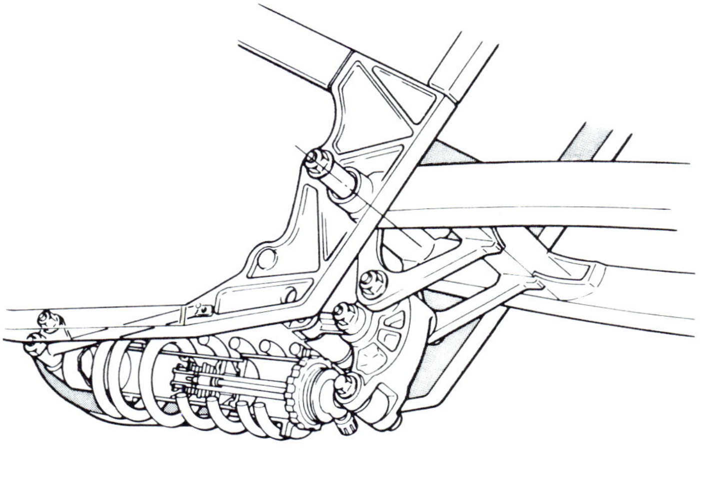

YAMAHA RD 500 LC – Hinterradschwinge

YAMAHA hat das Federbein der Gelenkschwinge bei der RD 500 LC horizontal unter den Motorblock gelegt und erreicht damit eine gute Kühlung und einen niedrigen Schwerpunkt.
Vor einem halben Jahrhundert hatte GUZZI die gleiche Idee.

Starre Schwinge und Gelenkschwinge – Progression

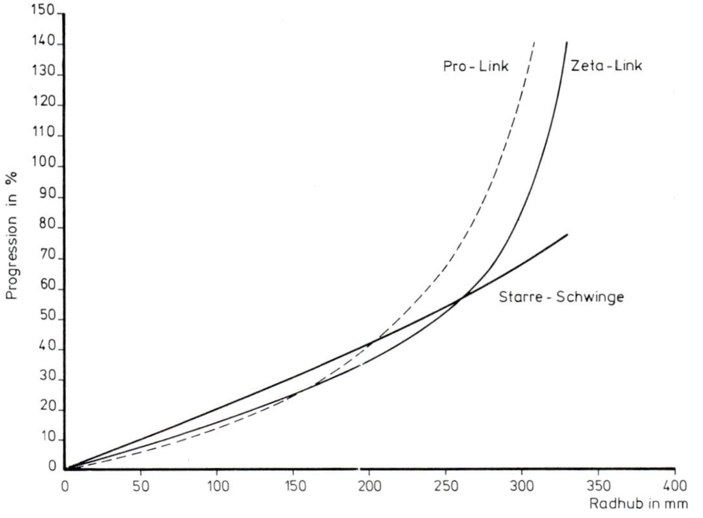

Die Federwege moderner Motocross-Maschinen sind mit über 300 mm in einen Bereich hineingewachsen, der eine starke Progression der Federung erfordert, wenn die hohen Endkräfte sicher aufgenommen und die Anforderungen an einen Mindest-Fahrkomfort nicht ganz abgeschrieben werden sollen. Mit der Progression des Federelementes allein – durch Windungen mit zunehmender Steigung oder hintereinander geschaltete Federn mit unterschiedlicher Kennung – kann die Aufgabe nicht gelöst werden. In einer mit wissenschaftlicher Akribie durchgeführten Untersuchung hat Dipl.-Ing. Günther Schier schon Ende der 70er Jahre bei MAICO die kinematischen und dynamischen Grundlagen der Hinterrad-Gelenkschwinge erarbeitet und der Vorausberechnung erschlossen:

Pro-Link und Zeta-Link setzen mit ihrer Progression sehr langsam ein und überschreiten die Progression der starren Schwinge, die in allen wichtigen Maßen mit der Zeta-Link-Schwinge übereinstimmt, erst bei einem Radhub von 200 und 260 mm. Darüber steigt die Progression steil an. Bei 330 mm Radhub beträgt sie bei der Zeta-Link-Schwinge 140 % gegenüber 77 % der starren Schwinge. Selbst diese Progression kann bei der starren Schwinge nur durch starke Schrägstellung und große Ausschlagwinkel des Federbeines, also mit starker Biegebeanspruchung, hohen Reibungsverlusten und erheblichen Massenkräften verwirklicht werden.

Starre Schwinge und Gelenkschwinge

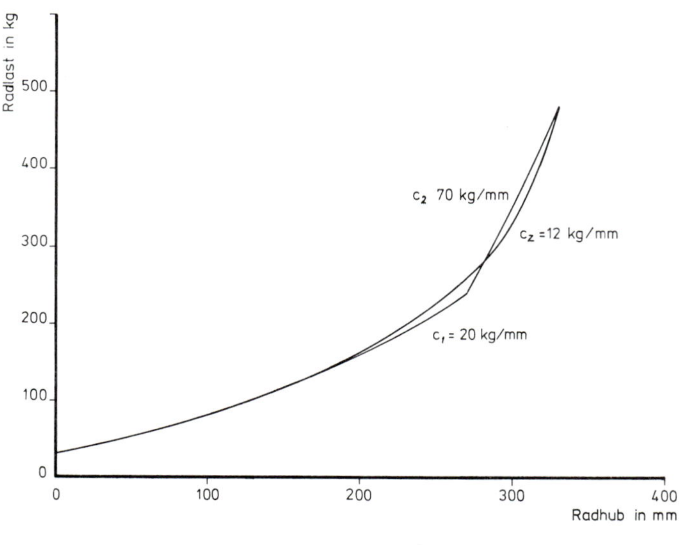

Die Grenzen der klassischen Schwinge für extrem große Federwege zeigt das Bild rechts.

Während die Zeta-Link-Schwinge sich mit einer Federkennung c_z = 12 kg/mm begnügt und damit guten Fahrkomfort verspricht, braucht die Federstufe 1 der starren Schwinge eine Federkennung c_1 = 20 kg/mm, die Federstufe 2 für die sichere Aufnahme des Radhubes von 330 mm eine Federkennung c_2 = 70 kg/mm.

maximal 150 – 180 mm Federweg begrenzten Hinterradaufhängungen von Straßenmaschinen sinnvoll ist, muß ernsthaft bezweifelt werden.

Feder-Dämpferelemente

Die ständig wachsenden Anforderungen an den Fahrkomfort auf der einen, die extremen Ansprüche des Geländesports mit seinen riesigen Federwegen auf der anderen Seite, haben zu einer intensiven Weiterentwicklung besonders der Feder-Dämpferelemente an der Hinterradaufhängung geführt. MARZOCCHI hat hier mit seinem Zweirohr-Gasdruckdämpfer mit den streng voneinander getrennten Ölwegen für Auf- und Abwärtsdämpfung Pionierarbeit geleistet (Bild rechts). Sehr ähnlich arbeitet der im Bild unten dargestellte Einrohrdämpfer der YAMAHA Kardan-Modelle. Hier ist der Hochruckbehälter am oberen Ende angebracht, und das Öl drückt über einen Kolben auf das Gas. Die Federvorspannung kann durch Drehen der unteren Kappe verstellt werden.

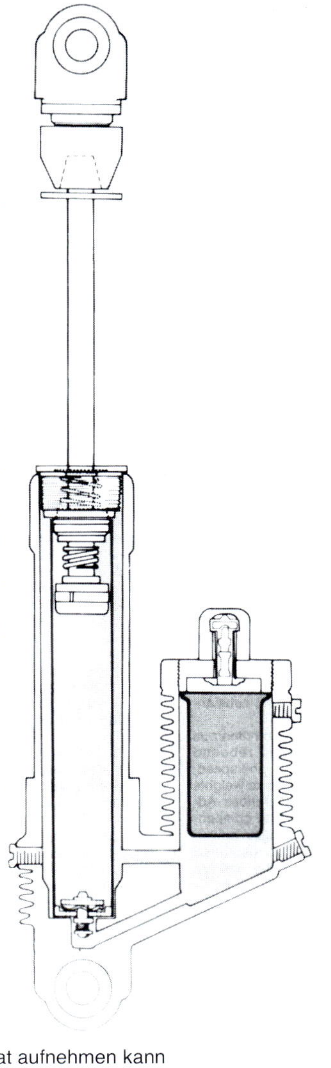

MARZOCCHI – Gasdruckdämpfer

Der Zweirohr-Dämpfer von MARZOCCHI zeichnet sich durch zwei völlig voneinander getrennte Ölwege für Aufwärts- und Abwärtsdämpfung aus. Beim Einfedern passiert die Dämpferflüssigkeit sehr weite Durchgangsbohrungen im Kolben, der in dem inneren Stahlzylinder gleitet. Beim Ausfedern werden diese Bohrungen durch ein schwimmendes Plattenventil ganz oder teilweise geschlossen, und die Flüssigkeit fließt über Bohrungen, die über ein federbelastetes Ventil im oberen Abschluß des Hochdruckraumes gesteuert werden, in den Mantelraum zurück, der vom Innenzylinder und dem Leichtmetallgehäuse des Dämpfers gebildet wird. Das auffallendste Kennzeichen des MARZOCCHI-Dämpfers ist der von dem gleichen Leichtmetall-Gußkörper gebildete, stark verrippte Ölvorratsbehälter, der gleichzeitig das aufblasbare Luftpolster aufnimmt. Der Innendruck ist also veränderlich und liegt im Durchschnitt bei etwa 2 bar. Neben der sicheren Trennung von Luft und Öl dient die Neoprene-Hülle mit ihrer hohen Flexibilität vor allem dem Volumenausgleich für die Kolbenstange beim Einfedern. Der getrennte Vorratsbehälter hat den entscheidenden Vorteil, daß er durch seine geringe Baubreite einen großen Ölvorrat aufnehmen kann und das hochbeanspruchte Öl daher geringeren Temperaturschwankungen ausgesetzt wird und weniger schnell ermüdet. Darüberhinaus ist der Dämpfer sehr leicht und sicher demontierbar, so daß ein häufiger Ölwechsel mit Reinigung des Dämpfers kein Problem aufwirft. Der Rückfluß des Öles aus Mantel- und Vorratsraum erfolgt durch das federbelastete Bodenventil.

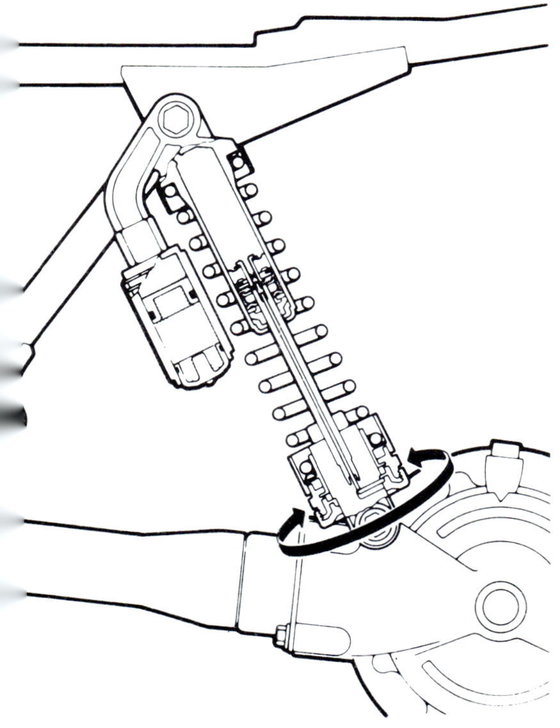

YAMAHA XJ 900: Federdämpfer-Element

Bei dem Hinterrad-Stoßdämpfer der schweren YAMAHA-Kardan-Maschinen drückt der Dämpferkolben das Öl in den obenliegenden Hochdruck-Zylinder, in dem die Luft über einen freilaufenden Kolben zusammengepreßt wird. Die Federvorspannung kann durch Drehen der unteren Kappe stufenlos verstellt werden.

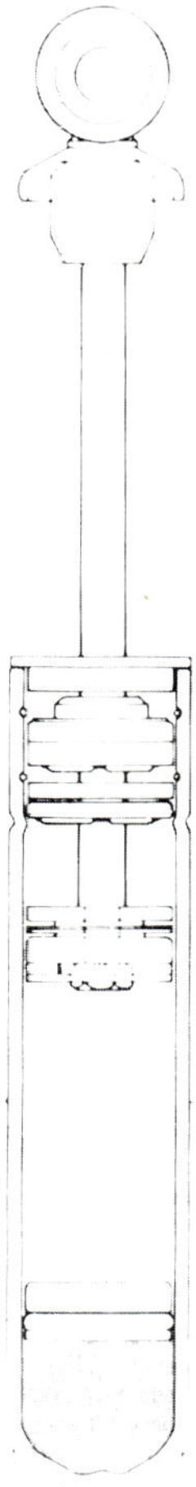

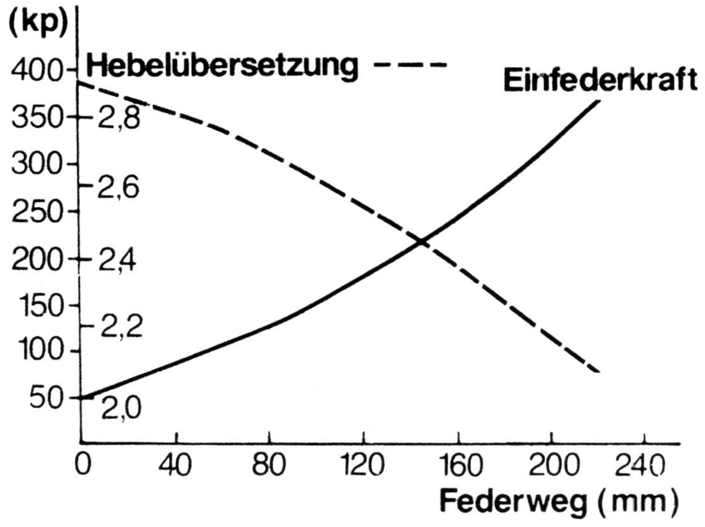

SUZUKI DR 600 S – Federkennung und Übersetzungsverhältnis

Die Full-Floater-Hinterradschwinge der SUZUKI DR 600 S erreicht bei einer auf das Hinterrad bezogenen Last von 390 kg einen max. Federweg von 222 mm. Das Übersetzungsverhältnis des Hebelsystems nimmt von 2,9 in der Nullage auf 2,1 bei voller Einfederung ab.

Red Wing

Der Einrohr-Gasdruckdämpfer von Red Wing schließt den mit Stickstoff gefüllten Hochdruckraum mit einem schwimmenden Kolben gegen die Ölfüllung ab.

Auch der Red-Wing-Gasdruckdämpfer (Bild links) ist ein Einrohrdämpfer, in dem der mit Stickstoff gefüllte Hochdruckraum durch einen schwimmenden Kolben gegen das Dämpferöl abgedichtet ist.

In der Feder-Dämpfereinheit des Full-Floating-Systems von SUZUKI (Bild rechts) führt ein Schlauch vom Arbeitsraum des Dämpfers zu einer Druckdose. Über einen gut zugänglichen Einstellknopf wird ein Kolben verschoben, der über die Ölfüllung die Vorspannung der Gasfeder erhöht.

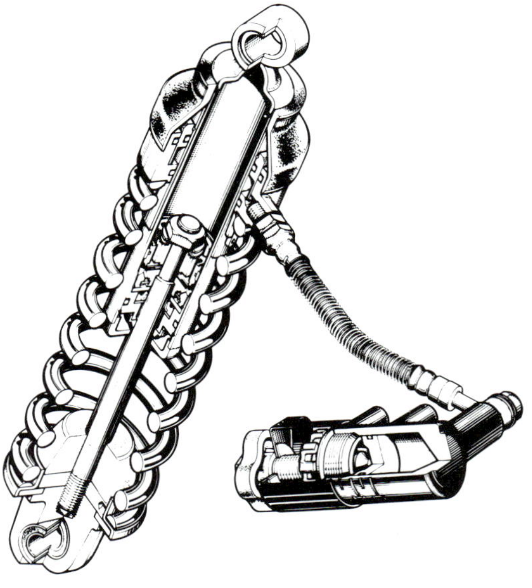

SUZUKI-Hinterrad-Stoßdämpfer

Durch Drehen des Fernbedienungsknopfes wird der Kolben in der Druckdose verschoben und die Federvorspannung eingestellt.

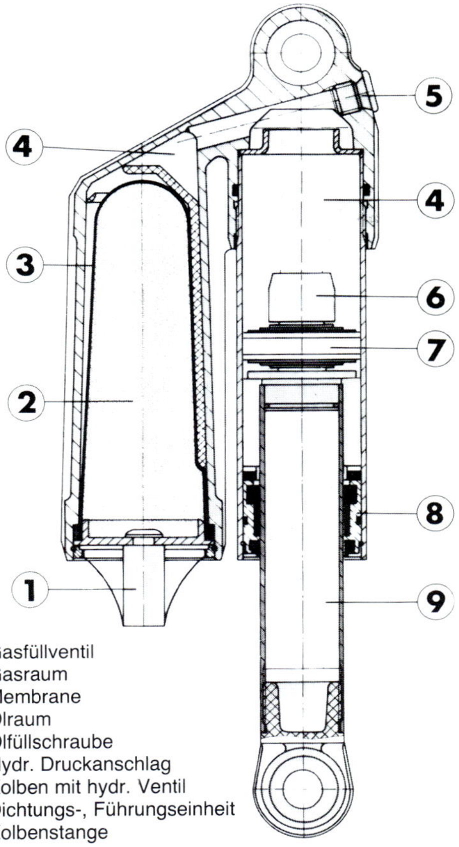

1 Gasfüllventil
2 Gasraum
3 Membrane
4 Ölraum
5 Ölfüllschraube
6 Hydr. Druckanschlag
7 Kolben mit hydr. Ventil
8 Dichtungs-, Führungseinheit
9 Kolbenstange

Sachs – Hydrocross

Der für höchste Beanspruchungen entwickelte Sachs-Hydrocross ist eine Kombination von Luftfederung und hydraulischer Dämpfung. Je nach Gelände und Fahrergewicht liegt der Fülldruck zwischen 6 und 10 bar. Die groß dimensionierte Kolbenstange und das kräftige Dichtungspaket sorgen für lange Lebensdauer. Der hydraulische Druckanschlag verhindert ein hartes Durchschlagen bei extremer Beanspruchung.

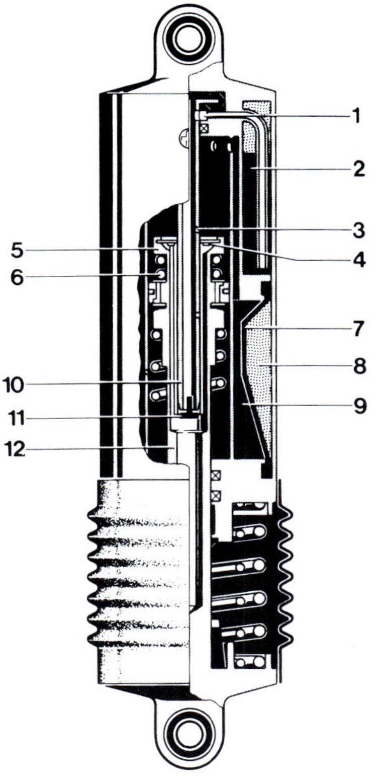

Boge – Nivomat

1. Ansaugventil der Pumpe
2. Niederdruckkammer
3. Steueröffnungen für Niveau-Regulierung
4. Dämpferventile
5. Dämpferkolben
6. Innere Zusatzfeder
7. Membran
8. Hochdruck-Gasfüllung
9. Hochdruck-Ölkammer
10. Pumpenstange
11. Rückschlagventil der Pumpe
12. Hohle Kolbenstange als Pumpengehäuse

Der in Jahrzehnten zur Serienreife entwickelte Boge-Nivomat ist ein volltragendes, hydrodynamisches Federdämpfer-Element, das den bei einer weichen Kennung beträchtlichen statischen Federweg der Hinterradfederung durch Niveauregelung ausschaltet.

In einem mit Öl gefüllten Arbeitszylinder, der auf der einen Seite mit einem Boden und auf der anderen Seite mit der Kolbenstangenführung verschlossen ist, gleitet ein Kolben, der auf der Unterseite mit einem federbelasteten Saugventil und auf der Oberseite mit einem Druckventil ausgestattet ist. Der Arbeitszylinder ist von einem ringförmigen, zum Teil mit Öl und zum Teil mit Gas gefüllten Ausgleichsraum umgeben, der durch eine Zwischenwand in eine Hochdruckkammer und eine Niederdruckkammer unterteilt ist. Das Gas der Hochdruckkammer ist durch eine hochelastische Membran vom Öl getrennt, während die Niederdruckkammer bei normaler Einbaulage Gas und Öl ohne Trennung aufnimmt. Im Boden ist eine Pumpenstange elastisch aufgehängt, die in die hohle Kolbenstange hineinragt und mit ihr eine Ölpumpe bildet, die durch die von den Bodenunebenheiten erzeugten Hubbewegungen ständig Öl aus der Niederdruckkammer in den Hochdruckraum pumpt. Der steigende Druck in der Hochdruckkammer pumpt das Fahrzeug lastabhängig so hoch, daß es immer auf dem gleichen Niveau steht. Ein Überlastventil zwischen Arbeitszylinder und Pumpenraum verhindert Überbeanspruchungen.

Sobald das Sollniveau erreicht ist, gibt die Steuerbuchse eine sehr enge Steueröffnung frei, durch die die gleiche Ölmenge abfließen kann, die von der Pumpe gefördert wird – der Nivomat stellt sich auf die Mittellage ein. Bei starken Straßenunebenheiten fördert die Pumpe mehr Öl, als durch die Steueröffnung abfließen kann – der Nivomat stellt sich wunschgemäß auf ein höheres Niveau ein. Ein »Überpumpen« wird durch eine Abflachung der Pumpenstange verhindert, die die Pumpfunktion abschaltet, wenn das Federelement eine festgelegte Ausfederung überschritten hat. In der Dämpfung entspricht das Boge-System einem doppelt wirkenden hydraulischen Einrohrdämpfer mit Gasvorspannung. Durch die Pumparbeit gleicht sich der Dämpfer der Belastung an.

Für extreme Belastungen im Motocross und Geländesport ist der Sachs-Hydrocross bestimmt, eine organische Verbindung von Luftfederung und hydraulischer Dämpfung.

Der Boge-Nivomat ist ein doppelt wirkender hydraulischer Dämpfer, der die Gasvorspannung durch Pumparbeit der Belastung anpaßt, den beträchtlichen statischen Federweg der Hinterradaufhängung ausgleicht und sie immer auf gleiches Niveau drückt.

KINEMATIK DER HINTERRADSCHWINGE

Planetenbewegung und Abwälzweg

Die uneingeschränkte Anerkennung der Schwinge als nun schon klassische Hinterradaufhängung darf nicht darüber hinwegtäuschen, daß sie mit einigen kinematischen Problemen fertig werden muß. Beim Durchfedern führt das Hinterrad eine Relativbewegung aus, die in eine Abwälzbewegung des Rades auf der Fahrbahn und in eine Planetenbewegung um das Getrieberitzel unterteilt

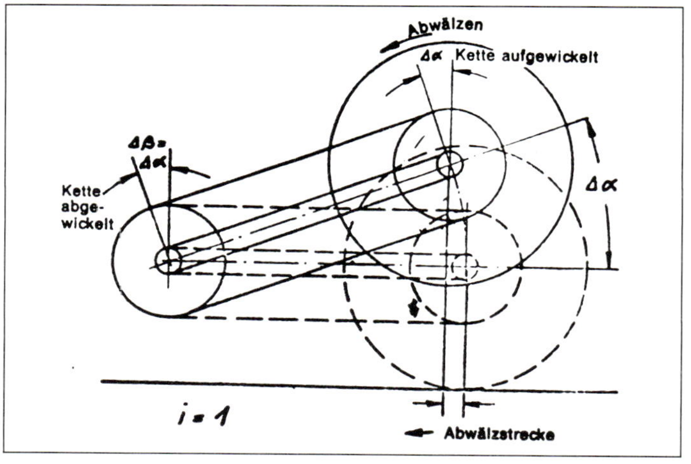

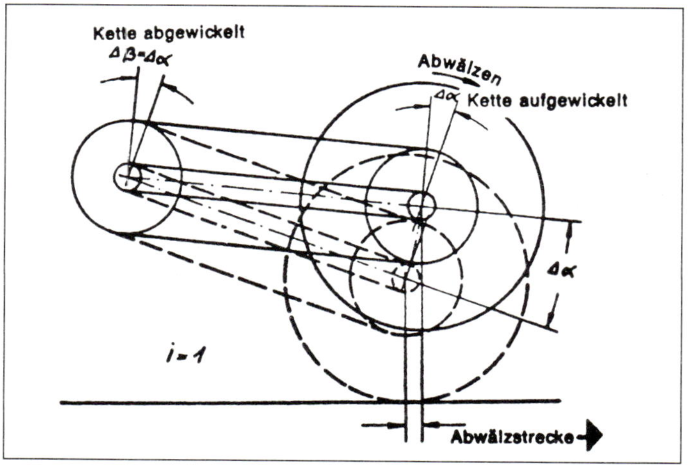

Abwälzbewegung und Planetenbewegung

Beim Durchfedern der Hinterradschwinge führt das Hinterrad eine Relativbewegung aus, die in eine Abwälzbewegung auf der Fahrbahn und in eine Planetenbewegung des Getrieberitzels unterteilt werden kann. Von der völligen Ausfederung bis zu horizontalen Lage wälzt sich das Hinterrad auf der Fahrbahn nach hinten ab und versucht den Motor rückwärts zu drehen. Beim Einfedern über die horizontale Lage der Schwinge wälzt sich das Rad nach vorn ab und beschleunigt den Motor über das Getrieberitzel.

werden kann. Die Größe der Abwälzbewegung hängt von der Schwingenlänge, der Schwingenstellung und dem Raddurchmesser ab, die Auswirkung der Planetenbewegung von der Art der Kraftübertragung und von der Lage der Kurbelwelle zur Schwingendrehachse.

Bei gleichbleibendem Federweg und gleicher Schwingenstellung wird der Abwälzweg und damit die Relativbewegung des Rades um so kleiner, je größer die Schwingenlänge und der Raddurchmesser werden, und je mehr sich die Schwingenlage der Horizontalen nähert. Die Drehung des Hinterrades durch das Abwälzen wird stets mit dem gesamten Übersetzungsverhältnis über die Kraftübertragung auf die Kurbelwelle übertragen. Dabei muß festgehalten werden, daß die durch das Abwälzen entstehenden Drehwinkel des Hinterrades im Bereich der Einfederung bis 50 mm aus der horizontalen Schwingenlage im Vergleich zu dem Drehwinkel der Planetenbewegung klein sind.

Zwischen dem Winkel $\alpha = 0$ bei senkrecht hängender Schwinge bis $\alpha = 90°$ wälzt sich das Hinterrad mit dem Radius R_{dyn} auf der Fahrbahn nach hinten ab und versucht, den Motor nach rückwärts zu drehen. Wird der Winkel α größer als 90°, so wälzt sich das Rad nach vorn ab. Das Hinterrad versucht also, den Motor über das Getrieberitzel zu beschleunigen.

Der Einfluß der Planetenbewegung des Hinterrades auf die Kurbelwelle muß für die verschiedenen Systeme der Kraftübertragung getrennt untersucht werden.

Kettentriebschwinge

Der Bewegungsablauf läßt sich am leichtesten an der normalen Kettentriebschwinge übersehen: Vernachlässigen wir die Abwälzbewegung, so wikkelt sich die Kette beim Einfedern um denselben Winkelbetrag auf, um den die Schwinge sich beim Einfedern dreht. Sie wickelt sich aber vom antreibenden Getrieberitzel bei einem Übersetzungsverhältnis i = 1:1 um den gleichen Winkelbetrag ab, erzeugt also keine Rückdrehung. Da der Hinterrad-Zahnkranz in der Praxis aber immer größer ist als das Getrieberitzel, ist auch

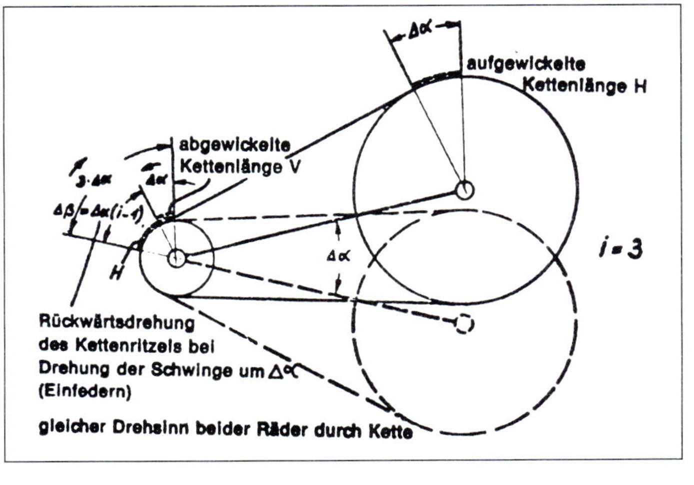

Planetenbewegung und Übersetzung

Beim Einfedern wickelt sich die Kette um denselben Winkelbetrag auf, um den sich die Schwinge beim Einfedern dreht. Da der Hinterrad-Zahnkranz immer größer ist als das Getrieberitzel, wird das Getrieberitzel um so stärker zurückgedreht, je größer die Sekundärübersetzung ist.

Radhub, Schwingenlänge und Schwenkwinkel

Der Schwenkwinkel der Schwinge und damit die Änderung des Ritzelabstandes wird um so größer, je größer der Radhub und je kleiner die Schwingenlänge ist. Das Bild zeigt den Schwingenausschlag für den heute üblichen Bereich der Schwingenlänge zwischen 350 bis 550 mm.

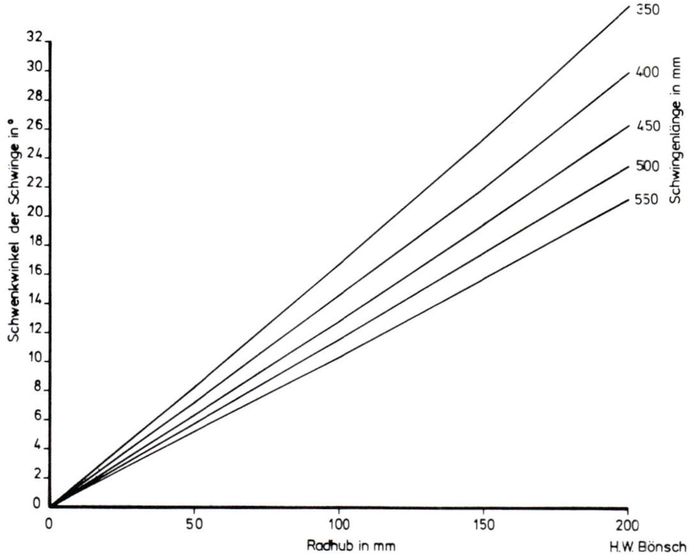

sein aufwickelnder Umfang größer. Das Getrieberitzel wird beim Einfedern also um so stärker zurückgedreht, je größer die Sekundärübersetzung i_2 ist.
Der Drehwinkel $\Delta\beta$ des Getrieberitzels wird bei einem Drehwinkel der Schwinge, also des Hinterrad-Zahnkranzes $\Delta\beta = \Delta\alpha\,(i - 1)$.

Zahnradtriebschwinge

Bei den Zahnradtriebschwingen verschiedener Roller dreht sich die Welle im Schwingendrehpunkt entgegengesetzt zur Drehrichtung des Hinterrades. Dann addieren sich die Drehwinkel und es wird $\Delta\beta = (i + 1)$.

Aufteilung der Übersetzung

Ist α der Drehwinkel der Schwinge, i_1 das Primär-Übersetzungsverhältnis zwischen Kurbelwelle und Getriebe und i_2 das Sekundärübersetzungsverhältnis zwischen Getriebe und Hinterrad, so wird der Drehwinkel der Kurbelwelle bei

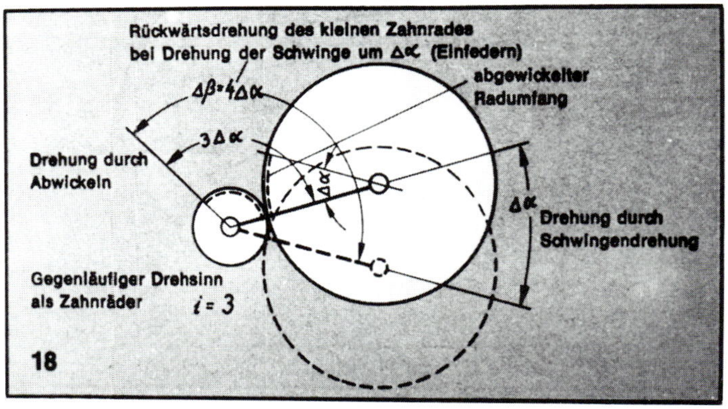

Zahnradtriebschwinge

Bei den Zahnradtriebschwingen verschiedener Roller dreht sich die Welle im Schwingendrehpunkt entgegengesetzt zur Drehrichtung des Hinterrades.
Die Drehwinkel addieren sich.

Gleichlauf

$$\Delta\gamma = \Delta\alpha\,(i_2 - 1) \cdot i_1$$

bei Gegenlauf

$$\Delta\gamma = \Delta\alpha\,(i_2 + 1) \cdot i_1$$

Aus den Formeln geht hervor, daß die geringste zusätzliche Beanspruchung der gesamten Kraftübertragung nur bei Gleichlauf und bei kleinem i_2 klein gehalten werden kann.

Bei einem Gesamtübersetzungsverhältnis i = 6 ergibt sich folgende Stufung der Beanspruchungen bei Gleichlauf:

i_1	i_2	$\Delta\gamma : \Delta\alpha$
6	1	0
3	2	3
2	3	4
1	6	5

Triebsatzschwinge

Vorwiegend bei leichten Maschinen und Rollern wurde häufig die Triebsatzschwinge angewendet, bei der Motor und Hinterrad um einen gemeinsamen Drehpunkt schwingen. Der einleuchtende Vorteil liegt darin, daß der Abstand von Kettenritzel und Hinterzahnradkranz konstant bleibt. Die Triebsatzschwinge erkauft aber die konstruktive Einfachheit, besonders den einfachen Schutz der Kraftübertragung, durch ein hohes Trägheitsmoment des Triebsatzes und entsprechend mäßiges Ansprechen der Hinterradfederung. Für die Drehwinkel lautet die Formel bei gleichsinniger Kurbeldrehung

$$\Delta\gamma : \Delta\alpha = i_{ges} - 1$$

bei gegensinniger Kurbeldrehung

$$\Delta\gamma : \Delta\alpha = i_{ges} + 1.$$

Der entscheidende Nachteil gegenüber der Kettentriebschwinge liegt darin, daß hier die Gesamtübersetzung nicht kinematisch wirksam aufgeteilt werden kann.

Liegt die Kurbelwelle senkrecht zur Drehachse der Schwinge, so wirkt sich die Drehträgheit der Motorschwungmasse bei einer Schwingendrehung nicht aus. Für den Drehwinkel gilt

$$\Delta\gamma : \Delta\alpha = i_{ges}.$$

Triebsatzschwinge
Bei der gelegentlich an leichten Maschinen und Rollern zu findenden Triebsatzschwinge schwingen Motor und Hinterrad um einen gemeinsamen Drehpunkt, wodurch der Abstand von Kettenritzel und Hinterrad-Zahnkranz konstant bleibt. Das hohe Trägheitsmoment des Triebsatzes verschlechtert das Ansprechen der Federung. Die Gesamtübersetzung kann kinematisch nicht wirksam unterteilt werden.

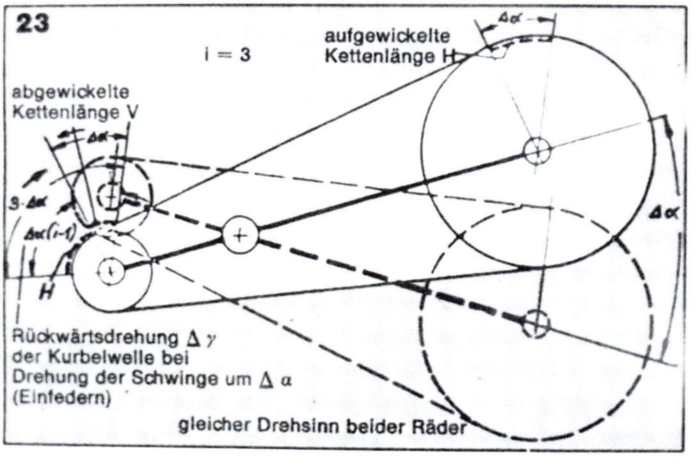

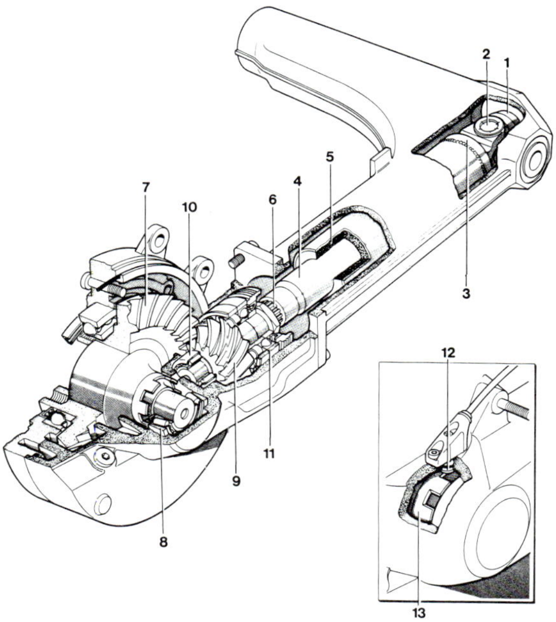

BMW K 100 – Wellenantrieb

In der verdrehsteifen Einarmschwinge läuft die Kardanwelle, über die Teilverzahnung (1) von der Getriebewelle angetrieben, mit dem Kreuzgelenk (2) im Schwingendrehpunkt. Zwischen der Außenhülse (3) und dem fließgepreßten Innenrohr (4) liegen die vier Dämpfergummis (5). Für den Längenausgleich sorgt die vernickelte und gefettete Keilnutverzahnung (6).
Das Verbund-Tellerrad (7) läuft gehäuseseitig auf einem Kegelrollenlager (8), deckelseitig auf einem Rillenlager, das Kegelritzel (9) auf einem Nadellager (10) und auf einem kombinierten Rollen-Kugelring-Lager.
Der Induktivgeber (12) mit Permanentmagnet und Sensor gibt die Signale des Impulsgebers (13) auf dem Tellerrad an das Tachometer weiter.

Kardanschwinge

Bei der Kardanschwinge mit feststehendem Motor und quer zur Schwingendrehachse laufender Kardanwelle wird die Bewegung des Hinterrades gegen die Schwinge und damit die Zusatzdrehung der Kraftübertragung über das einzige, möglichst homokinetische Drehgelenk im Drehpunkt der Schwinge unverändert wie bei der vorher beschriebenen Triebsatzschwinge mit senkrecht zur Schwingendrehachse laufender Kurbelwelle übertragen. Die Drehbewegung des Hinterrades gegen die einfedernde Schwinge wird also mit der Gesamtübersetzung i_{ges} auf die Motorschwungmassen übersetzt.

$$\Delta\gamma : \Delta\alpha = i_{ges}$$

Bei der Kardanschwinge mit einem Gelenk hat weder der Drehsinn der Kurbelwelle, noch die Lage der Kurbelwelle zur Schwingendrehachse einen Einfluß auf die zusätzliche Beanspruchung. Eine Verminderung der Zusatzbeanspruchung beim Einfedern kann lediglich durch Vergrößerung der Schwingenlänge und durch eine Verringerung der Gesamtübersetzung mit entsprechend kleinerem Hinterraddurchmesser erreicht werden.

Kardanschwinge mit Parallelogrammführung

Durch die Führung des Hinterrades bei einer Kardanschwinge mit zwei Drehgelenken läßt sich die Zusatzbeanspruchung der Kraftübertragung durch die Planetenbewegung des Hinterrades völlig eliminieren. Das Ritzel mit dem Tellerrad führt hier beim Durchfedern keine Schwenkbewegung aus, sondern wird durch die Führung mit den beiden Schwingen lediglich parallel verschoben. Es bleibt nur die Abwälzbewegung des Rades auf der Fahrbahn, die, wie bei allen Anordnungen mit i_{ges} auf die Kurbelwelle übertragen wird. Bei Vernachlässigung der Abwälzbewegung wird:

$$\Delta\gamma : \Delta\alpha = 0.$$

Kardan-Gelenkschwinge

Die von BMW schon 1980 als GM 8017889 angemeldete Einarm-Gelenkschwinge (4) ist mit den Stutzen (5) des Kegelrad-Gehäuses (6) um die Achse (7) gelenkig verbunden. Die Momentenstütze (9) ist in der Achse (10) des Gehäusearms (8) und am Rahmen (2) in der Achse (11) drehbar gelagert. Die Lage der Momentenstütze (9) kann durch Verschieben der Achse (11) in dem Langloch (13) auf ein gewünschtes Aufrichtmoment eingestellt werden.

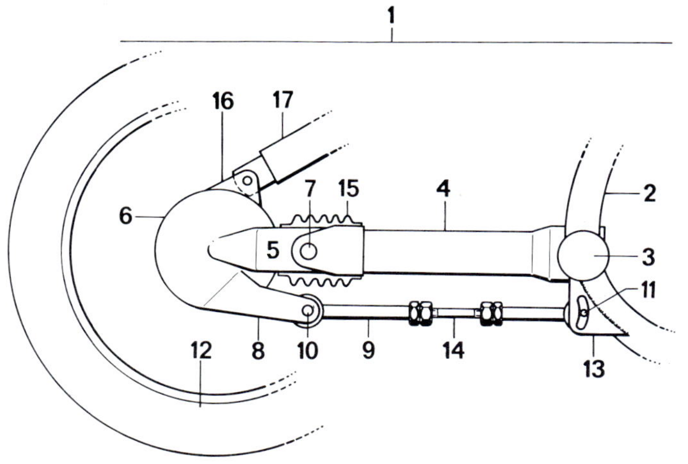

Gegenüber der klassischen Schwinge kann die Reaktion der Federung auf den Antrieb weitgehend abgebaut, die Federung und das Nickverhalten merklich verbessert werden.

Gelenkschwinge von BMW

Eine Schutzanmeldung von BMW aus dem Jahr 1980 zeigt eine interessante Abwandlung der Parallelogramm-Schwinge, die Gelenkschwinge. Das tragende Teil, die Einarmschwinge mit Antriebswelle, ist mit dem Kegelradgehäuse über ein Gelenk verbunden, das durch einen unten liegenden Führungslenker gegen den Rahmen abgestützt wird. Zum Kettenantrieb sei noch nachzutragen, daß es für die Entlastung des hochbeanspruchten ziehenden Trums vor allem darauf ankommt, die Abstandsänderung zwischen Radachse und Einlaufpunkt des Trums in das Ritzel klein zu halten.

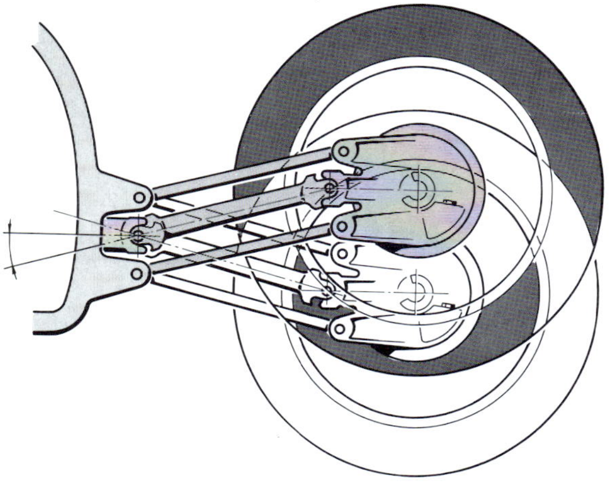

Kardanschwinge mit Parallelogrammführung

Bei einer Kardanschwinge mit zwei parallelgeführten Drehgelenken wird das Ritzel mit dem Tellerrad beim Durchfedern lediglich parallel verschoben. Es erfolgt also keine Schwenkbewegung des Ritzels, so daß die Ritzeldrehung bei Vernachlässigung der Abwälzbewegung Null wird.
In der Praxis wird man ein Rest-Aufstellmoment beibehalten und das Gelenkviereck als schlankes Trapez ausbilden, dessen ideeller Drehkreis etwa dem Radstand entspricht.

Schwingenlänge und Achsabstand

Bei den bisherigen Betrachtungen wurde zur Vereinfachung der Rechnung zunächst vorausgesetzt, daß der Drehpunkt der Schwinge in der Achse des Getrieberitzels liegt. Diese Voraussetzung trifft in der Praxis nur in Ausnahmefällen zu. In den meisten Fällen wird aus rein räumlichen Gründen der Drehpunkt der Schwinge hinter dem Getrieberitzel liegen, die Schwinge also kürzer sein als der Achsabstand Getrieberitzel-Hinterradachse. Es läßt sich aber ohne weiteres auch der umgekehrte Fall praktisch ausführen oder in seinem Bewegungsablauf durch ein Gelenkviereck ersetzen.

Die beiden Bauarten wirken sich auf die Beanspruchung der Kette und die optimale Anstellung der Schwinge gegenüber der Verbindungslinie Getrieberitzel-Hinterachse genau entgegengesetzt aus:

Bei der kurzen Schwinge fällt die Rückwärtsdrehung durch die Planetenbewe-

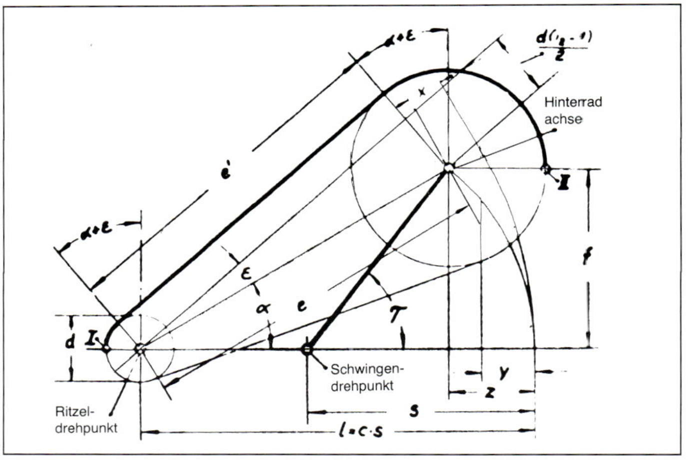

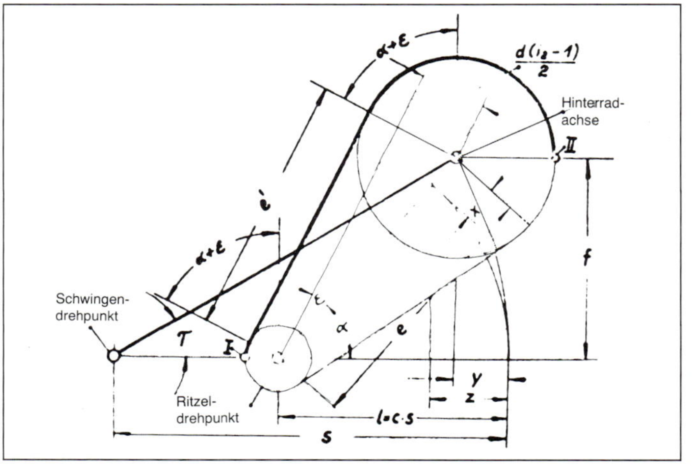

Schwingenlänge und Ritzelabstand

Ist die Schwinge kürzer als der Ritzelabstand, fällt die Rückwärtsdrehung durch die Planetenbewegung allein mit zunehmender Einfederung ab (oben).
Ist die Schwinge länger als der Ritzelabstand, nimmt die Rückwärtsdrehung durch die Planetenbewegung allein mit zunehmender Einfederung zu (unten).
Durch die Abwälzbewegung wird die Gesamtdrehung bei der langen Schwinge vermindert, bei der kurzen aber vergrößert.

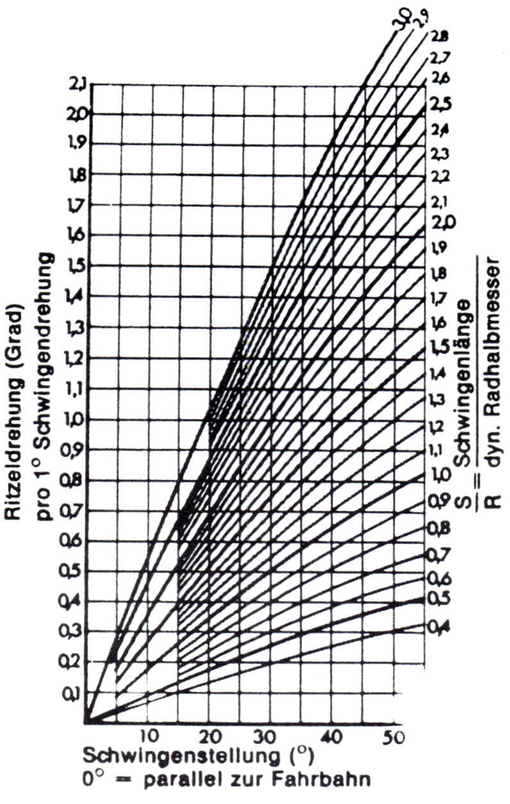

Ritzeldrehung und Schwingenstellung

Die Ritzeldrehung ist von der Schwingenstellung und vom Verhältnis der Schwingenlänge S zum dynamischen Radhalbmesser R abhängig.

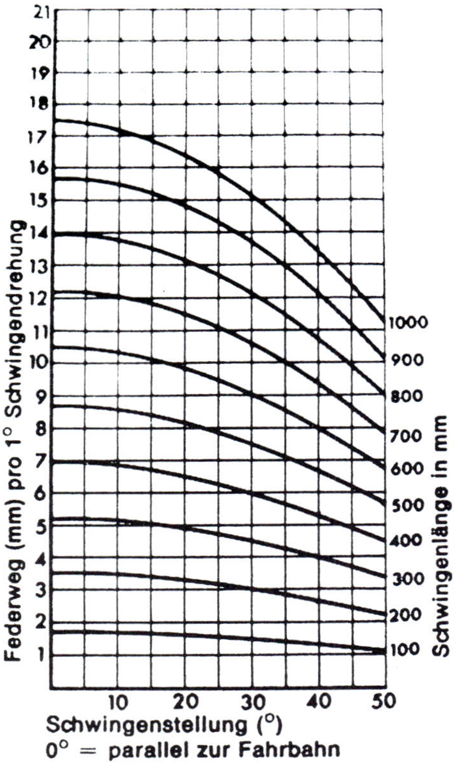

Federweg und Schwingenstellung

Der Federweg je Grad Schwingendrehung wächst mit zunehmender Schwingenlänge und ist bei Annäherung an die horizontale Schwingenstellung am größten.

gung allein mit zunehmender Einfederung ab, während sie bei der langen Schwinge in gleichem Maße zunimmt. Entscheidend ist aber, daß die Abwälzbewegung bei der langen Schwinge die Gesamtdrehung vermindert, bei der kurzen Schwinge aber vergrößert. Es spricht also alles für eine große Schwingenlänge, die denn auch bei schnellen Maschinen ständig gewachsen ist. Die in Bild rechts oben dargestellten Zusammenhänge zwischen Federweg, Schwingenlänge und Schwingenstellung lassen die möglichen Verbesserungen klar erkennen: Der Federweg je Grad Schwingendrehung – und damit Ritzeldrehung – wächst naturgemäß mit wachsender Schwingenlänge und ist bei Annäherung an die horizontale Schwingenstellung am größten. Nun lassen sich Schwingenlängen über 500 mm baulich nur schwer unterbringen, aber die Parallelschwinge bietet ja die Möglichkeit, die ideelle Schwingenlänge beliebig zu vergrößern.

Grundsätzliche Überlegungen, die das Nickverhalten beim Bremsen und Anfahren einbeziehen und deren theoretische Ableitung hier zu weit führen würde, lassen es geraten erscheinen, das

Egli-Einarmschwinge mit Drehmomenten-Abstützung

Auf Anregung der deutschen GUZZI-Vertretung DMB entwickelte Fritz W. Egli für die 1000-cm³-Le-Mans-IV ein hochinteressantes Fahrwerk mit Zentralrohrrahmen und einer verwindungssteifen Einarmschwinge aus geschlossenem Vierkantprofil, in der die Kardanwelle mit homokinetischen Gelenken läuft. Durch ein raffiniertes Gelenk-Viereck, das sich durch die Stützstrebe vom Kegelradgehäuse zum Rahmenheck verrät, macht das Gehäuse die Schwenkbewegung der Schwinge beim Durchfedern nicht mit – die Reaktionskräfte werden weitgehend abgebaut.

Schwingenpaar nicht als Parallelogramm, sondern als schlankes Trapez mit einer ideellen Schwingenlänge von 1,0 – 1,5 m anzuordnen.

ATK-System von Leitner

Einen interessanten Beitrag zur Lösung dieses Problems stellt das von Horst Leitner entwickelte ATK-System (Anti-Tensions-Ketten-System) dar:
Die Kette wird über zwei Umlenkrollen, die durch ein Lagerjoch fest mit dem Schwingarm verbunden sind, mit beiden Trums parallel zum Schwingarm geführt (Bild rechte Seite oben). Fahrversuche auf ausgesucht schlechten Straßenstücken und beim Hochfahren in den Gängen mit seinen starken Änderungen des Kettenzuges haben die »Beruhigung« der Federausschläge überzeugend bewiesen. Der rechnerische Nachweis für das überlegene Federungsverhalten des ATK-Systems wurde von der Universität Graz erbracht, und ist in Bild Seite 260 für eine KAWASAKI 1000 Z dargestellt. Der Ket-

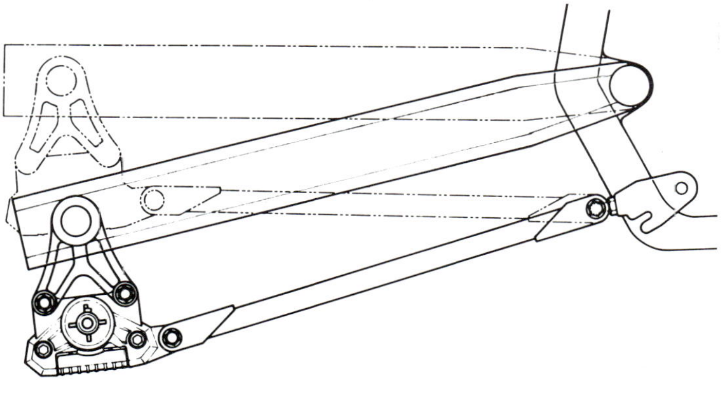

SUZUKI GSY 750 R – Bremsmomentenstütze

Um das Aufrichten der Hinterradschwinge beim scharfen Bremsen und die Reaktion auf den Antrieb abzubauen, stützt sich der drehbar gelagerte Bremsanker über eine parallel zu Schwinge angeordnete Zugstrebe ab.

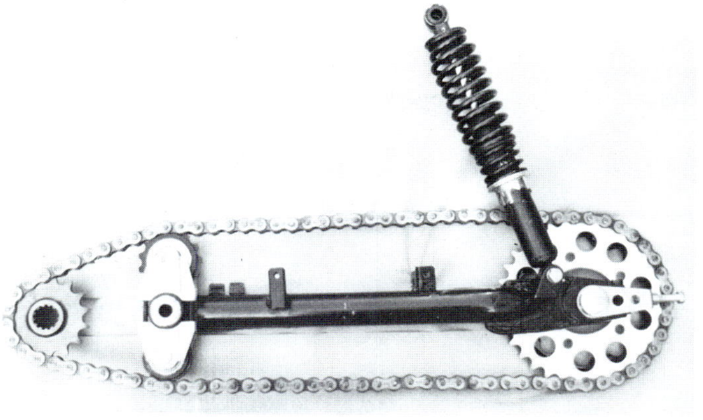

ATK-System

Beim ATK-System werden die beiden Kettentrums über ein fest mit der Schwinge verbundenes und um ihren Drehpunkt schwingendes Rollenpaar parallel zur Schwinge geführt. Dadurch werden die Rückwirkungen des Kettenzuges auf die Federung weitgehend abgebaut.

Die Kräfteverhältnisse beim konventionellen Kettentrieb

Die resultierende Störkraft Z_1 aus der Umfangskraft F_u und dem Kettenzug F_k verhärtet die Feder. Sie ist um so größer, je größer die Anstellung der Schwinge (α) ist und je stärker das ziehende Kettentrum von der Horizontalen abweicht (β).

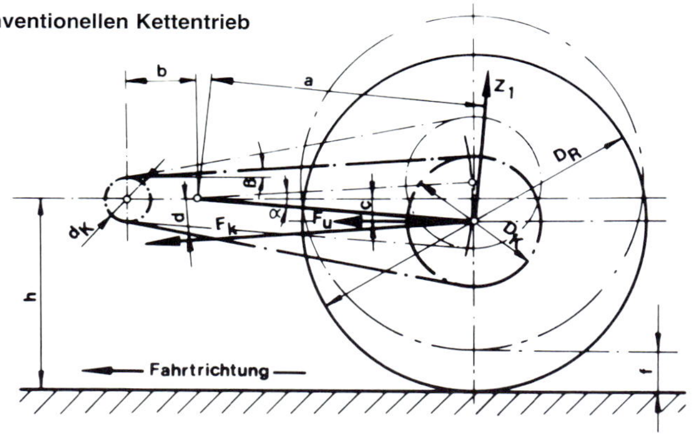

Die Kräfteverhältnisse beim ATK-System

Die resultierende Störkraft Z_2 ist bei gleichem Drehmoment wesentlich kleiner als Z_1. Sie ist abhängig von der Anstellung der Schwinge (α), von der Anordnung und dem Durchmesser der Führungsrollen und von der Schwingenlänge a.

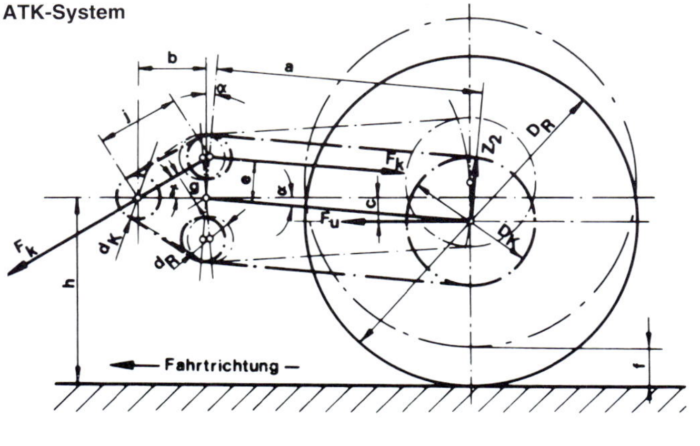

tenzug erzeugt ein Drehmoment, das sich in Abhängigkeit von der Schwingenstellung in einer Zusatzkraft Z_1 auswirkt, die die Feder verhärtet. Durch die Parallelführung des Kettentrums wird das Moment auf die Schwinge so weit abgebaut, daß die verhärtende Resultierende Z_2 auch bei voll ausgefahrener Schwinge auf weniger als ein Drittel des für den serienmäßigen Kettentrieb geltenden Wertes Z_1 absinkt.

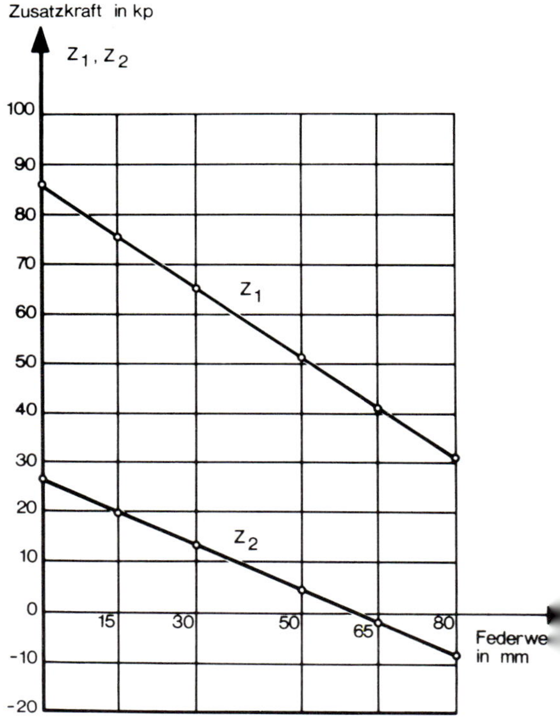

KAWASAKI Z 1 / 1 000 R – Serie und ATK
Die Verhärtung der Federung an der KAWASAKI Z 1 / 1 000 R durch die Zusatzkraft Z_1 der serienmäßigen Ausführung und Z_2 beim ATK-System nimmt mit zunehmendem Federweg ständig ab. Bei f = 65 mm wird die Feder beim ATK-System schon entlastet. Durch den kleinen Anstellwinkel $\alpha = 5{,}6°$ und die lange Schwinge (a = 510 mm) ist der Einfluß der Störkraft trotz des hohen Drehmomentes M_{max} = 66 mkp geringer als bei der Geländemaschine.

Bremsen

Scheibenbremsen

Als Anfang der 60er Jahre auf den amerikanischen Rennstecken die ersten Scheibenbremsen an Motorrädern auftauchten, wurden sie zunächst als »Schönwetter-Bauteile« belächelt. Zu offensichtlich erschienen ihre systemgebundenen Schwächen, um ihnen den Eingang in den Serienbau zu öffnen: Das hohe Gewicht, die wegen der fehlenden Selbstverstärkung höheren Betätigungskräfte, der mangelnde Schutz gegen Schmutz und Nässe, der schnellen Verschleiß und verzögertes Ansprechen bei Regenwetter voraussehen ließ.

Zehn Jahre später hatte sich die Scheibenbremse bei allen schnellen Straßenmaschinen durchgesetzt, weil die hemmungslos gestiegenen Leistungen, Geschwindigkeiten und Gewichte auf die unbestrittenen Vorzüge der Scheibenbremse nicht verzichten konnten: Die hohe thermische Belastbarkeit durch die überlegene Wärmeableitung, die Formbeständigkeit bei Überhitzung und die Ermüdungsfreiheit – das fehlende »Fading« – bei Dauerbremsungen im Gefälle oder schnell folgenden Intervallbremsungen.
Zwar blieb der Kampf gegen das hohe Gewicht mit dem Ersatz der schweren Guß- oder Stahlscheiben durch be-

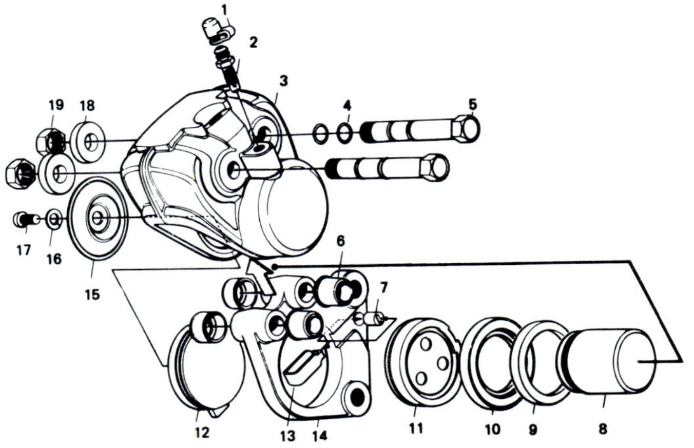

1 – Staubkappe
2 – Entlüfterschraube
3 – Sattelgehäuse
4 – O-Ring
5 – Führungsbolzen
6 – Staubkappe
7 – Gummilager
8 – Kolben
9 – Dichtung
10 – Schutzkappe
11 – Belag A
12 – Belag B
13 – Sicherungsblech
14 – Bremsträger
15 – Belaghalter
16 – Federring
17 – Schraube
18 – Scheibe
19 – Mutter

Schwimmsattel-Bremse
Die von Girling für leichte Maschinen entwickelte Schwimmsattel-Bremse.

schichtetes Aluminium oder gar Kohlefaser und Kevlar bisher auf wenige Ausnahmen mit wechselndem Erfolg beschränkt, aber die Betätigungskräfte konnten durch hydraulische Betätigung mit ihrem höheren und gleichbleibenden Wirkungsgrad erheblich gesenkt, der Bremswirkungsgrad durch Beläge mit höherem Reibbeiwert, die bei Trommelbremsen zu einem zu steilen Servoeffekt geführt hätten, merklich angehoben werden. Das verzögerte Ansprechen wurde in bescheidenem Maße durch gelochte oder geschlitzte Scheiben, die den Wasserfilm unterbrechen und zudem die wärmeabführende Oberfläche vergrößern sollen, vor allem aber durch asbestfreie Halbmetall-Beläge verbessert.

Um die Reibflächen vor Spritzwasser zu schützen, entwickelte Campagnolo die organische Einheit eines Elektron-

YAHAMA XJ 900
Scheibenbremse
Die Phantomzeichnung vom kräftigen, gut gekühlten Festsattel der YAHAMA-Scheibenbremse läßt die Verteilung der Bremsflüssigkeit auf die beiden Bremszylinder erkennen.
Die hier nur angedeutete Bremsscheibe ist innen belüftet.

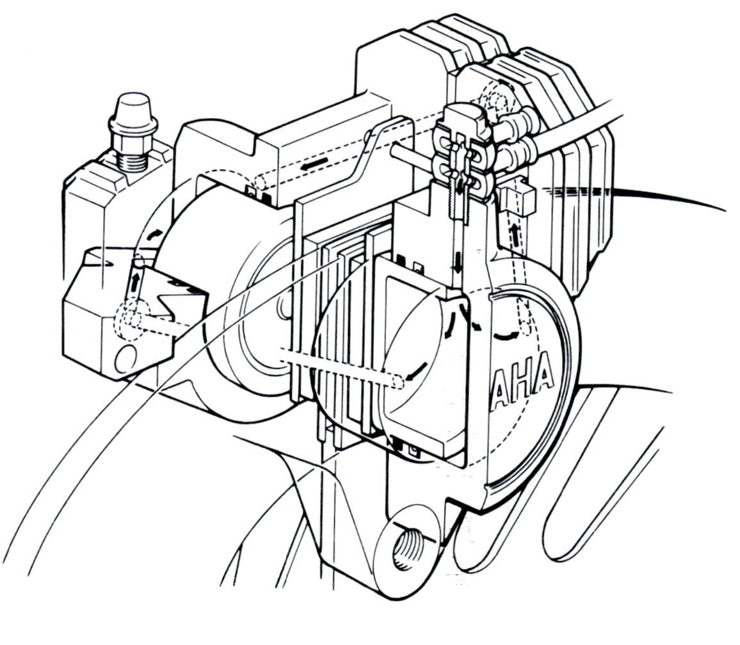

SUZUKI Vierkolben-Bremssattel

Der Übergang von Zweikolben- zum Vierkolben-System bedeutet bei gleicher Bremsfläche eine Verringerung der Bauhöhe des Bremssattels und wurde daher durch die Einführung des 16″-Rades beschleunigt. Darüberhinaus könnte die verzögerungsabhängige Bremskraftverteilung erleichtert werden.

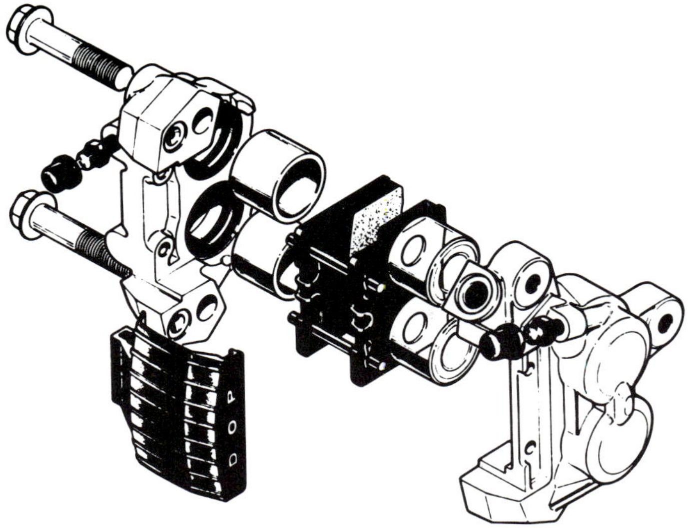

Sternspeichenrades mit einer hydraulisch betätigten Kegelscheibenbremse: Die kegelige Druckscheibe C stützt sich über den Bremskolben B gegen den Dreiecksflansch ab und drückt die Beläge gegen den stark verrippten Außenkegel. Die sehr kompakte Bauart konnte sich nicht durchsetzen, weil offensichtlich die Wärmequerschnitte nicht ausreichten, um ein »Aufgehen« bei höherer Dauerbeanspruchung zu unterbinden, und überdies thermische Schwierigkeiten im Bremszylinder A auftraten. Mit sehr viel größerem konstruktiven Aufwand ging HONDA das Problem der gekapselten Scheibenbremse an: Die innen belüfteten Bremsscheiben aus einem Spezialgußstahl, der in Verbindung mit den Sinter-Bremsbelägen einen höheren und stabileren Reibbeiwert erreicht als die meist verwendeten rostfreien Stähle, sind an drei Auslegern mit der kräftig versteiften Radnabe schwimmend verbunden. Die Wärmedehnung

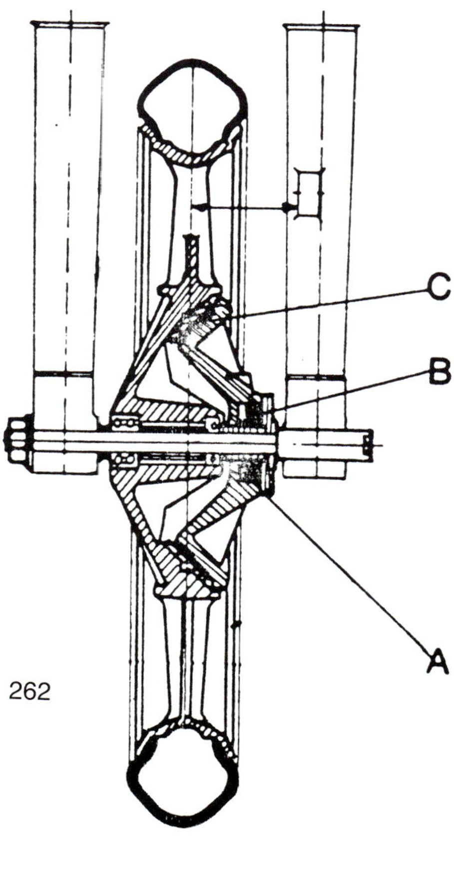

Campagnolo-Elektron-Rad mit Kegelscheibenbremse

Campagnolo entwickelte die organische Einheit eines Elektron-Sternspeichenrades mit einer hydraulisch betätigten Kegelscheibenbremse. Die kegelige Druckscheibe stützt sich über die Bremskolben B gegen den Dreiecksflansch ab und drückt die konischen Beläge C gegen die stark verrippten Außenkegel ab.
A ist der Bremszylinder.
Die Reibflächen sind weitgehend gegen Spritzwasser geschützt. Für die Belüftung sorgt eine perforierte Abdeckscheibe. Die sehr kompakte Bauart erfordert große Wärmequerschnitte, um ein Aufgehen bei hoher Dauerbeanspruchung zu vermeiden.

Gekapselte Scheibenbremsen

In der gekapselten HONDA-Scheibenbremse reitet die Doppelkolben-Bremszange auf dem inneren Umfang der innen belüfteten Bremsscheibe, die sich an drei Auslegern schwimmend gegen die kräftig verrippte Bremsnabe abstützt und damit die Wärmedehnung ausgleicht. Durch einen groß bemessenen Einlaßschacht wird der Fahrtwind in das Bremsengehäuse geführt und von den Schaufeln der Innennabe auf die Bremsscheibe geblasen.

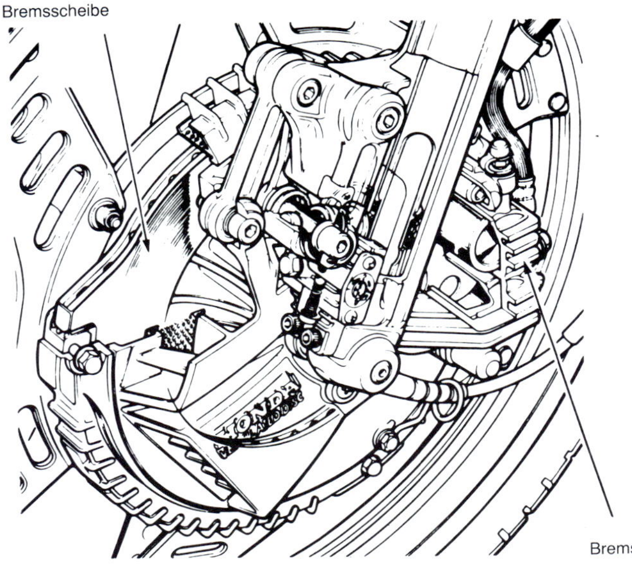

Ein besonders entwickelter Gußstahl mit hohem Reibungskoeffizienten für die Bremsscheibe und ein hitzebeständiger Sinterbelag bemühen sich um einen ausgeglichenen Wärmehaushalt.
Die allgemeine Einführung der in vieler Hinsicht richtungweisenden Konstruktion wird einmal durch den höheren Preis, aber auch durch die erschwerte Radmontage verzögert.

der Scheibe wirkt sich also nicht auf die Radnabe aus, und auch die Wärmeübertragung auf die Lager ist wesentlich geringer als bei der klassischen Scheibenanordnung. Die Innenkühlung wird durch groß bemessene Lufteintrittsschächte und durch die Formgebung der Nabenspeichen unterstützt. Die Doppelkolbenbremszange reitet also auf dem inneren Umfang der Scheibe, was die Montage nicht gerade erleichtert.

Eine neue Herausforderung brachte die zunehmende Verwendung von 16″-Rädern mit sich – der Raum für den Bremssattel wurde knapp. Brembo antwortete mit einem Festsattel mit 4 Bremskolben, der so niedrig baut, daß in einem 16″-Rad eine 300-mm-∅-Scheibe untergebracht werden kann.

Mittlere Bremsverzögerungen zwischen 8 und 9 m/s^2, also Bremswege zwischen 43 und 48 m aus 100 km/h sind bei schweren Maschinen auf trockener Straße heute als Standard anzusehen. Bei diesen Verzögerungen sind 77 bis 81 % der gesamten Bremsarbeit von der Vorderradbremse zu übernehmen.

Scheibenbremsen werden als Festsattelbremsen mit zwei Bremskolben und als Schwimmsattelbremsen mit einem Bremskolben, der den zweiten Belag gegen die Scheibe zieht, gebaut. Eine Abwandlung der Schwimmsattelbremse ist der um eine parallel zur Scheibe angeordneten Drehachse schwenkende Pendelsattel. Wegen des geringen Gewichts- und Raumbedarfs setzte sich zunächst trotz der schwierigeren Abstützung die Schwimmsattelbremse durch, aber dann gewann die genauer zu justierende Festsattelbremse vor allem bei schweren Maschinen ständig an Boden.

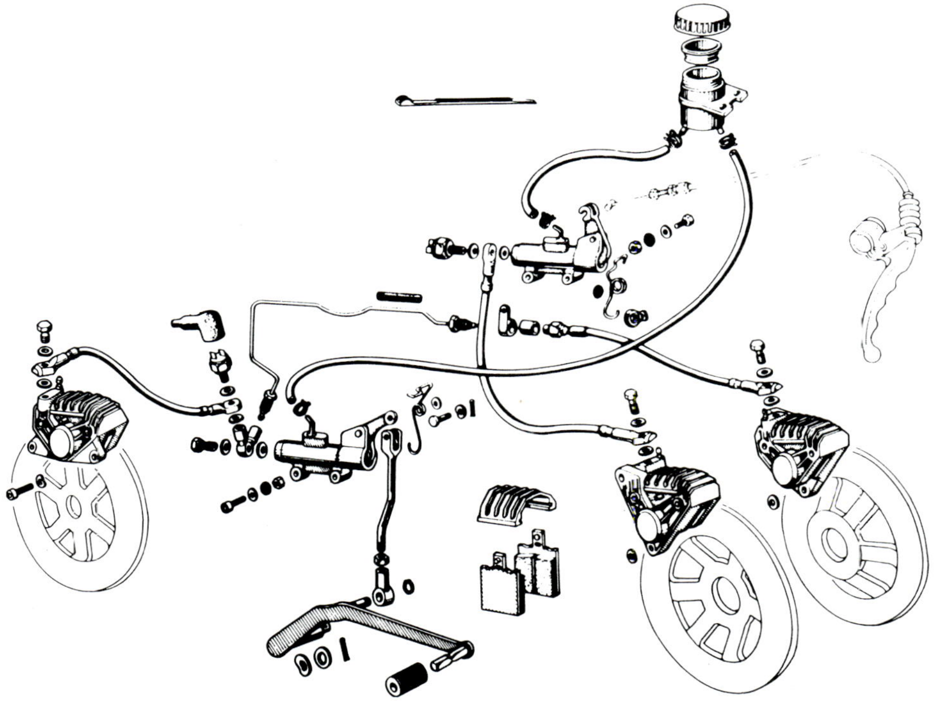

Verbundbremse

Mitte der 70er Jahre wurde von Brembo für Moto Guzzi eine Verbundbremse entwickelt, die inzwischen auch in einigen schnellen japanischen Modellen zu finden ist. Der Fußbremshebel betätigte einen hydraulischen Verteiler, der den Druck des 12,5-mm-∅-Hauptkolbens zunächst über gleichgroße 38-mm-∅-Nehmerkolben auf die Festsattelbremse für die linke 300-mm-∅-Vorderradscheibe und die 240-mm-∅-Hinterradscheibe weiterleitete. Bei stärkerer Verzögerung glich dann die auf die rechte Vorderradscheibe wirkende Handbremse die veränderte Lastverteilung aus. Es zeigte sich, daß diese Bremskraftverteilung der Fußbremse bei niedrigem Haftbeiwert zwischen Reifen und Straße zum frühzeitigen Blockieren des Vorderrades führte: Der hintere Nehmerzylinder wurde auf 48 mm ∅ vergrößert, das Blockieren des Hinterrades bei stärkerer Verzögerung und entsprechender Entlastung dadurch verhindert, daß der Betätigungsdruck in Abhängigkeit von der Hinterradlast durch ein Ventil heruntergeregelt wurde.
Die Elektronik sollte schon heute in der Lage sein, die Bremskraftverteilung in Abhängigkeit von Verzögerung **und** Belastung optimal zu regeln, eine Aufgabe, die durch die zunehmende Verwendung von Vierkolben-Festsättel-Systemen weiter erleichtert wird.

Verbundbremsen

Die durch das ungünstige Verhältnis von Schwerpunkthöhe zu Radstand ($h_s = 0{,}35 - 0{,}5\ r$) verursachte außerordentlich starke Radlaständerung beim Bremsen hat bis heute den Bau einer narrensicheren Verbundbremse für beide Räder verhindert, obwohl Scheibenbremsen mit ihrer flachen Kennlinie und dem gleichbleibenden Wirkungsgrad der hydraulischen Betätigung die besten Voraussetzungen für ihre Verwirklichung bieten. Eine in jeder Hinsicht einwandfreie Lösung erfordert aber auch eine sehr feinfühlige automatische Nachstellung des Lüfterspiels, ein sehr kleines Füllvolumen der Bremsanlage, Bremsschläuche mit geringer Dehnung und hoher Druckfestigkeit und – last not least – Bremsbeläge mit hoher Temperaturbeständigkeit und kleinen Reibwertschwankungen.
Eine recht einfache Lösung hat MOTO

GUZZI gefunden: Der Fußbremshebel wirkt über ein Gestänge auf einen hydraulischen Verteiler, der den Druck des Hauptkolbens mit 12,7 mm ∅ über gleich große Kolben von 38 mm ∅ auf die vordere linke Scheibenbremse und auf die hintere Scheibenbremse weiterleitet. Beide Bremsen sind Festsattelbremsen mit je zwei Kolben. Das gewünschte, für nasse Straße mit niedrigem Reibwert, also geringer Verzögerung optimale Bremskraftverhältnis wird nicht hydraulisch, sondern durch den unterschiedlichen Scheibendurchmesser – vorn 300 mm ∅, hinten 242 mm ∅ – erzielt. Bei starker Verzögerung auf trockener Straße, bei der das Vorderrad durch die stärkere Lastverschiebung größere Bremskräfte übertragen kann, tritt die auf die rechte Bremsscheibe des Vorderrades wirkende Handbremse in Aktion. Die mit dem Integralsystem erzielten Bremsverzögerungen sind mit 8 m/s^2 ausgezeichnet. Die Konstruktion wurde inzwischen auch von einigen japanischen Modellen übernommen.

Antiblockiersystem (ABS)

Es sieht ganz so aus, als ob das Uralt-Thema Verbundbremse sich in absehbarer Zeit von selbst erledigt, denn nach jahrelangen Entwicklungsarbeiten stehen mehrere Antiblockiersysteme vor der Serienerprobung. Die Aufgabe lautet, den Druck auf die Bremskolben unabhängig von der durch den Fahrer aufgebrachten Betätigungskraft so zu steuern, daß das Rad in dem für die optimale Kraftübertragung zwischen Reifen und Straße erforderlichen Schlupfbereich zwischen 10 und 15 % läuft. Das Zauberwort »Elektronik« macht's möglich: Eine dünne Zahnscheibe am Rad gibt über eine Magnetspule elektrische Im-

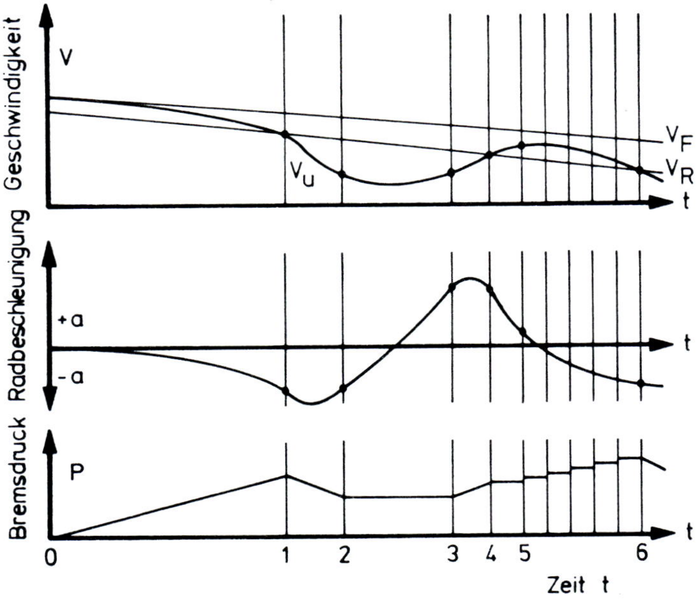

Bremsverlauf bei elektronisch gesteuertem ABS-System
Wird im Zeitpunkt 0 die Bremsung eingeleitet, verringert sich die Umfangsgeschwindigkeit des Rades schneller als die Fahrzeuggeschwindigkeit, bis die Verzögerung im Zeitpunkt (1) den Schwellwert –a erreicht.
Der Druck im Bremszylinder wird bis zum Zeitpunkt (2) vermindert und dann bis zum Zeitpunkt (3) konstant gehalten. Der Rechner stellt hier fest, daß die Radumfangsgeschwindigkeit wieder fast mit der Fahrzeuggeschwindigkeit übereinstimmt, der Schlupf also sehr gering ist.
Von Punkt 3 ab wird nun der Bremsdruck wieder in kleinen Schritten erhöht, bis im Zeitpunkt (6) der Schwellwert –a für die Verzögerung wieder erreicht ist und das Regelspiel von neuem beginnt.

pulse – bei 100 km/h mehr als 1000 je Sekunde – an den elektronischen Rechner, der daraus blitzschnell die Daten für Verzögerung, Raddrehzahl und Geschwindigkeit ermittelt und auswertet. Der Rechner, dessen Gewicht in 10jähriger Entwicklungszeit auf ein Zehntel reduziert wurde und der mit 3 % der ursprünglichen Bauteile auskommt, steuert ein hydraulisches 3/3-Wegeventil in der Bremsleitung, das bis zu 10mal in der Sekunde 3 Hydraulikleitungen auf 3 verschiedene Wege schaltet: In Stellung I ist der Weg vom Hauptzylinder zum Radzylinder frei. Nähert sich der Leitungsdruck dem kritischen Wert für das Blockieren, wird die Leitung in Stellung II des Sperrventils unterbrochen. Der Druck an der Bremse bleibt konstant. Nimmt die Blockierneigung – etwa durch Änderung des Reibbeiwertes zwischen Reifen und Fahrbahn – trotz unterbrochener Bremsleitung weiter zu, so wird in Stellung III etwas Druck abgelassen, um die Verzögerung abzubauen. Läßt der Rechner wieder mehr Druck zu, muß die in Stellung III umgeleitete Bremsflüssigkeit wieder in kleinen Raten unter hohem Druck in das System zurückgepumpt werden, bis Radumfangs- und Fahrzeuggeschwindigkeit wieder nahe beieinander liegen. Der sehr hohe Leistungsbedarf der hierfür erforderlichen Pumpe bedeutete lange Zeit ein ernsthaftes Hindernis für den Einsatz.

Das ABS, das aus Kosten- und Gewichtsgründen zunächst meist nur in das durch die Gewichtsverlagerung mit wachsender Verzögerung ja immer stärker belastete Vorderrad eingebaut wurde, erreicht bei trockenem Wetter konstant die Bremswerte eines sehr erfahrenen Fahrers – aber ohne Rutschrisiko. Seine ganze Überlegenheit spielt es bei nasser oder wechselnder Fahrbahn aus, weil der Fahrer sich beim Anbremsen nicht erst an die Schlupfgrenze herantasten muß, sondern gleich die volle Handkraft einsetzen kann und damit wertvolle Meter Bremsweg einspart.

Trommelbremsen

Die Scheibenbremse, die sich auf ihrem Siegeszug selbst die Straßenmodelle der 80er Klasse erobert hat und hier bei den geringen Bremskräften ohne weiteres mit mechanischer Betätigung auskäme, muß der klassischen Trommelbremse dennoch ein weites Einsatzgebiet überlassen. So werden am Hinterrad mit seinem bescheidenen Anteil an der in Wärme umzusetzenden gesamten Bremsenergie die höhere Standfestigkeit und das geringere Fading der Scheibenbremse selbst bei schnellen Maschinen kaum ausgenutzt – die Trommelbremse reicht in ihrer Bremsarbeit voll aus und arbeitet an diesem Schmutz und Nässe besonders ausgesetzten Platz durch den besseren Wetterschutz mit schnellem Greifen und geringem Verschleiß. Noch deutlicher werden die Tugenden der Trommelbremse bei der Enduro, dem »Motorrad für alle Fälle«, bei den reinen Gelände-Modellen, der Motocross- und der Trial-Maschine erkennbar: Das merklich niedrigere Baugewicht, die geringeren Betätigungskräfte, der gute Schutz gegen Schmutz und Nässe.

Dauerbremsungen mit ihren thermischen Problemen gibt es hier ja nicht, und mit dem gegenüber der Straßenmaschine niedrigeren Gewicht und den bescheidenen Geschwindigkeiten wird die Trommelbremse auch in der einfachsten Form, der Simplex-Bremse, allemal fertig.

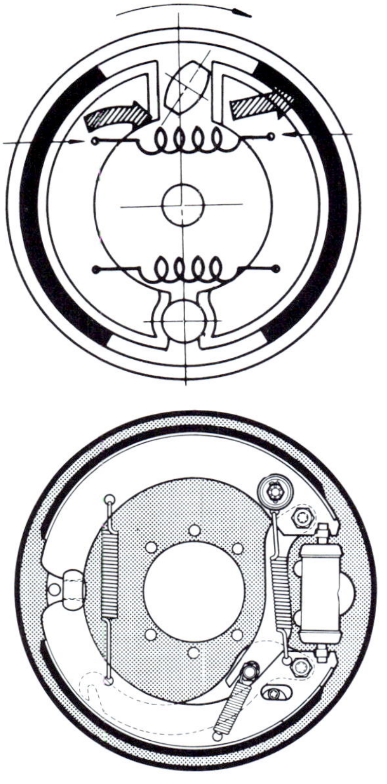

Simplex-Bremse

Wirkung:
Beim Drehen des Nockens der Simplex-Bremse wird die auflaufende Backe im Drehsinn, die ablaufende Backe gegen den Drehsinn der Trommel nach außen gedrückt. Die auflaufende Backe wird von der Trommel mitgenommen und erzielt durch die Verstärkung des Anpreßdruckes eine wesentlich höhere Bremswirkung als die ablaufende Backe.

Hydraulische Betätigung:
Die hydraulische Betätigung arbeitet mit gleichbleibend höherem Wirkungsgrad als die mechanische Betätigung. Durch die Selbstverstärkung sind die Bedienungskräfte der Trommelbremse beim Motorrad so gering, daß hydraulische Betätigung nur in Verbindung mit Scheibenbremsen angewendet wird.

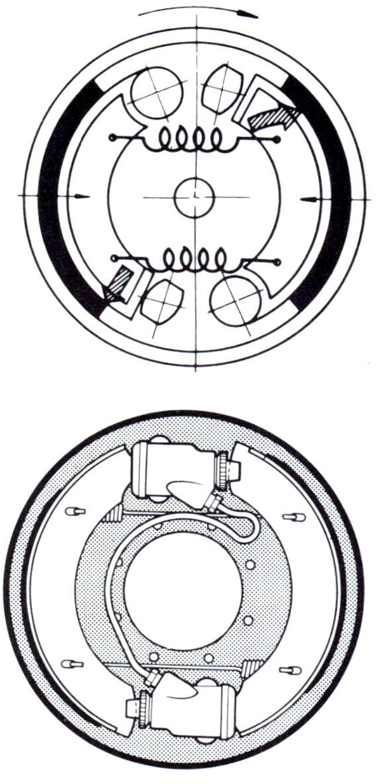

Duplex-Bremse

Wirkungsweise:
Bei der Duplex-Bremse werden beide Bremsbakken durch einen gesonderten Nocken im Drehsinn gegen die Blechtrommel gedrückt, sind also beide auflaufend und erzeugen bei gleicher Betätigungskraft durch die Selbstverstärkung eine wesentlich höhere Bremskraft.

Hydraulische Betätigung:
Durch ihre beträchtliche Selbstverstärkung arbeitet die meist nur im Vorderrad eingebaute Duplex-Bremse mit sehr geringen Handhebelkräften und kann daher auf eine hydraulische Betätigung verzichten.

Simplex-Bremse

Die Simplex-Bremse arbeitet mit einem Bremsnocken und hat eine auflaufende und eine ablaufende Backe. Der Anpreßdruck ist über die Fläche, zum Teil durch die elastische Verformung der Backen, nicht gleichmäßig verteilt, sondern in der Nähe des Nockens am größten. Man bezieht daher den Flächendruck nicht auf die Umfangsfläche, sondern auf die Projektion. Die Wirkung der auflaufenden Backe ist durch die

Selbstverstärkung – sie wird ja durch die Reibungskraft mitgenommen und mit zunehmender Betätigungskraft immer stärker an die Trommel gedrückt – erheblich stärker als die der ablaufenden Backe, die von der Reibung gleichsam entlastet wird.

Duplexbremse

Bei der Duplexbremse, die vorwiegend für die Vorderradbremse eingesetzt wird, werden die zwei auflaufenden Backen von je einem Nocken betätigt, von außen leicht an den zwei durch Seilzug oder Gestänge verbundenen Bremshebeln zu erkennen. Die Bremswirkung ist durch die Selbstverstärkung bei gleicher Betätigungskraft wesentlich höher als bei der Simplexbremse, aber damit nimmt auch die Abhängigkeit vom Reibungskoeffizienten und die Empfindlichkeit in der richtigen Spieleinstellung zu, da ja die Selbstverstärkung in entscheidendem Maße vom Anstellwinkel abhängig ist, der sich mit zunehmender Spielvergrößerung schnell verändert.

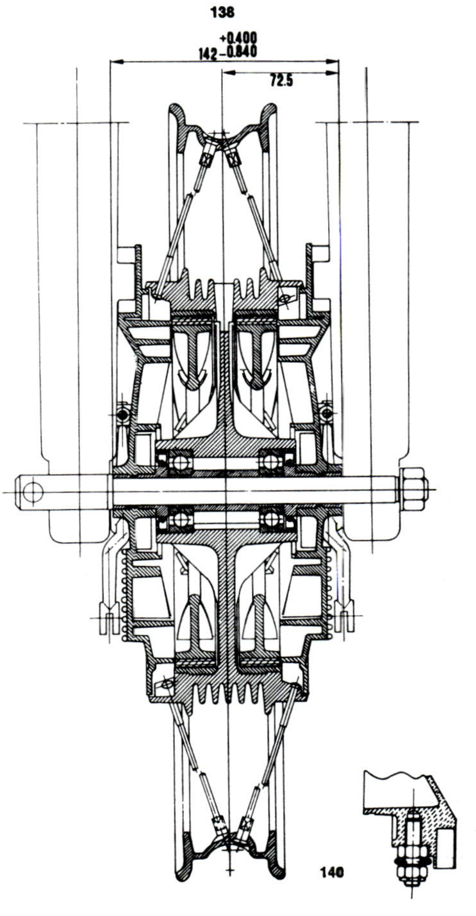

GUZZI-Doppelbremse

Bei der V 7 Sport baute GUZZI vorn eine doppelte Duplex-Trommelbremse mit 220 mm ∅ und 2 × 25 mm Belagbreite, hinten eine einfache Duplex-Bremse mit dem gleichen Durchmesser und 1 × 25 mm Belagbreite, ein.
Die Unterteilung eines breiten Bremsbelages verbessert die Anlage an die Trommel und damit den Wirkungsgrad.
Ein letztes Aufbäumen der Trommelbremse gegen die unaufhaltsam vordringende Scheibenbremse.

Servobremse

Reine Servobremsen mit nur einem Nocken, der die erste Backe gegen die schwimmend gelagerte zweite Backe drückt und sie mit zunehmender Reibkraft immer stärker mitnimmt, haben sich trotz ihrer geringen Betätigungskräfte wegen ihrer allzu großen »Giftigkeit« und ihrer starken Abhängigkeit vom Reibbeiwert nicht durchsetzen können.

Die Kraftübertragung

PRIMÄRANTRIEB

Bei längslaufenden Motoren hält sich die Kraftübertragung vom Motor zum Getriebe zwischen Stirnrädern und einfachen oder doppelten Rollenketten etwa die Waage. Bei sehr hohen Leistungen werden in zunehmendem Maße Zahnketten angewendet, die bei Mehrzylindern zur Verringerung der Drehbeanspruchungen meist in der Kurbelwellenmitte angeordnet werden.
Bei querlaufenden Motoren wird die Hauptwelle entweder direkt mit der Kurbelwellendrehzahl oder mit einer Untersetzung durch schräg verzahnte Stirnräder oder Zahnkette angetrieben.

SEKUNDÄRANTRIEB

Die überwiegende Mehrzahl aller Motorradmodelle treibt das Hinterrad mit einer Rollenkette an. Sie ist leicht, preiswert, elastisch und zuverlässig – wenn sie einwandfrei gepflegt und gespannt wird. Während die Rollenketten für den

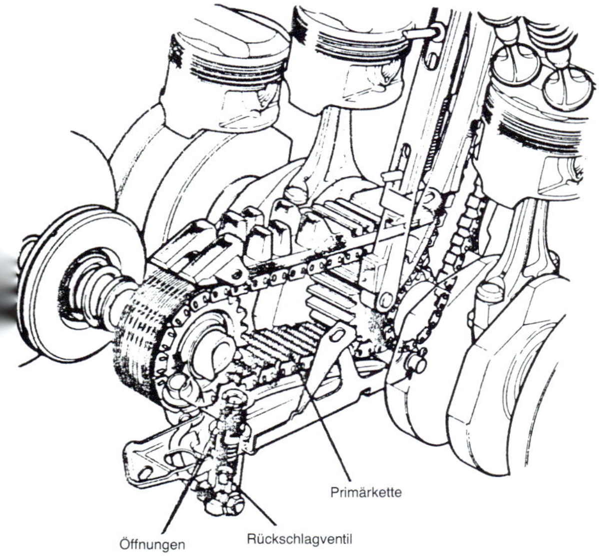

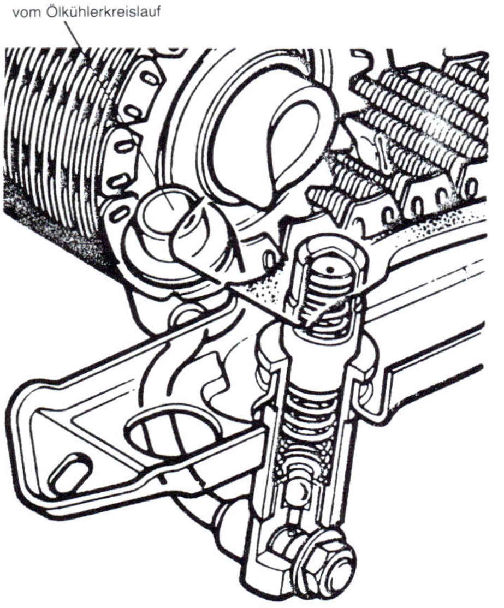

HONDA CBX – Primärantrieb

Das gewaltige Drehmoment moderner Superbike-Motoren läßt es geraten erscheinen, den Primärantrieb einer Zahnkette zu übertragen und ihn in der Kurbelwellenmitte anzuordnen. Die untere Führungsschiene der Zahnkette wird durch einen hydraulischen Dämpfer gegen die Kette gedrückt:
Ein federbelasteter kleiner Kolben preßt das Öl in einer Kammer durch kleine Bohrungen, ein Kugelrückschlagventil sichert die ausreichende Füllung.

Primärantrieb mit seiner gleichmäßigen Beanspruchung fast immer als endlose Ketten mit vernieteten Endgliedern ausgebildet sind, werden Hinterradketten zur leichteren Montage geteilt und durch ein Steckglied mit Federlasche, die in eine Nut der Stifte eingreift, geschlossen. Sehr schnelle Maschinen sollten aus Sicherheitsgründen mit einer endlosen Hinterradkette laufen. Voraussetzung für einen einwandfreien Betrieb ist die sorgfältige Schmierung der Kette. Gefährdet sind nicht in erster Linie die Rollen, sondern die Hülsen. Die Kette »längt« sich nicht, sondern das Spiel zwischen Niet, Lasche, Hülse und Rolle vergrößert und addiert sich im Betrieb – die Kette klettert auf die Zähne des Ritzels und des Kettenrades und macht aus den sorgfältig berechneten Evolventen bösartige Haifischzähne, die auch eine neue Kette in kurzer Zeit schrottreif machen.

Kettenspanner

Da Schwingendrehpunkt und Ritzelachse nur selten zusammenfallen, ändert sich der Abstand Ritzelachse/Kettenradachse beim Durchfedern ständig. Die dadurch verursachte Änderung der Kettenspannung nimmt bei den ständig wachsenden Federwegen, insbesondere der Geländemaschinen, bedenkliche Ausmaße an und verlangt wirksame Kettenspanner, um das Peitschen der Kette mit all seinen unangenehmen Begleiterscheinungen zu unterdrücken. Wirksamer als die üblichen federbelasteten Kettenspanner sind Gelenkgestänge, die die Spannrolle in Abhängigkeit vom Schwenkwinkel der Schwinge, also nicht kraftschlüssig, sondern kinematisch, führen und für gleichbleibende Kettenspannung sorgen.

Kettenkapselung

Eine »gebändigte« Kette vereinfacht auch die konstruktive Lösung einer wirksamen Kettenkapselung, die durch die langen Federwege ebenso erschwert wurde wie durch die hektische Zunah-

Formschlüssiger Kettenspanner

Die großen Federwege moderner Maschinen führen durch die starke Änderung des Ritzelstandes beim Durchfedern zum gefährlichen Peitschen der Kette, das meistens durch einen federnden Kettenspanner, also kraftschlüssig, unterdrückt wird. Das Bild zeigt eine Spannrolle, die das untere Kettentrum in Abhängigkeit vom Schwenkwinkel der Schwinge, also formschlüssig führt.

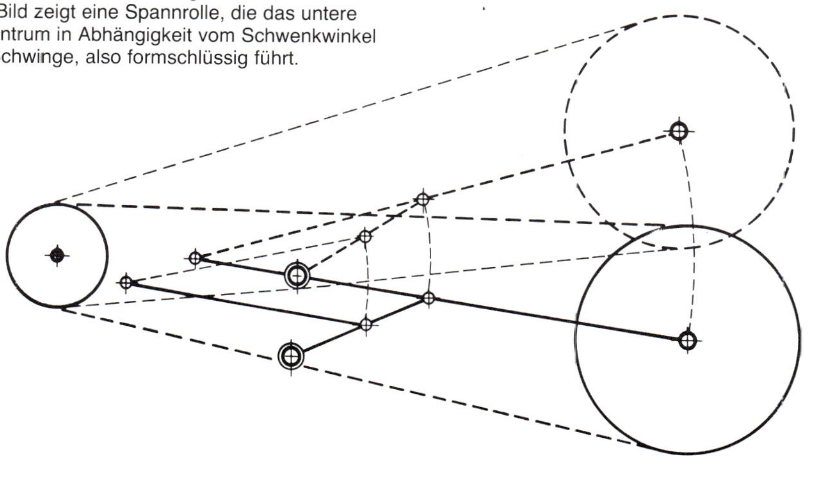

KAWASAKI GPZ 305 Belt Drive

Trotz des ungewöhnlichen Hubvolumens (D = 61 mm ∅, s = 42,4 mm, V_h = 306 cm^3) und trotz ihrer hohen Nenndrehzahl n_1 = 10 000 min^{-1} hat sich die KAWASAKI GPZ 305 als ein besonders ausgewogener Vertreter der 20 kW (27 PS) Klasse erwiesen. Hohe Elastizität – M_{max} = 23,5 Nm (2,4 mkg) bei n_2 = 7 500 min^{-1} großer Aktionsradius durch 17-l-Tank und niedrigen Verbrauch, gute Handlichkeit und hoher Komfort (Unitrak) tragen dazu bei. Der Zahnriemen-Antrieb hat sich durch Geräuscharmut, Wartungsfreiheit, guten Wirkungsgrad und lange Lebensdauer auch bei höheren Leistungen bewährt.

me der zu übertragenden Leistungen, die eine Kühlung der hochbeanspruchten Kette verlangen.

O-Ringe zwischen Rolle und Lasche, die das Schmiermittel gegen vorzeitiges Ausschleudern sichern sollen, und moderne, gut haftende Schmiermittel haben das Problem zwar etwas entschärft. Es ist dennoch schwer verständlich, daß man ein so empfindliches und hochwertiges Maschinenelement ohne Schutz gegen Schmutz, Staub und Nässe laufen läßt, nachdem vor Jahrzehnten ein geschlossener Kettenkasten oder ein Gummischutzkanal für jedes Kettentrum schon bei den Maschinen der Mittelklasse eine Selbstverständlichkeit war.

ZAHNRIEMENANTRIEB

Die ausgezeichneten Erfahrungen mit dem Zahnriemen als Nockenwellenantrieb legten den Gedanken nahe, dieses leichte, wartungsarme und unempfindliche Bauelement als Sekundärantrieb im Motorradbau einzusetzen, nachdem er als Primärantrieb für Mopeds durch Ilo schon 1956 seine Bewährung nachgewiesen hatte. Problematisch erschien vor allem, wie der Zahnriemen auf Last- und Temperaturwechsel, auf Schmutz und Nässe und schließlich auf den schwankenden Achsabstand beim Durchfedern mit dem Zahneingriff reagieren würde.

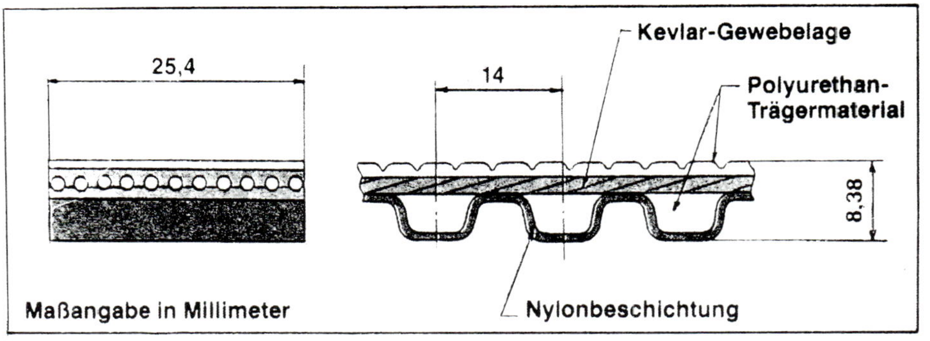

Zahnriemen

Der Zahnriemen könnte sich als langlebiger, laufruhiger und wartungsarmer Sekundärantrieb besonders bei der Reisemaschine einbürgern. Der Querschnitt zeigt Aufbau und Abmessungen des Zahnriemens der 400-cm³-KAWASAKI.

Die bisherigen Testergebnisse an den schweren Harley Davidson und an den drei KAWASAKI-Modellen von 250 bis 750 cm³ lauten durchweg positiv: Mit wenigstens 20 000 km ohne Nachspannung langlebiger und wartungsärmer als eine gepflegte Kette, unempfindlich gegen Schmutz und Nässe, guter Wirkungsgrad und, von gelegentlichen leichten Pfeifgeräuschen abgesehen, recht leiser Lauf. Ein Nachteil ist der recht große Raumbedarf: Er verlangt bei den hohen Zugkräften des Sekundärantriebs – bei KAWASAKI Z 750 LTD im II. Gang immerhin gut 500 kg – für ein gutes Abrollen am Antriebsritzel einen ausreichenden Krümmungsradius und ein entsprechend großes Antriebsrad und braucht schon bei der Z 440 LTD die stattliche Breite von 25,4 mm (= 1 ″) bei schwereren Maschinen 35 bis 40 mm. Für die notwendige Zugfestigkeit sorgt heute an Stelle der früher eingebetteten Stahl- oder Nylondrähte ein Kevlargewebe. Der eigentliche Riemenkörper besteht aus Polyurethan und ist zum Schutz der Zähne und zum besseren Ablauf mit Nylon beschichtet.

KEGELRADANTRIEB

Der Kegelradantrieb, wegen der für den Ausgleich der Bewegungen des Hinterrades notwendigen Gelenke auch Gelenkwellen- oder Kardanantrieb genannt, ist zweifellos die eleganteste und betriebssicherste, aber auch aufwendigste Form des Hinterradantriebs.

Die Vorteile liegen klar auf der Hand:

- vorbildliche Kapselung und Schmierung,
- gleichbleibend hoher Wirkungsgrad,
- Unempfindlichkeit gegen Witterungseinflüsse,
- höchste Betriebssicherheit,
- Verwirklichung großer Federwege,
- Möglichkeit für elastische Aufhängung des Motorblocks in jeder Ebene,
- geräuscharmer Lauf,
- Wartungsfreiheit.

Der Kegelradantrieb arbeitet zum geräuscharmen Lauf mit bogenverzahnten Rädern – oft mit Achsversetzung für einen noch besser überdeckenden Zahn-

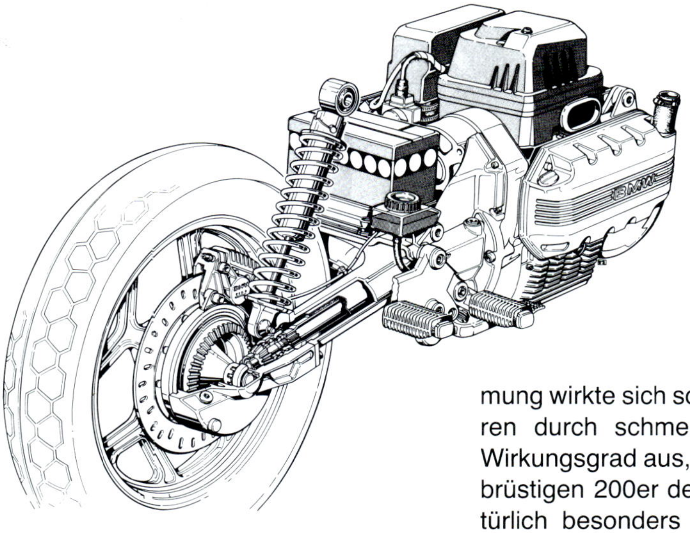

BMW – Einarmschwinge

Die BMW-Monolever-Einarmschwinge ist durch große Querschnitte besonders formsteif und zeigt den einfachen Kraftverlauf.

eingriff. Die sehr hohen Kräfte erfordern nicht nur eine kräftige Bemessung der Räder selbst, um Durchbiegungen des Tellerrades zu vermeiden, sondern vor allem auch eine sichere Aufnahme der beträchtlichen Längskräfte durch Axial- oder Hochschulterlager. Die hier auftretenden Kräfte werden immer wieder unterschätzt, und die elastische Verformung wirkte sich schon in den 30er Jahren durch schmerzliche Verluste am Wirkungsgrad aus, auf die die schwachbrüstigen 200er der damaligen Zeit natürlich besonders empfindlich reagierten. Aber auch die Japaner, die Mitte bis Ende der 70er Jahre nach dem Vorbild von HONDA den Wellenantrieb für die schweren Touren-Modelle übernahmen, brauchten einige Jahre, ehe sie klemmende Kreuzgelenke, reißende Mitnehmerbolzen oder zu hohe Lastwechselspiele in den Griff bekamen.

Während HONDA mit dem Vierzylinder-Boxer der GL und dem V-Zweizylinder der CX-Modelle neue Querläufer einsetzte die wie BMW und GUZZI mit dem Kegelantrieb im Hinterrad auskommen, blieben YAMAHA, SUZUKI und KAWASAKI bei den längslaufenden Motoren und nahmen einen zweiten Ke-

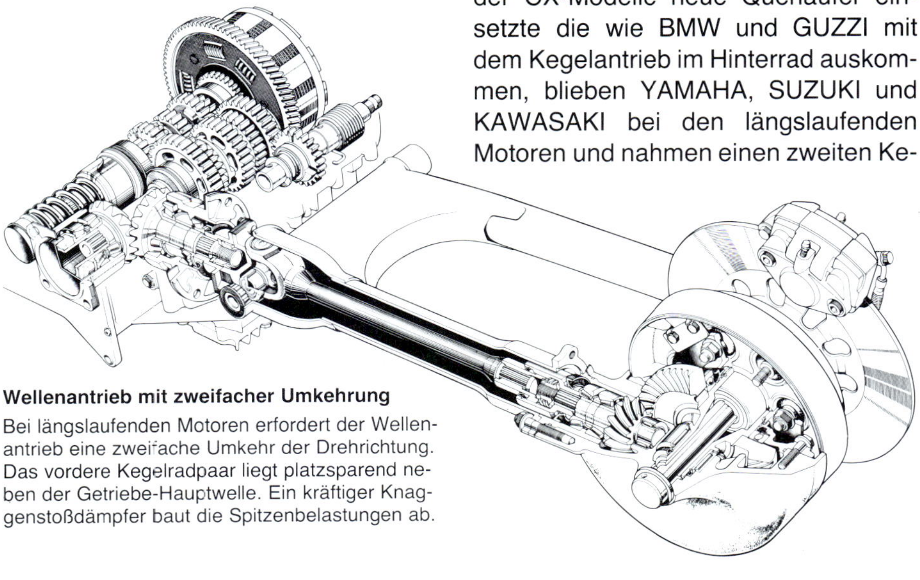

Wellenantrieb mit zweifacher Umkehrung

Bei längslaufenden Motoren erfordert der Wellenantrieb eine zweifache Umkehr der Drehrichtung. Das vordere Kegelradpaar liegt platzsparend neben der Getriebe-Hauptwelle. Ein kräftiger Knaggenstoßdämpfer baut die Spitzenbelastungen ab.

geltrieb im Getriebe in Kauf. Kann der Wirkungsgrad des Kardanantriebs bei einmaliger Umlenkung mit 88 – 92 % angenommen werden, so liegt er bei zweimaliger Umlenkung bei 82 – 88 %, bei den neuesten Modellen offensichtlich noch besser, während der Wirkungsgrad einer Kette durch die unvermeidlich starken Änderungen des Betriebszustandes in dem weiten Bereich zwischen 80 und 92 % schwanken kann. Es spricht vieles dafür, die Gesamtuntersetzung beim Kegelradantrieb so aufzuteilen, daß das Übersetzungsverhältnis des Sekundärantriebs so klein wie möglich wird: Besserer Zahneingriff, stabileres Kegelrad und niedrigeres Gewicht des Kegelradtriebes als nur reifengefederte Masse.
Die notwendige Elastizität der Übertragung wird durch Gummischeiben, Gummipuffer oder federbelastete Knaggen-Stoßdämpfer erreicht.
Als Gelenke dienen Gummischeiben, paarweise angeordnete Kreuzgelenke oder Gleichlaufgelenke, auch homokinetische Gelenke genannt. Der notwendige Längenausgleich wird durch eine Keilwelle mit Verschiebemuffe oder durch eine Längsverschiebung im balligen Gelenk sichergestellt.
Die für einen »weichen« Antrieb erwünschte Elastizität darf nicht zu weit getrieben werden: Die elastischen Glieder der Übertragung werden unter dem Zug des Motors vorgespannt und geben die in ihnen gespeicherte Energie beim Gaswegnehmen so vehement an den geschobenen Motor ab, daß das Hinterrad, durch Resonanzschwingungen der Federung gelegentlich unterstützt, ins Trampeln kommt.

Verkleidungen

LUFTWIDERSTAND UND ROLLWIDERSTAND

Wer sich auf der Autobahn längere Zeit mit 150 und mehr km/h bewegt, der stellt schnell fest, daß der Fahrtwind nicht mit sich spaßen läßt und der Luftwiderstand ermüdend an den Armen zerrt.
Der Luftwiderstand W_L in kg ist das Produkt aus der halben Luftdichte in kg/m^3, der Stirnfläche F in m^2, dem Luftwiderstandsbeiwert c_w und dem Quadrat der Geschwindigkeit v in m/sek.

Die Luftdichte beträgt am Boden bei 15° C etwa 1,23 kg/m^3 und sinkt unter Berücksichtigung der fallenden Temperatur bei 1 000 m etwa um 9 %, bei 2 000 m etwa um 18 % ab. Setzt man die mittlere Luftdichte und die Geschwindigkeit V in km/h ein, so kommt man auf die einfache Formel

$$W_L = 0{,}0048 \cdot c_w \cdot F \cdot V^2$$

Die Stirnfläche ist abhängig von Maschinengröße und Fahrer und schwankt bei sitzendem Fahrer zwischen $F_S = 0{,}6 - 0{,}7$ m^2, bei langliegendem Fahrer zwischen $F_l = 0{,}60 - 0{,}65$ m^2.

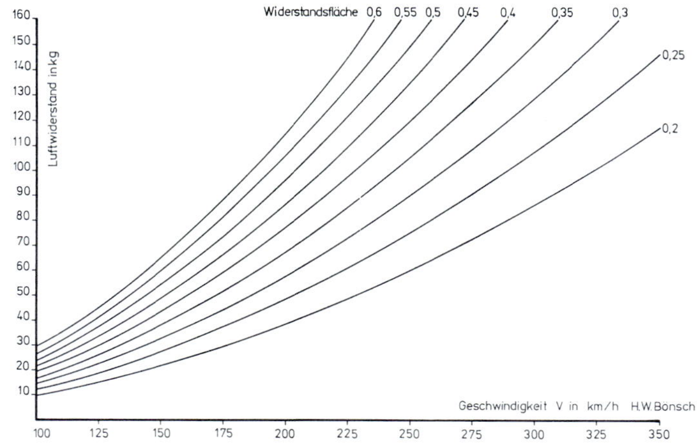

Luftwiderstand und Geschwindigkeit
Der Luftwiderstand in kg steigt mit dem Quadrat der Geschwindigkeit V in km/h und linear mit der Widerstandsfläche $c_w \cdot F$ an. Der Wert $c_w \cdot F = 0{,}2$ gilt für eine optimal verkleidete leichte 125-cm³-Rennmaschine, der Wert $c_w \cdot F = 0{,}6$ für einen unverkleideten, schweren Soft-Chopper mit aufrecht sitzendem Fahrer. Das Bild zeigt überzeugend, welcher Geschwindigkeitszuwachs durch eine gute Verkleidung gewonnen werden kann.

Der Luftwiderstandsbeiwert hängt von Kleidung und Haltung des Fahrers ab und liegt bei unverkleideter Maschine für den sitzenden Fahrer bei $c_w = 0{,}7$, bei liegendem Fahrer bei $c_w = 0{,}65$.

Rechnen wir bei einer schweren Maschine mit einem guten Durchschnittswert für $c_w \cdot F = 0{,}5$, so ist der Luftwiderstand bei 100 km/h rund 24 kg, bei 150 km/h schon 54 kg und bei 200 km/h gar 96 kg, wovon der aufrecht sitzende Fahrer fast die Hälfte als Winddruck aufnehmen muß. Wenn man schon auf breiter Front in diesen Geschwindigkeitsbereich vorstieß, dann forderten diese ebenso erschreckenden wie nicht anzuzweifelnden Werte gebieterisch Abhilfe.

Die Erfahrungen mit den Rekordmaschinen, die in den 30er Jahren mit Henne und Taruffi erstmals mit voller Stromlinien-Verkleidung auftraten, um schließlich konsequent beim fliegenden Liegestuhl von Gustav Adolf Baumm und den dreimotorigen Utah-Zigarren von Don Vesco zu landen, helfen hier nicht weiter, und auch die mit den Grand-Prix-Rennern unserer Tage sind nur bedingt zu übertragen: Sie sind allzu einseitig auf die Verringerung des Luftwiderstandes durch kleinste Stirnfläche bei liegendem Fahrer ausgerichtet und schränken seine Bewegungsfreiheit ebenso ein wie das Handling auf kurvenreicher Landstraße oder gar im Stadtverkehr. Auf der anderen Seite ließen die ersten zaghaften Versuche mit einem einfachen Windschild auf dem Lenker schnell erkennen, daß die damit erreichte Entlastung des Fahrers vom Winddruck mit einer gefährlichen Verschlechterung der Fahrstabilität – durch Vergrößerung der Massenmomente um die Lenkachse und durch schräg angreifende Windkräfte – erkauft wurde. An die Verkleidung einer Gebrauchsmaschine müssen weitaus vielschichtigere Forderungen gestellt werden.

Für die Sportmaschine gelten:

- Verringerung des Luftwiderstandes durch möglichst kleine Stirnfläche und niedrigen Luftwiderstandsbeiwert,
- Erhöhung der Bodenkräfte vorn und hinten durch aerodynamischen Abtrieb,
- zusätzliche Stabilisierung durch die Luftkräfte,

Rauchsonde im Windkanal

Um die Luftströmung um die Maschine sichtbar zu machen, wird der ganze Querschnitt mit einer Rauchsonde abgetastet. Die Rauchfahne bestätigt, daß der Fahrtwind von der Cockpit-Verkleidung über den Helm des Fahrers geleitet wird.

- geringe Seitenwindempfindlichkeit,
- keine Beeinträchtigung von Bodenfreiheit und Schräglage,
- niedriges Gewicht

als vorrangig.

Bei der Reisemaschine darüberhinaus

- Verminderung des Winddruckes auf den Kopf und den aufrechten Oberkörper,
- guter Windschutz auch für Hände und Beine, möglichst auch für den Beifahrer,
- Abbau von Rücken- und Nackenzug,
- einwandfreie Sichtverhältnisse für jede Fahrergröße,
- Schutz vor Regen- und Spritzwasser,
- ausreichende Bewegungsfreiheit für Arme und Beine,
- geringe Aufheizung des Fahrerraumes bei langsamer Fahrt,
- gute Zugänglichkeit zu den Wartungsstellen des Motors,
- keine störende Geräuschverstärkung.

Diese Forderungen sind nur zu erfüllen, wenn der Fahrer optimal in die Luftführung der Verkleidung einbezogen wird und möglichst dicht hinter der ausreichend hohen, auf unterschiedliche Fahrergrößen möglichst einstellbaren Frontscheibe sitzt.

Auf der IFMA 1976 stellte BMW mit der R 100 RS die erste Serienmaschine mit rahmenfester Verkleidung vor und leitete damit eine Entwicklung ein, die inzwischen von den Spitzenmodellen weltweit übernommen wurde. Eine jahrelange Versuchsarbeit im Windkanal und

Versuche im Windkanal

Die über die ganze Maschine verteilten Wollfäden zeigen im Windkanal deutlich den Verlauf der Luftströmung, die für die Auswertung bei verschiedenen Geschwindigkeiten im Foto festgehalten wird. Seit die Verkleidung bei Hochleistungsmaschinen zum integralen Bauteil geworden ist, wird der Windkanal zur unverzichtbaren Voraussetzung für die Entwicklung strömungsgünstiger und richtungsstabiler Formen. Der Aufwand ist beträchtlich.

In dem geschlossenen Luftkreislauf des BMW-Windkanals drücken zwei Vierblatt-Rotoren mit fast 5 m ∅ und einer Gesamtleistung von 2 × 860 kW (2 × 1 150 PS) die Luft mit Geschwindigkeiten bis zu 180 km/h über Leitschaufeln und einen Strömungs-Gleichrichter durch eine Düse mit 20 m^2 Querschnitt. Die Meßstrecke ist 12,5 m lang, die Lufttemperatur kann zwischen 20°C und 45°C geregelt werden.

auf der Straße konnte mit einem überzeugenden Ergebnis abgeschlossen werden:

Die unverkleidete R 100 hatte den für eine schwere Maschine schon recht günstigen Ausgangswert $c_w \cdot F = 0{,}498$, der bei der R 100 RS auf 0,427, also um 14 % abgesenkt werden konnte. Noch deutlicher war die Verbesserung des Auftriebswertes für das Vorderrad $c_{av} \cdot F$ von 0,291 auf 0,162, also eine Verringerung um 44 %. Um die Verbesserung etwas anschaulicher zu machen: Die unverkleidete R 100 braucht – mit einem Rollwiderstand von 6 kg und einem Wirkungsgrad der Übertragung von 90 % – für 150 km/h eine Kurbelwellenleistung von rd. 37 PS (27 kW), die R 100 RS aber nur rd. 32 PS (23,5 kW). Das Vorderrad der R 100 wurde bei dieser Geschwindigkeit um 31,4 kg, das der R 100 RS nur um 17,5 kg weniger auf den Boden gedrückt. Diese ausgezeichneten Werte konnten bei der neuen K-Reihe noch merklich verbessert werden – der intensive Einsatz des hochmodernen eigenen Windkanals wirkte sich aus. Lag der Luftwiderstand der unverkleideten K 100 vor allem durch den großflächigen Block und

den etwas breiteren Lenker mit $c_w \cdot F = 0{,}540$ merklich über dem der R 100, der Auftriebskennwert der Vorderachse aber mit $c_{av} \cdot F = 0{,}193$ aber schon wesentlich günstiger, so konnten die Kennwerte bei der K 100 RS auf $c_w \cdot F = 0{,}39$ und $c_{av} \cdot F = 0{,}131$ gedrückt werden.
Im Klartext:
Die K 100 RS braucht für 150 km/h eine Leistung an der Kurbelwelle P = 29,7 PS (21,8 kW) und hat am Vorderrad einen Auftrieb von nur 14 kg.

Als Vergleich:
Nach den Messungen von MOTORRAD hatte die unverkleidete HONDA CB 900 F Bol d'Or mit gebücktem Fahrer einen Widerstandskennwert $c_w \cdot F = 0{,}51$, der durch die 6 untersuchten nachträglich anzubauenden Sportverkleidungen mit sitzendem Fahrer auf $c_w \cdot F = 0{,}42 - 0{,}47$, also um 18 – 8 %, bei liegendem Fahrer auf $c_w \cdot F = 0{,}37 - 0{,}44$, also um 27 – 14 % gedrückt wurde. Der immer noch deutliche Unterschied zwischen sitzendem und liegendem Fahrer zeigt, daß er noch nicht ausreichend integriert ist. Man sollte bei diesen Vergleichen immer von der normalen Fahrerhaltung ausgehen.
Der Auftrieb an der Vorderachse schwankte bei 150 km/h zwischen 16 und 23 kg und lag im Durchschnitt bei 20 kg.
Dabei sind die Kennwerte $c_w \cdot F$ und $c_a \cdot F$ nicht immer konstant, sondern können mit zunehmender Ausfederung durch die Änderung des Anstellwinkels gegen den Fahrtwind – weiche Federung, hohe Geschwindigkeit und hohe Beschleunigung – schnell anwachsen. Auftriebswerte von 40 – 50 kg bei 150 km/h sind vor allem bei breit ausladenden Tourenverkleidungen keine Seltenheit. Auch hier setzte BMW mit der K 100 RT neue Maßstäbe: Der Luftwiderstandskennwert unterschreitet bei großzügigem Wetterschutz mit $c_w \cdot F = 0{,}48$ den Wert der unverkleideten K 100 um 11 %, und der Auftrieb am Vorderrad ist bei 150 km/h mit 14 kg genau so bescheiden wie bei der RS und damit 32 % niedriger als bei der K 100! Neuere Messungen, die Wolfgang Schnepf vom MOTORRAD 1984 im VW-Windkanal mit 5 schweren Maschinen durchführte, brachten folgende Ergebnisse:

	$c_w \cdot F$ sitzend	Benötigte Motorleistung für 200 km/h sitzend
BMW K 100 RS	0,429	ca. 72
HONDA VF 1 000 F	0,455	ca. 76
KAWASAKI GP Z 900 R	0,443	ca. 75
SUZUKI GSX 1 100 EF	0,444	ca. 75
YAMAHA FJ 1 100	0,483	ca. 83

Rennmaschinen-Verkleidungen haben mit dem flachliegenden Fahrer, dem schmalen 500 mm-Lenker und dem kleinen Lenkereinschlag von 20° nach jeder Seite natürlich eine sehr viel kleinere Stirnfläche, die je nach Maschinenklasse zwischen 0,42 – 0,55 m^2 schwankt. Der c_w-Wert liegt zwischen 0,45 – 0,5, so daß sich Kennwerte zwischen $c_w \cdot F = 0{,}20 - 0{,}27$ ergeben.
Eine optimal verkleidete 250er mit einem Gewicht von 150 kg mit Fahrer, einer Stirnfläche von 0,45 m^2 und einem Luftwiderstandsbeiwert $c_w = 0{,}47$, also einem Kennwert $c_w \cdot F = 0{,}212$ braucht für 150 km/h nur eine Leistung P = 16,5 PS (12,1 kW) und für 200 km/h nur 37,5 PS (27,6 kW). Die Werte decken sich recht gut mit der von mir für FIM-Verkleidungen angegebenen Faustformel für die Höchstgeschwindigkeit $V = 60 \sqrt[3]{P}$

Seitenwind-Anlage auf dem BMW-Meßgelände

Für die Beurteilung der Seitenwind-Empfindlichkeit fährt die Maschine mit einer Geschwindigkeit $V_f = 100$ km/h an einer 5zelligen Windanlage mit einer Windgeschwindigkeit $V_w = 80$ km/h vorbei. Gemessen wird die Kursabweichung auf einer Strecke s = 30 m.

in km/h. Danach würde eine 65-PS-Maschine eine Höchstgeschwindigkeit $V_{max} = 241$ km/h erreichen.

Renngespanne haben eine Stirnfläche F = 0,85 –0,9 m^2 und einen Luftwiderstandsbeiwert $c_w = 0{,}45 - 0{,}5$, also einen Widerstandswert $c_w \cdot F = 0{,}38$ bis 0,45.

Bei optimaler Verkleidung kommen sie also mit 32,2 PS (23,7 kW) für 150 km/h und mit 69 PS (50,7 kW) für 200 km/h aus. Die Faustformel kann hier auf $V = 50\sqrt[3]{P}$ gesetzt werden. Mit einer Leistung P = 130 PS liegt die Spitzengeschwindigkeit also bei etwa 254 km/h.

Ein kurzes Wort noch zur Seitenwindempfindlichkeit verkleideter Maschinen: Auf dem BMW-Prüfgelände ermittelte MOTORRAD mit 5 Tourenverkleidungen bei einer Fahrzeuggeschwindigkeit $V_R = 100$ km/h und einer Seitenwindgeschwindigkeit $V_W = 80$ km/h auf einer Strecke von 30 m Kursabweichungen zwischen 2,5 – 3,5 m. Die Unterschiede sind also beträchtlich und weisen noch einmal mit Nachdruck darauf hin, daß eine allen Anforderungen entsprechende sichere Verkleidung nicht nach ästhetischen Gesichtspunkten, sondern nur durch systematische Versuche im Windkanal und auf der Seitenwindanlage entwickelt werden kann.

Rückblick und Ausblick

Eine kritische Rückschau auf den Motorradbau der letzten 10 Jahre führt zu recht widersprüchlichen Ergebnissen: Auf der einen Seite hat das wirtschaftliche Wachstum der Motorradindustrie den Ingenieuren Mittel zur Verfügung gestellt, die die Beherrschung schwieriger Probleme, vor allem im Fahrwerkbau, deutlich vorangetrieben haben. Die Maschinen haben durch verwindungssteife Rahmen und verschleißfeste, spielfreie Radaufhängungen, günstigere Abstimmung von Federung und Dämpfung, warmfeste und gut dosierbare Bremsen und windkanalerprobte Verkleidungen bis in die höchsten Geschwindigkeitsbereiche erheblich an Sicherheit gewonnen. Hierzu zählt auch die verdienstvolle Entwicklungsarbeit von HONDA an den zukunftsweisenden Com-Star-Rädern und den MT-Felgen für schlauchlose Reifen. Besonders positiv sind auch die erfolgreichen Bemühungen um die weitere Kultivierung des Zweitakters zu werten.

Die negative Seite der Bilanz ist darin zu sehen, daß diese neuen Möglichkeiten nicht zu einer Konsolidierung der bestehenden Modell-Palette genutzt wurden, sondern zu einer verwirrenden Modellvielfalt, trügerisch als unverzügliches Eingehen auf die individuellen Wünsche des Fahrers angepriesen. Diese heillose Aufsplitterung, die Kundendienst- und Ersatzteil-Versorgung vor unlösbare Aufgaben stellt und durch den schnellen Modellwechsel selbst die Betriebsanleitungen oft zu Nachrufen werden ließ, muß auf die Dauer den Käufer verwirren und den Besitzer durch den schnellen Wertverlust verärgern. Es kam hinzu, daß man alle Warnungen verantwortungsbewußter Fachleute in den Wind schlug und das infantile Wettrennen um PS und cm^3 – ohne Rücksicht auf fahrerisches Können, Kosten und Gewichte – hektischer denn je fortsetzte. Kein Wunder, daß die Behörden schon eifrig daran arbeiten, die Leistungsgrenze von den in der BRD freiwillig vereinbarten 100 PS durch Gesetz auf 60 kW (82 PS) zu verlagern.

Die kurzsichtig nur auf den schnellen Markterfolg ausgerichtete Modellpolitik der japanischen Industrie hat wirtschaftlich zu einem verheerenden Rückschlag geführt:

Ende 1983 standen bei den Händlern weit über eine Million unverkaufter Maschinen – und das in einem Augenblick, in dem die Kostenstruktur durch massive Forderungen der japanischen Gewerkschaften heftig erschüttert wird und die Preise kräftig angehoben werden müssen. Die erste hektische Reaktion zeugt nicht von Weitsicht: An die Stelle der 1000er und 1100er treten nun in aller Eile entwickelte Supersportmodelle von 650 – 900 cm^3, die den Ehrgeiz haben, die gleiche Leistung wie die abzulösenden Superbikes zu bringen, dafür aber 1000 – 1500 min^{-1} höher drehen und merklich unelastischer sind. Der einzig echte Vorteil, das um 20 – 30 kg

niedrigere Gewicht, wird durch die Nervosität des Motors teilweise, durch den wohl unvermeidlich höheren Verschleiß vollends aufgehoben.
Was jetzt der Industrie und den Fahrern gut täte, wäre die Rückbesinnung auf eine kultivierte Mittelklasse mit Leistungen von 40 – 50 PS (30 – 37 kW), einer Geschwindigkeit von 150 – 160 km/h und einem Gewicht von 150 – 160 kg, auf eine Maschine, deren Handlichkeit noch echten Fahrgenuß vermittelt, weil man mit ihren PS noch spielen kann und nicht kämpfen muß. Vielleicht gewöhnt sich auch die Fachpresse einmal ab, jedes neue PS lauthals zu bejubeln und das Fahrerparadies immer nur jenseits der 200 km/h darzustellen.
Sie hat nun einmal eine meinungsbildende Funktion und wäre gut beraten, wenn sie den Daten für Verbrauch, Gewicht und alle für Fahr- und Betriebssicherheit wichtigen Größen wieder jenen Stellenwert zuordnen würde, der ihnen zukommt, statt aufgeregt jedes Bauteil, das einmal im Rennmaschinenbau auftaucht, als »revolutionäre« Idee zu feiern und für die darauf gar nicht vorbereitete Serie zu fordern.
Gerade der Motorradbau, der ja bei aller Anerkennung der großartigen Entwicklung von Meß- und Berechnungsverfahren – noch immer in entscheidendem Maße von erfahrenen Erfahrungen lebt, reagiert besonders empfindlich auf die übereilte Einführung unausgereifter Ideen – und manche gute Idee starb daran, daß zu früh große Erwartungen geweckt und dann zu schnell enttäuscht wurden.
Auch in den letzten Jahren welkte mancher Blütentraum dahin, weil man ihn nicht ausreifen ließ: Der Wankelmotor, bei seinem Erscheinen 1960 als epochale Erfindung gerühmt und heute fast vergessen, bot für das Motorrad eine Reihe bestechender Vorteile: Kleines Bauvolumen, Schwingungsfreiheit bis zu höchsten Drehzahlen, zuverlässige Schlitzsteuerung, geringer Verschleiß, lange Expansion. Er krankte nicht nur an den prinzipgebundenen Schwächen – hohe Herstellkosten, schlechter Verbrennungswirkungsgrad durch ungünstigen Brennraum und hohe Schadstoffemission – er konnte in einem Jahrzehnt Entwicklungszeit einfach nicht die 80 Jahre aufholen, die ihm der Hubkolbenmotor an Reifezeit voraus hatte, und die Erwartungen waren zu hoch geschraubt. Ob er noch einmal als Ladermotor – wegen der günstigeren Brennraum- und Überströmabmessungen – eine Wiedergeburt feiert, erscheint nach seiner ersten Brandmarkung zweifelhaft.
Ein echter Flop wurde das kurze Zeit als Retter aus dem Ölschock gedachte Efa, das Mofa mit 750-Watt-Elektromotor und 24-V-Batterie – vom Käufer nicht akzeptiert und von der Industrie als Bankert schnell fallengelassen.
Noch nicht zu den Akten gelegt ist dagegen die Achsschenkellenkung, die wegen der räumlichen Abmessungen in den Rekordfahrzeugen für Kurzstrekken längst zum Standard geworden ist und im Grand-Prix-Sport immer wieder versucht wird. Das Rad ist an einer im Rahmen gelagerten Langarmschwinge, die Spurstange in deren Drehachse gelagert, so daß die Lenkgeometrie erhalten bleibt. Die Lenkung arbeitet bei höheren Geschwindigkeiten sehr richtungsstabil, während die Eigenstabilisierung durch die Kreiselrückstellkräfte im unteren Geschwindigkeitsbereich wegen der unvermeidbaren und schwankenden Reibung in der Lenkkraftübertragung zu wünschen übrig

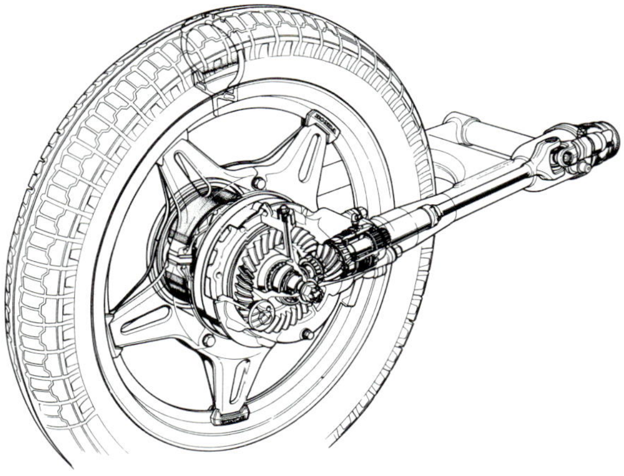

HONDA – Wellenantrieb und Comstar-Verbundrad

Beim Verbundrad wird die Felge aus einem dem Leichtmetallguß in den Festigkeits-Eigenschaften, vor allem in der Dehnung weit überlegenen Strangpreßprofil gefertigt und mit der Nabe durch räumliche Speichen verbunden. Die Stahlblech-Speichen werden mit der ausgeprägten Rippe des Felgenprofils vernietet und mit der Nabe verschraubt. Die federnde radiale Nachgiebigkeit kann durch unterschiedliche Winkelstellung, Anzahl und Formgebung der Stahlblech-Speichen in weiten Grenzen verändert werden, ohne die Seitensteifheit zu vermindern. Durch sehr enge Passungen und eine sehr genaue Bearbeitung konnte auch das schwierige Rundlauf-Problem zufriedenstellend gelöst werden.
Die Schnittzeichnung zeigt das einfache Kreuzgelenk im Drehpunkt der Schwinge und die Lagerung des schraubenverzahnten Antriebsritzels in kräftigen Kegelrollenlagern.

läßt. Die Entlastung des Lenkkopfes von Stoßkräften, das gute Ansprechen auf Grund des niedrigen, nur reifengefederten Gewichts und der weit nach vorn gezogene Rahmen, der einer Vollverkleidung sehr entgegenkommt, sind gewichtige Argumente für eine schnelle Maschine, die den begrenzten Lenkeinschlag eher verkraften kann.
Die Konstrukteure sehr schneller Maschinen verfolgen auch eine andere Entwicklung mit großer Aufmerksamkeit, den beachtlichen Fortschritt im Bau von Gürtelreifen für Motorräder. Der Unterbau des heute üblichen Reifens, die Karkasse, ist aus mehreren Gewebelagen aufgebaut, deren Fäden schräg verlaufen und sich unter einem mehr oder weniger spitzen Winkel kreuzen. Man spricht daher von »Diagonal-Reifen«. Beim »klassischen« Gürtelreifen laufen die Fäden der Gewebelagen quer zum Reifenumfang. Ihre jeweilige Ebene liegt also radial zur Radachse, daher »Radialreifen«. Auf diesen Unterbau wird nun der Gürtel gelegt, dessen Stahl- oder Kohlefaser-Fäden mehr in der Umfangsrichtung des Reifens laufen. Der Gürtel versteift die Lauffläche und verschiebt die Bildung der kritischen »Rollwulst« in höhere Geschwindigkeitsbereiche: Die Rollwulst entsteht, wenn die Abplattung des Reifens in der Bodenauflage durch Innendruck und Reifenelastizität nicht schnell genug zurückgedrückt werden kann und mit zunehmender Raddrehzahl immer weiter um den Umfang herum wandert, bis der runde Reifen kurz vor dem Exitus schließlich in ein polterndes Vieleck verwandelt wird. Die Stabilisierung des

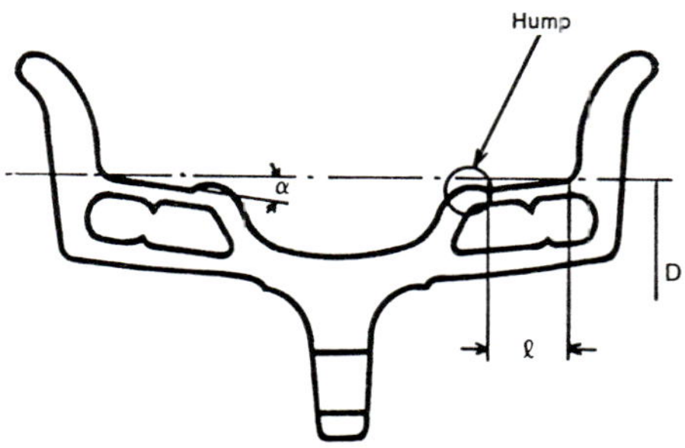

HONDA CBX – Leichtmetall-MT-Felge

Für die schlauchlosen Reifen entwickelte HONDA die Leichtmetall-MT-Felge, eine Hump-Felge mit breiter Schrägschulter.
Der Hump ist die ringförmige Erhöhung auf der inneren Felgenschulter, die den Reifenwulst gegen das Abgleiten in das Tiefbett absichert. Der Neigungswinkel der Schulter ist $\alpha = 5°$, die Schulterbreite $l = 11$ mm.

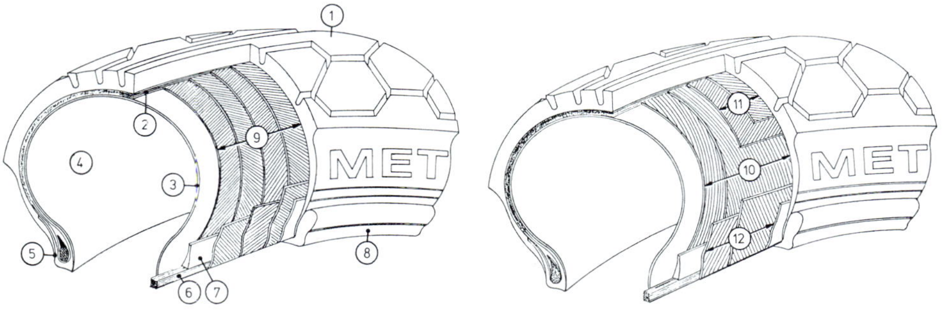

Diagonalreifen und Gürtelreifen

Aufbau Diagonalreifen

1. Lauffläche
2. Karkasse
3. Schlauchlose Innenplatte
4. Seitenwand
5. Wulst
6. Wulstdrähte aus Stahl (ca. 25 Stück)
7. Gummi-Wulstkernfüller
8. Felgensitz
9. Vier Diagonallagen aus Nylon (Polyamid) mit 30° Fadenwinkel

Aufbau Radialreifen

1–9 wie Diagonalreifen
10. Zwei Lagen Nylon mit 70° Fadenwinkel
11. Zwei Lagen Gürtel mit 20° Fadenwinkel Metzeler und Pirelli verwenden Kevlar, Bridgestone Stahl
12. Umschlagenden der zweilagigen Nylon-Karkasse

Die für Motorradreifen lebensnotwendige Seitenführung konnte nur durch das Hochziehen der Karkasselagen bis weit in die Seitenflanken erreicht werden.
Der steife Gürtel vermindert die Reifenverformung und damit die Erwärmung, erhöht also die Lebensdauer und verbessert das Verhalten beim Bremsen und bei Aquaplaning beträchtlich. Die Einbuße an Komfort scheint sich in vertretbaren Grenzen zu halten.

Reifens durch den Gürtel verbessert die Radführung auf der Geraden und in den Kurven, aber auch die Haftung beim Bremsen vor allem auf nasser Straße, und vermindert den Rollwiderstand und damit den Verbrauch. Der entscheidende Vorteil liegt aber in der ganz wesentlich erhöhten Laufleistung. Das war für HONDA der Grund, den Gürtelreifen 1984 auf das Hinterrad der brutalen VF 1 000 R zu ziehen. Zwei Einschränkungen: Die genannten Tugenden schlagen erst im oberen Geschwindigkeitsbereich über 150 km/h meßbar zu Buch, und die unvermeidbare Verhärtung durch den Gürtel kann beim Motorrad-Reifen leider nicht durch weichere Flanken aufgefangen werden.
Wie schwierig es ist, Erfahrungen von einem Fahrzeugtyp auf den anderen zu übertragen, läßt sich an vielen Beispielen zeigen. Die von den großartigen Zweiradmotoren abgeleiteten hochdrehenden 600- und 800-ccm-Vierzylinder erwiesen sich in den ersten spritzigen HONDA-Limousinchen mit ihrer steilen Leistungscharakteristik als viel zu schmalbrüstig, und selbst die vergleichsweise biederen BMW-Boxermotoren mußten für ihren Einbau in die Kleinwagen BMW 600 und BMW 700 von Grund auf neu konstruiert werden – von den Steuerzeiten über das Gehäuse bis zur wesentlich verstärkten Kurbelwelle. So bietet auch der offensichtlich auf breiter Front erfolgreiche Einbau von Turboladern im Automobilbau durchaus keine Gewähr dafür, daß die Turbomodelle im Motorradbau ein Erfolg werden.
Der Turbomotor bringt gegenüber dem im Volumen angehobenen Saugmotor

gleicher Leistung keine meßbaren Gewichts- oder Raumvorteile – er kann mit Rücksicht auf den beim Motorrad ja sehr viel empfindlicheren Leistungseinsatz nicht sehr hoch überladen werden – wohl aber einen höheren Verbrauch, verzögertes Ansprechen des Laders und damit unruhiges Fahrverhalten. So kommt man leicht zu dem Schluß, daß der Prestigegewinn, eine komplizierte Technik zu beherrschen, beim Turbomotor wohl von Industrie und Fahrer zu teuer erkauft wird.

Leider läßt auch die mit erfreulicher Energie wieder aufgenommene Weiterentwicklung des Zweitakters eine höchst zweifelhafte Weichenstellung erkennen. Anstatt dem Viertakter einen einfacheren, robusteren, leichteren und in der Wartung bescheideneren Motor entgegenzustellen, sind alle Neukonstruktionen eindeutig auf spektakuläre Leistungen ausgelegte, nur leicht gezähmte Replicas erfolgreicher Rennmodelle. HONDA hat zwar sehr schnell die abenteuerliche MVX 250 mit dem stolpernden Dreizylinder-V-Motor aufgegeben, aber der Nachfolger, die NS 250 F mit dem 90°-V- Zweizylinder ist mit 45 PS eben wieder nur eine leicht zivilisierte Replica der NS 250 R. Auch YAMAHA jagt mit der RD 500 LC, einer Abwandlung des GP-Modells OW 71, wieder pubertären Träumen nach. Der aufregende wassergekühlte 90°-V-Motor mit Membransteuerung für den Einlaß und Power Valve für den Auslaß leistet $P = 65$ kW (88 PS) bei $n_1 = 9\,500$ min^{-1} und hat ein maximales Drehmoment $M = 67$ Nm (6,8 mkg) bei $n_2 = 8\,500$ min^{-1}.

Der Motorradbau der Zukunft braucht keine Muskelspiele, sondern auf der Grundlage der großartigen Erfahrungen mit Hochleistungsmotoren auf Gutmütigkeit und Genügsamkeit gezüchtete Leistungen in handlicher Verpackung. Die unverkennbare Motorrad-Krise muß nicht in einer bedrohlichen Krankheit enden. Sie könnte auch ein heilendes Fieber sein, das uns zum gesunden Nachdenken zwingt.

Nachlese

Als ich 1981 mit den Vorarbeiten zu dieser Analyse der Motorradentwicklung begann, hatte der Motorradmarkt in der BRD gerade die tiefe und lange Talsohle der 60er Jahre hinter sich gelassen und in steilem Anstieg mit rund 140 000 Neuzulassungen einen hoffnungsfroh stimmenden neuen Maßstab gesetzt – manch einer träumte wohl schon von den goldenen 50er Jahren. Es gehörte aber nicht allzuviel Phantasie zu der nüchternen Erkenntnis, daß dieser erfreuliche Trend nur von kurzer Dauer sein konnte. Die hemmungslose Aufsplitterung des Modellprogramms, die ziellose Verzettelung der Entwicklungsarbeit auf divergierende Teilprobleme, und die Abkehr von dem Ideal der vielseitig einsetzbaren, sportlichen Gebrauchsmaschine zeigte ebenso wie die Überbewertung modischer Gags – durch Industrie und Fahrer – nur zu deutlich, daß der Motorradbau weltweit in einer Identitätskrise steckte. Das oft zitierte und hochgepriesene »freie Spiel der Kräfte am Markt« erwies sich für die Entwicklung eines technisch so diffizilen und von so vielen Einflüssen geprägten Gerätes als schlechter Ratgeber – und die Presse versagte bei der Aufgabe, den Fahrer auf die Straße der technischen Vernunft zurückzuleiten. Im Gegenteil: Sie feierte lautstark und fast unisono jede noch so abwegige Idee, wenn sie nur »modern« war und Schlagzeilen versprach. Die Skepsis, mit der ich 1981 die Entwicklungstendenzen bewertete, war leider nur allzu berechtigt:

Tendenzen

Die Zahl der Neuzulassungen über 80 cm^3 fiel nach 5 Jahren auf rund 81 000 Einheiten, und die mit so großen Erwartungen gestarteten 80er Leichtkrafträder gingen nach einem kurzen Achtungserfolg mit rund 122 000 Neuzulassungen einschließlich Roller im Jahr 1982 auf etwa 17 000 Einheiten zurück. Das enttäuschende Ergebnis für das Leichtkraftrad, das ja als in der Laufkultur überlegene, dem Verkehrsablauf besser angepaßte Ablösung des 50 cm^3 Kleinkraftrades gedacht war, ist vor allem auf die 1983 wegen der drastisch gestiegenen Schadensfälle auf das Dreifache angehobenen Versicherungsprämien zurückzuführen. Schade – hier wurde eine große Chance für einen Neuaufbau von der Grundlinie aus leichtfertig vertan.
Ein Blick nach Japan bietet trotz der ganz unterschiedlichen Dimensionen einen interessanten Vergleich. Hier wuchs der Fahrzeugbestand in einer atemberaubenden Steigerung von rund 1,03 Millionen im Jahre 1955 unaufhaltsam auf die Rekordmarke von 18,67 Millionen Einheiten im Jahre 1986. 1987 gab es dann einen Rückgang des Bestandes um 30 000 Einheiten: Die 50er und die 125er Klasse verloren rund 220 000 Stück, während die schweren Maschinen rund 190 000 Stück gewannen.
Für den Verkauf war 1982 auch in Japan ein Rekordjahr. Eine Gegenüberstellung zeigt eindringlich die überragende Be-

deutung der 50 ccm-Klasse für den japanischen Markt, aber auch die zunehmende Beliebtheit der 250er.

	1982		1987	
– 50 ccm	2785	84,8 %	1029	69,7 %
– 125 ccm	216	6,6 %	151	10,2 %
– 250 ccm	138	4,2 %	201	13,6 %
über 250 ccm	147	4,5 %	96	6,5 %

Stückzahl x 1000

Der Marktanteil der 50er ist innerhalb von 5 Jahren also 85 % auf 70 % gesunken, während die 125er von 6,6 % auf 10,2 %, die 250er von 4,2 % auf 13,6 % und die schweren Maschinen von 4,5 % auf 6,5 % zugenommen haben.

Trotz aller Unkenrufe: Das Interesse am Freizeitgerät Motorrad ist ungebrochen. 1987 stieg die Zahl der Neuzulassungen mit etwa 87 000 Einheiten erstmals nach 6 Jahren wieder leicht an, und daß der Bestand wieder merklich die Millionengrenze überschritt, liegt an der gleichbleibend hohen Zahl der Besitzumschreibungen in den letzten Jahren. Wenn sich heute aber nur jeder fünfte Käufer für eine fabrikneue Maschine entscheidet, zwingt das zum Nachdenken: Ist der Fahrer nicht mehr bereit, jedem großspurig angepriesenen neuen Gag mit hechelnder Zunge nachzulaufen, oder hat die (durch die hektische Weiterentwicklung unvermeidliche) oft drastische Preissteigerung inzwischen die finanzielle Schmerzgrenze überschritten? Verläßt sich der Käufer lieber auf ein über Jahre bewährtes Grundmodell, weil sich die mangelnde Reife und geringe Lebenserwartung mancher Neulinge bei dem hektischen Modellwechsel ebenso herumgesprochen haben wie die leidige Ersatzteilversorgung? Es wäre für die Zukunft des Motorrades sicher nicht schlecht, wenn die verständliche Begeisterung für jedes neue Modell durch eine geschärfte technische und wirtschaftliche Betrachtung abgelöst würde, aber hier ist leider noch keine Trendwende zu erkennen: Der unsinnige Wettlauf um den größten Hubraum wird munter fortgesetzt, ein Durchschnittsverbrauch von 8–10 l/100 km genau so lässig in Kauf genommen wie ein Gewicht von 300–400 kg! Die Konstrukteure sind stolz darauf, wenn sie den Ungetümen unter Aufbietung der letzten technischen Tricks annähernd die Fahrleistung einer guten 250er anerziehen konnten, und die Fahrer sonnen sich in dem erhabenen Gefühl, mit den gewaltigen Massen wenigstens während der Fahrt einigermaßen fertig zu werden. Für das mühelose Rangieren der übergewichtigen Solomaschine (!) steht nun schon ein Rückwärtsgang bereit – es fehlt nur noch ein eingebauter Gabelstapler, um das einmal weggerutschte Riesenspielzeug wieder auf die Räder zu stellen. Wie in der großen Politik liegt offenbar ein seltsamer Reiz darin, mutwillig selbstgestrickte Probleme unter lässiger Mißachtung der Aufgabenstellung zu lösen. Eine schonungslose Aufdeckung derartiger Halbstarkenspiele erschien notwendig, um die Freude an den echten Fortschritten ungetrübt genießen zu können. Ein Teil der im Vorwort angeschnittenen Fragen kann heute schon mit einiger Sicherheit beantwortet werden: Die starken Einbrüche auf dem Weltmarkt haben vor allem in Japan zu einer deutlichen Straffung der Modellpalette geführt, die »Familienbildung« der einzelnen Typen gefestigt und den ungesund schnellen Modellwechsel deutlich abgebremst. In der Werbung finden sich nun schon wieder zaghafte Hinweise auf den vielseitigen Einsatz und die Lebensdauer. Die

Gefahr, daß die Betriebsanleitung beim Kauf schon veraltet ist, wurde geringer!
Die unter dem Einfluß von Motocross-Modellen auch bei Straßen-Maschinen hemmungslos gewachsenen Federwege wurden vorn und hinten deutlich zurückgenommen. Dadurch verloren auch die mehr schlecht als recht über die gedrosselte Dämpferbohrung arbeitenden Anti-dive-Systeme ebenso an Bedeutung wie die Unterstützung der Stahlfedern durch progressive Luftpolster. Um Mißverständnissen vorzubeugen: Natürlich besteht die Aufgabenstellung weiter – aber bei den begrenzten Federwegen ist sie nicht mehr so vordringlich und läßt uns Zeit, über bessere, funktionellere Radaufhängungen nachzudenken. Die Schwinge bittet wieder um Gehör. Die Anfang der 80er Jahre mit großem Einsatz von Ideen und Investitionen auf breiter Linie gestartete Einführung des Turboladers schlief inzwischen sang- und klanglos wieder ein – die Entwicklung bekam weder den Leistungseinsatz noch den Verbrauch sicher in den Griff. Nachdem auch die Formel I bei den Rennwagen den Appetit am Turbolader verloren hat, ist mit einem come-back in absehbarer Zeit wohl kaum zu rechnen. Das spektakuläre Zwischenspiel des Turboladers im Grand-Prix-Geschehen hatte der FIA immerhin die Augen für die Bedeutung des Verbrauchs als bestimmenden Formelfaktor geöffnet – vielleicht begreift auch der Fahrer einmal, daß niedriger Verbrauch ein Gütezeichen für eine hochwertige Konstruktion ist. Das gilt natürlich auch für das Maschinengewicht, aber hier geht die Entwicklung leider seltsame Wege: Während einige 1000er Sportmodelle höchst erfreulich die 200 kg Leergewicht deutlich – wieder – unterschritten haben und so von fleißiger Kleinarbeit künden, schleppt ein gutes Dutzend aufgetakelter Tourendampfer mühsam weit über 300 kg mit sich herum – ein Alptraum für Fahrästheten.

Einzylinder

Als Yamaha 1977 mit der XT 500 den einfachen, robusten und handlichen Einzylinder wiederentdeckte und damit den Fahrer an alte Ideale erinnerte, wurde ein großer und unerwartet schnell wachsender Markt erschlossen. Wer aber nun gehofft hatte, daß die heilsame Erfahrung eine Wiedergeburt der historischen Mittelklasse von 250–350 ccm mit Gewichten von 120–130 kg anregen würde, irrte sich. Trotz durchaus interessanter Angebote entschied sich der Markt eindeutig für den »big-Banger«, der bei heftigem Wettbewerb der Marken mit 600–650 ccm und 33–34 kW (45–46 PS) schnell eine neue Norm fand. Daß dabei die Bohrung auf stattliche 95–100 mm ∅, die Drehzahl auf 6000–6500 min^{-1} und die kritische Kolbengeschwindigkeit v_K auf 18 m/s stiegen, wurde großmütig in Kauf genommen.
Ausgerechnet Suzuki, mit der DR 370 sehr früh in die Enduroklasse eingestiegen, ging in die Vollen: Die DR 750 S hat bei $b = 105$ mm ∅ und $s = 84$ mm Hub ein $V_h = 727$ ccm und leistet 37 kW (50 PS)

Der »big banger« SUZUKI DR 750 S
Im Fahrwerk auf's Gelände zugeschnitten, von Leistung, Gewicht, Radstand und Tankinhalt aus aber vor allem als robuste Langstreckenmaschine geeignet.

bei $n_1 = 6800$ min^1 und $v_K = 19$ m/s. Der kurzhubige Kurbeltrieb (s:d = 0,8) wird in den freien Massenkräften durch 2 Ausgleichswellen, von denen die hintere über eine Rollenkette die obenliegende Nockenwelle antreibt, recht gut im Zaum gehalten. Der Kolben ist mit Aluminoxyd gepanzert. Die beiden 33 mm ∅ Mikuni-Gleichdruck-Vergaser mit Drosselklappe und Flachschieber sorgen für eine gute Füllung, zwei Zündkerzen verkürzen den Flammenweg. Der feinrippige Zylinder hat von der GSX-R750 die innere Ölkühlung übernommen, die das Öl von der Rotorpumpe zum Zylinderkopf und allen thermisch und mechanisch hochbeanspruchten Bauteilen und durch einen großbemessenen Ölkühler führt. Mit einem Leergewicht von 205 kg, einem 29 l-Tank und einem Radabstand von 1510 mm ist der bullige Einzylinder trotz der auf das Gelände zugeschnittenen Federwege mit 240 mm vorn und 220 mm hinten für die Langstrecke am besten geeignet.

KAWASAKI Tengai KL 650-B 1
Wassergekühlter Einzylinder Vierventilmotor (b = 100 mm ∅, s = 83 mm, $V_h = 651$ cm^3, dohc, 2 Ausgleichswellen), $P_{max} =$ 35 kW (48 PS) bei $n_1 = 6500$ min^{-1}, $M_{max} = 55$ Nm (5,6 mkg). Eine gedrungene Enduro mit 220 mm Federweg der luftunterstützten Telegabel und 185 mm der Unitrack-Schwinge, 1480 mm Radstand, 23 L-Tank und 159 kg Trockengewicht.

Zweizylinder

Honda setzte sich mit der NTV 650 das ehrgeizige Ziel, eine gesunde Synthese zwischen handlichem Sportgerät und langstreckentauglicher Robustheit ohne jeden modischen Schnickschnack auf die Räder zu stellen, ein Motorrad der Vernunft, das eine klare, übersichtliche Technik unverhüllt zur Schau stellt. Der 52° V-Zweizylinder mit 76° Kurbelversatz (b=79 mm ⌀, s=66 mm, V_h=647 ccm ohc mit Zahnkettenantrieb, 3 Ventile und 2 Zündkerzen je Zylinder, zwei 34 mm ⌀ Keihin-Gleichdruck-Vergaser) leistet in der deutschen Version 37 kW (50 PS) bei $n_1=7500\ min^{-1}$ und erreicht sein bestes Drehmoment $M_{max}=55$ Nm bei $n_2=3000\ min^{-1}$. Diese erstaunliche Elastizität hat Honda leider dazu verführt, die Maschine allzu lang zu übersetzen und die Spannweite des 5-Ganggetriebes mit 1:2,39 allzu knapp zu halten. Die Kühlung fällt dadurch auf, daß das Kühlmittel erst an den hinteren Zylinder und erst dann über den vorderen Zylinder und die Zylinderköpfe in den mit 16 mm sehr flachen und leichten Kühler geführt wird. Der Brückenrahmen aus Sechskant-Stahlrohren wird durch den voll-mittragenden Motor versteift. Die Federwege der Telegabel (41 mm ⌀ Standrohre) mit 130 mm und der einarmigen Aluminium-Schwinge, die die Kardanwelle organisch aufnimmt, mit 120 mm sind bewußt sehr bescheiden gehalten, aber das ohne progressive Zwischengelenke direkt aufgehängte de-Carbon-Zentralfederbein ist in der Federbasis 7fach verstellbar. Die Honda NTV 650 ist ein vielversprechender Schritt in eine vertraute, schlichtere, nur nach der Funktion wertende Motorradwelt – aber sie erfordert noch einige Abstimmungsarbeit.

Nach ähnlichen Überlegungen ist die durch ihre spartanische Funktionalität beeindruckende, mit 700 mm Sitzhöhe und 1520 mm Radstand aber eindeutig als Chopper ausgelegte Yamaha XV 535 gebaut. Darauf weisen auch der Lenkkopfwinkel mit 31,5° und 125 mm Nachlauf hin. Der luftgekühlte 70° V-Zweizylinder (b=76 mm ⌀, s=59 mm, V_h=535 ccm, ohc mit 2 Ventilen/Zylinder) leistet

HONDA NTV 650 – auf dem Weg zu einem neuen Allround-Modell
52° V-Zweizylinder mit verblüffender Drehzahl-Elastizität $e_n=2,5$ (!), enggestuftes Sechsganggetriebe, Einarmschwinge mit Kardanantrieb.

YAMAHA XV 535 – ein schlichter Chopper
mit 70° V2-Motor, Fünfganggetriebe mit Kardanantrieb, 1520 mm Radstand, 700 mm Sitzhöhe, sehr unterschiedliche Speichenräder für Geländebetrieb. Luftfilter in der Tankattrappe, abschließbarer 13,5 L-Tank unter der Sitzbank.

in der ungedrosselten Version 34 kW (46 PS) bei $n_1 = 7500\ min^{-1}$ und ein $M_{max} = 47$ Nm bei $n_2 = 6000\ min^{-1}$. Er fällt in der gedrosselten deutschen Ausführung mit 20 kW (27 PS) bei $n_1 = 6000\ min^{-1}$ und $M_{max} = 41{,}2$ Nm bei $n_2 = 3000\ min^{-1}$ durch eine für einen Motorradmotor ganz ungewöhnliche Drehzahlelastizität auf. Das gut gestufte Fünfganggetriebe mit einer Spannweite 1 : 2,8 paßt nahtlos dazu. Die Telegabel (36 mm Standrohr ⌀) ist mit 150 mm Federweg genauso sparsam bemessen, wie die Hinterradschwinge mit 85 mm. Der unter der Sitzbank angeordnete verschließbare Tank ist von mageren 8,6 l auf 13,5 l gewachsen und beliefert die beiden 43 mm ⌀ Mikuni-Vergaser über eine elektrische Pumpe mit bleifreiem Normalbenzin. Die Tankattrappe auf dem Rohrrahmenrückgrat enthält den Luftfilter. Die erfreulich schlichte Maschine mit dem Kardanantrieb auf den sehr unterschiedlichen Speichenrädern – vorn 3.00 S – 19 4 PR, hinten 140/90 – 15 M 70 S – sollte in der Federung noch etwas komfortabler werden und noch einige von den 195 kg abspecken. Mit der XV 250 stellt Yamaha

YAMAHA XV 250 – endlich wieder ein kleiner, handlicher Chopper
mit langhubigem 60° V-Motor, 686 mm Sitzhöhe und 145 kg Gewicht (!).

einen handlichen Chopper in der kleinen Klasse vor. Der luftgekühlte, auffallend langhubige 60° V-Motor (b=49 mm ⌀, s=66 mm, s:d= 1,35, ohc mit 2 Ventilen, ein 26 mm ⌀ Mikuni-Fallstrom-Vergaser mit Beschleunigerpumpe) leistet in der gedrosselten deutschen Version 12,5 kW (17 PS) bei $n_1=7000\ min^{-1}$ und erreicht bei $n_2=5000\ min^1$ ein $M_{max}=19{,}6$ Nm, bei $n=2500\ min^{-1}$ aber schon 15,7 Nm, ist also erwartungsgemäß sehr elastisch. Mit 1488 mm Radstand, 685 mm Sitzhöhe und 32° Lenkkopfwinkel bei 120 mm Nachlauf hat die RV 250 typische Chopperdaten, mit 147 kg ein erfreulich niedriges Gewicht und mit 120 mm vorn und 110 mm hinten ausreichende Federwege.

Hubraumriesen

Auf der anderen Seite der Skala wuchern Leistung, Hubraum und Gewicht der schweren Reisemaschinen in dem schon manischen Bestreben, das Chopper-Idol Harley zu übertrumpfen, immer hemmungsloser aus.

Aus der Yamaha XVZ 12 wurde die XVZ 13 mit b=79 mm ⌀ und $V_h=1294$ ccm, womit das Drehmoment bei $n_2=5000\ min^{-1}$ von 102 Nm auf 115 Nm, das Gewicht der Maschine aber von 304 auf 340 kg anstieg.

Bei Suzuki wurden die ungewöhnlichen 82° des V-Zweizylinders der Madura LV 1200 in der VS 1400 Intruder auf 45° »zusammengefaltet« und die Kurbelzapfen zum besseren Massenausgleich um 45° versetzt. Mit b=94 mm ⌀, s=98 mm, $V_h=1360\ cm^3$ begnügt sich der leicht langhubig ausgelegte Motor mit 49 kW (67 PS) bei $n_1=5000\ min^{-1}$ und M=108 Nm bei $n_2=3400\ min^{-1}$. Je eine kettengetriebene ohc betätigt über Kipphebel und spielfreie Hydraulicstössel die drei Ventile. Das Fahrwerk ist choppergerecht: Radstand 1620 mm, Sitzhöhe 720

YAMAHA XVZ 13 T – der mächtige Vierzylinder ist üppig gewachsen: 13 % mehr Drehmoment, 12 % mehr Gewicht bei luxuriöser Ausstattung.

mm, Lenkkopfwinkel 54° (!), Nachlauf 166 mm, Federweg vorn 160 mm, hinten 108 mm, Kardanantrieb. Das Gewicht hält sich mit 260 kg in Grenzen. Die bisher nur in den USA angebotene, üppig verkleidete Suzuki GV 1400 Cavalcade hat da mit 392 kg keine Hemmungen. Der kurzhubige Vierzylinder-V-Motor (b = 81 mm ∅, s = 66 mm) hat mit 1360 cm^3 den gleichen Zylinderinhalt wie die Intruder und mit 82° den gleichen ungewöhnlichen Zylinderwinkel wie die Madura, vier Ventile und doppelte ohc mit Schlepphebeln und hydraulischem Ventilspielausgleich. Die ungedrosselten Leistungsdaten sind P = 86 kW (114 PS) bei n_1 = 7000 min^{-1} und M_{max} = 124 Nm bei n_2 = 5500 min^{-1}: Die Telegabel hat 150 mm Federweg, die Hinterradfederung 106 mm, und der Radstand ist mit 1670 mm sehr reichlich bemessen.

Am deutlichsten übertrifft der wassergekühlte 50° V-Zweizylinder der Kawasaki Vulcan VN 15 SE den Hubraum des Chopper-Veteranen: Mit b = 102 mm ∅, s = 90 mm und V_h = 1470 cm^3 leistet der vierventilige ohc-Motor schon bei n_1 = 4500 min^{-1} ein P = 53 kW (71 PS) und bei n_2 = 3000 min^{-1} ein M_{max} = 124 Nm, und das hält sich zwischen n = 2000 und n = 4000 min^{-1} über 120 Nm – da kann man lässig mit einem Vierganggetriebe auskommen. Mit einem allerdings nur 16 l fassenden Tank hält sich das fahrfertige Gewicht mit 268 kg in Grenzen.

In diesem gigantischen Wettstreit um die größte, schwerste, komfortabelste und ausgefallenste Reisemaschine für die unendlichen Straßen im Land der unbegrenzten Möglichkeiten konnte, ja durfte Honda natürlich nicht abseits stehen, aber es entbehrt doch nicht einer gewissen Pikanterie, daß ausgerechnet der Mann, der einmal die winzigen 50 cm^3 Ein- und Zweizylinder Viertakter im GP zu imponierenden Literleistungen erzog und in schwindelerregende Drehzahlen jagte, nun in Ohio die schwergewichtige Schwester der Gold Wing 1200 auf die dicken Räder stellte – der geniale Soichiro Irimajiri. Die üppig, aber gekonnt verschalte Honda GL 1500 wartet in jeder Hinsicht mit Superlativen auf: Der Sechszylinder Boxer (b = 71 mm ∅, s = 64 mm, V_h = 1520 cm^3, eine zahnriemengetriebene ohc, zwei Ventile mit hydraulischem Spielausgleich, ein Gleichdruck-Vergaser mit 33 mm ∅ und Beschleunigerpumpe für jede Zylinderreihe, Verdichtung 1 : 9,8) erreicht mit zahmen Ven-

KAWASAKI
VN 1500 Vulcan
Wassergekühlter 1470 cm^3 V2 mit 50° Zylinderwinkel, leistet 53 kW (71 PS) bei nur 4500 min^{-1} und kommt mit raffiniertem Leichtbau auf 281 kg.

HONDA GL 1500
– der Sechszylinder-Boxer für die endlosen Straßen im Land der unbegrenzten Möglichkeiten. Hier wurde alles eingebaut, was an Komfort und Glamour auf zwei Rädern unterzubringen war.

tilzeiten (E.ö.5° v.OT, E.s. 30°n. UT, A.ö. 35°v.UT, A.s. 5°n.OT) die vorgeschriebene Nennleistung $P_1 = 74$ kW (100 PS) schon bei $n_1 = 5200\ min^{-1}$ (v_K nur 11 m/s) und $M_{max} = 150$ Nm bei $n_2 = 4000\ min^{-1}$. Der 5. Gang ist deutlich als Schongang ausgelegt – beim Rangieren hilft ein von dem kräftigen Anlasser getriebener Rückwärtsgang! Die Fahrwerksdaten sind choppergerecht: Radstand 1700 mm, Lenkkopfwinkel 60°, Nachlauf 115 mm; das Gewicht erreicht mit vollem Tank stolze 385 kg!

Das Fazit: Die Hubraumgiganten haben das Motorraderlebnis in eine andere Dimension verschoben. Die Leistung wird

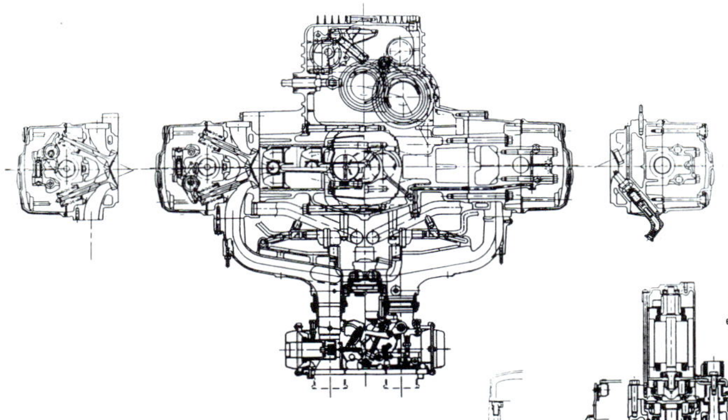

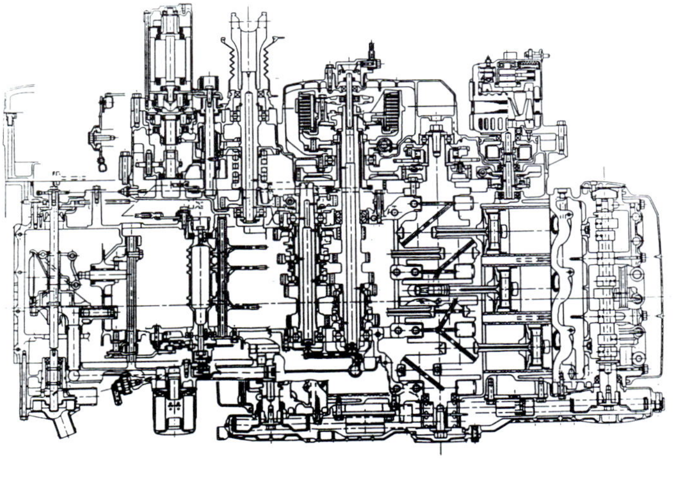

HONDA Gl 1500
Sechszylinder Boxer
Längsschnitt. Zwei Gleichdruck-Vergaser 33 mm Ø, je eine obenliegende Nockenwelle, Kipphebel mit hydraulischer Ventilspiel-Nachstellung, steilhängende Ventile.

mehr oder weniger bedeutungslos, weil sie nicht entfernt ausgenutzt werden kann – aber sie zwingt den Konstrukteur zu gewaltigen Abmessungen und Gewichten. Die niedrige Belastung des Triebwerks sichert mit dem zu Recht ausnahmslos verwendeten Kardanantrieb natürlich eine beruhigende Betriebssicherheit und eine lange Lebensdauer, und das hohe Gewicht verspricht im Zusammenhang mit dem langen Radstand sicher einen beachtlichen Fahrkomfort, aber eine genaue Analyse der Fahrwerksdaten läßt doch erkennen, welche Mühe darauf verwendet werden mußte, Störungen in Stabilisierung und Handling im Zaum zu halten: Begrenzte Federwege, luftunterstützte Telegabeln und Federbeine und wirksame Antidivesysteme scheinen bei allen diesen Dinosauriern offenbar noch ein Muß zu sein.

Kampf um Gramm

Ganz anders sahen die Probleme aus, mit denen sich die Konstrukteure sportlicher Maschinen in den letzten Jahren herumzuschlagen hatten. Einen aufschlußreichen Bericht veröffentlichte Honda über die akribische Feinarbeit, die an dem Kraftprotz VF 750 R geleistet wurde: Gewichtseinsparung und Leichtlauf waren die Leitlinien. Der Übergang vom Ketten- zum Stirnradantrieb der vier Nockenwellen soll die Reibungsverluste um 30 % gesenkt haben. Die Vergrößerung des Vergaserdurchmessers von 30 mm ⌀ auf 34 mm ⌀, die verkleinerte Spreizung der Vergaser von 72° auf 52° mit gestreckter Kanalführung, die größeren Einlaßventile und die getrennte Führung der Auspuffrohre zu den durch ein Rohr verbundenen Schalldämpfern haben die Atmung so verbessert, daß die

HONDA VFR 750 R – ein V4-Hochleistungstriebwerk mit höchster Laufkultur

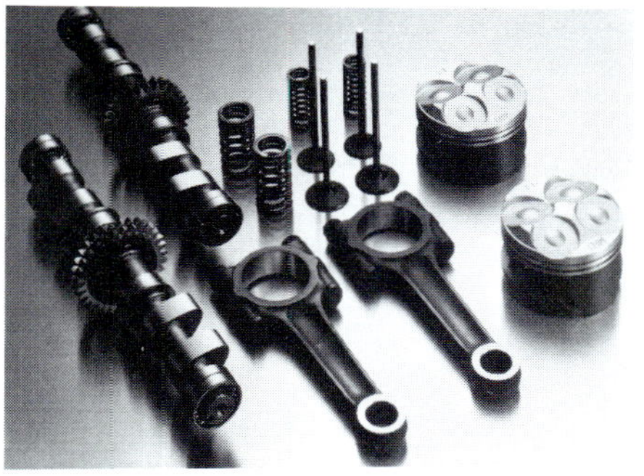

Kein Triebwerksteil wurde bei dem akribischen Tuning ausgelassen:
Der Kolben mit den ausgesparten Taschen für die erleichterten Ventile, die oberflächenveredelten Pleuel, die um 25 % abmagerten, und die um 36 % leichteren Ventilfedern.

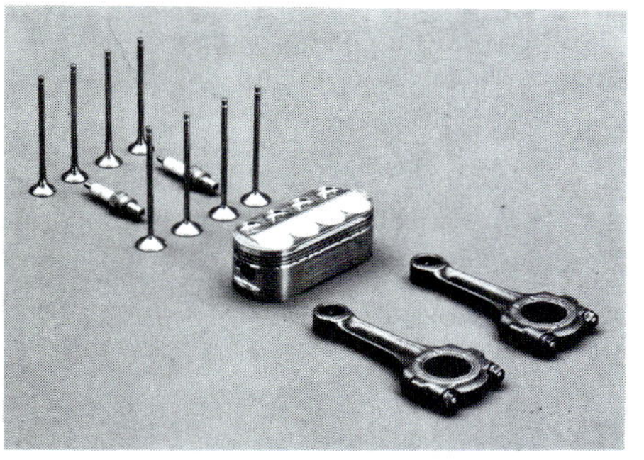

HONDA NR 750
– le pur sang
Unermüdlich arbeiten die zukunftsgläubigen Honda-Ingenieure an dem ehrgeizigsten High-Power-Projekt weiter: Der O-Kolben mit den 8 Ventilen wird jetzt in einem 750 cm^3-Motor für die Langstrecke erprobt.

Leistung um 4 kW, das Drehmoment um 5 Nm und die Drehzahl um 500 min^{-1} angehoben wurden. Die Feinarbeit an den hin- und hergehenden Triebwerksmaßen ist imponierend: Das Gewicht jedes Kolbens sank von 201 g auf 181 g, das der von 1,2 mm auf 1,0 mm abgeflachten Kolbenringe von 11,3 auf 10 g je Satz, der Auslaßventile von 28,5 g auf 26 g, der Einlaßventile trotz Durchmesserzuwachs von 28,5 auf 28 g, der Kipphebel von 54 g auf 48 g je Ventil, der Ventilfedern von 50 g auf 32 g je Ventil und das der oberflächenveredelten Pleuel von 370 g auf 280 g. Das macht zwar insgesamt nur knapp 1 kg aus, stellt aber für die Laufkultur des Motors bis hinauf zu 10 000 min^{-1} eine entscheidende Verbesserung dar. Das

KAWASAKI ZXR 750
– ein Superbike mit dohc-Vierventil-Reihenmotor, Leichtmetall-Fahrwerk mit reinrassiger Rennverkleidung und gekonnter Luftführung zum Zylinderkopf. 43 mm Ø Standrohre der Telegabel mit verstellbarer Federvorspannung und Dämpfung. Unitrack Hinterradaufhängung.

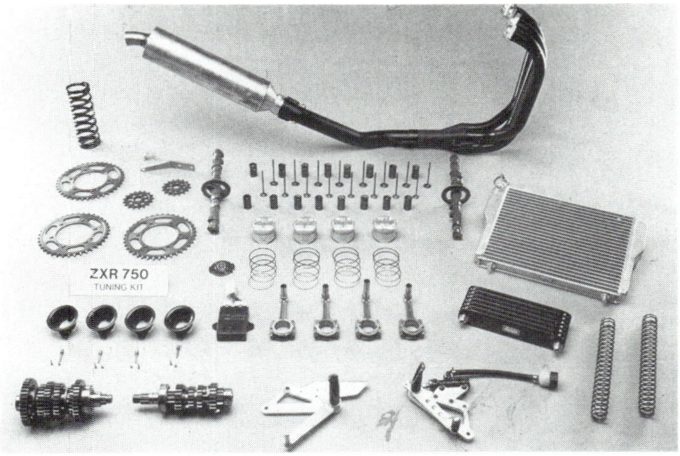

KAWASAKI ZXR 750 – Racing-Kit

Trockengewicht der Maschine wurde um rund 30 kg unter die in Japan für Supersportmaschinen jetzt offensichtlich als Schmerzgrenze empfundenen 200 kg abgebaut.

BMW K 1

Auf der IFMA 1988, fünf Jahre nach der Einführung der Vierzylinder-K-Reihe legte nun auch BMW ein überzeugendes Bekenntnis zur elitären Sportmaschine ab: Der kultivierte Vierzylinder hält sich zwar brav an die in der Bundesrepublik vereinbarte Leistungsgrenze und an die bescheidene Nenndrehzahl $n_1 = 8000$ min^{-1} ($v_K = 18{,}7$ m/s), bleibt sogar bei den zahmen Ventilzeiten mit 284° kW, aber die bessere Atmung der beiden 26,5 mm ⌀ Einlaßventile (Durchlaßquerschnitt 22 % größer als beim 34 mm ⌀ der K 100) und der beiden 23 mm ⌀ Auslaßventile (Durchlaßzuwachs 18 % ge-

BMW K 1 – eine elitäre Sportmaschine
Die enganliegende Verkleidung hat eine Widerstandsfläche $c_W \cdot A = 0{,}38$ und liegt damit rund 30 % unter dem Wert der unverkleideten Maschine.

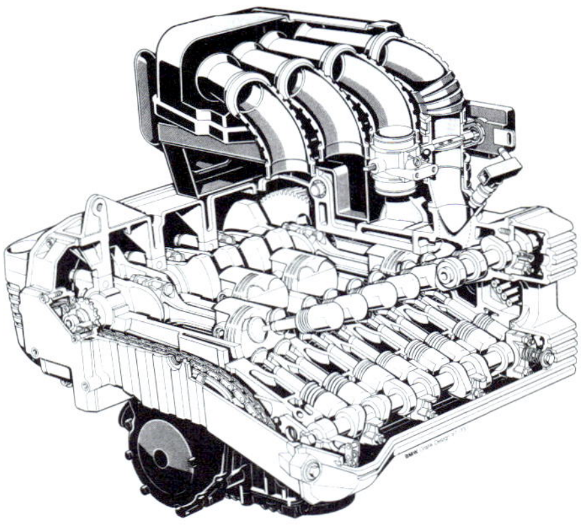

BMW K 1
Die perspektivische Schnittzeichnung zeigt besonders deutlich den klaren Aufbau des Vierventilers.

genüber dem 30 mm ∅ Einzel-Auslaß) zeigt sich über den ganzen Drehzahlbereich und gipfelt bei $n_2 = 6750\ min^{-1}$ in dem satten $M_{max} = 100$ Nm. Das entspricht dem rekordverdächtigen Mitteldruck $p_e = 12{,}7$ bar! Durch den geringen Oktanzahlbedarf des Vierventil-Brennraums konnte das Verdichtungsverhältnis auf 1:11, durch eine um 1,3 kg computer-geschrumpfte Kurbelwelle, leichtere Kolben, Pleuel und Tassenstößel der Leichtlauf verbessert werden. Von den BMW-Automobilmotoren übernahm der K 1-Motor die Digitale Motor Elektronik, die auf die, den Luftstrom störende, Stauklappe zur Luftmengenmessung verzichten kann. Ein Potentiometer gibt den Drosselklappenwinkel an den Computer im Steuergerät weiter, das zur Ermittlung der Einspritzmenge darüber hinaus noch die Motordrehzahl, die Temperatur von Ansaugluft und Kühlwasser und schließlich den äußeren Luftdruck

BMW K 1
Blick auf den Ventiltrieb des kompakten Vierzylinders.

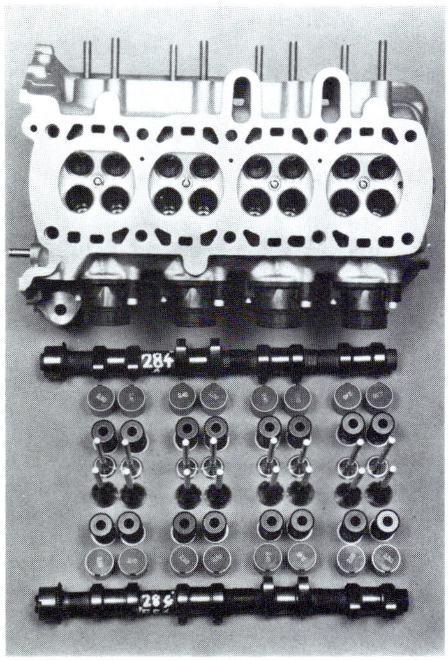

BMW K 1
Der Vierventilkopf mit Tassenstößeln, Ventilfedern, Ventilen und Nockenwellen, deren Aufschrift »284« die zahmen Ventilzeiten verrät.

datenmäßig verarbeitet. Allein der geringere Widerstand im Ansaugsystem brachte einen Leistungsgewinn von 4–5 PS. Eine Expansionskammer unter dem Getriebe bildet den Volumenausgleich für den kürzeren runden Schalldämpfer aus rostfreiem Stahl.

Das Fahrwerk der K 1 wurde sorgfältig den höheren Beanspruchungen im deutlich angestiegenen Geschwindigkeitsbereich angeglichen – die Höchstgeschwindigkeit liegt bei gut 240 km/h. Zur weiteren Steigerung der Verwindungssteifheit (41,7 mm Standrohr ∅) wurden die Gabelbrücken kräftig verstärkt. Die Dämpfung ist in der Druckstufe stark progressiv ausgelegt und arbeitet bis zur Hälfte des 135 mm langen Federwegs mit minimalen Kräften, um zusammen mit der reibungs- und verschleißarmen Führung der Standrohre in den teflon-beschichteten Gleitbuchsen ein feinfühliges Ansprechen zu sichern, und wird dann bis zum Erreichen des hydraulischen Anschlags schnell deutlich härter.

Der Paralever der reaktionsfreien Hinterradfederaufhängung mit 140 mm Federweg und einer ideellen Schwingenlänge von 1400 mm trägt deutlich zur Erhöhung der Fahrkultur bei – kein Aufstellen der Schwinge beim Beschleunigen, kein Stempeln der Hinterrades und auch ohne Antidive merklich geringeres Eintauchen beim Bremsen. Der Radstand wuchs von 1511 mm auf 1560 mm – das Leergewicht leider auf 258 kg.

Der Durchmesser der vorderen Bremsscheiben wurde von 285 mm ∅ auf 305 mm ∅ vergrößert. Sie werden von Vierkolbensätteln mit unterschiedlichem Kolbendurchmesser 32 mm ∅ und 34 mm ∅ in die Zange genommen. Die hintere Bremsscheibe wurde mit 5 mm Dikke 1 mm »kühler«.

Bei der Vorstellung der futuristischen Verkleidung mit der keilförmigen Vorderradabdeckung und der schmalen, sehr gekonnt profilierten, rahmenfesten Vollverkleidung wurde heftig diskutiert, ob die Pioniere des »angezogenen« Einspurers es nötig hatten, die aggressive Linie auch noch durch eine gelbe Kriegsbemalung zu betonen. Unbestritten ist die Windschnittigkeit mit einer Widerstandfläche c_w A weit unter 0,4, und das bei einer durchaus entspannten Fahrerhaltung: Bei 780 mm Sitzhöhe und 700 mm Banklänge wurden die schwingungsentkoppelten Fußrasten nur um 30 mm nach oben und um 150 mm nach hinten verlegt – und selten gab eine betonte Sportverkleidung einen so guten Wetterschutz.

Auspuffabstimmung beim Viertakter

Die erfolgreiche Auswertung der Einlaß- und Auslaß-Schwingungen im Zweitaktmotor für die Verbesserung der Füllung im unteren und mittleren Drehzahlbereich ließ die Viertaktleute natürlich nicht ruhen. Die lange bekannte Steuerung mit veränderlichen Ventilzeiten durch gegeneinander verdrehbare Doppelnokken oder exzentrisch gelagerte Schlepphebel erwies sich bisher als zu aufwendig und mechanisch zu störanfällig, und auch die zu- und abschaltbaren Ventile von Honda konnten noch nicht ganz überzeugen. Hochdrehende Viertakter mit ihren notwendigen langen Steuerwinkeln und weiter Überschneidung zeigten aber so starke Druckschwankungen im Auslaßtrakt, daß die Einbrüche im Drehmomentverlauf nicht mehr hingenommen werden konnten. Diese Druckschwankungen pflanzen sich unabhängig von der Drehzahl etwa mit

YAMAHA FZR 1000 mit dem Exhaust Ultimate Power Valve (EXUP)
Das EXUP-System ist der erste erfolgreiche Serienversuch, die Auspuffschwingung bei einem Viertakter so abzudrosseln, daß der Leistungseinbruch im mittleren Drehzahlbereich »geglättet« wird.

Schallgeschwindigkeit – bei den hier herrschenden Temperaturen also mit 500–600 m/s – im Rohr fort. Es kam darauf an, am Auslaßventil während der Überschneidung einen Unterdruck aufzubauen, um die Entleerung des Zylinders zu beschleunigen und das Ansaugen nicht abzubremsen. Die naheliegende Idee, wie beim Zweitakter die Rohrlänge auf die Grundschwingung so abzustimmen, daß der Unterdruck bis zum nächsten Auslaßhub, also über eine Dauer von 540° Kw aufrecht erhalten wird, ist abwegig: einmal müßte sie mit der Drehzahl laufend verändert werden, dann ist die hierfür erforderliche Rohrlänge einfach nicht unterzubringen, und schließlich würde der langen Unterdruckwelle eine ebenso lange Überdruckphase folgen und das Entleeren des Zylinders im folgenden Auspuffvorgang abblocken.
Das EXHAUST ULTIMATE POWER VALVE (EXUP) System, von YAMAHA 1987 in der FZR 400 vorgestellt und nun für die FZR 1000 übernommen, »verstimmt« die Auspuffschwingung durch eine Steuerwalze im Krümmer vor dem Sammler, die den Durchflußquerschnitt im Drehzahlbereich des Leistungseinbruchs mehr oder weniger stark abdrosselt. Die Teilreflexion der Gassäule an der Steuerwalze baute den Überdruck am Ventil ab und verbessert die Zylinderfüllung in diesem Bereich bis zu 20 %. Die Steuerwalze wird durch einen kleinen Elektromotor nach vorgegebenem Programm über Drahtzüge bei gleichzeitig optimierter Vorzündung eingestellt. Durch den geglätteten Drehmomentverlauf kann die Spitzenleistung weiter angehoben und der Verbrauch gesenkt werden.

Steuerreform für den Zweitakter

Es sieht ganz so aus, als würde Motocross nicht nur für den Fahrwerkbau, sondern auch für den Zweitakter zum Ideen gebenden Vorreiter. Der Motocross-Motor ist noch nicht in so elitäre Fernen entrückt wie der im Grand-Prix-Sport und steht mit seinen Forderungen nach einem bulligen Leistungsverlauf den Wünschen des zivilen Fahrers eben doch näher. So ist es nicht verwunderlich, daß die Konstrukteure von Cross-Motoren schon in den 70er Jahren das Tabu der nur vom Kolben gesteuerten und damit symmetrischen Steuerzeiten durchbrachen. In dem Wettbewerb zwischen dem zunächst sehr erfolgreichen Scheibendrehschieber und dem meist recht ungenau als »Membran« bezeichneten Lamellenventil hat sich die Steuerung mit den flinken Zungen als klarer

Sieger durchgesetzt. Den großen Vorzügen des Scheibendrehschiebers, dem sehr schnellen Freigeben und Schließen großer Zeitquerschnitte und der exakten Steuerung standen vor allem die problematische Gasführung im Kurbelhaus, die große Baubreite oder ein aufwendiger Antrieb entgegen. Versuche, den Einlaßquerschnitt oder die Steuerzeiten in Abhängigkeit von Last oder Drehzahl zu ändern, blieben bisher erfolglos.
Die V-förmig angeordneten Lamellenzungen aus hochelastischem Stahlblech, Kevlar, Teflon oder Kohlefasern sind heute gegen die früher häufigen Ermüdungsbrüche praktisch immun geworden. Hatte Yamaha 1971 bei dem bahnbrechenden YTIS-Verfahren noch die Lamellensteuerung mit der Kolbensteuerung kombiniert und den Einlaßschlitz erst dann vom Kolben freigegeben, wenn ein ausreichender Unterdruck die Lamellenzungen ruckartig aufriß, so ist die Öffnungscharakteristik der Lamellen inzwischen so abgestimmt, daß die neueren Cross- und GP-Motoren den Einlaßkanal meist direkt ins Gehäuse führen. Das ergibt recht günstige Einströmungsverhältnisse und schafft Platz für einen zusätzlichen steilen Spülkanal an der günstigsten Wandzone direkt gegenüber dem Auslaßschlitz.

Motocross-Motoren

Im »MOTORRAD« Heft 6/86 zeigte Wolfgang Schnepf in einer aufschlußreichen Versuchsreihe, daß der Leistungsverlauf von 7 untersuchten 125 ccm-Cross-Motoren recht gut übereinstimmt. Die Leistungskurve gipfelte mit 25–27 kW (34–37 PS) bei $n = 10\,000–11\,500\ min^{-1}$ mit dem höchsten Drehmoment dicht daneben und zeigte bei $n = 6\,500–7\,000\ min^{-1}$ mit 7,4 kW (10 PS) einen deutlichen Leistungseinbruch, und zwar unabhängig davon, ob der Einlaß nun durch Hauptschluß-, Nebenschluß- oder Gehäuse-Lamellen gesteuert wurde. Durch eine drehzahlabhängige Auslaß-Steuerung konnte die Leistung in diesem »Loch« um 3–4 kW (4–5 PS) angehoben werden. Auch hier hatte Yamaha 1977 mit dem YPVS die Pionierarbeit geleistet und mutig die optimale Lösung angepeilt, denn die »power valve« getauften Steuerwalzen verengten nicht nur den Öffnungsquerschnitt, sondern verkürzten im mittleren Drehzahlbereich auch die Öffnungszeit. Zur Verblüffung der skeptischen Fachwelt gelang es Yamaha, die hohe thermische Belastung der Walzen und die Oelkohleablagerung so in den Griff zu bekommen, daß das System in wenigen Jahren für die käuflichen Super-Sportmaschinen übernommen werden konnte.
Zu ähnlichem Druck- und Strömungsverlauf führten die Flachschieber von Rotax und Cagiva, die drehzahlabhängig bei $n = 6\,000–7\,000\ min^{-1}$ den vollen Querschnitt freigeben, aber sie haben, mitten im heißen, kohlehaltigen Abgasstrom liegend, natürlich die gleichen Betriebsprobleme zu überstehen. Da der drehzahlabhängig gesteuerte Schieber den Auslaßschlitz am Rotax-Motor beim

schnellen Gaswegnehmen zu früh schließt, hält ihn ein vom Pedal betätigter Seilzug beim Bremsen offen, um das Schieberuckeln zu verhindern.
KTM entwickelte für die Cross-Motoren eine valve-control, die die Auspuffoberkante abdeckt und damit Steuerzeit und Querschnitt durch eine Klappe verstellt. Die Drehung der in zwei (mit temperaturbeständigen Silicon-O-Ringen vor dem Auspuffstrom geschützten) Rillenkugellagern laufenden Steuerklappenwelle übernimmt eine von der Kurbelwelle angetriebene Fliehkrafteinheit. Die mit der Drehzahl steigende Fliehkraft der zwischen zwei schiefen Ebenen in Glockenform um die Achse rotierenden Kugeln drückt die Schalenhälften gegen den Druck einer Feder auseinander. Diese Axialbewegung wird über ein Hebelsystem auf die Steuerklappe übertragen. Versuche zeigten, daß die optimale Verstellkurve für die Auslaßsteuerzeit fast

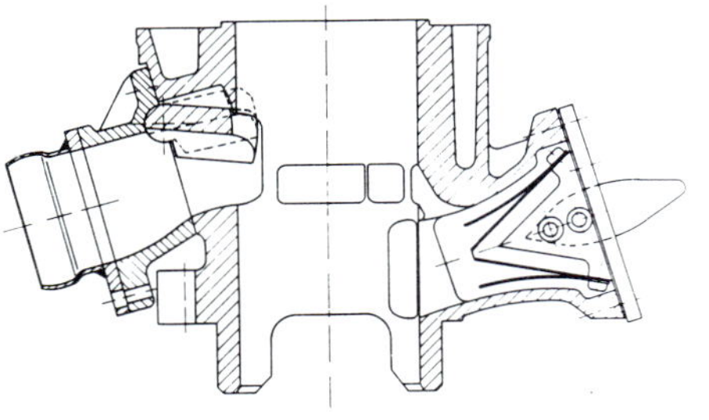

KTM 250 MX mit Valve Control Auslaßsteuerung
Die Auslaßoberkante wird durch eine steuernde Klappe abgedeckt und damit Auslaßzeit und Auslaßquerschnitt verändert.

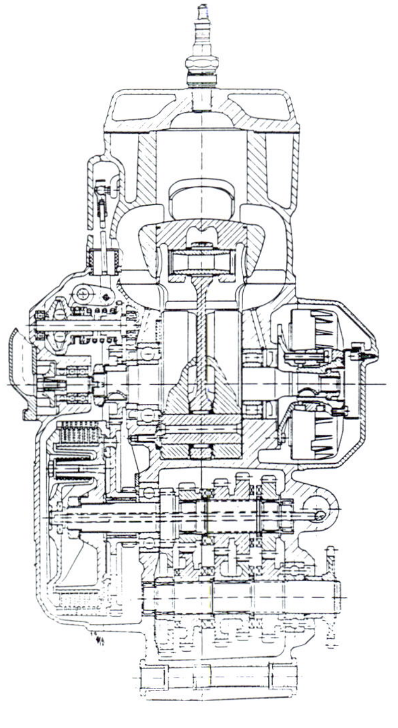

KTM 250 MX
Der Querschnitt des Motors zeigt links den Antrieb der Steuerwelle. Die glockenförmigen Schalenhälften werden durch die Fliehkraft der rotierenden Kugeln gegen den Druck einer Feder auseinander geschoben und übertragen die Axialbewegung über ein Hebelsystem auf die Steuerklappe.

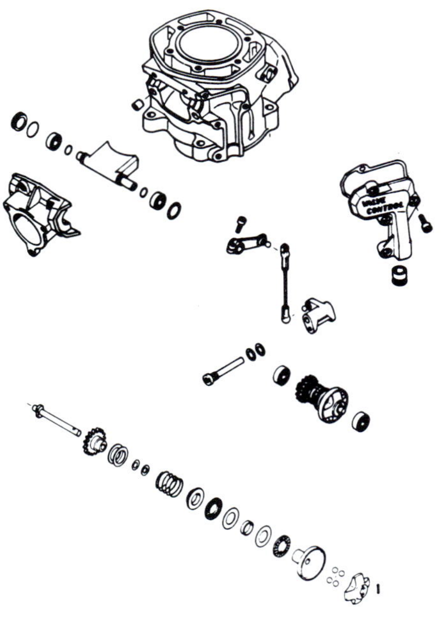

Die Einzelteile der Klappensteuerung

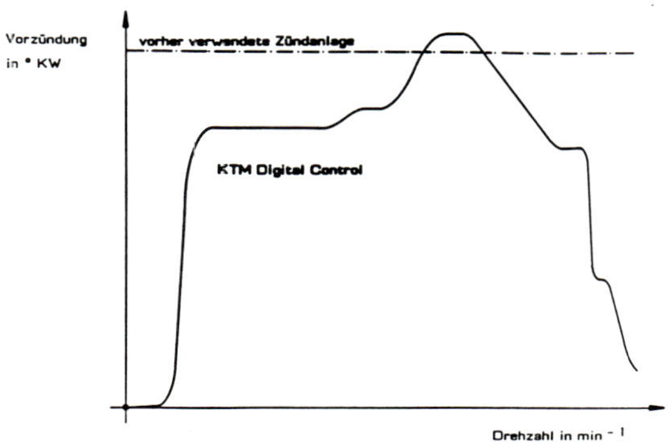

Vorzündung
Der eigentümliche Verlauf der optimalen Vorzündungskurve bei der KTM Digital Control zeigte einige bemerkenswerte Nebenwirkungen.

linear verläuft. Für den 250 cm^3-Motor beginnt die Verstellung bei $n = 5\,500$ min^{-1} und erreicht den vollen Querschnitt bei $n = 7\,000$ min^{-1}. Die Kennlinie des Fliehkraftantriebs kann durch Änderung der Übersetzung zur Kurbelwelle oder durch eine andere Federvorspannung der Leistungscharakteristik angepaßt werden. Die Auslaßsteuerung brachte einen durchschnittlichen Leistungszuwachs um etwa 10%.
Nach langen Versuchen führte KTM 1985 ein eigenes »Digital-Control«-Zündsystem in der Serie ein, das einige bemerkenswerte Nebenwirkungen zeigte. Der Motor lief merklich kühler, kam mit niedrigeren Wärmewerten für die Zündkerze aus und verbesserte die Regulierbarkeit des Vergasers. Es stellte sich heraus, daß Motoren mit drehzahlabhängiger Auslaßsteuerung mit geringerer Vorzündung als Nur-Kolben-gesteuerte Motoren gefahren werden können. Die durch die Digitalzündung erreichte Drehmomentsteigerung, die optimalen Vorzündungswerte über den ganzen Drehzahlbereich und die deutliche Senkung der Verbrauchswerte lassen für den Ausbau des Systems noch gute Fortschritte erwarten.

Zurück zum gesteuerten Auslaß: Mit 6jähriger Verspätung hatte Honda 1976 auf das POWER-Valve von Yamaha mit dem ATAC geantwortet, bei dem die Schwingung der Auslaßsäule bei niedriger Drehzahl durch die Zuschaltung einer Resonanzkammer verlangsamt wurde. Nach dem gleichen Prinzip arbeitet das SAEC-System von Suzuki und das KIPS-System von Kawasaki, das den Einfluß der Resonanzkammer durch Zu- und Abschaltung zusätzlicher seitlicher Auslaßkanäle verstärkt. Auch Honda hat wohl erkannt, daß die Verkürzung der Auslaß-Steuerzeit für die »Füllung« der Leistungskurve wirksamer ist als die Resonanzkammer, und so wird die Kanalhöhe des Honda CR 250 R-Motors mit dem Power-Port-System durch zwei

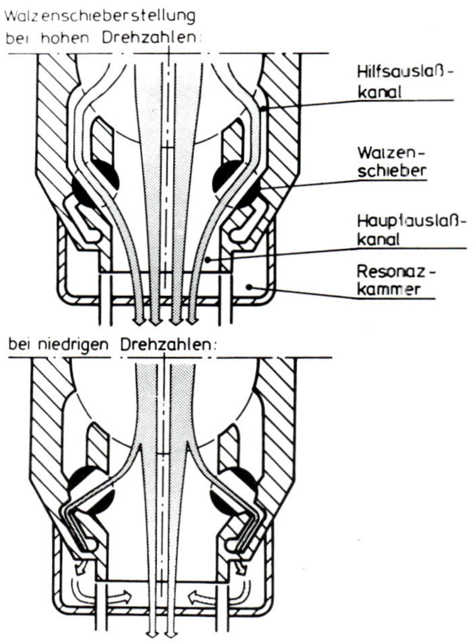

KAWASAKI Integrate Power Valve System (KIPS)
Ein Fliehkraftregler dreht die Steuerwellen in den seitlichen Hilfskanälen. Bei niedrigen Drehzahlen schließen sie den Weg zum Auslaß und geben ihn zur Resonanzkammer frei.

SUZUKI Automatic Exhaust Control System (SAEC)
Die Steuerwelle, durch Fliehkraft oder durch einen Servo-Motor gesteuert, gibt im unteren Drehzahlbereich den Weg zur Resonanzkammer frei und verschließt ihn bei $n = 7000\ min^{-1}$.

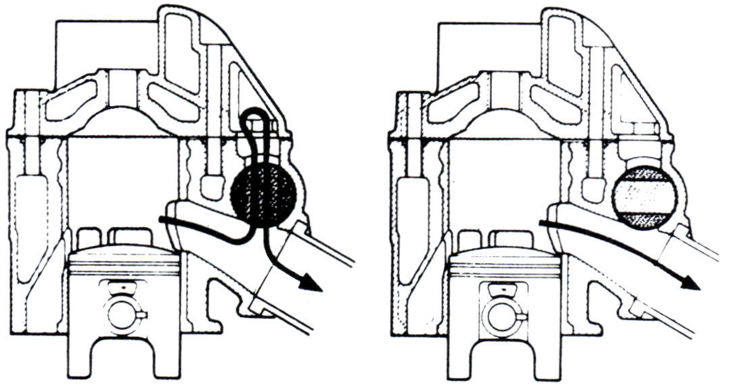

Fliehkraft-gesteuerte Flachschieber bei gleichzeitiger Verkleinerung des Gesamtquerschnittes um 10 mm verringert. Nach Messungen von Wolfgang Schnepf in MOTORRAD Heft 26/86 leistet der Serien-Motor der CR 250 R 47 PS (35 kW) bei $n = 8\,000\ min^{-1}$ und über 30 PS zwischen $6\,000–9\,000\ min^{-1}$. Das zweifellos sehr effektive System ist leider sehr aufwendig und anspruchsvoll in der Wartung.

Wir müssen uns darüber klar werden, daß die Steuerzeiten des Zweitakters mit Steuerwinkeln bis 200° KW für Ein- und Auslaß praktisch ausgereizt sind und eine »Steuerreform« überfällig ist. Das geht nur, wenn wir ihn nicht länger als »billigen Jakob« verketzern, für den ein größerer technischer Aufwand nicht lohnt.

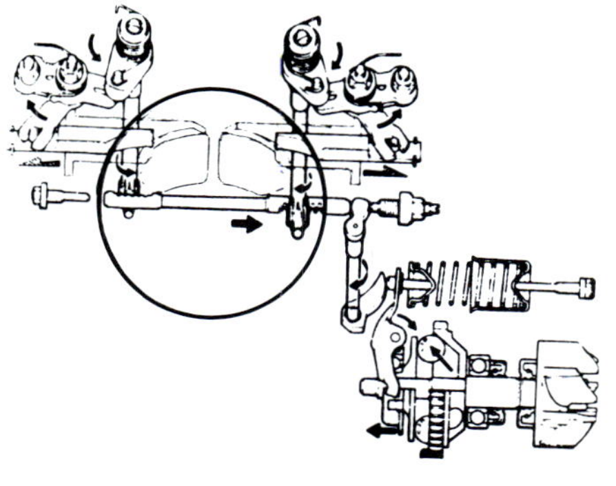

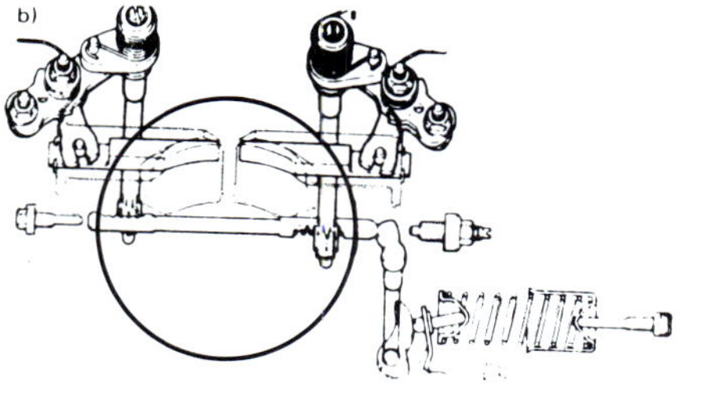

HONDA CR 250 R Power Port System
Bei niedrigen Drehzahlen verringern zwei der Zylinderkontur angepaßte Flachschieber die Kanalhöhe um 10 mm und verkleinern damit Steuerzeit und Kanalquerschnitt – wirksam aber auch sehr anspruchsvoll in der Wartung.

Einspritzung

Vor dem wichtigsten Schritt in die Zukunft des Zweitaktmotors zögert die Industrie noch immer, und die wenigen zaghaften Versuche kamen bisher über die – durchaus verheißungsvolle – Werkserprobung nicht hinaus.

In enger Zusammenarbeit zwischen Steyr-Daimler-Puch und dem rührigen Institut für Verbrennungsmaschinen und Thermodynamik in Graz wurde ein 50 ccm-Zweitakter mit direkter Einspritzung entwickelt, der 1986 auf der Grazer Zweiradtagung von Dr. Franz Laimböck vor-

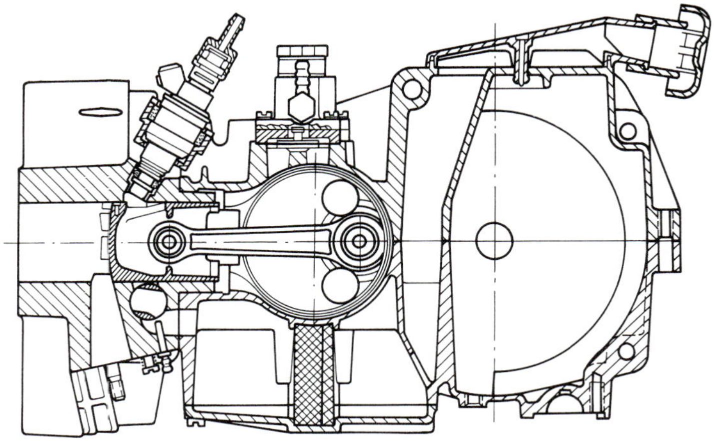

PUCH Indirekte Benzineinspritzung für 50 cm³
– ein zukunftweisender Weg, der hoffentlich weiterverfolgt wird.

gestellt wurde und in vieler Hinsicht ganz neue Wege aufzeigte. Stellte schon der kleine Hubraum extreme Anforderungen an die Güte der Kraftstoffdosierung, so wurden darüber hinaus geringe Herstellkosten, gute Gemischbildung im gesamten Kennfeld und die Eignung für unterschiedliche Motorengrößen gefordert.

Die über dem Kurbelgehäuse des liegenden Zylinders angeordnete Kraftstoffpumpe dient als Förderpumpe, Druckregler und Druckspeicher. Die Hauptmembran wird von den Druckschwankungen im Kurbelgehäuse betätigt und arbeitet mit einem kurzen Stempel auf die kleine Pumpmembran, die den Kraftstoff über ein Ventil ansaugt und bei Überdruck über ein federbelastetes Druckregelventil in den Tank zurückfördert. Durch die »Übersetzung« der beiden Membranen sind in dem Pumpraum, der über die Einspritzleitung mit der Düse verbunden ist, Drücke bis 2,5 bar möglich, doch arbeitet die Pumpe im praktischen Betrieb mit niedrigeren Drücken, die über die Feder des Druckregelventils stufenlos eingestellt werden können.

Das elektromagnetisch gesteuerte Bosch-Einspritzventil ist so schräg angeordnet, daß der Kraftstoffstrahl durch ein Fenster im Kolbenhemd auf die Unterseite des Kolbenbodens trifft, ihn kräftig kühlt und intensiv verdampft wird. Ein Zwischenboden im Kolben schottet den »Einspritzraum« etwas gegen das Kurbelgehäuse ab. Das Fenster im Kolben überläuft beim Niedergang die beiden hinteren Spülkanäle, die das fette Gemisch steil nach oben zur Zündkerze führen. Die vier seitlichen Spülkanäle sind als Stützkanäle ausgebildet und sorgen mit dem mageren Gemisch für eine Ladungsschichtung, so daß die Kraftstoffverluste durch Kurzschluß der Spülung gering bleiben. Der Einspritzzeitpunkt liegt etwa im OT – für die Kraftstoffaufbereitung steht also eine mindestens doppelt so lange Zeit wie bei der Direkteinspritzung in den Brennraum zur Verfügung.

Ganz ungewöhnlich geht es beim Einlaß zu: Der Einlaßschlitz liegt unter dem Auslaßschlitz und wird vom Kolbenhemd gesteuert. Als Drosselorgan dient eine quer durchströmte Walze, die gegen eine Drehfeder betätigt wird. Die Walze liegt so dicht an der Zylinderbohrung, daß sie bei geringer Last die Einlaßdauer durch ihre Kontur verkürzt. Zur besseren Geräuschdämpfung wird die Ansaugluft

Voll-Last-Abgaswerte für 50 cm³ Puch-Versuchsmotoren
Ausgezogene Linie: Puch Maxi Vergaser (Magerkonzept). Gestrichelte Linie: Puch Einspritzmotor. Mitteldruck p_{me}=5,2 bar. Bester Vollgasverbrauch bei n= 4500 min^{-1}: Vergasermotor: 413 g/kWh (304 g/PSh). Einspritzmotor: 338 g/kWh (249 g/PSh).

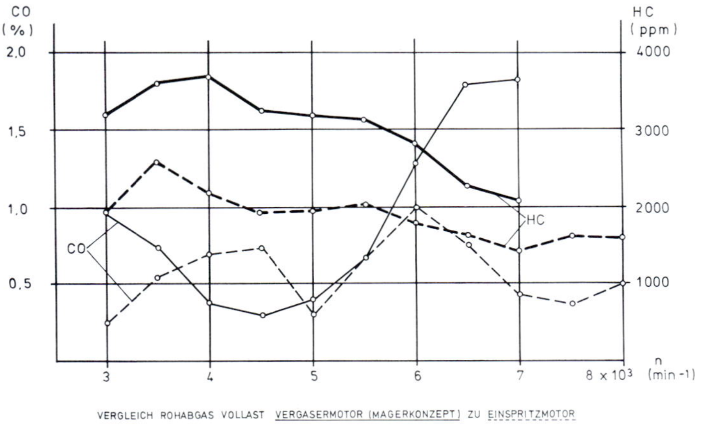

aus dem Rahmen in das obere Motorgehäuse und von dort zu einem unter dem Kurbelgehäuse angeordneten, großflächigen Schaumstoff-Luftfilter geführt, das von einem von außen auf das Gehäuse geschraubten Deckel gehalten und abgedichtet wird.

Das elektronische Motormanagment füttert das Steuergerät mit den Daten für Drehzahl, Kurbelwellenstellung, Last und Motortemperatur. Aus den gespeicherten Kennfeldern ermittelt das Steuergerät die optimalen Werte für Einspritzbeginn, Einspritzmenge und Zündzeitpunkt und prüft, ob schubabgeschaltet oder getaktet, also nur bei jeder zweiten, dritten oder vierten Umdrehung eingespritzt werden soll. Beim Takten kann die notwendige Einspritzmenge besser dosiert, die Leerlaufdrehzahl sensationell von 1 500 auf 800 min^{-1} gesenkt werden. Der spezifische Kraftstoffverbrauch entlang der Vollastlinie (!) liegt zwischen 249 bis 272 g/PSh (338 bis 375 g/kWh), und das drückt sich natürlich auch in den Abgaswerten aus: Gegenüber einem sehr mager eingestellten Vergasermotor konnten die CH-Werte um rund 30 % abgesenkt werden und erreichten bei Vollgas kaum 2 000 ppm, während die CO-Emissionen erstaunlich niedrig zwischen 0,25 und 1 % lagen.

Es ist nur zu hoffen, daß die vielversprechende Entwicklung nach der Übernahme der Puch-Zweirad-Produktion durch Piaggio intensiv fortgesetzt wird, denn auch in Pontedera wird ja seit Jahren eifrig und mit Erfolg an der Einspritzung für den Zweitakter gearbeitet.

Dr. Marco Nuti stellte auf der Grazer Tagung 1986 einen membrangesteuerten 145 ccm-Motor mit direkter Einsprit-

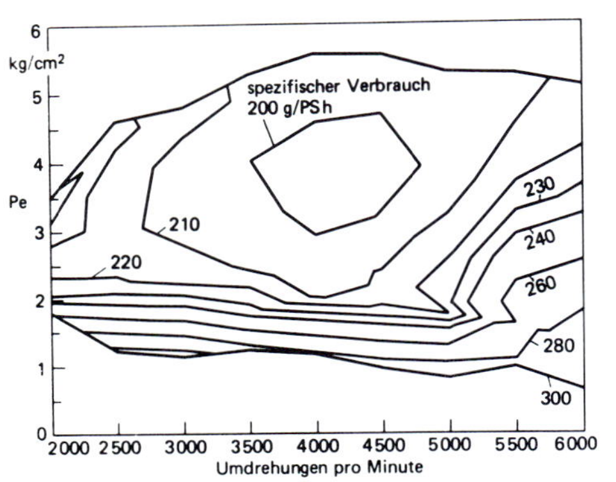

Piaggio 145 cm³ Versuchsmotor mit Einspritzung
Verbrauchsfeld: In dem weiten Bereich zwischen p_{em}=3,0-4,5 bar und n=3500-4800 min^{-1} liegt der Bestverbrauch unter b_e=200 g/PSh!

zung und folgenden Daten vor: b=57 mm ⌀, s=57 mm, Aö 80° v.u.T, As=80° n.u.T., Sö 60° v.u.T., Ss 60° n.u.T. $\varepsilon=8{,}5$. Die Spica-Pumpe hat ein max. Hubvolumen von 22 mm^3/Umdrehung und arbeitet mit einem Höchstdruck von 33 bar. Das Einspritzen beginnt bei 110–140° v.o.T. und dauert 23° KW, die Zündung erfolgt je nach Drehzahl bei 5–30° v.o.T. Der Motor leistet 7,3 kW (9,8 PS) bei $n_1=6\,000\ min^{-1}$ und erreicht sein höchstes Drehmoment M=12,8 Nm bei n= 4 000 min^{-1}: Zwischen n=3 600–4 800 min^{-1} und Mitteldrücken zwischen 3,0 und 4,5 bar liegt der spez. Kraftstoffverbrauch unter 200 g/PSh (!). Im ECE-Cyclus lief die Standard-Vergaser-Vespa mit einem Liter Kraftstoff 22 km, die Einspritz-Version aber 37 km! Die Emissionswerte sanken für CO um 53 %, für CH um 51 %, während die CO_2-Werte durch die bessere Verbrennung nur um 4 % zunahmen. Welche Möglichkeiten die direkte Einspritzung im Zweitakter für die Verbrauchssenkung bietet, zeigt eindringlich eine zweite Versuchsreihe mit einem wassergekühlten 250 cm^3 Einzylinder (b=70 mm ⌀, s=65 mm, $\varepsilon=11{,}4$), der durch einen kurzhubigen, membrangesteuerten Kolbenlader mit $V_L=350$ cm^3 beliefert wurde. Der Motor hatte mit Sö=54° v.u.T., Ss=54° n.u.T. und Aö= 72,5° n.u.T. ganz friedliche Steuerzeiten, leistete 19 PS (13,4 kW) bei $n_1=6\,500$ min^{-1} und erreichte bei $n_2=3\,000\ min^{-1}$ das beachtliche Drehmoment $M_{max}=28$ Nm. Der Einspritzzeitpunkt lag bei 116–136° v.o.T., der Zündzeitpunkt zwischen 5°–27° v.o.T. In dem weiten Bereich zwischen n=2 500–5 000 min^{-1} und einem Mitteldruck zwischen $p_{me}=3{,}5–5{,}5$ bar konnte ein spez. Verbrauch $b_e=200$ g/PSh unterschritten werden.

Fahrwerk

Im Fahrwerkbau hält die konstruktive Vielfalt an. Gegen die Grundforderung nach einer verwindungssteifen, kurzen Verbindung zwischen Lenkkopf und Schwingenachse wird nur noch selten verstoßen, der steife Motor-Getriebeblock mehr und mehr in den Rahmenverband einbezogen. Das wird auch immer

Der weit ausladende Delta-Box-Rahmen der Yamaha FZR 1000 wurde zum Vorbild für die LM-Fahrwerke schneller Maschinen.

Honda VFR 750 R
Leichtmetallrahmen

wichtiger, denn die zunehmende Verwendung von Gürtelreifen mit ihrer überlegenen Haftung hat zu einem drastischen Anstieg der einsetzbaren Brems- und Kurvenkräfte geführt. Die wachsende Bedeutung des Fahrwerks in der Bewertung der Gesamtkonstruktion kommt auch darin zum Ausdruck, daß der Rahmen wieder – als Qualitätsmerkmal – aus der Verkleidung heraus optisch in das Blickfeld gerückt und die Pionierrolle des Rennsports wieder betont wird. Aus dem schon 1979 für Kenny Roberts Yamaha GP-Renner bestimmten Leichtmetall-Doppelschleifen-Rahmen ist in jahrelanger, zäher Versuchs- und Rechenarbeit der Deltabox-Rahmen der FZR 1000 entwickelt worden, dessen hochstegige Hohlprofil-Brückenträger weit ausladend vom Lenkkopf zur Schwingenlagerung führen und – mit dem Motor als mittragendem Bauteil – auf die Rahmenunterzüge verzichten können. Die neue Hinterradschwinge wurde dreieckförmig und damit sehr verdrehsteif ausgebildet. Auch der LM-Brückenrahmen der Honda VFR 750 ist unmittelbar aus dem GP-Modell RVF abgeleitet und kommt ohne Unterzüge aus. Der Querschnitt der Hauptrahmenrohre ist ein unregelmäßiges Fünfeck mit den Abmessungen 90 x 40 mm und zwei innenliegenden Versteifungsrippen.

Nüchtern gesehen, bringt der LM-Rahmen auch bei sorgfältigster Auslegung allenfalls eine Gewichtseinsparung von wenigen kg, aber er hat eine unverkennbare Signalwirkung, ist ein Bekenntnis zum Leichtbau, das zum erneuten gründlichen Überdenken der Gestalt- und Dauerfestigkeit für die Gesamtkonstruktion zwang. Das Ergebnis ist beachtlich: Die Honda VFR 750 R hat ein Trockengewicht von 185 kg, die voll für die Straße ausgestattete VFR 750 F bringt ganze 203 kg auf die Waage und die in vieler Hinsicht zukunftweisende NTV 650 mit Kardanantrieb gar nur 175 kg! Die schnelle FZR 1000 von Yamaha wiegt trocken nur 209 kg, die FZR 600 nur 201 kg.

Neue Radaufhängungen

Die unaufhaltsam wachsenden und kaum noch zu verantwortenden Fahrleistungen werden auch an den Radaufhängungen nicht spurlos vorübergehen. Für sehr schnelle und schwere Maschinen wird sich selbst die über Jahrzehnte unbestritten als optimale Lösung bewertete Tauchgabel eine erneute kritische Überprüfung gefallen lassen müssen. Die aus den extremen Forderungen des Motocross geborene, inzwischen aber auch im Straßen-Rennsport eingesetzte White-Power Upside-down-Gabel deutet schon eine leichte Trendwende an: Wie bei der Pionierkonstruktion von BMW vor gut 50 Jahren wurden die Außenrohre wieder als Standrohre nach oben verlegt und in ihrer Außenkonturen den höheren Biegebeanspruchungen angeglichen. Die Al-Legierung hat die beruhigende Zugfestigkeit von 600 N/mm^2. Die Stahl-Gleitrohre laufen mit sehr geringem Spiel in beschichteten Gleitringen weit über die Gabelbrücke hinaus und stützen sich so durch eine weite Überlappung ab. Auf ein Dämpfer-drosselndes Antidive-System hat White-Power bewußt verzichtet und stimmt hier mit dem allgemeinen Trend überein: Die durch die Verhärtung der Federung unvermeidlich verminderte Bodenhaftung wird unangenehmer beurteilt als ein tiefes Eintauchen, und überdies macht man sich langsam wieder von der Motocross-Verführung frei und kehrt wieder zu sinnvollen Federwegen um 150 mm vorn und 120 mm hinten zurück.

White-Power Upside-Down-Gabel der APRILIA
mit vorn abgedeckter Scheibenbremse.

Achsschenkellenkung

Auf der Suche nach neuen Lösungen wird wieder einmal die Langarmschwinge in Verbindung mit einer Achsschenkellenkung neuentdeckt. Die bei Rekordmaschinen mit extremen Radstand und bei Renngespannen durchaus bewährte Lösung bringt einige bestechende Vorteile: Das Bremsnicken kann bei voller Erhaltung der Federwirkung völlig unterdrückt werden, die Lenk-, Brems- und Antriebskräfte werden auf kürzestem Weg in den Rahmen eingeleitet, das Gewicht der nur-reifen-gefederten Masse kann bei geschickter Auslegung ebenso abgebaut werden wie das Trägheitsmoment um die Lenkachse. Der hohe Fertigungsaufwand, die Verschleißanfälligkeit der vielen Gelenke und vor allem die verminderte Selbststabilisierung bei niedrigen Geschwindigkeiten sind aber so gewichtige Nachteile, daß die Vormachtstellung der Tauchgabel wohl kaum erschüttert werden kann. Die jahrelangen Renneinsätze von ELF, auf die sich Honda stützt, die Versuchsarbeiten des Amerikaners James Parker, an denen sich die von BMW als Diplomarbeit vergebene und von VV-Motorradtechnik gebaute Konstruktion orientiert, und die lange zurückliegenden Versuche von Diffazio zeigen, daß die optimale Abstimmung von Kinematik und Federung ebenso schwer zu finden ist wie eine aesthetisch befriedigende Formgebung.

Diffazio-Achsschenkellenkung
- Querschnitt

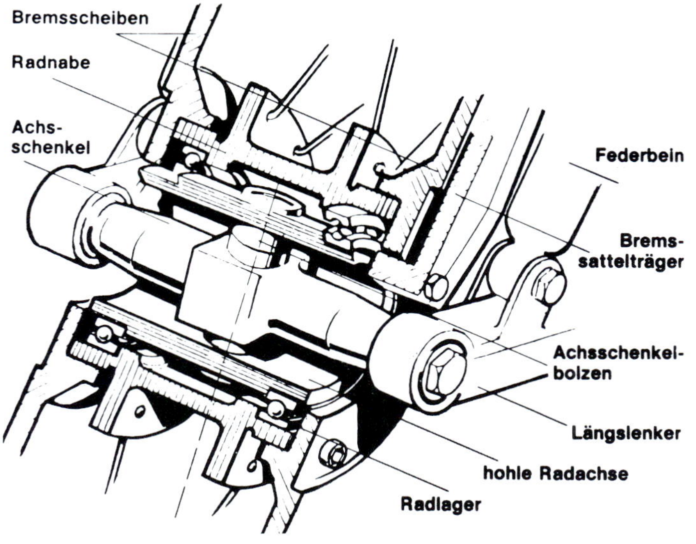

Die Lenkkräfte werden bei Diffazio und bei der ersten ELF-Konstruktion durch ein mit der Aufhängung schwingendes Gestänge, bei einer Versuchsausführung von Bimota sogar hydraulisch (!) übertragen, bei den neuen ELF-Modellen, bei Parker, BMW und Honda über einen Tragarm, der von der Nabe zum Lenkkopf führt. Die Hubbewegung wird durch eine gelenkige Verbindung oder durch ein gefedertes Tauchrohr ausgeglichen.

Einarmschwinge und Drehmomentabstützung

Bei der Hinterradaufhängung scheint langsam die Erkenntnis einzukehren, daß die vom Motocross erzwungene Progression der Federung durch eine übersetzende Gelenkschwinge für die Straßenmaschine wohl doch einen etwas übertriebenen Aufwand – und eine zusätzliche Störquelle – darstellt. Die Federwege sind hier mit 120–140 mm

Nico Bakker Achsschenkellenkung
Der Tragarm, der die Lenkbewegung überträgt, ist durch ein Gelenk mit dem Lenkkopf verbunden.

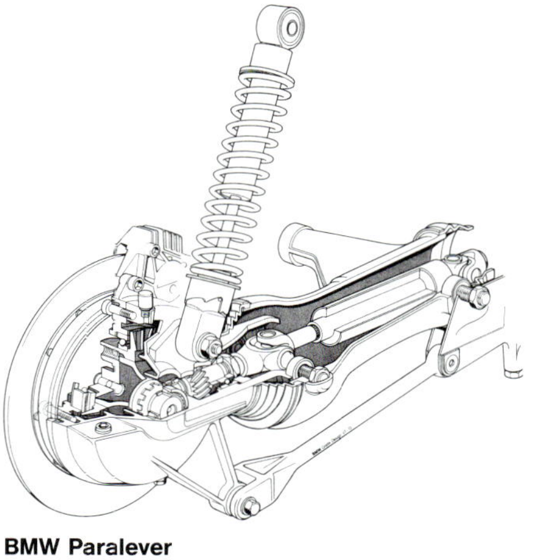

BMW Paralever
Die Einarmschwinge der BMW K 1 mit der Drehmomentenstütze.

ausreichend groß, die Schwingenlängen sind mit dem deutlich länger werdenden Radstand gewachsen, und so hält sich der für die Ruhe der Kraftübertragung entscheidende Winkelausschlag der Schwinge in bescheidenen Grenzen.
Um bei großen Federwegen die Schwenkbewegung des Ritzels mit ihren bösen Auswirkungen auf den Antrieb und umgekehrt das häßliche Aufstellen der Schwinge unter dem Antriebsmoment abzubauen, mußte das Kegelradgehäuse drehbar gelagert und gelenkig mit der Schwinge verbunden werden. Die schon 1953 vom Verfasser vorgeschlagene und unabhängig davon durch Alex v. Falkenhausen 1956 zum Patent angemeldete Kardanschwinge mit Parallelführung wurde für die Einarmschwinge der BMW R 80 G/S abgewandelt und 1987 als Paralever in die Serie eingeführt. Der Fortschritt ist überzeugend: Federte die Einarmschwinge bei vollem Drehmoment im I. und II. Gang bis zum Anschlag aus, so hebt sich der Schwingendrehpunkt beim Paralever um kaum merkliche 5 mm an, und die Kraftübertragung übt auch bei schnellem Gaswechsel keine Reaktion auf die Hinterradfederung aus. Länge und Winkelstellung der Drehmomentstütze sind so gewählt, daß die ideelle Schwingenlänge etwa dem Radstand entspricht. Das Paralever-System ist ein merklicher Beitrag zur Anhebung des Fahrkomforts und – neben dem ABS – der vielleicht bedeutendste für die Fahrsicherheit.

Pro Arm
- die hochstegige LM-Einarmschwinge von Honda VFR 750 R zeigt in ihrer Formgebung unverkennbar die Geburt im Computer.

Einarmschwinge von Nico Bakker

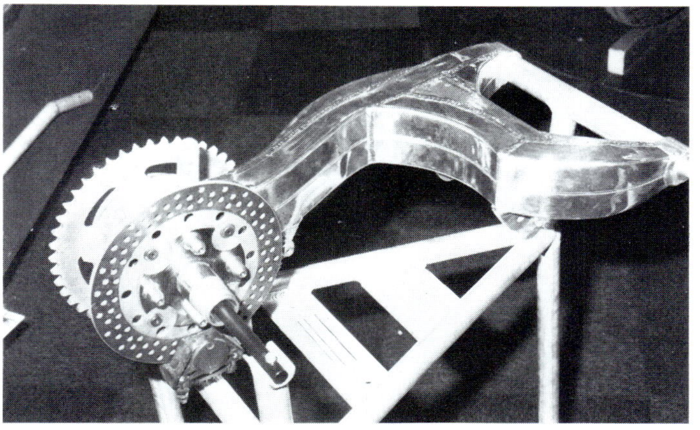

APRILIA mit Einarmschwinge

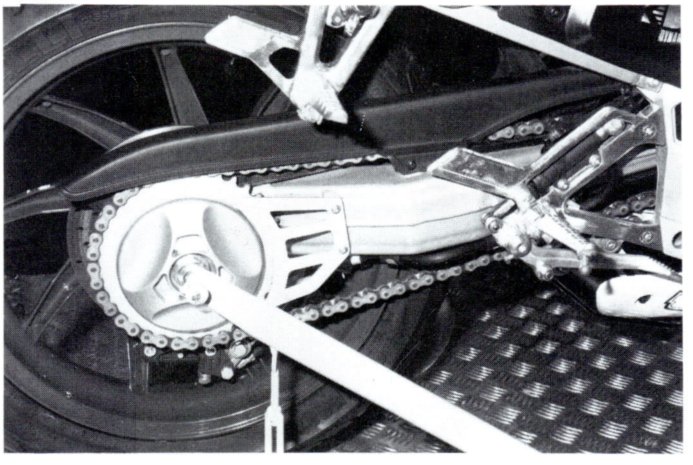

Parallelogrammo – die überzeugend einfache Ur-Form der Doppelschwinge an der Magni-Guzzi.

Das Mehrgewicht beträgt bescheidene 1,6 kg.
Die leichte, verdrehsteife Einarmschwinge der R 80 G/S, von 1981, die als BMW Monolever nach der glänzenden Bewährung in der mörderischen Rallye Paris-Dakar auch von den K-Modellen übernommen wurde, hat anspruchsvolle neue Anhänger gefunden: Neben den fortschrittlichen Prototypen von EGLI, Bimota, VV-Motortechnik und Bakker und der kleinen 125 Geländemaschine von Aprilia stellte Honda 1987 die VFR 400 R mit der Einarmschwinge »Pro-Arm« vor, die unverkennbar von den Rennerfahrungen mit dem Superbike RVF 750 R gelernt hatte. Man sieht der in elegantem Bogen der Radkontur folgenden Leichtmetall-Schwinge mit dem hochstegigen Hohlprofil und eingegossener Zwischenwand förmlich an, daß hier der Computer intensiv eingesetzt wurde, um die Torsionsbeanspruchungen – und das Gewicht – niedrig zu halten. Die »Pro-Arm« Schwinge wird inzwischen – den unterschiedlichen Beanspruchungen exakt angepaßt – serienmäßig in die VFR 750 R und in die rundum vernünftige NTV 650 eingebaut. Das Hohlprofil der schlanken Kardanschwinge hat bei 3 mm Wandstärke die Abmessungen 160 x 80 mm und setzt eine äußerst sorgfältige Gußtechnik voraus. Sie stellt formal und technisch ein Meisterwerk dar.

Antiblockier-Systeme

ABS – die Goldene Formel der Motorradsicherheit

Als 1978 die ersten Antiblockiersysteme (ABS) im Serien-Automobilbau eingeführt wurden, versuchte BMW sofort, diese vielversprechende Technik auf das Motorrad zu übertragen. Es zeigte sich indessen schnell, daß die Anforderungen an die Regelqualität des ABS beim Motorrad wegen der geringen Eigenstabilität des Einspurers, wegen des ungünstigen Verhältnisses Radstand: Schwerpunkthöhe und wegen der schwächeren Bodenhaftung sehr viel höher sind. Verliert das Automobil beim Blockieren der Vorderräder »nur« seine Lenkbarkeit, so führt ein Blockieren des Vorderrades beim Motorrad – nicht zuletzt wegen des plötzlichen Zusammenbrechens der stabilisierenden Kreiselkraft des Rades – mit einiger Sicherheit zum Sturz. Das Motorrad braucht den absoluten Blockierschutz für beide Räder auf unterschiedlichster Fahrbahn, vom Reibwert my = 1,3 für rauhen Asphalt mit seiner wirksamen »Verzahnung« bis zum my = 0,1 für Glatteis unter Wasser! Die stufenförmige Druckanpassung des Auto-ABS mit seiner stotternden Veränderung der Bremswirkung und die pulsierende Rückmeldung in den Bedienungshebel war für den sensibleren Einspurer einfach zu grob – von dem hohen Gewicht der Anlage ganz zu schweigen.

BMW-FAG

1983 wurde die von FAG-Kugelfischer entworfene Antiblockier-Vorrichtung ABV in das BMW-Entwicklungspro-

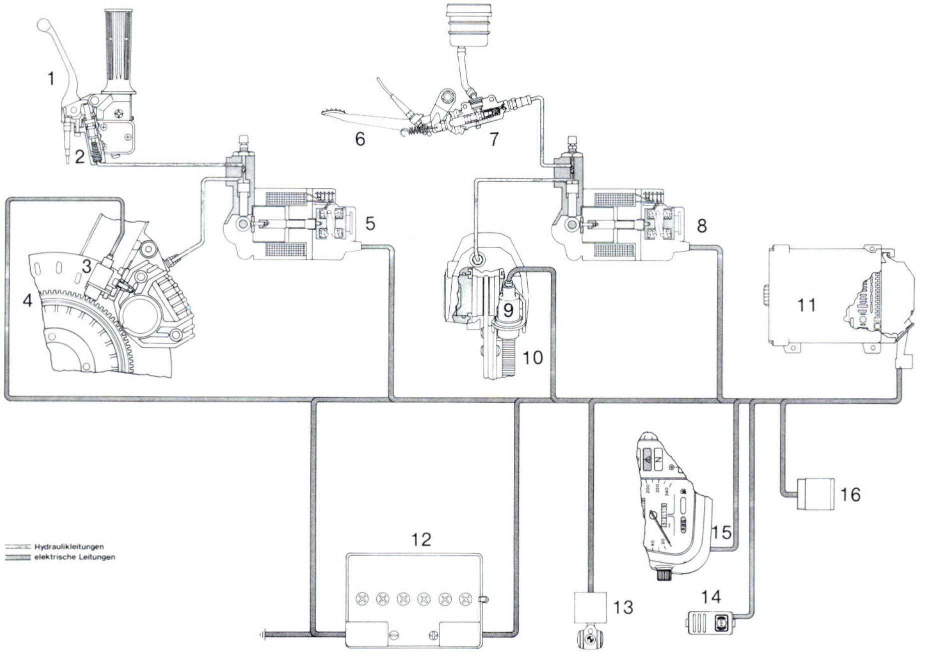

BMW-FAG Antiblockiersystem
Schematischer Aufbau: 1. Handbremshebel, 2. Bremszylinder vorn, 3. Sensor vorn, 4. Drehzahlgeber vorn, 5. Druckmodulator Vorderrad, 6. Fußbremshebel, 7. Bremszylinder hinten, 8. Druckmodulator Hinterrad, 9. Sensor hinten, 10. Drehzahlgeber hinten, 11. ABS Steuergerät, 12. Batterie, 13. Zündschloß, 14. Quittierung, 15. ABS-Kontrolleuchte, 16. ABS-Sicherheitsrelais.

gramm aufgenommen, aber es dauerte noch einmal 5 Jahre, ehe die Münchener grünes Licht für die Serienfertigung geben konnten.

Die Funktion ist in Bild___dargestellt: Der Sensor 3 am Vorderrad tastet am 100zähnigen Impulsgeberrad 4 die Drehzahl ab, der Sensor 9 am Hinterrad

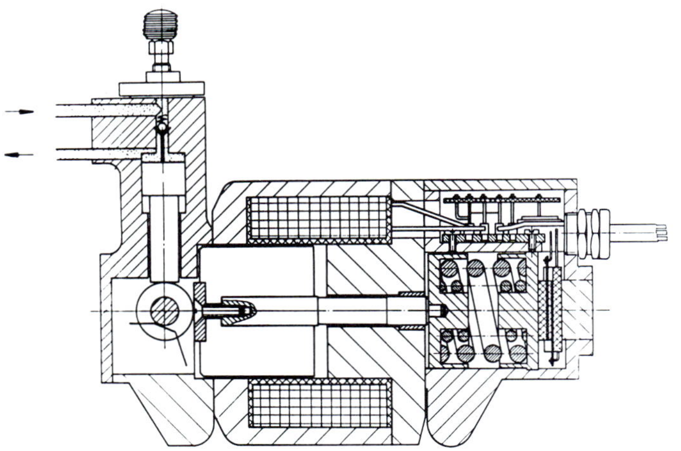

Druckmodulator
mit Linear-Motor, dessen Anker von einer kräftigen Doppelfeder abgestützt wird, und Stufenkolben mit Steuerventil.

BMW ABS Einzelgruppen des Systems: Die beiden Druckmodulatoren, das elektronische Steuergerät, die Bremsscheiben mit dem 100zähnigen Impulsgeberrad und der Sensor.

den Impulsgeber 10. Bei jeder Radumdrehung liefern die als reine Induktionsspulen ohne Permament-Magnet arbeitenden Sensoren 200 Informationen an das elektronische Steuergerät 11, bei 200 km/h also 6 000 Impulse je Sekunde! Das Steuergerät wertet die Impulse aus und gibt sie als Regelsignal an die Druckmodulatoren 5 und 8. Der Modulator für die Bremsdruckregelung besteht aus einem elektronisch gesteuerten Linear-Motor, der bei einem Stromstoß einen von einer starken Feder vorgespannten Kolben im Hydraulikkreis zurückzieht und damit die Bremse entlastet. Der Sensor erfaßt getrennt für jedes Rad die wieder ansteigende Drehzahl, und der heruntergeregelte Linearmotor läßt durch den Druck der vorgespannten Feder einen genau definierten Wieder-

BMW ABS: Der Einbau des an die Vorderradbremse angeschlossenen Druckmodulators, das Impulsgeberrad und der Sensor.

Bremsversuche auf nasser Fahrbahn mit und ohne ABS

aufbau des Bremsdruckes zu. Der Regelvorgang wiederholt sich bis zu siebenmal in der Sekunde, solange der Fahrer den notwendigen Bremsdruck über Hand- oder Fußhebel erzeugt und eine Geschwindigkeit von 4 km/h nicht unterschreitet. Die vom Vorderrad gelieferten Daten werden für die Regelung des hinteren Bremskreises mit ausgewertet. Sollte die Elektronik wirklich einmal versagen, so meldet ein von Hella entwickeltes Steuergerät mit der Warnleuchte 15, daß die Anlage nur wie eine normale Bremse arbeitet.

Honda Lucas-Girling

Auch die für jeden technischen Fortschritt sehr aufgeschlossenen Japaner brauchten für die Entwicklung eines narrensicheren Antiblockiergerätes eine lange Erprobungszeit. Honda begann schon 1973 Versuche mit einem rein mechanischen System, experimentierte dann mit der Elektronik, um schließlich die von Lucas-Girling entwickelte mechanisch-hydraulische Anlage als Honda MC-ALB zu übernehmen.
Die Funktion des Lucas-Girling Stop-Control-System (SCS) geht aus den Schema-Zeichnungen hervor:

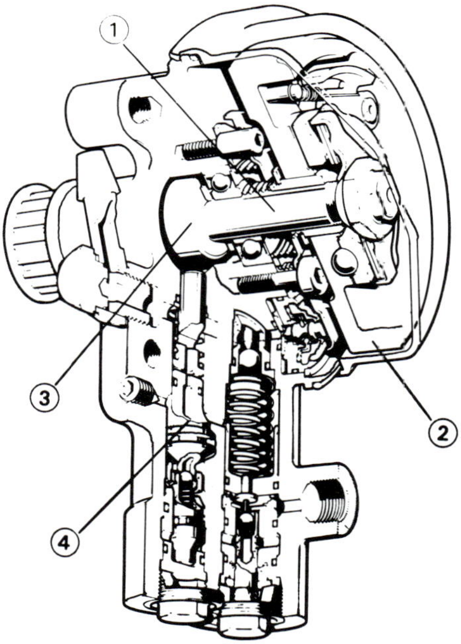

Lucas-Girling Stop Control Systems (SCS)
Das System wird zwischen Hauptbremszylinder und Bremse eingebaut und von der Radnabe mit einem kleinen Zahnriemen angetrieben. 1. Antriebswelle, 2. Schwungrad, 3. Antriebsnocken, 4. Pumpenkolben.

SCS Funktionsablauf

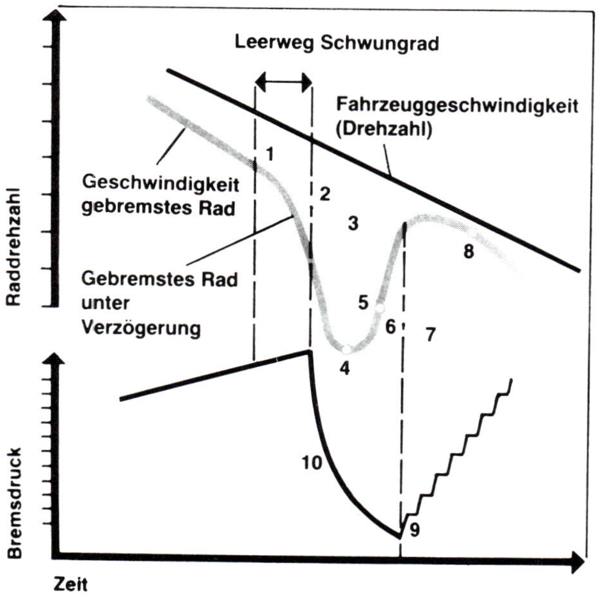

1 – Winkelverzögerung am gebremsten Rad ist größer als vorgegebener Grenzwert
2 – Ablaßventil öffnet
3 – Schwungrad überholt Reibkupplung
4 – Beschleunigende Nockenwelle holt Schwungrad ein
5 – Fahrzeugrad erreicht Schwungraddrehzahl
6 – Ablaßventil schließt
7 – Schwungrad wird durch Reibkupplung beschleunigt
8 – Schwungrad wird bis Raddrehzahl beschleunigt
9 – Pumpe erhöht Bremsdruck
10 – Ablaßventil reduziert Bremsdruck

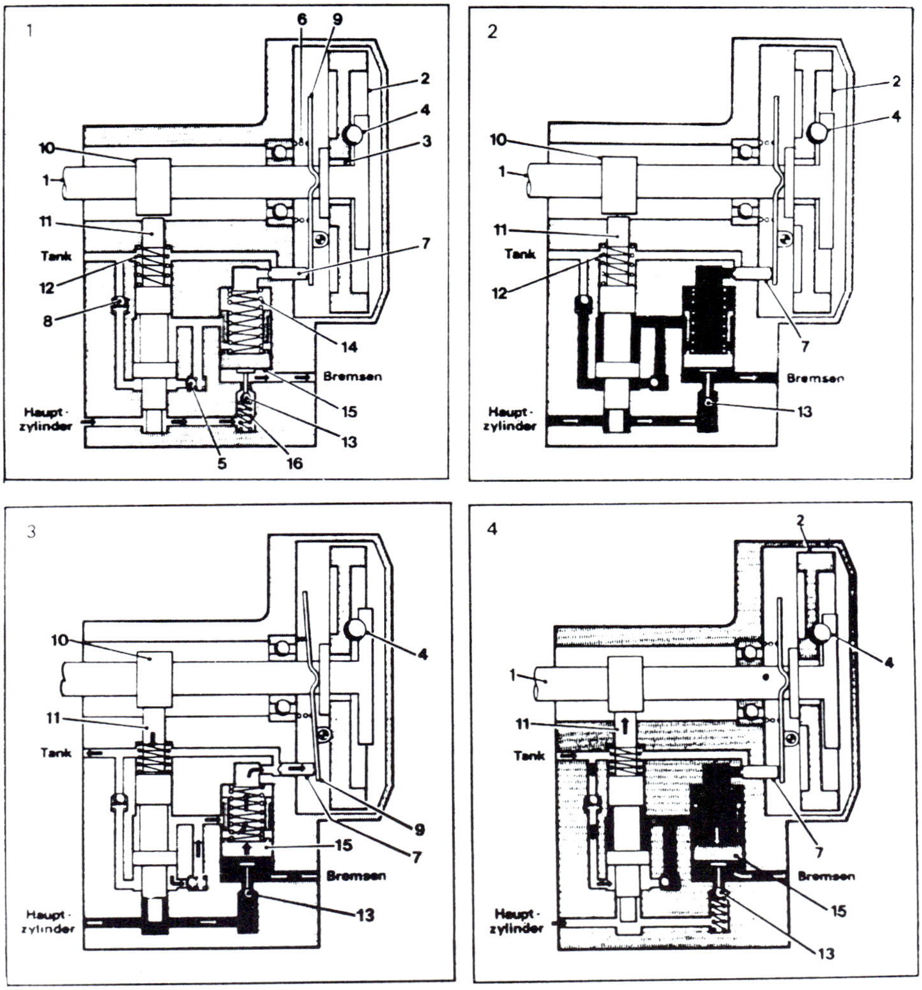

SCS Schematischer Aufbau

1. Antriebswelle, 2. Schwungrad, 3. Schwungradlager, 4. Kugelrampenmechanismus, 5. Pumpenauslaßventil, 6. Schwungradfeder, 7. Schnellablaßventil, 8. Pumpeneinlaßventil, 9. Hebel für Ablaßventil, 10. Antriebsnocken, 11. Pumpenkolben, 12 Kolbenfeder, 13. Sperrventil, 14. Feder für 15. Expansionskolben, 16. Feder für Sperrventil.

Die Welle 1 wird vom Laufrad über einen Zahnriemen mit der 2,5fachen Raddrehzahl angetrieben. Die Welle trägt auf Nadellagern das Schwungrad 2 und ist mit ihm über einen Kugelrampenmechanismus verbunden, dessen Kugeln 4 bei Verdrehungen zwischen Wellenflansch und Schwungrad in einer immer engeren Nut laufen. Überschreitet das Rad eine Verzögerung $b = 11\ m/s^2$, dann überläuft das Schwungrad den Kugelmechanismus und wird nach innen gedrückt. Es öffnet über den Hebel 9 das Schnellablaßventil 7: Die Bremsflüssigkeit fließt in den Ausgleichsbehälter zurück. Der Druck läßt schlagartig nach, der Expansionkolben 15 wandert nach oben, die Bremskolben lösen sich von der Scheibe, und das Ventil 13 sperrt die Verbindung zwischen Hauptbremszylinder und Bremse. Der Druck vom Hauptbremszylinder drückt den Pumpenkolben 11 gegen den Excenternocken 10 der Welle, die nun die doppelt wirkende Kolbenpumpe antreibt. Durch den Bremsdruckabfall wird das Rad und damit die Welle 1 wieder beschleunigt. Hat die Welle 1 die Drehzahl des Schwungrades 2 erreicht, kann das Schwungrad wieder nach rechts in die Ausgangslage wandern und das Ablaßventil 7 schließen. Die Pumpe 11 drückt die Bremsflüssigkeit gegen den Expansionskolben 15, der nach unten wandert und den Druck im Bremssattel so lange aufbaut, bis der Ausgangsdruck im Hauptbremszylinder ohne Blockiergefahr wieder erreicht wird oder ein neuer Regelvorgang erforderlich ist. Ist die Blockiergefahr beseitigt, öffnet der Expansionskolben 15 das Sperrventil 13 und stellt damit eine direkte Verbindung zwischen Hauptbremszylinder und Bremssattel her. Der Pumpenkolben 11 kehrt in seine Ausgangslage zurück, und das SCS arbeitet wieder als normale Bremsanlage.

Mit einem (allerdings ungefederten) Gewicht von ca. 1,5 kg pro Rad ist die Honda-Anlage sehr viel leichter als das BMW-System, und der einfachere Aufbau drückt sich in den nur etwa halb so hohen Einbaukosten aus. Dafür paßt sich die genauer regelnde BMW-Elektronik sehr viel besser dem jeweiligen Fahrbahnzustand an.

Kawasaki D-CEL

So arbeitet Honda parallel an einem elektronischen System weiter, und auch Kawasaki hat sich nach langen Versuchen mit dem Lucas-Girling Prinzip in enger Zusammenarbeit mit Bosch zu einer elektronisch-hydraulischen Anlage entschieden. Die sehr klein gehaltenen Impulsgeber liefern je Radumdrehung 45 Signale an den im Rahmenheck untergebrachten Rechner, der die beiden Dreiwege-Magnetventile für den vorderen und den hinteren Bremskreis ansteuert. Zwei kleine, von einem Elektromotor getriebene Kolbenpumpen sorgen in beiden Kreisen für den Betriebsdruck und bauen ihn solange auf, wie das Magnetventil den Weg zum Bremszylinder freigibt. Beim Überschreiten der kritischen Verzögerungsgrenze gibt das Magnet-

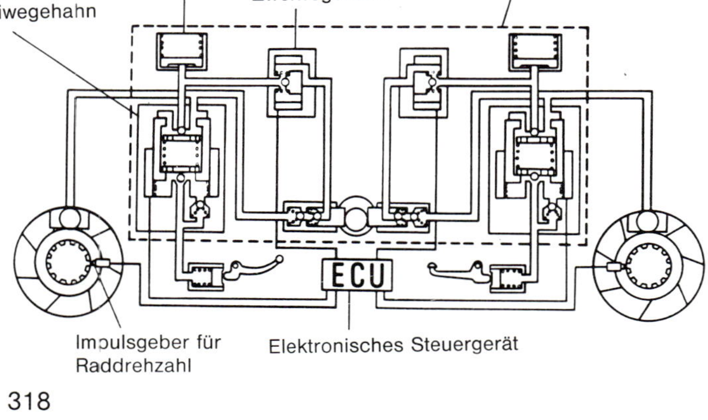

KAWASAKI D-CEL Anti-Lock-Brake

Schematischer Aufbau

KAWASAKI D-CEL
Einbau. Der Rechner und die beiden, von einem Elektromotor angetriebenen Kolbenpumpen sind im Rahmenheck untergebracht.

ventil die Leitung zum Speicher frei und baut den Druck ab. Die Leitungen zwischen Speicher und Pumpe werden von zwei weiteren Magnetventilen gesteuert, und je ein Rückschlagventil in den Betätigungsleitungen sorgt dafür, daß die Regelvorgänge, die mit 20 Hertz sehr schnell ablaufen, nicht auf die Bedienungshebel übertragen werden.
In Zusammenarbeit mit Bosch laufen auch bei Suzuki erfolgversprechende Versuche mit dem ehrgeizigen Ziel, auch die Haftgrenze beim Bremsen in der Kurve zu erfassen.

Was bringt nun ABS im praktischen Fahrbetrieb?

Mit Recht unterscheidet Helmut Hütten, mit über 50 Jahren Versuchspraxis der erfahrenste deutsche Motorradtester, scharf zwischen Bremswirkung und Bremssicherheit. Die ständig verbesserte Bremswirkung unserer modernen Anlagen hat zu einer drastischen Senkung der Betätigungskräfte an Hand- und Fußhebel geführt. Das ist zwar sehr komfortabel, aber dem jeweiligen Fahrbahnzustand eben auch sehr schwer optimal

Mögliche und genutzte Verzögerung
ABS nutzt die Haftung zwischen Reifen und Fahrbahn auch bei Haftwertsprüngen optimal aus. Der Durchschnittsfahrer verschenkt schon am Anfang des Bremsvorganges entscheidende Meter, und auch der Spitzenfahrer wird nur selten so schnell und so gut dosiert auf die glatte Stelle reagieren.

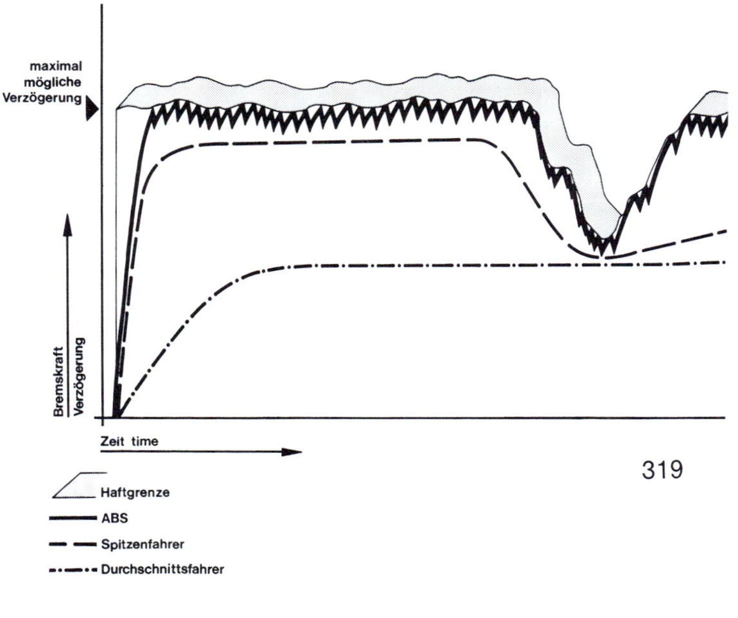

anzupassen. Girling zeigte in einer Versuchsreihe, daß das Vorderrad selbst bei guter Reifenhaftung schon bei einer Handhebelkraft von 12 kg, bei mittleren Reibwerten mit 7 kg und bei niedrigen gar schon bei 4 kg blockierte. Wenn es aber in einer unheilschwangeren Situation zur Panikbremsung kommt, ist nicht nur der Durchschnittsfahrer überfordert: Hier steigt die Betätigungskraft am Handhebel leicht auf 25 kg. Die Bremswirkung setzt nach 27 Millisekunden (ms) ein, erreicht nach 65 ms ihren optimalen Wert, macht die Maschine nach 88 ms deutlich unstabil und blockiert das Rad nach 120 ms. Aus Sorge vor dem kritischen Blockieren wird nicht nur der Anfänger mit dem Bremsen immer zu zaghaft beginnnen, dem Vorderrad zu wenig Haftung zutrauen und gerade beim Beginn der Bremsung die wertvollsten Meter verschenken. Hier wird ABS zum Lebensretter: Der Fahrer braucht kein vorsichtiges Herantasten an die Haftgrenze. Er kann ohne Rücksicht auf den Straßenzustand, ohne Angst vor Rollkies oder tückischen Pfützen, voll »in die Eisen steigen« und den noch zur Verfügung stehenden Bremsweg voll ausnutzen, weil der Reifen auch bei schnell wechselndem Straßenbelag stets kontrolliert am Optimum seiner Haftung bleibt. Das Schaubild zeigt, wie sich die Bremsverzögerung mit ABS sehr schnell dem maximal möglichen Verzögerungswert anpaßt und bei der Reibwertänderung feinfühlig der veränderten Situation folgt. Der Spitzenfahrer geht schon etwas früher mit dem Bremsdruck zurück und verzögert nach der »Warnung« vorsichtig. Der Durchschnittsfahrer baut die Bremsverzögerung vorsichtig auf, verschenkt von vornherein entscheidende Meter und bleibt dann bei bescheidenen Verzögerungswerten.

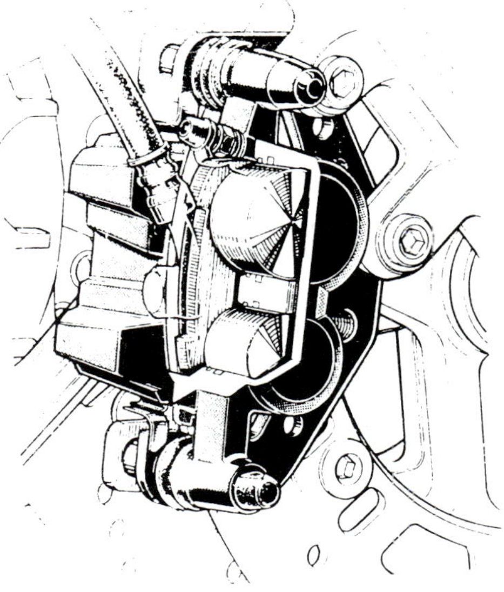

Doppelkolbenbremse mit unterschiedlichem Durchmesser
Zur gleichmäßigeren Druckverteilung wird der Bremskolben der auflaufenden Seite in der Fläche um etwa ein Drittel kleiner gehalten.

Der zweifelnde Hinweis, daß ein erstklassiger Fahrer kürzere Bremswege erreichen kann als die künstliche Stotterbremse des ABS, geht am Kern der Sache vorbei: Auch er wird in der Notsituation vor dem Überbremsen im ersten Schock nicht gefeit sein und eine Eisträne nicht schnell genug erkennen, um den Handgriff schnell genug zu lockern. Die einzige Einschränkung: ABS leistet die segensreiche Hilfe beim Einspurer nur bei Geradeausfahrt. In scharf gefahrenen Kurven gelten wegen der am Reifen außermittig greifenden Bremskräfte die gleichen Tabus wie bei ungeregelten Bremsen.

Doppelkolben-Bremsen

Die vor einigen Jahren mit dem – zeitweiligen – Übergang zum 16″ Rad eingeführte Doppelkolben-Bremse hat vor allem bei schnellen Maschinen viele neue Anhänger gefunden. Bei gleicher Bremswirkung konnte der Bremsbelag länger und schmaler gehalten, der wirksame Scheibendurchmesser durch den flacheren Bremssattel vergrößert werden. Beim Bremsen übt die Scheibe auf den Belag ein Kippmoment aus, durch das der auflaufende Belag stärker gegen die Scheibe gedrückt wird als der ablaufende und damit stärker erhitzt und verschleißt. Für die Perfektionisten von Honda, Suzuki und Kawasaki Grund genug, den Bremskolben auf der auflaufenden Seite in der Fläche um etwa ein Drittel kleiner zu halten und damit den Druck gleichmäßiger zu verteilen. Ein Aufwand, der wohl nur für Supersport- und Rennmaschinen vertreten werden kann.

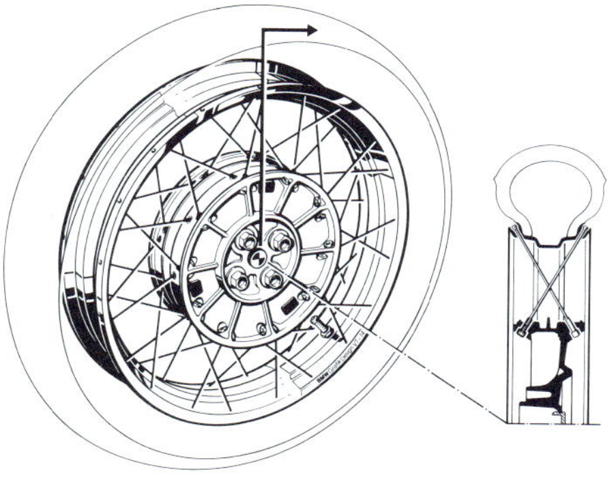

BMW Speichenrad
Das Speichenrad kehrt vor allem bei den Enduros wieder. BMW fand eine pfiffige Lösung für die problemlose Verwendung von schlauchlosen Reifen: Die stark gekreuzten Speichen enden außen neben dem Felgenbett – und erhöhen damit auch die Seitensteifheit des Rades beträchtlich.

Literatur-Nachweis

Bücher

Helmut Hütten: Motorradtechnik. Stuttgart
Helmut Hütten: Motoren. Stuttgart
Helmut Hütten: Schnelle Motoren seziert und frisiert. Stuttgart
Helmut Werner Bönsch: Einführung in die Motorradtechnik. Stuttgart
Helmut Werner Bönsch: Der schnellaufende Zweitaktmotor. Stuttgart
H. J. Venediger: Zweitaktspülung, insbesondere Umkehrspülung. Stuttgart
Pavel Husák: Zweitakt-Motorräder. Stuttgart
Karl-Heinz Menzl: Maßnahmen zur Absenkung des Geräusches von Kleinkrafträdern und Verminderung der subjektiven Lästigkeit. Forschungsbericht 80 – 105 05 107, Umwelt-Bundesamt, Berlin.
Vic Willoughby: Das Motorrad-Rennsportbuch. Stuttgart
Siegfried Rauch: DKW – Die Geschichte einer Weltmarke. Stuttgart
Ludwig Apfelbeck: Wege zum Hochleistungs-Viertaktmotor. Stuttgart
Bosch: Kraftfahrtechnisches Taschenbuch. Stuttgart
Bosch: Technische Unterrichtung:
Zündkerzen. Stuttgart
Magnetzünder. Stuttgart
Batteriezündung (SZ).Stuttgart
Elektronische Batteriezündsysteme. Stuttgart
Drehstrom-Generatoren. Stuttgart
Norbert Adolph: Experimente. Autoelektronik. Köln
Ilse Reuter: Motorrad-Report. Stuttgart

Kraftfahrtechnische Forschungsarbeiten

A. Reinsch und U. Schmidt: Untersuchungen an Zweitaktmotoren.
1. Bericht »Untersuchung der Spülung eines Zweitaktmotors mit Umkehrspülung«, 1936 Berlin
2. Bericht »Spülung und Brennstoffverbrauch«, 1936 Berlin
U. Schmidt: Untersuchungen an Zweitaktmotoren.
3. Bericht »Zusammenhang zwischen Spülung und Leistung bei dem gemischgespülten Zweitaktmotor«, 1937 Berlin
4. Bericht »Größe und Verlauf des Füllungsgrades«, 1937 Berlin
Yoshinori Watanabe and Keigo Yoshida: Honda R & D Company, Ltd.
Motorcycle Handling Performance for Obstacle Avoidance, Department of Transportation, Technical Paper, Paper No. 73033, 1973
E. Müller (KDT): Die Vorderradführung an Krafträdern, »Kraftfahrzeug-Technik«, 1970, Heft 4
Helmut Werner Bönsch: Kinematik der Hinterradschwinge, Versuchsberichte 1956
Ernst Ansorg: Leistungssteigerung bei Zweitaktmotoren, »Motor-Rundschau« 1965, Heft 24, »Motor-Rundschau«, 1967, Heft 4
Gordon Jennings: Do you really want to know about Expansion Chambers, Cycle, May 1972.
H. Naitoh and K. Nomura: Some New Development Aspects of 2-Stroke Motorcycle-Engines, DOT, Technical Paper No. 710084, 1971
Kevin Cameron: YAMAHA 250 Road Racers, Cycle, August 1974

Shizou Yagi, Akira Ishizuya and Isao Fujii: Research and Development of High-Speed, High-Performance, Small Displacement Honda Engines, DOT Technical Paper No. 700122, 1970.

H. Seyfert: Beeinflußbarkeit des Ladungswechsels an Einzylinder-Zweitaktmotoren durch die Abgasanlage, Kraftfahrzeugtechnik 4/1965

Pidigundla Chenchanna und Klaus Hieronimus: Die Rahmenelastizitäten eines Zweiradfahrzeuges und ihre Bedeutung in bezug auf Fahrstabilität. Automobil-Industrie 1/80

R. S. Sharp: The Stability and Control of Motorcycles. J. Jech. Engg. Science, Vol. 13, 1971

J. Koch, P. Chenchanna, H. Willumeit: Lenkverhalten des Fahrers von Zweiradfahrzeugen. Entwickl. in der Kfz-Technik, VDI/BMFT. Berlin 1976

G. E. Roe, T. E. Thorpe: A Solution of the Low Speed Wheel Flutter Instability in Motorcycles.

J. Tandhasetti: Untersuchungen am Motorrahmen. Studienarbeit Nr. 14/76 am Inst. f. Landverkehrsmittel der TU Berlin, 1976

Ulrich Hackenberg und Jürgen Helling: Ein Vergleich der Geradeaus-Fahrstabilität schneller Krafträder, ATZ 85 (1983)

St. Pachernegg und R. P. Michel: Fahrstabilität bei Motorrädern Automobil-Industrie 1982

Ulrich Hackenberg: Influence of the Driver Practice on Straight-Line-Stability of the »Driver-Motorcycle-System« 2nd European Annual Manual, Bonn 1982

Gordon P. Blair and Mervyn B. Johnston: Simplified Design Criteria for Expansion Chambers for Two-Cycle Gasoline Engines, DOT Technical paper No 700123

Tetsuzo Fujikawa: Technical Aspects of 2-Stroke Cycle Snowmobile Engines, DOT Technical Paper No 720747

R. E. Kollmann, S. S. Lestz and W. E. Meyer: Exhaust Emission Characteristics of a Small 2-Stroke Cycle Spark Ignition Engine DOT Technical Paper 730 159

Souk Hong Jo, Pan Do Jo, Tsutomu Gomi and Shigeru Ohnishi: Development of a Low-emision and High-Performance 2-Stroke Gasoline Engine (NICE) DOT Technical Paper No 730463

Helmut Werner Bönsch: Motorradentwicklung bei BMW, Mobiles 7/81

Honda Gilken Kogyo K. K.: Brennkraftmaschine Patentanmeldung 2911889 vom 26. 3. 1979

Dr. Hans Heinz Lippitsch: Variable Auslaßsteuerzeit bei Zweitaktmotoren Berichte Grazer Zweirad-Tagung 1984

Michl Koch: Blockadebrecher, MOTORRAD 7/83

Siegfried Huber: Turbulenzen, MOTORRAD 9/82

Ulrich Urbach: Gegen Wind und Wetter, MOTORRAD 9/82

Horst Vieselmann: Windschlüpfer, MOTORRAD 2/83

Wolfgang Schnepf: Tauchausrüstung, MOTORRAD 1/82

Jürgen Goebel: Zitterspiel, MOTORRAD 11/82

Hans Joachim Nowitzki: Rennmaschinen im Windkanal, MOTORRAD 10/80

Wolfgang Schnepf: In Saus und Braus, MOTORRAD 10/84

Thomas B. Herwig: Krumme Sachen, MOTORRAD 10/83

Berichte 2. Grazer Zweiradtagung 1986

Dr. F. Laimböck: Optimierung der Gemischbildung von kleinvolumigen Zweitakt-Ottomotoren mit Hilfe elektronischer Steuerungen.

Dr. M. Nuti: Direkt fuel injection for two-stroke S. I. engine exhaust emissions abatement.

Ing. W. Riedler: 250 cm^3 Moto-Cross Zweitaktmotor mit Digital-Control-Zündanlage und Auslass-Steuerung.

Dipl. Ing. Wolfgang Schnepf: Vierer mit Steuermann, MOTORRAD 2/86.

Dipl. Ing. Wolfgang Schnepf: Kraftwerk MOTORRAD 26/86.